BIM经典译丛

小型可持续设计中的 BIM 应用

BIM经典译丛

小型可持续设计中的BIM应用

[美] 弗朗索瓦·勒维 著
邹越 等译

唯一针对中小型建筑项目的可持续设计中建筑信息模型策略的书籍

中国建筑工业出版社

著作权合同登记图字：01－2014－0165 号

图书在版编目（CIP）数据

小型可持续设计中的 BIM 应用／（美）弗朗索瓦 · 勒维著；邹越等译．—北京：中国建筑工业出版社，2016.12
（BIM 经典译丛）
ISBN 978－7－112－20145－7

Ⅰ．①小… Ⅱ．①弗…②邹… Ⅲ．①建筑设计－计算机辅助设计－应用软件 Ⅳ．①TU201.4

中国版本图书馆 CIP 数据核字（2016）第 296094 号

BIM in Small-Scale Sustainable Design / François Lévy, ISBN 9780470590898/0470590890

丛书策划
修 龙 毛志兵 张志宏
咸大庆 董苏华 何玮珂

责任编辑：何玮珂 董苏华
责任校对：王宇枢 赵 颖

BIM 经典译丛
小型可持续设计中的 BIM 应用
[美]弗朗索瓦 · 勒维 著
邹 越 等译
*
中国建筑工业出版社出版、发行（北京海淀三里河路9号）
各地新华书店、建筑书店经销
北京嘉泰利德公司制版
北京画中画印刷有限公司印刷
*
开本：787×1092毫米 1/16 印张：19¼ 字数：416千字
2017年2月第一版 2017年2月第一次印刷
定价：**78.00**元
ISBN 978－7－112－20145－7
（29556）

目录

致谢

我要衷心感谢为本书提供素材的公司和个人。他们的慷慨和贡献让书中每段文字变得真实可信。没有他们的案例研究，本书将缺乏深度，内容也不会这么丰富。我要特别感谢 James Anwyl，Marianne Bellino，Robin Clewley，jv DeSousa，Lindsay Dutton，David Light，David Marlatt，Tim McDonald，Olivier Pennetier，Mariko Reed，Carol Richard，David Scheer，Ted Singer，Brian Skripac，Lane Smith，Chikako Terada，Joseph Vigil 和 Carin Whitney。

Mark Nelson 博士友好地提供了废水花园的重要资料。我要特别感谢 Graphisoft 公司的 Veronika Szabo，Nemetschek Vectorworks 公司的 Wes Gardner 和 Jeff Ouellette，Encina 公司的 Ralph Wessel，Autodesk 公司的 Carol Lettieri，Bentley 公司的 Jeff Kelly，以及 EQUA 的 Per Sahlin 和他的同事们。* 感谢 Ann Armsrtong 阅读了前几章的内容并提供了一些很好的建议。非常感谢明尼苏达大学数字图书馆的 Rebecca Moss 帮助我查到难得的图片。我也非常感谢奥斯汀能源公司（Austin Energy）的 Andy Alpin，Gordon Bohmfalk，Muniram Budhu 博士，Laura Burnett，Alexa Carson 和 Sarah Talkington；建筑科学公司（Building Science Corporation）的 Kelly Cone，Emma Cross；Tim Eian，Chrisropher Frederick Jones；Mimi Kwan，Betsy Pettit；CMPBS 中心的 Mary Petrovich 和 Pliny Fisk III；Meridian Solar 公司的 Thomas McConnell，Andrew McAlla；还有 Mariko Reed，Eleanor Reynolds，Marc Schulte 和 Deborah Snyder。Paul Bardagjy 非常慷慨地提供了在最好光线下拍摄的月光牧场和 CMPBS 的照片。

建筑圈的同事和朋友给了我很多鼓励、启发和建设性的意见。我非常感谢 Al Godfrey 和 Mell Lawrence 以及我们软件用户小组的所有成员。我还要感谢 Ben Allee，James Austin，Stephen DuPont，Frank Comillion，Michael Heacock，Nathan Kipnis，Laurie Limbacher，Dwayne Mann，Kelly Mann，Steven Moore 博士，Andrew Nance，Adam Pyrek，Keith Ragsdale，Don Seidel，Marshall Swearingen，Charies Thompson，Dason Whitsett，Krista Whitson 和 Mandy Winford。书中提到了 Gregory Brooks 和我合作过的一个项目。值得特别提到的是我的建筑伙伴 Mark Winford，我们在许多项目上合作过。多年以来 Daniel Jansenson 在图片渲

* 据国内网络和部分公司官方网站查得，Graphisoft 为图软公司；Nemetschek 为内梅切克公司；Autodesk 为欧特克公司；Bentley 为奔特力公司；原书 CMBPS，应为 CMPBS，即最大潜力建筑系统研究中心。——译者注

染方面提供了非常宝贵的建议，假如图片效果有所不足，那一定是我没有好好听取他的意见。

我们通过教学成长，学院的同事和学生们丰富了我对建筑的理解和实践。非常感激得克萨斯大学奥斯汀分校的 Kevin Alter 和 Fritz Steniner 院长慷慨地给了我教学机会，为我写这本书奠定了基础。包括上面提到名字的所有同事对我的学术生涯帮助良多。最后，我从我的学生和助教那里也学会了很多，如果他们能够从我这里得到我从他们那里获得的一半，那么我就要自诩为成功的教师了。

我非常感谢我一直以来的客户们。这本书里的很多内容来自他们的实际项目，对于他们的巨大支持、信任和友谊，我感激不尽。

我特别要感谢 Justin Dowhower 倾力协助了本书的图片工作，甚至亲手绘制图片。他在 BIM 和可持续发展方面的知识是完成本书的宝贵财富。

最后，我终于知道一个作家如何感谢他的伴侣都是不够的。我对 Julie 致以最深的感谢之情，她的包容、爱以及对我的学术、职业和创作的坚定支持，让我无以言表。

导论

建筑信息模型与建模

建筑设计和分析软件在过去的十年里发展迅猛，伴随着台式机和笔记本电脑计算能力的提升，出现了新的建筑设计和文件编制的数字模型：虚拟建筑或建筑信息模型（BIM）。由于这些进步，BIM 设计应用软件能将三维或四维模型与嵌入式智能建筑构建整合在一个关键数据库中。当今建筑实践（以及其他建筑行业）中 BIM 是一个不可避免的词汇，它通常意味着两层含义，即建筑信息建模（过程）和建筑信息模型（数字产品）。在本书中，我单独使用 BIM 时指的是建模的过程，使用 BIM 模型或 ArchiCAD 的虚拟建筑时则是指模型本身。

例如，“BIM 柱”不仅仅被描绘成一个二维图示或三维体块，而是作为一个“知道”自己是柱子的智能对象出现的。与之形成对比的是在传统平面图中，柱子用粗实线表示，读者要基于制图标准推断四条线的含义，线条本身“不能说话”，这种绘图方法既不智能也不明确。

由于 BIM 在三维建模过程中集成了大量数据，所以各种设计学科都可以提取并操作相关的表格或建筑视图（如报告和图纸）。这样可以改进建筑施工及运营绩效，提高设计效率，并孕育一个集成化设计流程，此外当然还有其他的好处。

建筑成本

全球气候的变化趋势与碳排放量有关，主要依赖碳氢燃料的世界经济的成本不断提升，这种情况加剧了世界产油地区政治的不稳定性。能源使用上的彻底改变可以充分减少碳的排放量，从而减缓全球变暖的速度。这种改变超出了大多数政治和企业领导人的共识，因此在短期内扭转这种状况几乎是不可能的。在撰写本书时，灾难性的且令人心痛的墨西哥湾深海石油泄漏事件，再次让世界关注到依赖于碳氢燃料的社会所要付出的真正成本。令人吃惊的是，如今美国 48% 的能源消耗来自建筑业，其中包括材料的能源成本。商业建筑和住宅建筑大致上所耗各半。综上所述，在未来几十年里，建筑设计专业技术人员对世界环境状态将带来切实有效的影响。

像 BIM 一样，可持续设计也经常被认为是一种更适合于大型项目的设计方法，其设计费用可以负担必要的附加研究和设计创新。但是这种观点却忽视了住宅能耗在美国能源消耗中所占比例超过 20%；住宅能耗在社会

 碳足迹和国家能源消耗方面起着举足轻重的作用。由此可见，忽视住宅能源效率将带来严重的后果。

此外，在大型建筑中内部的能耗负荷占主导地位，而在小型建筑中围护结构或表皮的能耗负荷占主导地位。就是说，相对于大型建筑，气候因素对小型建筑的能耗起着更大作用。所以，即使在小型项目中，拥有准确的定量数据对于建筑师在设计时作出更明智的选择也是至关重要的。

变革

BIM营造了一种需要设计者重新评估建筑实践的设计环境。因为BIM并不是一个单一的工具或应用程序，所以区分“设计环境”和“设计工具”强调了其现实性。更确切地说，BIM要求我们完全改变过去的设计流程。

至少，BIM是对建筑物进行建模而不只是绘图。虽然这看起来显而易见，但其含义却是深远的。建模意味着从根本上背离了好几个世纪以来建筑师沿袭的从业方式，这不仅代表着我们工作技巧的改变，更是伴随并推动这项工作认知过程的转变。我们的工作方式不同将会导致思维方式的不同。而且，建模可能导致决策延迟（例如楼板，可能用统一的板来代表），因为建模时不能完全忽略各种条件（模型不会说谎）。

结果，设计决策的评估是基于3D模型视图以及模型的二维投影。前者采取透视、轴侧、环视、飞行漫游、剖切透视、分解图等。后者是“绘图”视图，这种视图似乎复合传统制图的平面、剖面、立面，但实际上这只是模型的不同视图方式。

因为虚拟建筑的完整性，提取视图（如立面和剖面）变得非常简单，通常只需要点击几下鼠标。结果，设计深化和施工文件的产生比传统的建筑施工图绘制流程快得多，生产效率显著。在项目的前期我们必须要作出更多的设计决策，这点在第1章中将进一步讨论。所谓设计过程前期任务重（或设计阶段时间的左移），就是要求建筑师在早期就要建立所有的主要三维空间几何关系。然而，综上所述，这些空间关系的细节处理会暂时无法呈现。建筑实践必然会受到影响。鉴于新的模式要求建筑师把更多的时间花在方案设计上（SD），而在施工文件（CD）阶段会花更少的时间，所以必须重新评估项目中的工作量和收费结构。

明确的模型结构和机械组件是可行的（现成的工具就可以轻易实现），这就使建筑师和工程师之间的协调与配合有了更多的机会。对于建筑师来说，一个智能的模型有助于确保更好地与其他专业进行协调。冲突自动检测（检测、分析并提醒用户模型间不应该出现的干扰）是BIM的一个特性，它来源于汽车和航空航天设计软件。比如，冲突检测需要大数据模型来判断送风和回风管道的碰撞，或者可以正确区分柱和梁结点是合理的“融合”而不是“碰撞”。此外，通用数据交换格式就像工业基础分类标准（IFC）一样为建筑师、结构师和机械工程师提供了更为开放的模型交换。相反，这种模型交换催生了尚未解决的问题，例如模型的所有权。然而，BIM和集成项目交付（IPD）促进了一个更具协调性的设计方式，那便是将结构

xi 和机械问题作为潜在的设计影响因素，而不仅仅是事后再说。

最后，本书首要的目的便是要告诉大家，BIM 创造了一个定量评估设计备选方案的机会，也就是通过设计师把数据引入到可被定义、分析和参数化的虚拟建筑模型中，最终对建筑性能产生积极作用。作为一名致力于创作实用美好作品的执业建筑师，对寻找到支撑高性能建筑富有表现力的形式是会感兴趣的。

我们大家的 BIM

由于这些原因，我提出了不同的观点，即 BIM 是一种合适的设计环境。毕竟，建筑设计是一个提出和评估可选空间、几何形态和材料的解决方案来适应建筑环境问题的过程。传统的定性评估是要实时完成的，定量分析则是经常要延迟的。能按照本书的建议来运用 BIM，就可以实现实时定量分析。

我必须强调的是，不管大众看法如何，BIM 方法及其所带来的变化适用于所有规模的项目。小型项目仍然有错误定量分析的可能。小型建筑的围护结构能耗负荷相比内部能耗负荷更占主导地位，气候是影响小型建筑形态的最主要因素。事实上，由于气候对这类建筑有很大的影响力，建筑设计师可以从“气候指标”获益，即建筑体量、几何法、开窗法、表皮和内部材料，被动策略特别适合不同地区和场地的建筑。

BIM 很大程度上被视作是一种设计和文件编制的方法（并最终成为一个社会共识），而不是一种特定的技术，即 BIM 允许建筑设计师和利益相关者利用丰富的建筑数据模型来创造更高的效率。人们普遍认为在设计过程中 BIM 只适合大型项目，因为有预算可以支撑设计过程的“前移”，小项目却往往被许多从业人员和软件开发人员忽略。在大多数情况下的 BIM 工作流程是适应大企业和大项目的，小公司和项目难以维持 BIM 所需的劳动成本。

然而，大型企业利用 BIM 实现的生产效益，也可以在小企业和小项目中实现。大部分 BIM 软件都有参数化对象，可以适应不同规模建筑的技术要求。根据我个人的经验，生产效率的提高是足以抵付我在其他的设计方面花费的时间成本，甚至可以降低设计收费。我认为前面提到的“前移”是非常真实的。

根据波士顿建筑学会的统计，美国 80% 的建筑公司是由 6 位或更少的建筑师组成的。在小公司中，增加 BIM 的渗透性和可持续性的设计实践，将有助于抵消小公司和大公司之间在实践上的差距。作为一名执业建筑师和大学讲师，我教建筑技术、BIM 和设计课程。以我的经验来看，BIM 在小型建筑项目的环境中是一个非常容易被忽略的话题，假定 BIM 只适合大型项目那就错了，小公司可以从可持续性设计和一个适当的集成 BIM 工作流程的生产效率中来获得巨大的经济效益。

从历史上看，在各种类型的企业中，建筑师遵循着一套类似的工作和文件编制规定；尽管建筑技术不断变化，来自不同国家或地区的建筑师依然可以明白对方文件所要表达的内容。事实上，在某种程度上建筑存在普遍性的实践，建筑师在一个国家获得建筑教育，但在另一个国家发展自己的职业生涯，

xii 有时甚至在第三个国家实习，这种情况是很常见的。BIM 和可持续设计在建筑界获得了一个更好的立足点。由于文化和技术实践的差异在大型和小型公司的建筑实践中可能只会扩大，这种情况会削弱建筑训练的普遍性。这种在建筑实践上的分离与大众期望背离，因为它进一步分化建筑行业，形成了越来越多的细化市场。

进一步来说，我认为 BIM 是适合可持续设计的。目前有两种通用的方法来设计可持续开发项目，每一种方法都有明显的优点和缺点。例如，采用能源与环境设计认证（LEED）中的某些方面作为一个约定俗成的方法来实现可持续发展的措施。这种方法可作为实际建筑和使用者感受的替代品。

在另一方面，性能设计指南要求把建筑运营做为一个可预测的实际行为来建模。（LEED 也有性能标准）对于模型细节的需求远远超过 BIM 软件的范围，这就要求推出建筑能耗性能分析专用的仿真软件。然而，BIM 模型应该可以导出到能耗建模器中（参见第 1 章和第 11 章）。正如我在本书中写的那样，通过定量分析技术，某些规范和性能指标评测都能在 BIM 中得以实现。早期分析（甚至在概念设计阶段）的益处在于用最少的努力换取建筑性能的最好效果。BIM 的适应能力契合了性能主导型设计（可持续性设计）的需要。如此，BIM 便成为了一个可持续设计的环境，因为它的设计决策过程中整合了有力的定量分析。

这本书的是与非

写书对我来说是一个挑战，但这对致力于可持续设计和正在考虑或进行 BIM 过渡时期的中小企业是有用的。如此一来，我选择了一条合适的道路，它既不笼统也不具体。这本书不仅涉猎广泛，引起读者兴趣，而且能发人深省，它概述了 BIM、以围护结构能耗负荷为主的建筑以及小型设计实践这三者之间的关系。尽管 BIM 理论饱含巨大的利益（在某种程度上是必要的），但这对大多数使用者来说却毫无用处。

另外，一个文本过于详细，一步一步指示、截屏和逐条记录的特定任务，这看起来很有吸引力，但最终会太有限。这样的书或多或少像软件指南。虽然这可能适合一些 BIM 用户，但这种方法也是有缺点的。除了许多软件用户不愿意阅读外，“软件手册”与那些熟练的群体或在 BIM 实施的不同阶段的用户是不相关的。首先，从人的本性上来说，手册必须在一定程度上为用户提供某些技能。其次，手册自然必须针对特定软件平台的用户。例如，虽然 Revit 享有很大的市场份额，但它可能并不是所有用户都会选择的软件，还有其他几个可行的备选方案（见第 2 章）。最后，软件手册将很快就过时了。BIM 在一个快速发展的环境中，所以即使一本书，也不是拴在一个特定的版本上的，而是需要不断更新。但是指南发布一年之后，它可能就变成了只是占用货架（或磁盘）的空间。最后手册专注于任务，而不是原理。这些往往是局限于一个特定应用程序的技术，而不是对适当的技术进行深入了解。

从根本上讲，这本书作为指导是有意义的，您应该能够读懂相关的章节，然后以模型的形式将素材应用于实际的设计项目中。

当然，这需要您用软件来实施这些策略的具体任务。我已经竭尽所能，在目录中向您展示了一个广泛的可持续设计主题。如果能充分利用此书，那确实是难能可贵的，一些设计的话题将或多或少地与给定的建筑气候、计划、场地等有关。设计师使用这本书时，应该一如既往地使用专业的和实践的判断力来确定一个实用性的主题或技术。而且不要期望可持续设计或 BIM 设计在这里必须应用，并解决各个方面的问题。

xiii

最后，我应该强调，尽管现在普遍讨论定量分析，但许多其他标准的设计基础不会因此消失。您的训练、经验、审美和定性判断都还在使用。它不是一种 BIM 和可持续性或纯粹的建筑设计，这是“和”的关系。您虽然强大，但为了作品仍需添加这个工具。您信任的老工具也都不会消失，事实上它们也不能被忽略。

关于案例研究

每一章的结尾，都会有一个在建筑上引人注目的项目作为研究案例，这些项目的设计者都在使用 BIM 作为可持续参数化设计工具。鉴于建筑性能的复杂性和可用的应用软件的多样性，所以这本书中建议的方法绝不是全部的，许多其他定量分析的性能设计方法都将是可能的。我试图在设计中以广泛的气候、地理和建筑的反应为代表提取各种各样的案例研究。因此，案例研究的方法不一定完美，只是遵循这一章概述的方法。这只是进一步演示了 BIM 巨大的灵活性、实用性和一个展开这一新兴的设计环境的“最佳实践”。

第 1 章

BIM 和可持续性设计

导论中已经大致明确了本书的目的和目标，后续章节将详细讨论一些具体策略，设计师可以在可持续设计和围护结构能耗负荷为主的建筑中充分利用建筑信息模型（BIM）。尽管 BIM 无论在认知中还是在现实中都存在优越性和局限性，但对其进行更深层次的定义还是很重要的。我们还将在设计过程的背景下讨论 BIM，同样考虑在以后各章中能担当不同的角色。最后，本章和其他各章都将以一个相关项目的实例分析作为总结。

建筑信息建模的出现

历史背景

几个世纪以来，建造大师和建筑大师们依靠绘图作为创作和分析的手段，并且给建筑各工种传达指令。维特鲁威在《建筑十书》中写道：几何学使得建筑师对建筑平面的描绘方法有了极大的提升。虽然现存的中世纪施工图很少，但是众所周知，绘图用来解决并说明当时大教堂的比例系统。模型显然也并不是没有：在中世纪的宗教艺术就描绘了建筑模型，伯鲁乃列斯基在佛罗伦萨大教堂实际施工前制作了 1 ： 12 的模型。历史上工匠和手艺人丰富的技术专长，结合成熟的乡土建筑实践经验，减少了大量施工图的需要。一代又一代建筑物的建造只需要少量图纸和一部木工或砌体的节点样式手册。到了 18 世纪，在特殊纸面上用特制钢笔制图的方法已经成形，在我的一生里多少还使用过这种方法。这种技术文件包含了画在羊皮纸上精美的构造图，有时也用水彩上色以达到观赏效果。通过审视学院派的高度与成就，我们发现其虽然渲染精美，但按现代标准来看却明显缺乏独立的细节。

计算机辅助绘图（CAD）的到来并没有改变制图的性质。令人惊讶的是，CAD 除了

图 1.1 19世纪末或20世纪初的立面图，极具表现力的设计意向和极少的建造细节信息。这类图纸反映出社会因素，从高度密集的手工艺人力资源，到没有无处不在的诉讼。注意图中极少的尺寸标注

艾伯特·西蒙（Albert Simon），建筑师，作者的私人收藏

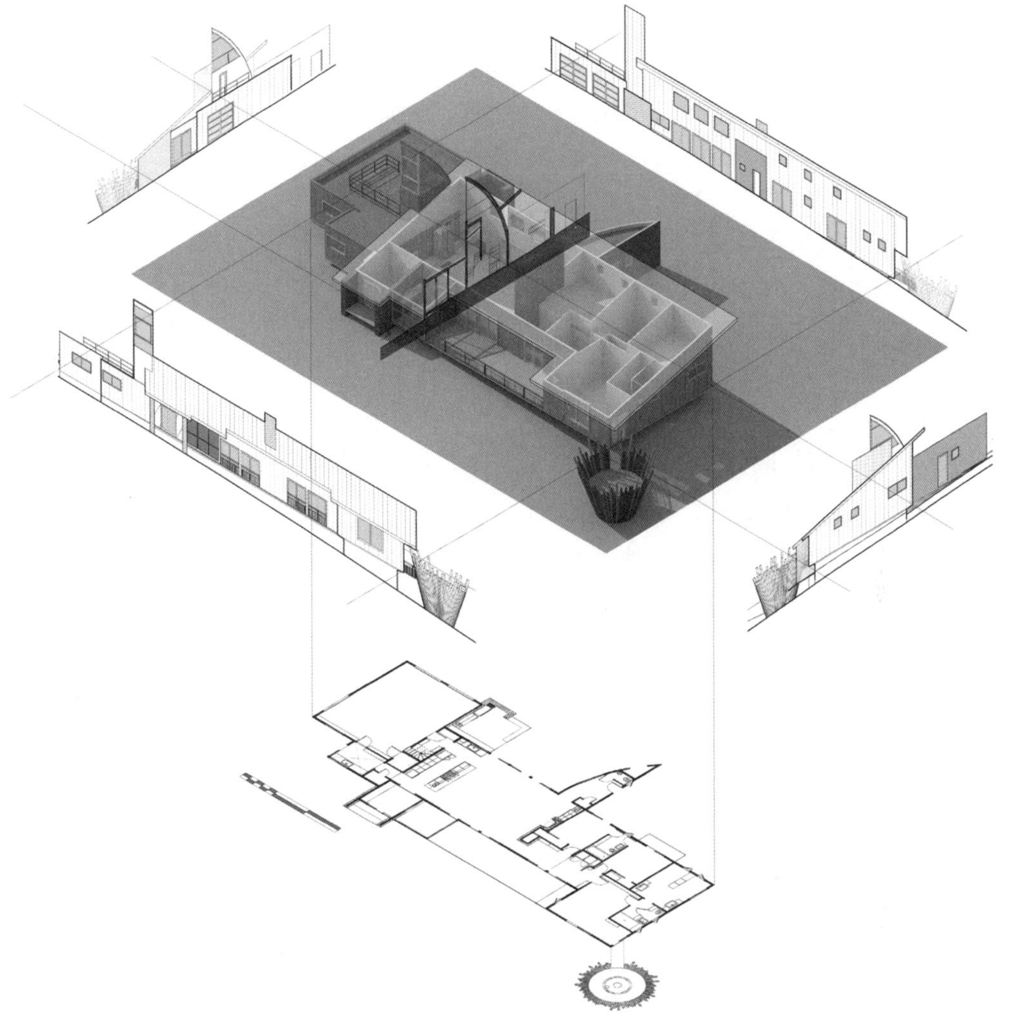

图 1.2　在传统施工图纸中，对建筑“模型”的理解是由一系列二维视图组合而成，常称之为制图。如果丢了一个视图，模型就不完整了

将所有图纸集合在一起外，其余大部分绘图方法与 18 世纪如出一辙。参与工程时类似任务形式可能与墨线透明图纸时代有很大不同，但是认知和交往过程大致是相同的。在这两种情况下，建筑师都必须手动建立和调整建筑的各种视图——平面图、剖面图、立面图和大样图（图 1.1、图 1.2）。

此外，在一个世纪前，建筑的施工预算还不包括机械和电气系统，因为当时这些系统还不存在；今天，这些系统常常占建筑施工成本的 1/5—1/4。专业工程（如实验室或医疗建筑）可能有多达 60% 的建设费用是用于专用机械、电气、水暖系统（MEP）（图 1.3）。此外，建筑材料和技术持续快速发展。再加上通过诉讼降低风险的趋势，这就导致了建筑图集变得更加广泛、复杂和详细。正是在这种技术氛围下，BIM 出现了。

定义 BIM

在过去的十年里，建筑信息模型在越来

	1900年以前	1970年以后	2000年以后
基础	15%	15%	15%
建筑	70%	35%	30%
结构	15%	15%	15%
暖通空调	0%	25%	25%
电气	0%	10%	15%

图 1.3 建筑成本的主要部分随着时间推移转向了机械和电气系统。结构成本的比例保持不变，建筑专业成本有所下降。本图是 1999 年得克萨斯大学奥斯汀分校建筑学院的 Steven A. Moore 未公开研究的近似平均值，后由同校的 Dason Whitsett 更新

越多的建筑专业人员和利益相关者中流行起来，逐步从无人问津的小圈子到如今的流行词汇。近年来建筑设计和分析软件的发展，加上台式机和笔记本电脑的计算能力的进步，促成了有效的虚拟建筑或建筑信息模型。渐渐地，使用 BIM 取代传统的二维图纸成为建筑设计和文件编制的方法。这种方法可以提高设计效率，培育一个集成设计工作流，加速生成施工文件并且减少错误，改进建筑施工和进度，优化运行的性能。

一直以来，BIM 的定义多种多样，根据用户的职业、观点或日常工作内容而不同。在 Eastman 等（2008）的《BIM 手册》中，BIM 定义为“一种建模技术和建造、交流并分析建筑模型的一系列相关流程”。建筑模型被划分为具有关联性、数据丰富的建筑组件，其数据是一致的、没有冗余，并有协同一致的视图。关于 BIM 进行详细的研讨将能满足所有实践者的需要，但是超出了这本书的范围，我们将在小型项目的可持续设计的背景下明晰 BIM 的定义。

建筑信息模型：这是一个建筑软件环境，其中图形和列表视图由数据丰富的建筑模型提取，模型是由智能化、具有关联性的建筑对象组成。

因此，BIM 中的“柱子”不再简单地描述成二维图形或三维拉伸，而是一个智能化对象，“知道”自己是一根柱子。不同的设计专业可以提取和操作相关的建筑图。视图不只是图形（形式上有平面、立面、剖面，正交投影，透视图）。视图还包括报表：门窗表、家具表、装修表等，以及各种性能报告（图 1.4）。

BIM 在很大程度上背离了建筑师数千年来沿袭的传统设计方法，这都归功于三维数字建模能力和视图生成这个关键技术。迄今为止，设计师绘制多个二维图纸，结合在一起看，合成正在设计的隐形三维建筑。运用 BIM，先创建智能模型，图纸（视图）是其结果。这不仅为提高生产效率提供了机会，也有助于更好地协调交付成果（图纸、表格、报告），避免冲突、碰撞。另外，这种方法在很大程度上扭转了传统设计中以绘图为重心的工作流程。

设计师感兴趣的关键是有机会在设计上花更多的时间，更有效地设计，并利用虚拟建筑物的性能反馈为设计提供更大的可持续性。HOK 事务所的首席执行官 Patrick

5

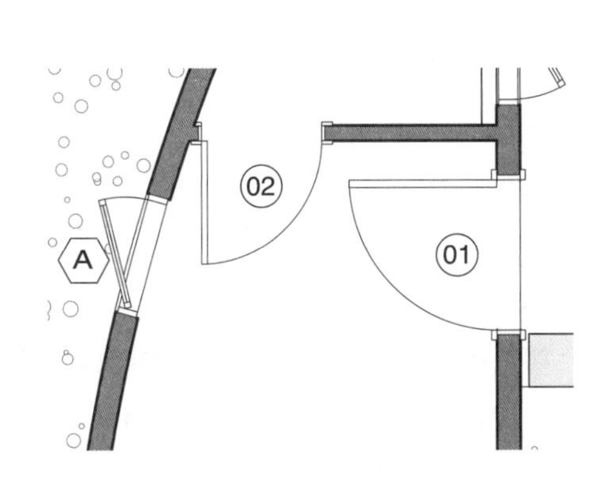

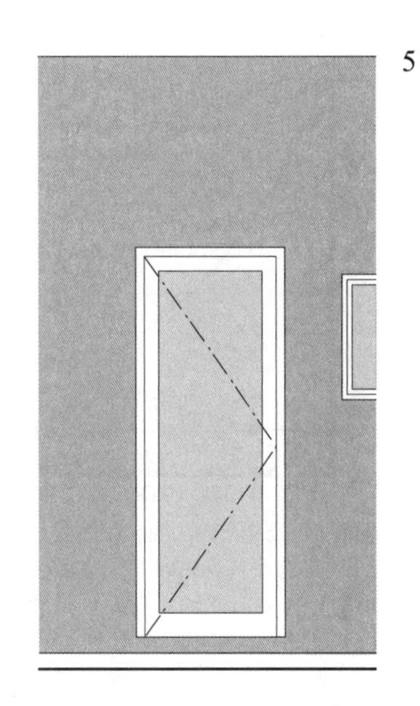

Door Schedule

Key	Width	Height	R.O. Width	R.O. Height	Operation	Leaf	Thickness	Manufact
01	2'10 1/4"	7'10 1/2"	3'1 3/8"	8'0"	Swing Simple	Glass	1 3/4"	Marvin Inte
02	2'4"	6'8"	2'6"	6'9"	Swing Simple	Panel	1 3/8"	Supado
03	2'0"	6'8"	2'2"	6'9"	Swing Simple	Panel	1 3/8"	Supado

图 1.4　BIM 对象驻留在关联数据库中，是多种视图的主体。在这种情况下，同一个门对象可以在有或者没有标示符的平面、立面或门表中查看。这些都是一些"真正"的门，都是可编辑的。更改一个视图会影响所有其他视图

MacLeamy 推行的这个图表将设计团队减少控制项目成本和增加设计变更的加班费两者作对比，得到不同于传统的建筑费用分配（图 1.5）。最初用来讨论集成项目交付模式（IPD），这个概念同样适用于 BIM 和可持续设计。

BIM 与建筑各专业

BIM 对建筑的各行各业具有广泛的吸引力，贯穿了规划、设计、招投标、采购、制造、施工和建筑运行阶段。对于许多大型项目，经验丰富的建筑业主会选择 BIM 技术，认为它是一个机会，能够从服务工具那里获得更大的价值。在这种情况下，业主可能会出于更快的设计和文件处理与更少的错误的期望，文件的互通性还有利于房屋运维管理。

大型建筑公司也一直在积极地采用 BIM，发现它可以更快和更精确的进行工程量测算和成本估算，通过改进的 3D 碰撞或冲突检测减少误差，使用 4D（进度）建模实现更有效的施工进度控制。据传，这些公司常用刚从建筑学院毕业的新生和见习建筑师这类内部员工来对其他建筑师的 CAD 或 BIM 设计文件进行翻模。

然而，当建筑师遇到 BIM 时，在一定程度上仍然是有怀疑的：

- 谁来支付更多的服务？有人认为，建筑师利用 BIM 提供了更高水平的服务和更有用的工具，但增值服务的补偿却是不相称的。 6
- 谁负责任？有人关注附加的责任。如果一个数据丰富的 BIM 模型可以减少施工

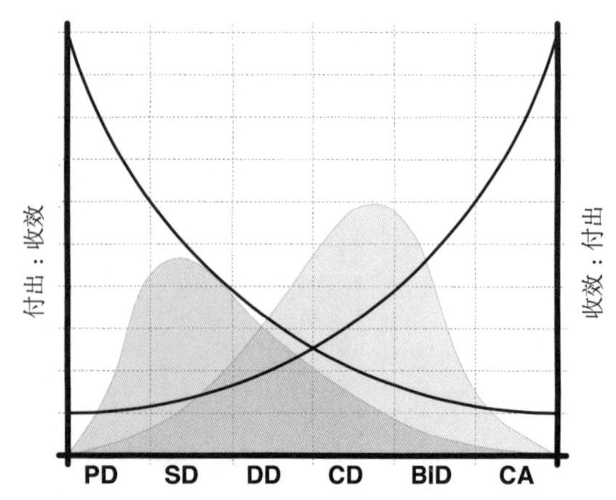

图 1.5 所谓 MacLeamy 曲线的一个版本，由 HOK 事务所的首席执行官 Patrick MacLeamy 发明。在设计的过程中随着时间的推移，变更的难度逐渐加大；而在项目的早期，最小的努力将会得到最显著的效果。在 X 轴上从左到右的顺序分别排列的是：设计前期（PD），方案设计（SD），设计深化（DD），合同或施工图设计（CD），投标阶段（BID）和施工管理（CA）。右边的“驼峰”代表着传统的设计过程，大量的工作产生在 CD 阶段。值得注意的是，这个图形很大一部分在付出－收效曲线之外。然而，对于 BIM（和 IPD），更多的工作“前移”（左边的“驼峰”），集中在最有效果的时候——早期设计阶段。在付出－收效曲线之下的阴影面积表明工作量的多少，越多越有效果，越少则对设计结果的影响就比较小

误差，带来更好的建筑性能，那么我们便期望 BIM 设计的建筑需要遵循更高的专业标准，这会无形中增加建筑师的法律风险。

- □ 谁拥有服务工具？在互操性文档的世界中，一些建筑师对潜在模糊的知识产权问题以及潜在建筑文件的集体所有权的问题感到不安，MEP 供应商是基于由建筑师提供打印的还是电子版图纸，分包商是访问还是编辑源于建筑师和设计团队的文件，这些问题都会产生实质性的差异。
- □ 谁来支付再培训的费用？BIM 的过渡期实质上是工具更新问题。作为一个顾问，我敏锐地意识到从 CAD 过渡到一个新的工作方式的过程中，其实是硬件和软件更新，更重要的是员工的再培训成本和最初生产力的损失。
- □ 公司如何处理合作关系？BIM 带来的不只是公司内部不同的工作方法，还有项目团队中成员关系的性质变化。并非所有的公司都准备好开展集成项目交付模式（IPD）和设计－施工总承包模式（DB）。

从这个简短的讨论中可以很明显看到，许多企业过渡到 BIM 所面临的障碍根本上是社会性的，而非技术性的（技术问题总是如此）。

另外，与他们的大型项目同行相比，大多数小项目业主往往不关心由于数据的互操性或长效性而建立的可操作性机会。目前，大多数人从来没有听说过 BIM。同样，小项目的承包商操作更随意，没有工作人员利用 BIM 模型挖掘数据，或者进行碰撞检测，更没有 4D 模型的进度控制。许多对大型项目有吸引力的 BIM 特征却是小公司进入市场的障碍。

面向设计的 BIM

本书强调使用 BIM 作为建筑设计的方法。因此，其目标群体是建筑师和设计师。经常被引用的 Gallagher 2004 NIST 关于 CAD 的报告，明确 BIM 实施中的商机。如项目的节约来自有效的施工进度管理和失误减少。换种说法，BIM 对于文件编制的效果存在潜在的利润。事实上，虚拟建筑模型视图自动

7　协调的功能带来生产效率的提高，这是 BIM 最大的优势。但好处归因于 BIM，设计不是主因。很多建筑师实际上认为 BIM 主要是文件管理的工具，而不是设计工具。这将错失机会。

设计是一个参数化过程

建筑设计的情况既是取证又是辩证的过程。为什么这么说呢？在建筑学院里，尤其是刚开始的时候，指导教师和学生们把设计过程当成调研的并不少见。这样说没什么不妥，设计实践中也是一样。建筑师常常从理解开始设计，要理解三个不同领域的交集：客户、场地和计划。其实，我与客户前几次面谈时，常常会手绘一个小的维恩图（图 1.6），来说明建筑产生于共同的概念空间，这个空间便是以上三种不同概念的相互交集。

有的建筑师可能会问，我在哪用这个图？建筑师通过对问题框架施加作用来影响项目效果。换句话说，建筑师通过“绘制”维恩图，从而划定了边界线。在我们找到问题的答案前，我们决定了首先要问什么问题。显然，我们对问题的选择，深刻地影响了我们的答案（有或无）。例如是否考虑气候影响，如果考虑气候影响的话，将会是什么程度？客户的计划中难免相互冲突，如何梳理出先后？我们将如何发挥客户的审美、所需功能和预算期望，并且在何种程度上面对客户的挑战，使他们明白我们的期望。我们会看重成本还是价值？

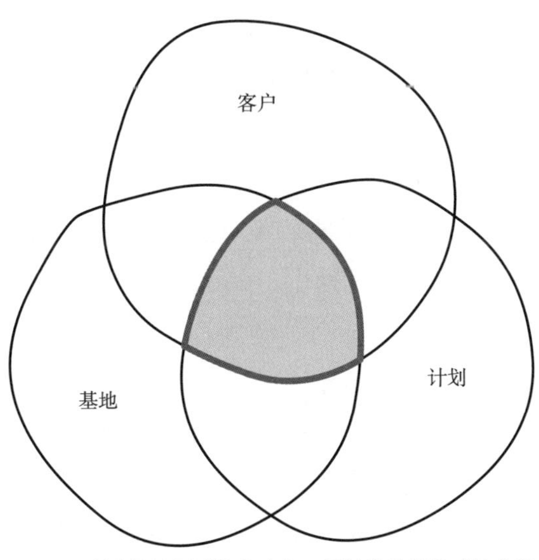

图 1.6　创建设计探讨的方法之一便是将其想象成特定客户、特殊场地和计划的交汇点。也许可以将此图由建筑师执笔画在客户的餐巾纸上

这就是为什么我会说设计本质上是在取证：我们通过调研去发现项目的制约因素。设计是取证过程也许还有另外一种方式。制约因素给项目本身赋予了生命，抑或像 Nadia Boulanger 说的：“伟大的艺术就像枷锁”在揭示约束的行动中，我们更能发现建筑的本质。米开朗琪罗也有过一句很贴切的名言：“每块石头里都藏着一个塑像，雕刻家的任务就是去发现它。”

我的第二个论断，设计是辩证的，或者换个方式，建筑是在一场对话中产生的吗？表面上，这看起来与我们作品固有的纪念性相矛盾。我期待我所有的作品都比我更长寿，我也不是唯一一个会沉溺于建筑成为永久存证幻想中的建筑师。持久性作品的表象，仿佛暗示着建筑更像独角戏，不为居者所动。不过我还是认为建筑与我们在几个层面上有着生动的交流。一个好的建筑为表达不同的时空而存在，为居者创造着相对丰富的体验范围。我觉得设计过程几乎饱含苏格拉底式的探讨。我们询问场地的地貌和植被，一年四季和一天到晚太阳如何掠过天空，风从哪

 里吹拂。我们与客户长期对话，谈愿景、希望和需求，从他们（也从我们自己）身上梳理出适合这位客户、这个场地和这个项目的东西。我们推拉形体、过滤材料、探索极限。

为什么这些东西相互关联？BIM，事实证明，它正是遵循着苏格拉底式的和辩证的逻辑。BIM的模型是装配式并且用数据填充，所有视图都从中提取。建筑中可能不明显、未强调的关系和条件，都能显现出来。模型是可被查询的，数据的组织排序也是有意义的，当模型变动时其意义也随之改变，从而导致不同的结果。我们可以不停地询问："如果……会怎么样？"严格检查备选设计选项，更好地平衡主观和客观标准，这个过程就是参数化设计。

正是参数化设计的这种问答能力，如果……怎样，使得BIM成为如此强大的设计工具。那些认为BIM只能处理文档的人，一旦得知它还能作出高质量的决策或由于其过人的性能而改变原本草率的项目决策或它是一种解决建筑详图的合理途径时，便会感到惊喜不断。我们已经看到BIM的能力不限于设计文档，就让我们挑战其他假设吧。

"BIM因为过度特性化，导致过早的项目决定。"

美国最大的业主政府服务机构（GSA），已经成为BIM应用的主要推动力。这在一定程度上是对NIST报告中概述潜在低效率的反应。然而，更令GSA关注的是拥有其房产的智能三维模型的业主获得的优势。GSA也因此要求BIM文件包含空间对象，即智能体积，这种空间对象代表的不是一个特殊的建筑构件，而是建筑的空间。使用类型，规范特征，内部能耗负荷和其他参数赋给了空间对象。使用者可以更容易地计划和安排使用这些组件，明确GSA和其他所有者/使用者的利益。

根据GSA的要求，每个主要的BIM应用软件中都有空间对象。例如Revit软件，标准流程是"填充"一个模块体积，以楼板、墙和顶棚为边界，构建空间对象（在能耗建模时，重要的是将空间对象导出至建模工具，因为空间对象中包含了准确的能耗数据。这些软件为了节省计算工作量，因此常忽略一些BIM更为复杂的几何信息）。其他的BIM工作流，可以先建空间对象，然后加外皮、墙、楼板、顶棚和屋顶构件。例如Vectorworks软件。

这个GSA授权组件看似平常，却是概念设计和方案设计时的强大工具。使用人数、房间面积和其他驱动程序要么组成一些最早可被收集的信息，要么被用于程序的开发，而概念设计阶段的前期要求正是空间相邻关系的讨论和建筑体块的变化。当空间对象作为智能建筑群在BIM库中被使用时是一个很有用的工具，它在设计和决策分析中提供了定量的数据支持。这里是部分与空间对象有关的设计操作，在后面的章节里会详细介绍：

- □ 邻接矩阵实时对空间关系进行评分，能帮助设计师研发更有效的建筑布局。Vectorworks和其他软件内建了这类工具。
- □ 既然空间对象是一个智能化体块，优选概念可以容易地通过分析表面与有效楼层面

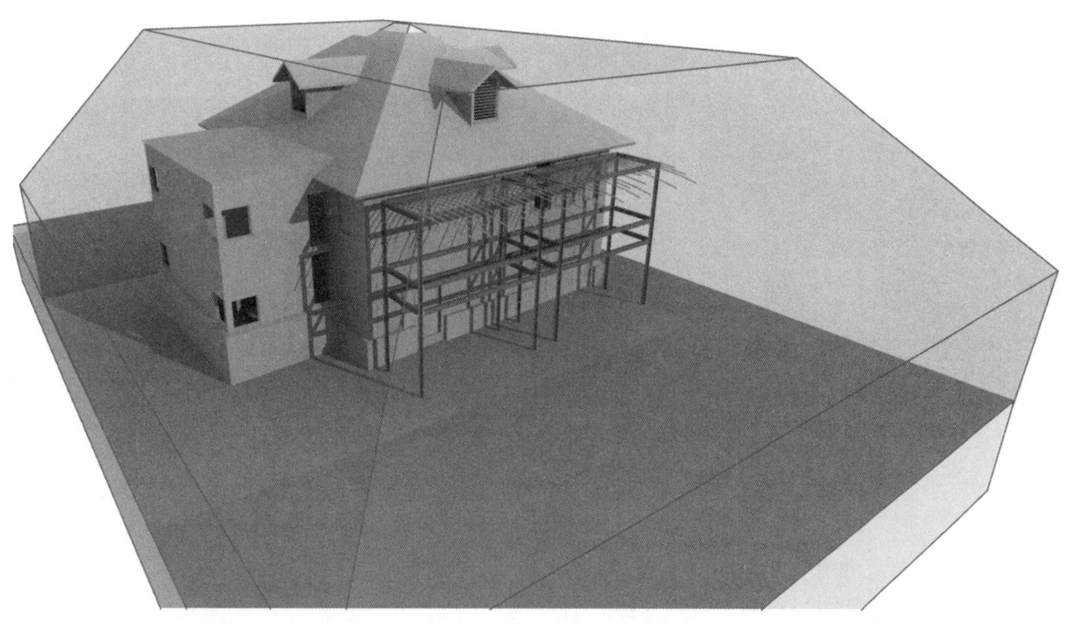

图 1.7　形态条例与纽约日照权法案的历史一样长，正成为大都市增长和发展中日益流行的管理工具。即使场地是简单的，仔细的建模可以是验证合法性的一个有用的工具。当场地具有挑战性，边界不规则，模型可能是验证允许最大设计空间的唯一途径（参见图 3.19）

积比系数，为早期的体量模型提供初步的材料和成本优化。

□ BIM 空间结合地形模型和三维最大化建筑的外壳，这种结合可以直观地或自动进行冲突检测，效果取决于所使用的 BIM 软件。即使是在小项目中也往往有复杂的用地分区和日照设计规范，要求把对不规则的平面和复杂地形的三维分析作为建筑体量的影响因素。我在奥斯汀的实践过程中，所谓的麦式豪宅条例规定建筑“外罩”（tent）的几何形状是依据场地的，建筑元素不能突破其边界，除非某些例外（图 1.7）。这个“外罩”可以具有复杂的形状，但要根据地形和给定边界的几何形状。早期的空间轮廓检查，是避免项目后期灾难性问题的关键。

□ 场地指数体量模型能分析太阳辐射和日照时间。在围护结构负荷为主导的建筑物的体量模型建模过程中，首先要注意太阳角度对曝晒和阴影的影响，日照时间影响着邻里关系。我们可以通过自动表面分析或创建太阳轨迹动画来为场地地理位置和相邻建筑体量做日照优化分析，从而使体量模型被放于正确的方位（图 1.8）。

相对于空间对象，大多数 BIM 应用软件允许用户创建通用墙（图 1.9）和板（楼板和屋顶）。这类组件可以在材料和结构系统还没确定的情况下广泛用于早期的方案设计。设计者可以指定墙厚，但不用管具体构成。

10

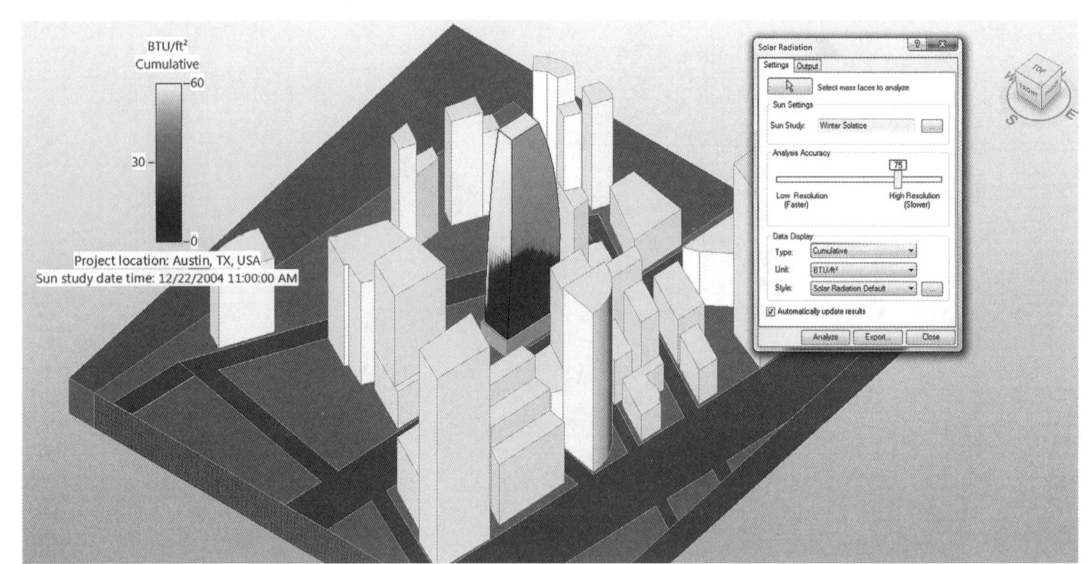

图 1.8 有越来越多的 BIM 及其兼容能耗软件用于概念设计阶段，例如欧特克公司的 Project Vasari，可以在体量模型阶段进行初步的节能性能分析（由 LEED 认证专家 Justin Firuz Dowhower 提供）

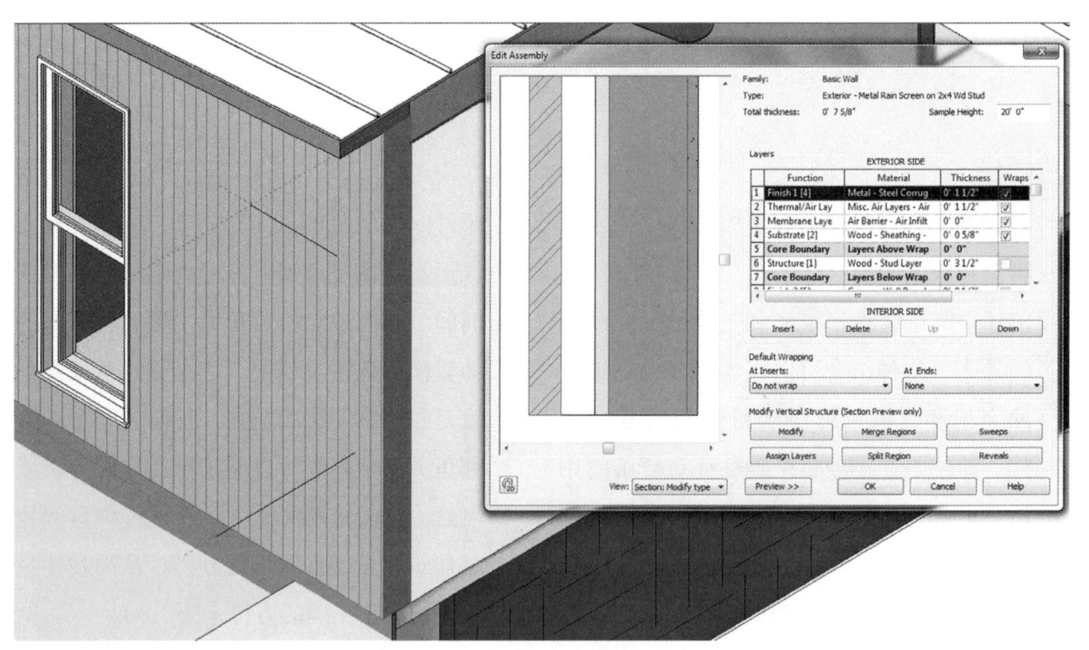

图 1.9 BIM 墙体不仅是门窗嵌入与拉伸，同时也潜在地包含了具有独立特征（数据或图形）的构件（由 LEED 认证专家 Justin Firuz Dowhower 提供）

11

- □ 我们可以为通用墙体设置单位英尺长的造价，总热阻系数（导热系数）等特性来估算初步成本和评估围护结构的热工性能。
- □ 门窗仅代表开口，所以不需精细建模。设计师可以按照规范规定的最低性能指标指定导热系数和太阳得热系数，以及假设成本。

- BIM 软件可以计算开窗百分比，根据经验法则优化热工性能。该模型可以查询总的玻璃面积，即使在没有选定具体窗户类型的情况下也能与毛或净外墙面积作对比。
- 在方案设计时，我们可以在设计过程中实时计算 BIM 模型总的 *U–A* 值（*U* 值乘以外墙体面积）。通常，项目应用美国能源部的免费软件 ResCheck 和 ComCheck 验证节能指标，围护结构的热工性能 *U–A* 总值不应超标。如果这项指标在后面的设计深化阶段才验算，或者糟糕的是超限了，为符合规定进行设计变更是费时和昂贵的——还会降低设计师的信誉。
- 对于有建筑管制管理的项目，例如处在政府保护区内，在外墙材料的确切性质不知道的情况下，遵从外墙百分比进行计算是容易完成的。例如业主组织可能规定了外墙的 75% 为砌体结构；在方案设计的进程中，墙体就可被区分为砌体和非砌体，保证整个设计过程满足要求。

从上面的例子和讨论中得知，BIM 本身并没有要求设计师在设计早期选择材料或作出设计决定。实际上正相反：BIM 允许从设计早期开始就进行定性或定量的测试设计，并没有限制设计结果。

“BIM 不解决设计的细节问题”

BIM 依赖于标准的建筑构件（如开放式轻钢格栅、标准钢型材、常规窗扇结构和窗型）。随着应用软件的发展，其往往添加更大的标准建筑组件库。而这种不断增长的建筑元素库简化了设计和文档生成，其不需要完全由用户设计。在建筑细部设计中显而易见的是，设计师为了建模条件可能需要一个非常灵活的软件环境，但这种环境对于标准构件和连接也许是不合适的（图 1.10）。

虽然常规组件确实不能提供非常规的应用，但是大多数 BIM 软件可以自定义或自由形体建模（图 1.11）。Revit 可以创建族：用户定义参数化对象，其几何形状可以通过电子表格中的关联运算来控制。Vectorworks 包括强大的三维建模，包括非均匀有理贝塞尔样条（NURBS），可变曲率的曲线和曲面以及高效计算的潜在顶点。Vectorworks 用户可以使用脚本创建自己的参数化建模工具。还有 ArchiCAD 也可以自定义参数化对象。

这些用户定义的元素可以集成数据，导出分析，并与建筑智能，国际协同联盟和中性、开放的工业基础类（IFC）形式相互合作。借助 IFC 标准，组件可以由一个 BIM 软件创建，分配一个分类标签和数据，并导出到另一个 IFC 兼容的 BIM 软件，即使接收软件本身不支持该组件的对象类型（图 1.12）。

画线

作为 BIM 新手的建筑师理解建筑沟通是比较抽象地，也许与 BIM 的潜在特性有关。建筑图纸虽然具体，但是表达通常是在一定程度上比较抽象。这不仅仅是必需的，而且是必要的。比如说建筑比例的例子。1 ： 50 的平面图上表示的特定信息，在总平面图中会被省略，而放在 1 ： 10 的平面大样图中又显得不够详细。这个规矩从需要演变而来：人不可能真的在一张建筑平面图上画出每一

12

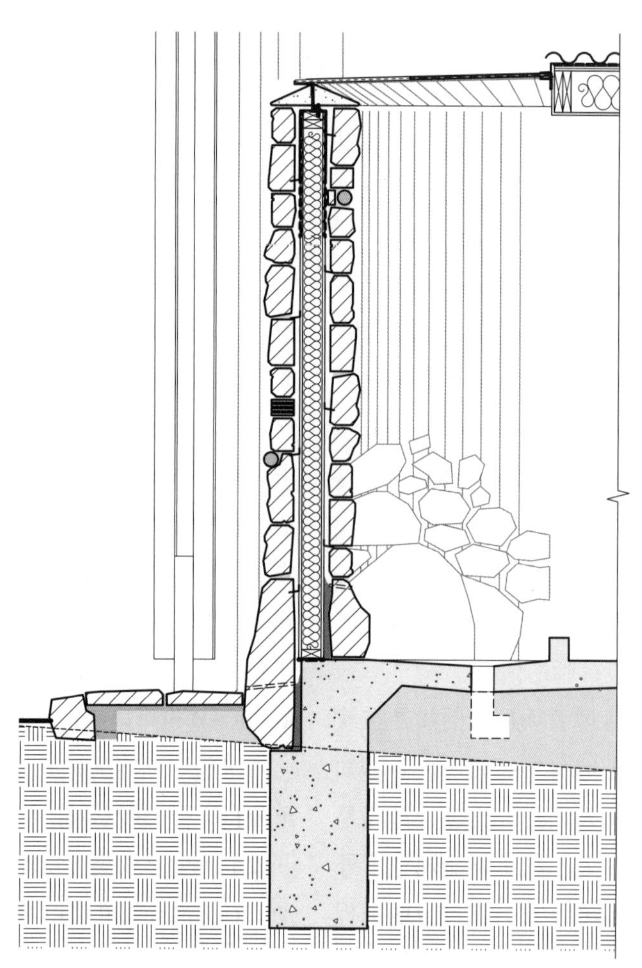

图 1.10 墙身剖面详图，根据 BIM 模型绘制。有些组件（型钢、规格材、重复的材料和常规图例）不仅只有十分典型的标准二维或三维 BIM 的元素，还有用户自建模型或草图

个螺栓、每一件装饰和每一道墙的构造。建筑文件更重要的在于沟通，而且要适度。建筑楼层平面图除了一般条件外，并不是为了装饰工人准备的；精细木工特别关心室内立面和加工细节，而木结构的架子工必须看懂 1 ∶ 50 的平面图及其配套的立面和剖面图。我们在建筑楼层平面上省略的信息，部分原因是它不宜在此出现，同时也因为我们会把它引向一个特殊的工种或行当中，所以将在那里表现它。

事实上，随着计算机辅助绘图的出现，无论大小，绘制每一个建筑组件都是可能的，仅限于当时的打印精度和用户的视力。然而抽象的制图规则仍然存在（图 1.13）。例如，在一张 1 ∶ 50 的平面图上：

- 墙画双线。螺栓不画，只显示主要部件（结构主体，面层厚约 100mm），其他更薄的材料（抹灰层、墙壁板、衬板、隔汽层、防水板、空气间层等）通常省略；
- 门显示为 90° 开启状态的矩形框，弧线表示旋转范围。有时贴脸线表示出来（后者

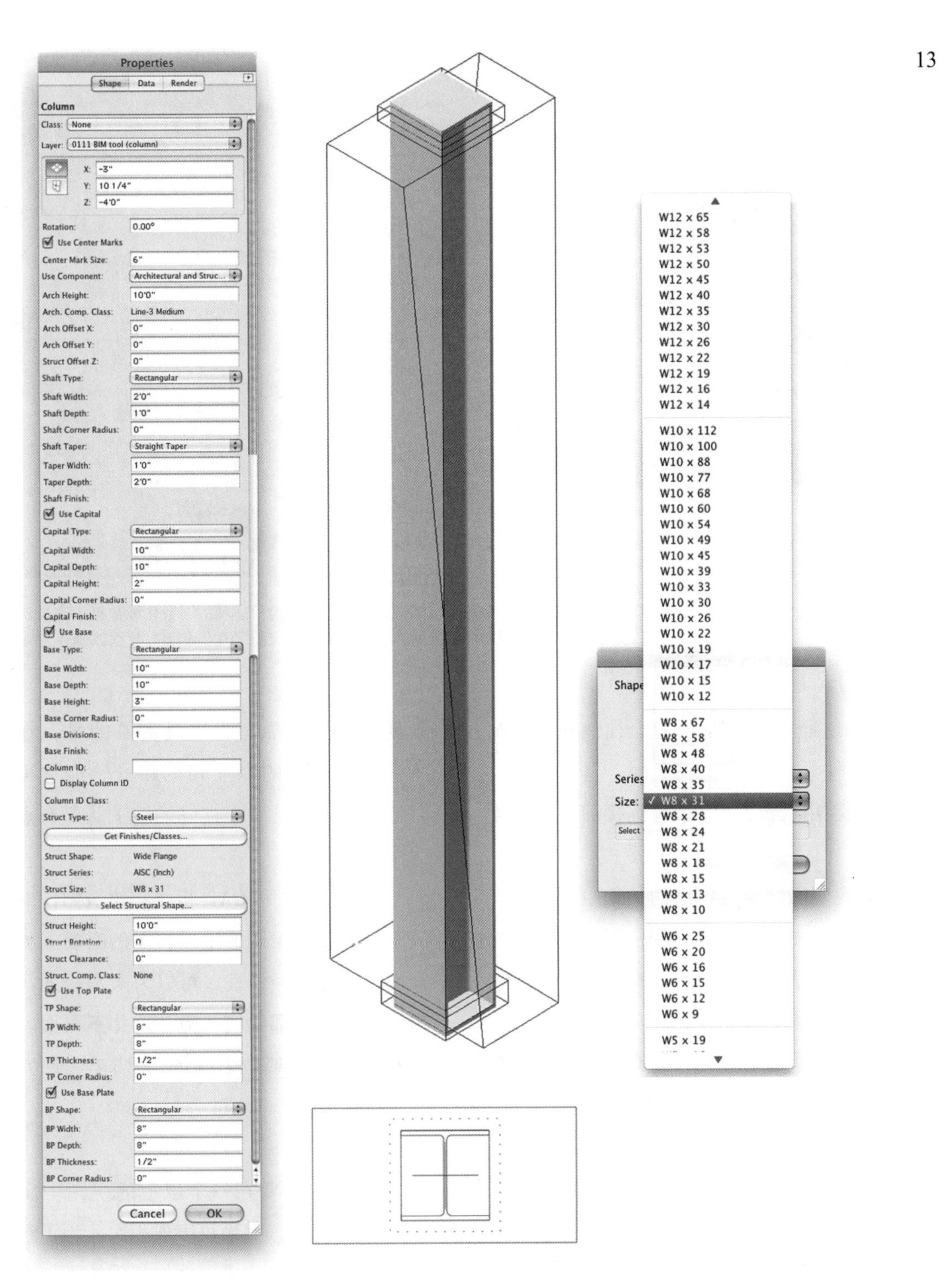

图 1.11　BIM 柱，像墙、门窗、梁、屋顶和基础一样，是由一系列与其性质相关的设置来控制。柱子包含结构或建筑的图形和数字数据

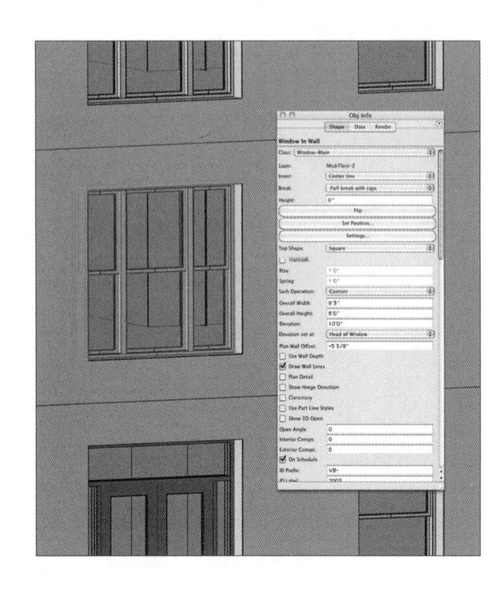

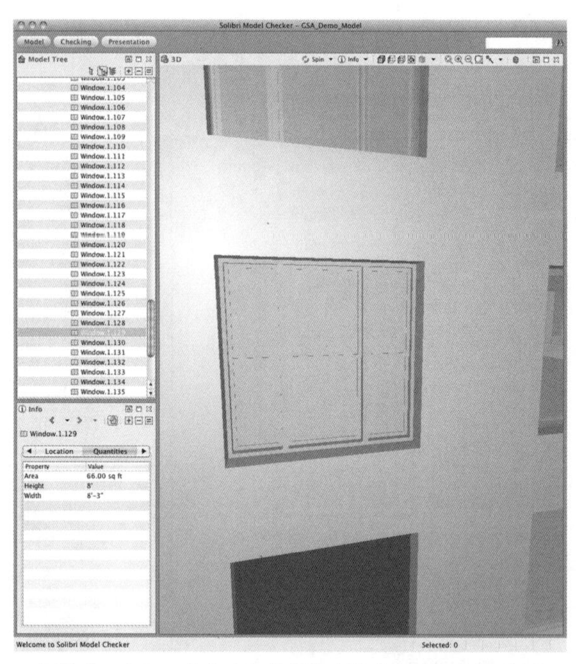

图 1.12 同一个 BIM 对象的两个视图：左边是 Vectorworks 原格式，它是一个完全可编辑的参数化和数据丰富型对象。右边，同一模型导出 IFC 2×3 格式，正在 Solibri 模型检查器中检查。模型中保留了几何和 IFC 数据以确保互用性，但是窗户不再是方便编辑的参数化构件

是最近才流行的）。这个比例从来不画五金件；

□ 扶手用双线表示，支座连接细部被省略。

我们仍然通过特定的抽象绘图惯例设定比例来出图，以便清楚和恰当地传达设计意图。为此，画哪些、省哪些都很重要（图 1.14）。实际上，抽象的过程是建筑文件绘制的基础，对这门技艺的需要现在还没有减少：这个行业目前仍然需要图纸，即使未来也许会变。

在建筑的详图中，需要对图形信息作进一步的提取。详图往往描绘典型情况（可以从中推断类似的情况）、特殊情况或关键情况（图 1.15）。详图不会绘制所有情况，有以下几个原因。首先，即使在一个中型项目中这么做也是不现实的。其次，无论在行业规范或是区域性规范中，许多情况可能是司空见惯的。最后，也许最重要的是，在有些情况下技工的专业知识和经验经常可能会超过建筑师，一个良好的施工队要有点灵活性。

16

然而，BIM 和 CAD 相似，建筑构件的建模有可能超出出图或生成视图的需要。如果只是为了验算经济性，可以为防水板的每个扣件和每一段都建模，但是这并不可取。问题来了：什么该建模，什么该省略？回答这个问题前先做三个测试：

□ 某个特征需要在一个以上的视图中出现吗？可以说，如果只出现一次，为了经济应该绘制而非建模。例如基础放脚，在基础平面和建筑剖面中都会出现。灯具可能只表现在某张图像视图中（照明设计平面），但是它们也会出现在灯具明细表和

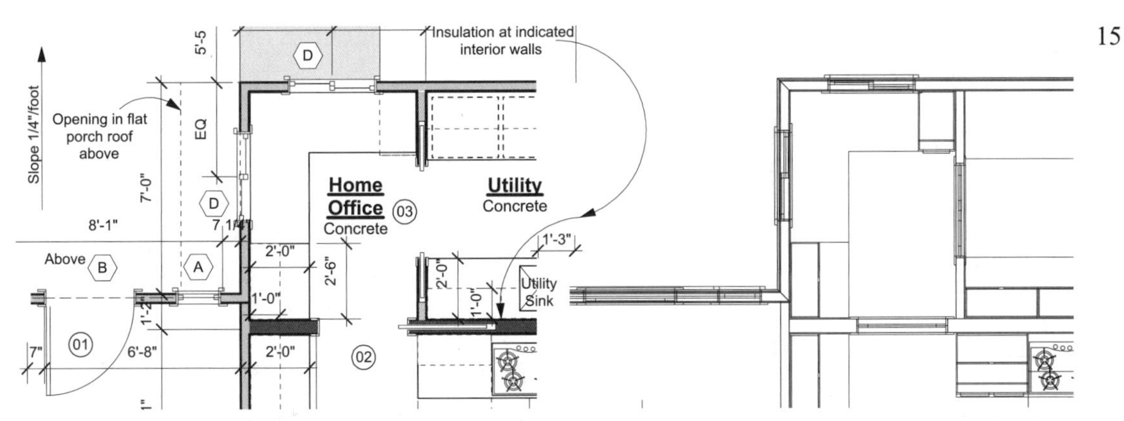

图 1.13　比较 1 ：50 比例的传统平面图（左图）与模型的俯视图（右图）。通常平面图是抽象的，只传达必要信息，没有多余信息。模型视图根据制图规则配置，专业人士期望看到门、抽象的窗口、线型等

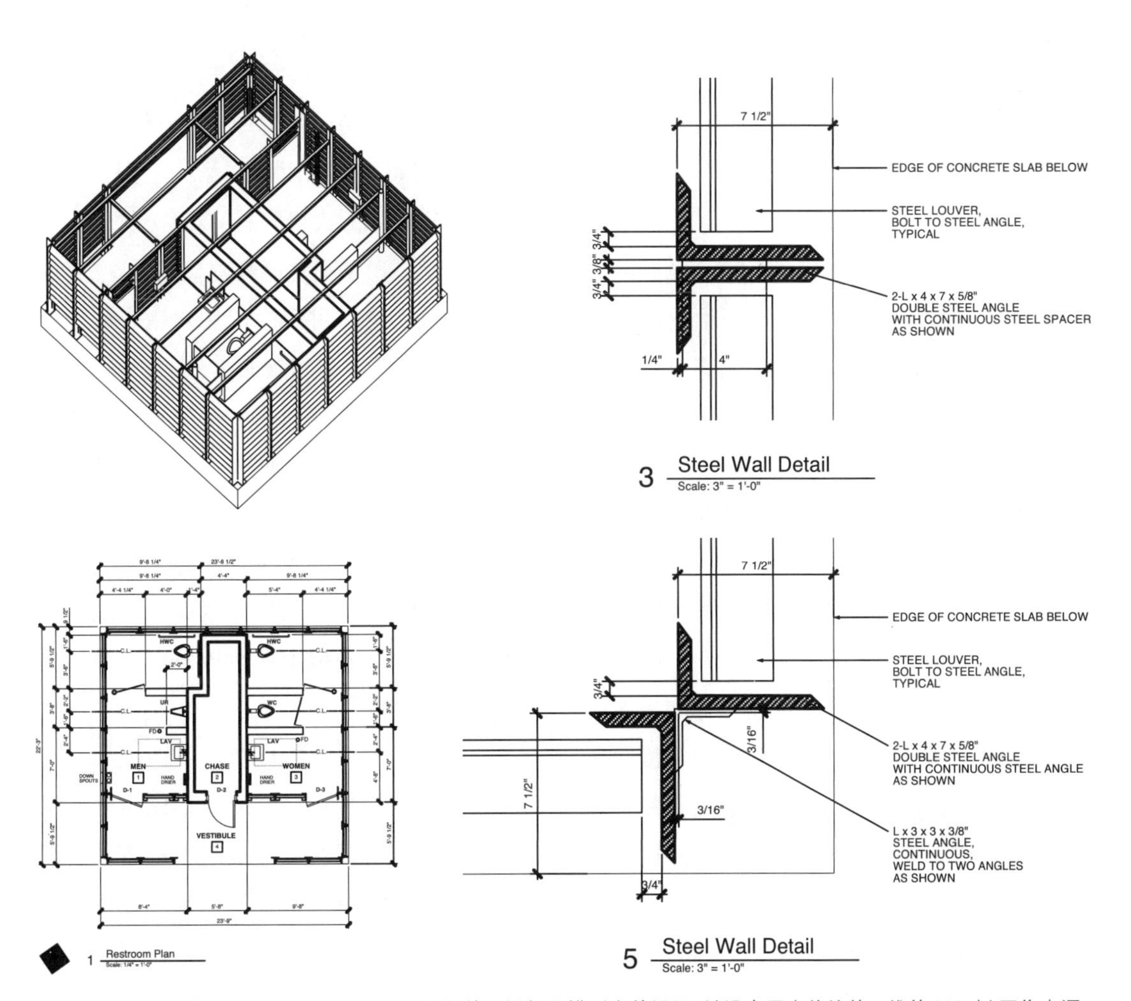

图 1.14　在这个小型 BIM 项目中，每一张可交付的图纸都是模型中的视图；并没有画在传统的二维的 CAD 中（图像来源：limbacher 和 Godfred 建筑师）

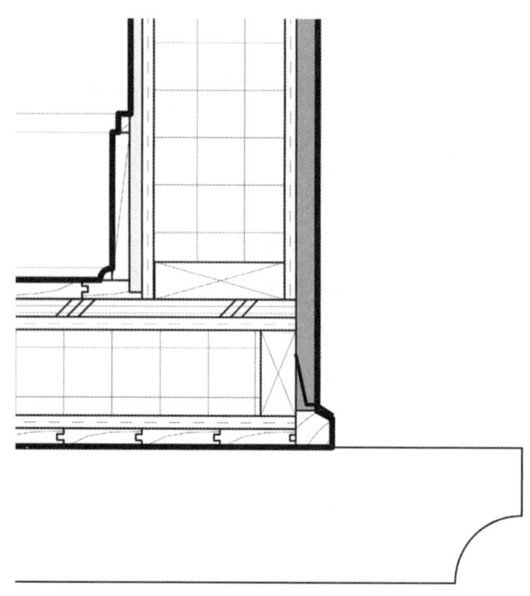

图 1.15 防水板详图是一种很常见的情况，通常会在一套施工图纸中出现，而不在BIM 模型中。本方案是典型的用抽象二维图形来表现细节的案例之一，但并不是所有的细节都用这种方式来表示

一系列性能报告中（动力预算、总照明计算）。一般而言，在多个视图中出现的建筑构件应该建模。同时也要考虑到，构件出现的视图数量可能会随着项目的进展而增加。

- □ 设计师是负责设计还是协调组件？既不用设计也不用协调的建筑构件可以省略。应当是别的专业以后在需要的时候为项目建模。
- □ 分清楚组件是更适合建模还是详细描述？模型表示项目的每个指定部分的定位、布置、数量和范围，设计说明定义安装、具体材料和产品的标准，以及参考的适用建筑规范条文。根据这个标准，石膏板的紧固件可在说明里交代（其类型和间距按照标准选择），但是扶手架不行（图 1.16）。后者需要建模。

当充分满足以上三个标准时便可建模组件。

高效能建筑

建筑性能化设计必然需要定量的建筑数据，因此，BIM 是支持建筑性能的自然而恰当的方法。对于渴望对自己作品的形式和性能有所了解和表现的建筑师，BIM 特别合适。从概念上来讲，BIM 的基本方法是将建筑几何形状和数据动态链接，按照完整的建筑实践以满足建筑的性能标准。

除了个别例子，绝大多数 BIM 应用软件本质上不是性能分析软件。BIM 软件可以进行碰撞检测（冲突检测），或验证是否合乎基本规范（例如，提醒用户在耐火极限 1 小时的墙体上安置了耐火极限只有 20 分钟的门），但是总体上，BIM 不是能耗建模软件。另外，BIM 模型确实常常可以生成用户指定的虚拟建筑的相关报告（表格视图）。

17

因此设计师需要面对一个决定。简而言之，建筑师在设计的早期可以运用成熟的几何关系（经验法或近似法），到后期有更准确的数据后再进行精细建模。第一个是“参数化设计”，另一个是“设计确认”。现实中建筑师可以自由选择以上两种方法，二分法是为了讨论方便而人为产生的。

设计确认有很大的优势，最明显的是这个时候能做到更加准确。此外，这也是必须要说明是否符合建筑或节能规范的方法。另外，验证需要有意义的翔实数据。任何经验丰富的能耗建模专家都会证明，没有准确的数据——例如指定的内部负荷，气候数据，建筑参数——能耗模型非常容易出错。建筑

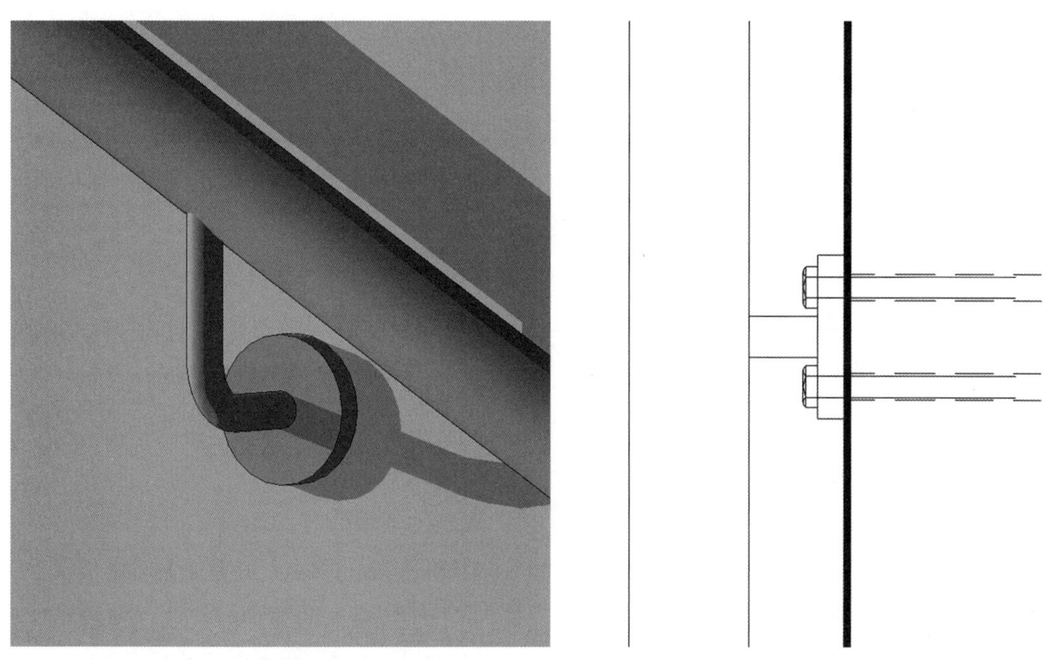

图 1.16　在哪里画线？没有理由对每个建筑组件进行绘制或建模。你可以为扶手的各个紧固件建模，但是给扶手和支架建模，然后在详图中绘制螺栓连接就够了

深入设计前无法得到这些数据。将 BIM 数据导出到专业建模工具当然会得到更精确的结果，但是一旦设计成形了，要做出实质性变动就太迟了。参照上述 MacLeamy 曲线，我们很显然便可看出在设计深化的中后期，设计师在设计方面达到一个临界点，即任何可观的变动都需要巨大的付出（参阅进度延迟，工作时间和金钱）。“往返”是个术语，描述以下过程：导出建筑信息模型到性能化建模工具（例如能耗建模或流体动力学建模），分析建筑能耗，然后基于详细的分析结果，回到 BIM 进行设计修改。甚至“往返”本身，也需要巨大的付出来准备导出的模型，有时由于转换过程中的数据丢失，相关数据需要在性能分析软件中重新输入。由于往返的这种潜在的劳动力密集型特点，同时存在文件格式转换陷阱，导致进入这个流程的门槛不低。最后，绝大多数小型项目不会有精细能耗模拟的费用准备，客户不情愿支付额外的费用，他们会认为设计的对错判断是基本服务。总之，在大多数情况下，设计验证是有必要的，只是详细的能耗模拟建模可能太繁琐、太迟了。

18

另外，参数化设计的目的是将决策与过程一并呈现出来。这需要在一开始便设定建筑的特性。这些设定基于模型的直接反馈被测试和完善。如果设计师愿意，建筑的能耗控制可能成为建筑造型的一种方法。参数化设计应该成为建筑师的有力武器，延伸到客户那里，对建筑技术的选择是通过可靠的试验来确认。

建筑热工设计必须融入设计过程中，从总体到局部，作为设计流程的一个组成部分。近年来热工设计已经拖到施工图设计

阶段才开始……对于被动式建筑来说太迟了——被动式设计的工作必须……在方案设计阶段开始……

我多次提到上述内容来影响学生、客户和建筑师同事。我总是不经意间地引用Doug Balcomb及其同事（他们是《被动式太阳能建筑设计手册》的作者）在30年前（1980年）写下的这几段话。尽管建筑设计行业有了巨大进步，但是这句话在今天却仍有实际、清晰的意义。作为专业人士，我们应该尽早把可持续性设计纳入设计工作中来。下面描述一些可持续性建筑具体的BIM参数化设计战略。读者可以参考相关章节更详细地讨论。

场地指数（第3章）

通过二维轮廓线和三维地形，BIM可以生成由动态数据驱动的场地模型（图1.17）。这类参数化模型可以重新定位和修改轮廓。例如运用分区工具（平整场地或给定坡度的道路），或者使用轮廓线（类似场地设计的传统手法）。一旦建立这样的场地模型，就能报告场地现状和拟建条件，并动态更新。

- □ 净挖填土方量。这对降低工程成本、减少对环境的影响是非常有帮助的。在某些司法管辖区或敏感的地区，土地可能无法从场地上运走。
- □ 建筑的围护结构。大多数司法管辖区对建筑物设有收进限制。在越来越多的情况下，一个建筑最大的围护结构或“外罩”（空间限制）除了容积率（FAR）的限制之外，还受保护条例限制。这种形式限定的规范约束可能相当复杂，取决于现场边界和地形，如果没有使用三维场地模型，就不能切实地分析。BIM场地模型可以大大简化分析的过程。

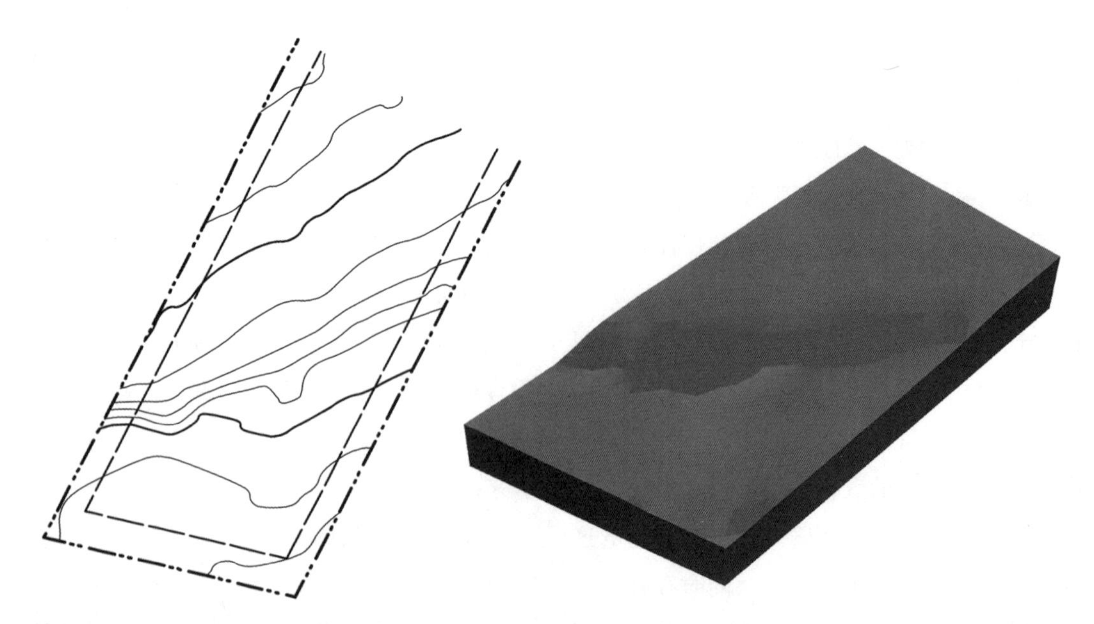

图1.17 可动态编辑的BIM场地模型的两个视图。二维地形和三维实体模型（平滑表面显示）是同一对象的不同视图

□ 边坡分析。净建设用地面积有时是受到过度陡峭的斜坡限制，像水质条例降低了容积率，场地陡峭的部分也是一样。此外，在过于陡峭的场地新建建筑可能是不合法或不可行的。一些 BIM 应用颜色代码表示场地各部分的坡度值，明显标志出可建与不可建的区域。

□ “视域”。一些 BIM 软件如 Vectorworks，可以自动确定从一个给定的点看向场地的视野范围。即使在手动分析的情况下（用户设置一个特定视点的位置和方向），通过理想或不理想的透视建立视域，对于设计方案或者确定太阳方位是至关重要的。

气候指数（第 3 ~ 5 章）

对于气候和朝向的考虑，显然对任何以围护结构能耗负荷为主的可持续建筑的设计都是至关重要的。不仅一般气候条件（或气候分区）对适当的设计反馈有着深远地影响，而且基于太阳几何学和主导风向而确定的建筑朝向，将决定大部分被动式制冷和采暖策略的有效性。甚至在导出到像 Ecotect 软件和 Green Building Studio 云平台里作进一步分析之前，建筑信息模型可以在很大程度上分析这些条件。

□ 太阳研究。研究范围从固定遮阳和阴影效果图（图 1.18），到交互式绘制 1 天或 1 年的不同时间段的阴影效果图，再到导出太阳运行动画的独立文件，还可以设置“太阳视角”视图。

□ 确定采光系数。减少人工照明，提高项目的可持续性，有两方面原因：直接减少电气照明能耗，以及降低照明带来的制冷负荷。采光系数是室内和室外照度的百分比，反映了是否有充足的自然光，与房间的几何形状直接相关。这是使用 BIM 智能模型的又一个机会。

□ 获得主导风。风玫瑰图对大多数地方是有效的。大多数微风的非正式测量可以用图形方式在 BIM 设计文件中表示并且得到适当的设计反馈。

能源效率（第 5 ~ 8 章）

在设计的能耗建模阶段（设计验证）之前，设计师将作出重要的决定，这将不可避免地影响到建筑整体节能的性能（图 1.19）。建筑的长宽比和朝向很大程度上是在体量模型阶段确定的，并对建筑的能耗有很大的影响。显然，并非所有的建筑都可以得到最优化的朝向，原因在于场地和规划分区条例的限制。然而，建筑师有很大灵活性，尤其是在早期的决策中，如果我们了解具体的情况，那将会产生更好的建筑作品。

20

□ 得热和热损失。在美国许多司法管辖区，房屋围护结构是否符合能源法规的要求，可以用美国能源部的免费软件 ResCheck 和 ComCbeck 验算。软件可以计算总的围护结构的热损失，同样也可以计算照明功率的密度和机械系统的合规性。不过，现在还没有通用文件格式，使得 BIM 数据可以直接导出到这些软件中。然而，建筑物总导热系数 *UA*，在 BIM 软件内部可以计算。这让设计师能实时对围护结构系统进

图 1.18 遮阳模型是非常宝贵的 BIM 工具。在这个案例中，玻璃、色彩和材料的质感都被选择性地关闭；参数化模型显示为拉伸的轮廓；漫射环境照明补充了虚拟的太阳光。初看渲染效果可能会被误认为是一个博物馆的实体模型照片。更重要的是它清楚地传达了设计的遮阳装置的有效性

图 1.19 BIM 模型（左）被分为不同区域（右）准备进行能耗建模分析（LEED 认证专家 Justin Firuz Dowhower 提供）

行快速整体修正，使其能源效率满足或优于能源法规的要求。

□ 被动式制冷（通风，蓄热）。根据项目的气候分区，采取适当的被动式制冷策略。对于湿热气候，自然通风最有效。而在干热气候区，更适合绝热制冷和建筑蓄热。这些策略的效率直接由建筑的几何形状和特定的基本气象条件决定，例如环境温度。BIM 可以建立几何关系的链接，计算并返回动态信息，报告不同建筑配置的相对效率。

□ 被动式采暖（太阳方位，玻璃窗，建筑蓄热）。像被动式制冷，被动式采暖策略有效性的决定因素是由朝向和几何形状决定的。方案中有多少南向开窗面积？建筑有效蓄热区是什么？建筑全年的太阳辐射得热量是多少？ BIM 可以轻易回答，并支持优化建筑设计以改进热工性能。

21

有效的建筑水文（第 9 章）

由于各种原因，从节约用水，水的质量和控制侵蚀等方面，建筑对水资源的应对至关重要。BIM 允许用几种方法为这些问题来进行设计：

- □ 雨水收集。尽管当地司法管理区对于饮用水的识别滞后，但是雨水收集却已成为趋势，雨水收集是一个可行性的替代方案，即住宅浪费的水（饮用水）处理后用于灌溉，而且这也是安全饮用水的一个潜在来源。在许多大城市，水利部门是最大的耗电单位，用很多水泵来为整个社区提供加压供水。现在，社区越来越依赖于现场再生水，来供应并支持着社区的可持续发展。正确尺寸的系统组件（屋面排水面积和水箱）使用既定公式并将它们动态链接到合适的屋顶面积及水箱形状是可行的。
- □ 为了适量地表水流动而进行的场地平整。场地模型的不规则的三角网（TIN）分析，就像边坡稳定性分析一样，可以确定地表水流的方向和强度。这样对地表水流的研究，不仅有助于建筑周围正向的排水，而且这样也防止了水无意中流入相邻的区域。
- □ 屋顶、雨水沟和落水管的大小。雨水沟的尺寸和落水管截面积和数量的确定，同样地，要受到基本的气候数据和屋顶面积的影响。屋顶绘图或建模，是根据建筑模型中各种元素之间的关系来确定的。

废物流（第 10 章）

一般，在建筑物的正常使用周期内，运营成本大致将超过建设成本 10 倍。因此减少建筑运行对环境的影响是合乎逻辑的，应该是任何可持续设计的一个优先事项。只要有可能，材料使用（和因此产生的成本）也应减少，特别是当这种减少能导致运行效率的提高。

- □ 通过替代性建筑技术，减少垃圾。实木框架在美国已经被广泛使用（虽然在其他地方是罕见的）。森林管理委员会（FSC）将森林和木材认定为可持续的再生资源。即使如此，如果材料被合理地使用，那么物化能源、运输和处理成本将减少。框架技术尤其是先进框架不仅使用较少的材料，而且也避免了“外墙清洗”和其他支模的条件。BIM 可以在一个特定的项目中通过定量比较建立传统的和先进的框架，以便更好地确定后者的成本效益。虽然有些 BIM 模型可能是单元计量建模，但是总体测算也可以帮助建筑师作出适当的决定。
- □ 准确动态的算量。BIM 软件不必为墙体上的每个单独组件建模（个别 CMU、每根木材、胶合板的张数等），但它往往抽象地表示组件（砖砌烟道、板墙厚度、盖板层次等）。一些应用程序允许建模和报告每一个单独长度的框架木材（例如 Vectorworks 的墙框架和屋顶框架模块就是这样的）。一般抽象的估算便足够了，这种估算是限定一种特定材料的区域估算而不是构件估算。不管有还是没有专门的模块，BIM 皆可以生成这些报告（图 1.20）。

22

图 1.20 BIM 模型在被分解之后，墙体连续的主体结构也被改变，螺栓、过梁和砌块也都分离了。根据用户参数化的框架构件尺寸和间距，屋顶也被框架化了

23

■ 案例研究：得克萨斯州丘陵地区月光牧场

设计：Francois Levy

设计公司：Mark Winford 和 Francois Levy（Mosaic 工作室）

客户：Jan Gauvain and Stanley Tartakov

几年以前，我和当时的合作伙伴设计了一个私人的住宅（图 1.21），它在得克萨斯州中部丘陵地区的温伯利镇附近的农村——10 英亩的滨河场地，从奥斯汀开车有 40 英里的路程。我们的客户有高度的艺术感受力，在这个地区徒步和露营了许多年，并且在委托我们的前一年收购该物业。基于她的经验，她希望能拥有一个地道的家，能够与周围环境结合，并提升自己对于大自然美的体验。8 年前，以前的房主将一个 19 世纪的两室小木屋搬到场地内(图 1.22)。这座建筑以其内部的石膏板最有特色，逐渐地成为基本元素。

24

设计的目的

我们建议客户将木屋所在的场地搬迁到布兰科河附近的交通线上。历史性的木屋构成新房屋的两个房间，结构设计的支撑物环绕在它的周围。在那个位置上，新房子通风良好，人们可以眺望下面河岸上的草地，那片草地也是她未来的花园。

我们在两个相互矛盾的设计主题中发展了这一思想。一方面，我们把该项目

图 1.21　从南面来看这个项目。屋顶的弧形屋脊创造了复杂的曲面外形，使用 BIM 能更容易地分析和表现。注意台阶后面可以看到原来屋子的一部分，硕大的悬山顶很好保护着它（@Paul Bardagjy）

图 1.22　原来的木屋结构被优先迁移并整合在新的房子中（@Paul Bardagjy）

图 1.23 项目总平面图，显示了加顶盖的蓄水池与场地地形的关系以及室内的空间布局（建模：作者和 Mark Winford，美国建筑师学会会员）

设想成一个“村子里的空间”，每个房间和其他房间的连接是通过不同的形式和材料来进行区分的（图 1.23）。在这个基础上，大多数的房子将会是“一个房间的进深”，并且大多数房间都会从三个方向来获取自然光。此外，我们设计了一个金属波纹的庇护屋顶，来隐喻遮蔽的历史小屋与组合的空间。这种船型的屋顶形式与潺潺的布兰科河协调，而且也照应了附近的得克萨斯州中部的圆形山丘。圆柱形的树干轻轻地支撑着拱形脊柱的屋顶，灵感来自生长在布兰科河岸以及堤坝上高大的柏树。

我们的设计还包括了一个高大的景观塔，创造了一个戏剧性的观景平台。主导风、温度可以通过荫廊由观景平台和热烟囱自然地双向排出。收集的雨水会被存储在房子下方挖的一个覆盖池里。我们的建筑就是要最大化地暴露于适当的自然光下，扩展场地的视点，并且创造一个自然通风的机会。这个设计展现和推崇这些天然的被动式系统，使它们具有更清晰的教学意义。

BIM 解决问题的方式

这里也存在着几个挑战，BIM 方法帮我们解决的并非全是技术问题。在概念设计的开始，该项目的预算并不能确定。我们早在项目初始阶段，甚至在初步绘制草图之前就已与业主有了交流。随着概念设计的不断深入，客户和建筑师的设计目标可能是不同寻常的，而且也超出这个偏远地区的许多当地建设者的经验。因此，从一开始，我们就谈妥了费用结构，与典型费用结构相比这种结构更偏重与施工管理（CA），相对降低了施工文件的费用，比 CA 减少了 20% 的费用（结果，我们最终的总费用低于我们公司的典型模式费用）。作为设计师，我们的期望是提供容错性好的施工图集。这种图集内部有设计公差，这样如果在施工不准确的情况下也不会太过明显。这样的费用安排是偶然的，在不牺牲设计和文档的质量的情况下，鼓励我们利用 BIM 在设计和生产上的优势去完成项目（图 1.24）。

26

项目中非正交和复合几何形会被作为挑战构建一系列二维图纸的形式。屋顶的形状是特别具有挑战性的：弯曲的脊梁和水平的圈梁创造了双曲抛物面的表面；每对直椽和相邻的椽子都被设置成不同的倾斜度。对结构建模使我们能够验证它的可实施性，以及理顺椽间隔和对称性，尽可能多地减少建设过程中施工者的数量。

图 1.24　BIM 模型所绘制的草图。10 年前所完成的项目，在项目早期使用 BIM 是解决定性和定量设计决策的关键（建模：作者和 Mark Winford，美国建筑师学会会员）

27

图 1.25 弯曲的屋顶所形成的庇护场所是既封闭又开敞的空间，这都是用去皮后的成熟橡树做成的。三维曲线形式的相互作用所产生的复杂几何模型比二维图纸更直接，也更准确（@Paul Bardagjy）

对这样一个屋顶的形状，而且墙上还设置了非正交的柱网格，用二维图纸来构建室内的立面，这将同样是费时间而且容易出错的。在这种情况下，用三维屋顶模型拟合 BIM 墙体就显得相对简单了。室内的立面图很容易就能从合适的墙体上来获取。这也同样适用其他高架结构和剖视图：三维模型所导出的图纸比二维图纸能够更容易，并且更准确地推导出建筑的立面图和剖面图。

所有的期望来自她与该地区深厚的联系，我们的客户感兴趣的是该项目所强调的可持续系统是切实可行的。重点是为可持续性系统推荐一个智能的三维模型分析方法，来推导和验证我们的设计决策（图 1.25）。在这种情况下，有多次机会让 BIM 在设计过程推进我们的绿色议程。

几英里之外的发达地区水井逐渐被钻得越来越深，而更深的消费压力拉低着本就匮乏的地下水位，我们都强烈地意识到了未来的水资源问题，这是相邻地区的发展可能会带来的影响。因此我们项目的选择中包含了雨水收集系统，并为各种不同水池的设计提供了透视效果图，从离房屋不远的单一的低位水箱到由小水箱形成几个阶梯状的阵列。在我们的研究中，我们已经确定，储水箱的成本大致相当于同等大小和数量的水池；所有的解决方案都是大约每加仑的存储量 1 美元。所以我们决定用储水箱作为建筑的基本特征，把水箱的尺寸与屋顶设计相关联，得益于我们可以快速地查询屋顶平面的总面积，还使用它来确定水池的几何形状。结果，我们可以很容易地在确定屋顶面积的同时，决定雨水槽应该是排水还是集水（第 9 章论述的是 BIM 的建筑水文：屋顶集水面积和雨水收集的设计）。

28

对于太阳的研究，我们的模型允许我们来验证在一年中不同时期窗户的阴影变化，我们可以调整窗户的位置和大小（BIM 中的太阳能模型的深入讨论见第 5 章）。即使有粗糙的树的模型，我们也可以在裸露的窗口上建立阴影模式，如西南方，面向餐厅的窗户。同样地，倾斜的视线可以在三维中通过模型从高向低看，在一些情况下，这能帮助我们改善窗口的位置。

由于气候的原因，房子的被动式制冷是通过自然通风来实现的（见第 6 章）。景观塔兼作太阳能的烟囱，而且上层的吊顶我们使用了开放式格栅，这就允许向上的空气运动和光渗透到塔的内部。由于烟囱效应，热烟囱中的气球速度取决于空气出入口尺寸、高度差和温度差。随着设计过程推进，在这种关系中所有的几何信息，包括窗口的高度和孔径大小，都很容易地在 BIM 模型中确定。根据目前业主的报告，热烟囱是非常有效的，除了得克萨斯州夏天最热的几天以外，房子的制冷效果都好。

在国家公布的 2001 奥斯汀美国建筑师联合会家之旅热门目的地中，多亏了某个非凡的客户给出的设计创意、可持续发展计划和施工限制条件，月关牧场在很大程度上是成功的，我相信如果当时我们公司没有使用 BIM 的这一设计过程，这个项目也将是不可能实施的。

第 2 章

设计软件

阅读本书的读者可能会面对建筑实践的制图（这里也包括 CAD 制图）到 BIM 的转变，也会有一个自我心理的评估。在第 1 章中，我们列举出了将 BIM 作为一个设计环境特别是对可持续设计支持的令人信服的论据。显然 BIM 并不是普通认识上的脱离设计并与建筑关系不大的生产工具。建筑师常常认为工具或者方法是独立于最终作品的。其实，这种想法与真相已相去甚远。看看过去十年来伦敦建筑风貌的变化，数字化生产方式对建筑形态产生了深刻的影响（图 2.1）。

本章我们将讨论由于软件选择带来的建筑问题。有些与可持续设计有直接关系，有些是更常见的建筑实践，但是这些建筑实践要么非常重要，无法逃避；要么虽然常被忽视，但却值得考虑。在第 11 章，我们将回到这些话题，例如 BIM 的团队协同能力，建筑师与其他咨询工程师之间协作等。谁来使用设计、分析和施工软件，或者全用。

BIM 软件

假定工具论成立，那么什么是您正确的工具呢？软件商的市场部一定会给您一揽子解决方案，将他们的优秀产品介绍给所有的设计公司，实际上，所有的 BIM 软件都有长有短。使用者要根据公司的实际情况，规模、项目类型、设计方法、信息技术实力、硬件软件水平、甚至企业文化，扬长避短地加以选择。下面的讨论不是要列出功能对比表，而是想勾画出未来的 BIM 使用者应该考虑如何选择软件平台的主要问题。软件和培训投入大，不可轻易决定。一旦建立了公司的软件标准，技术惯性就会为软件变革带来挑战（图 2.2）。

本书讨论了绝大多数 BIM 软件共同的策略和工作方式。为了面向所有的 BIM 技术人员，不管他们使用什么软件，本书不会讨论个

图 2.1 近年来伦敦城市建筑清晰地显示出设计工具和建筑技术与建筑的关系。罗杰斯的伦敦劳埃德大厦可以说是第一座数字化设计建造的大型工程。今天，福斯特的伦敦市政大厅工程如果没有复杂的 BIM 和结构分析软件就难以想象（图片来自 Gregory L. Brooks）

别功能和命令。虽然不同的BIM软件各有特色，各有高招（图 2.3），但是 BIM 软件的主要任务大体相同：

- □ 创建建筑模型
  - □ 使用可定制的库（参数），预设工具，解决常见的建筑技术和条件
  - □ 通过相应自动化的潜在损失，采用非标准或不寻常的条件或建筑技术

30

- □ 嵌入默认或用户自定义的模型构建数据来呈现各种性能参数，例如：
  - □ 单位成本
  - □ 热工性能
  - □ 朝向和相对或绝对的空间位置

- □ 模型的准确视图，包括：
  - □ 正投影图，如平面、剖面和立面
  - □ 轴测图（包括等轴测图和正轴测图）和透视图，多种视觉效果，如消隐、光影、填色和真实渲染
  - □ 图表视图，包括默认和用户报表、数据表和材料清单等

BIM 无论是在社会现象还是技术层面都发展迅猛，因此软件商在响应和推动这场变

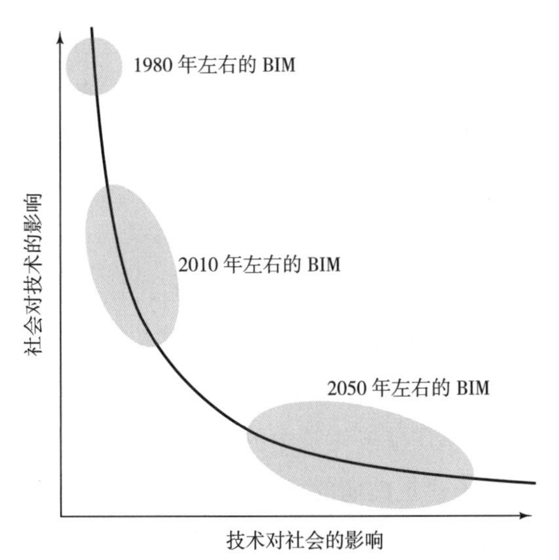

图 2.2　Thmas Hughes 提出了“技术惯性”一词，“技术惯性”描述了根深蒂固的社会结构中的变革过程，同样适用于 BIM 技术（作者重新绘制了 LEED 认证专家 Justin Firuz Dowhower 的图表）

革。绝大多数的软件版本周期只有一年，须应对市场和用户的压力，不断改进或补充新的功能。如此快速的技术更新，软件手册的寿命也缩短到一年左右。策略指南不得不站在更高的角度。

很少案例只涉及一个或几个 BIM 产品，重点是发现 BIM 软件的问题所在。案例的选择是努力照顾不同的 BIM 软件，从而呈现并强调其工作流，避免拘泥于软件本身或工具和命令。作者本人最早使用的 BIM 软件是 Vectorworks Architect。

读者可以参考 Eastman（2008）的研究，对比许多 BIM 工具，有一些是针对大型企业和工程项目的。

有两个与此书有关的软件将会在此重新提及，即 ArchiCAD 和 Revit Architecture。另外，一个被中小型企业所广泛采用的 BIM 软件——Vectorworks Architect，被 Eastman 等所遗漏，下面也会详细讨论。

ArchiCAD

作为第一个 BIM 软件（在这个术语被提出和广泛流传之前），ArchiCAD（图 2.4）

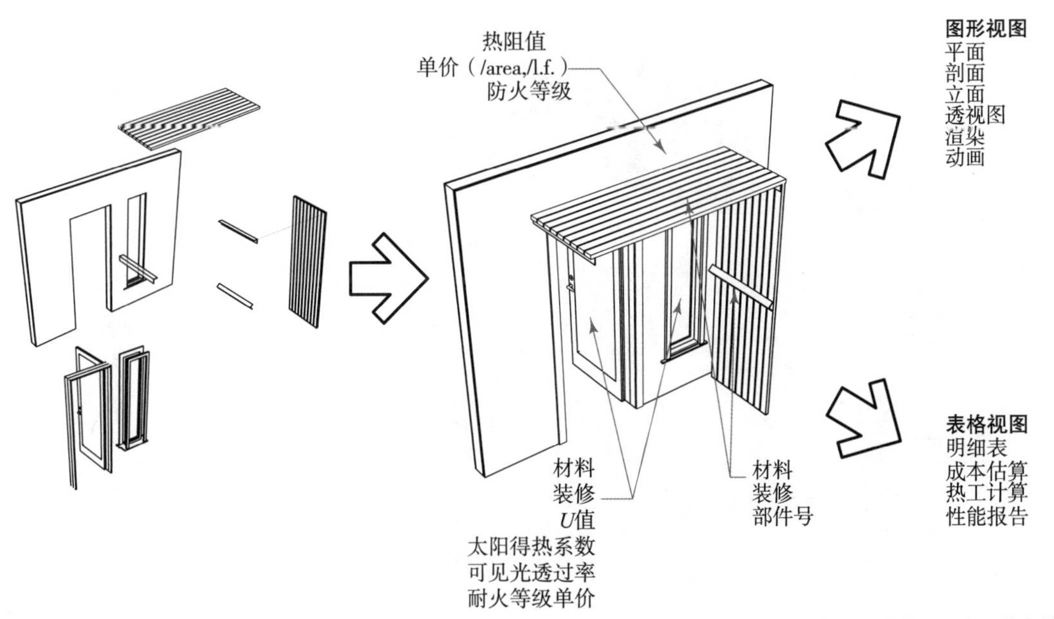

图 2.3　简而言之，BIM 通过虚拟建筑将不同构件间的前后关系组成一个整体模型，构件具有默认的或用户定义的参数，因此视图和表格是准确的。

长期以来一直可以在 Macintosh 和 Windows 平台上运行。虽然很难说出准确的数字，但在世界范围内大概有 10 万活跃用户。如同 BIM 的其他软件一样，ArchiCAD 的文件包含了一系列的模型（ArchiCAD 将之称为“虚拟建筑”），这些模型可用于提供各种视图。还有一项长期以来深受设计师欢迎的功能，即动态实时剖切，通过此功能，设计师可实时地将一个平面拖放到模型中并看到剖切面。在该软件的最近的几个版本中，还实现了多方向剖切的功能（例如，可以实时垂直地剖切横截面）。

在编辑此书的时候，该软件的版本是 ArchiCAD 15，但从 ArchiCAD 13 开始，BIM 就开始提供服务器功能，通过这种集中化的数据库方法来管理文件，可使团队工作更加便捷，他们只需有效地将项目的各个部分分配给需要授权访问的团队成员即可。数据库中只有被修改过的部分才会在网络上传输，从而可以大大加快模型的更新，并可有效避免数据冲突。

值得注意的是，本书中的讨论还包含一个额外的插件模块——EcoDesigner，该模块在 ArchiCAD 12 以上的版本中都存在。ArchiCAD 虚拟建筑中的数据可为设计师提供关于建筑性能的重要设计反馈（图 2.5），而如同本书中描述的一些其他方法一样，EcoDesigner 的某些经验法则适应于上述数据。虽然该软件不是一个全面、成熟的能耗建模器，但是其仍可提供一些早期可用于决策的建筑能耗性能的设计信息（图 2.6）。读者们可在互联网上找到关于该程序的一

图 2.4 匈牙利布达佩斯弗洛斯马提广场 1 号工程，使用图软公司的 ArchiCAD 软件（建筑师：Gyorgy Fazakas，顾问建筑师：Jean Paul Viguier）（图软公司提供图片）

33

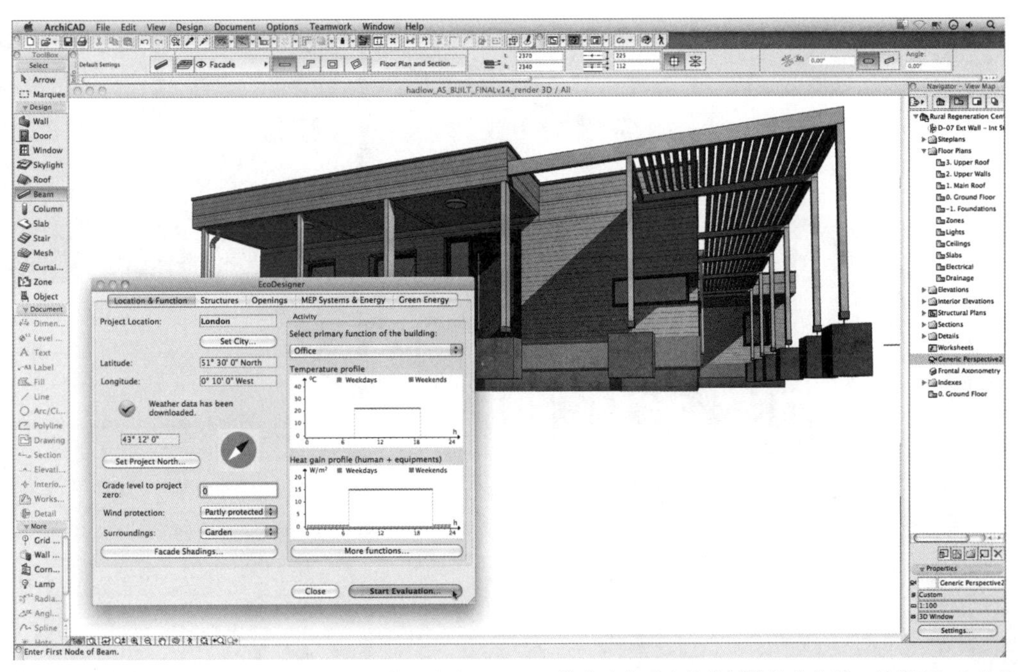

图 2.5　ArchiCAD 的可选插件 EcoDesigner 可使用户在 ArchiCAD 软件内实现建筑能耗的基本分析。虽然不如专业的能耗仿真程序那样专业，但 EcoDesigner 仍可让建筑师在设计的早期就作出一些定量的决定，因为此时关于能耗的定量决定是非常重要的。此处以第 6 章中的哈德洛学院乡村再生中心的方案为例进行分析，不考虑其具体的位置、用途及入住时间等因素（James Anwyl 提供图片）

些综合性评价。[1]

Revit Architecture

得益于 AutoCAD 在计算机辅助绘图中的广泛使用，Autodesk 的 Revit 作为 BIM 中最常用的程序而广受好评。因此，就像学生和非专业人士常将 CAD 和 AutoCAD 混为一谈一样，BIM 和 Revit 两个名词也常被混用。不过，一些市场份额的调查似乎得出了不同的结论：例如高德纳公司在 2007 年的一份市场调查报告中指出，相对于 55% 的用户使用 AutoCAD 的（可能包含 AutoCAD LT）和 15% 的用户使用 Vectorworks（可能也包含了其所有的企业版本），仅有 7% 的 CAD 用户采用 Revit。Revit 用户约有 40 万，其中一部分是小型企业，其主要承担一些以外围护结构能耗负荷为主的设计项目。

毫无疑问的是，作为一种生产工具，Revit 拥有广泛、完善的功能和工具（图 2.7、图 2.8）。跟很多 BIM 的应用程序一样，Revit 很少被视作为一个设计环境。然而，正如我的一些从事建筑研究的同事所发现的那样，Revit 中一些看似平常的工具也可能用于创造一些非常有趣的设计。

以下两点特别值得大家注意：

34

- **自定义族。**Revit 族均为参数化对象的 3D 模型，模型中的各种尺寸可被数控并且可

1　软件的评论参见以下网址：http://www.aecbytes.com/review/2010/ArchiCAD14.html; http://www.aecbytes.com/review/2010/EcoDesigner.html; and http://architosh.com/2008/12/product-review-graphisoft-archicad-12/.

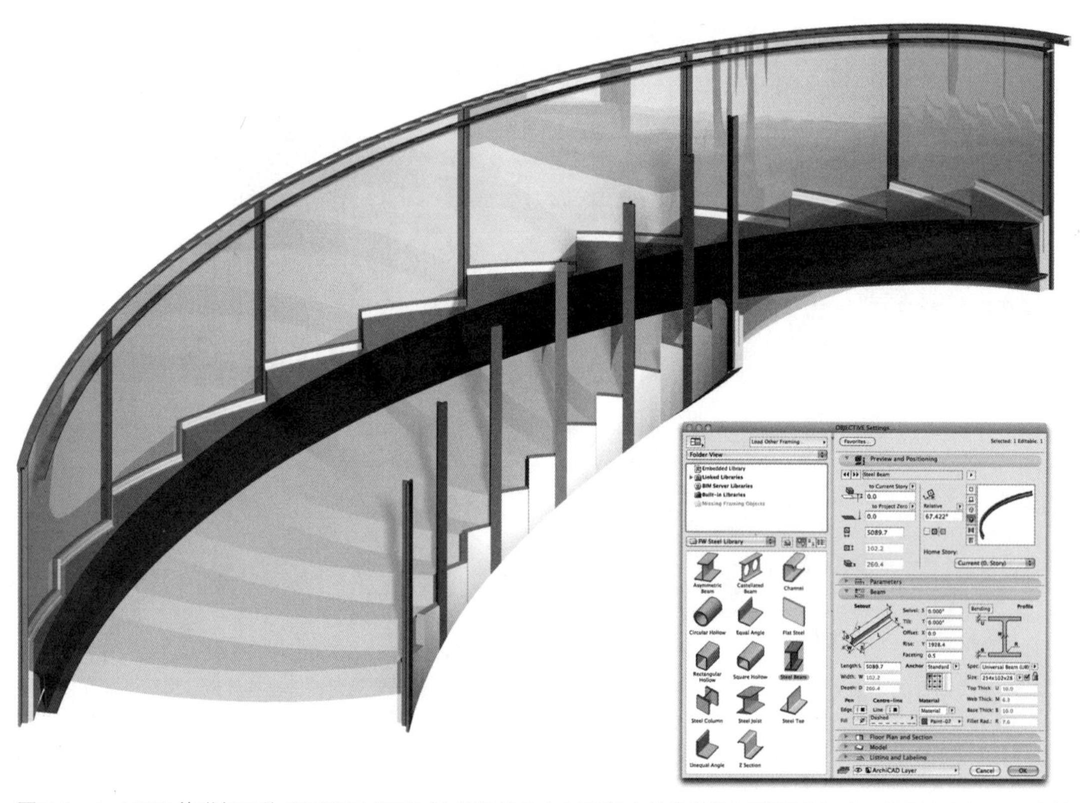

图 2.6 ArchiCAD 的附加组件 OBJECTIVE 可在 3D 建筑组件中提供很广的参数控制范围（Encina 公司 Ralph Wessel 提供图片）

根据用户的输入重新定义。类似“族”的功能，ArchiCAD 是图形设计语言（GDL）；Vectorworks 包含插件对象（PIOs）。Revit 附带了很多族，从柱子到窗户都有。不过，更好的是，用户可相对宽松地自建参数对象。例如，垂直的遮阳设备可以如同深度与高度成比例的拉伸面来设计。

- □ **幕墙工具。**如其名字所示，该工具可用于幕墙系统的设计、建模和存档，尤其可用于描绘铝型材幕墙系统。然而，为了给设计师在数量、间距和边框等方面提供更大的设计灵活性，Autodesk 提供了一款功能强大的设计工具。一些设计师通过该工具对带有可重复元素的外墙进行了参数化研究。例如，David Light 就描述了他如何利用该工具设计出一种幕墙，其灵感来源于建筑雕刻家 Erwin Hawer（实例见本章末）。Revit 中可相对轻松地参数化控制“幕”墙的子部件，由此可能为建筑的设计和测试带来极大的益处，例如双层表皮的幕墙或者虽然能避免眩光和热吸收，但采光效率却极高的遮阳幕。

据说，Revit 的用户中很少有人会充分利用所有上述工具，这无疑是很大的遗憾。

类似于 ArchiCAD，Revit 现在也提供基于服务器的文件管理方法以便于团队协作，并于近期引入了概念性能耗分析（CEA）。与本

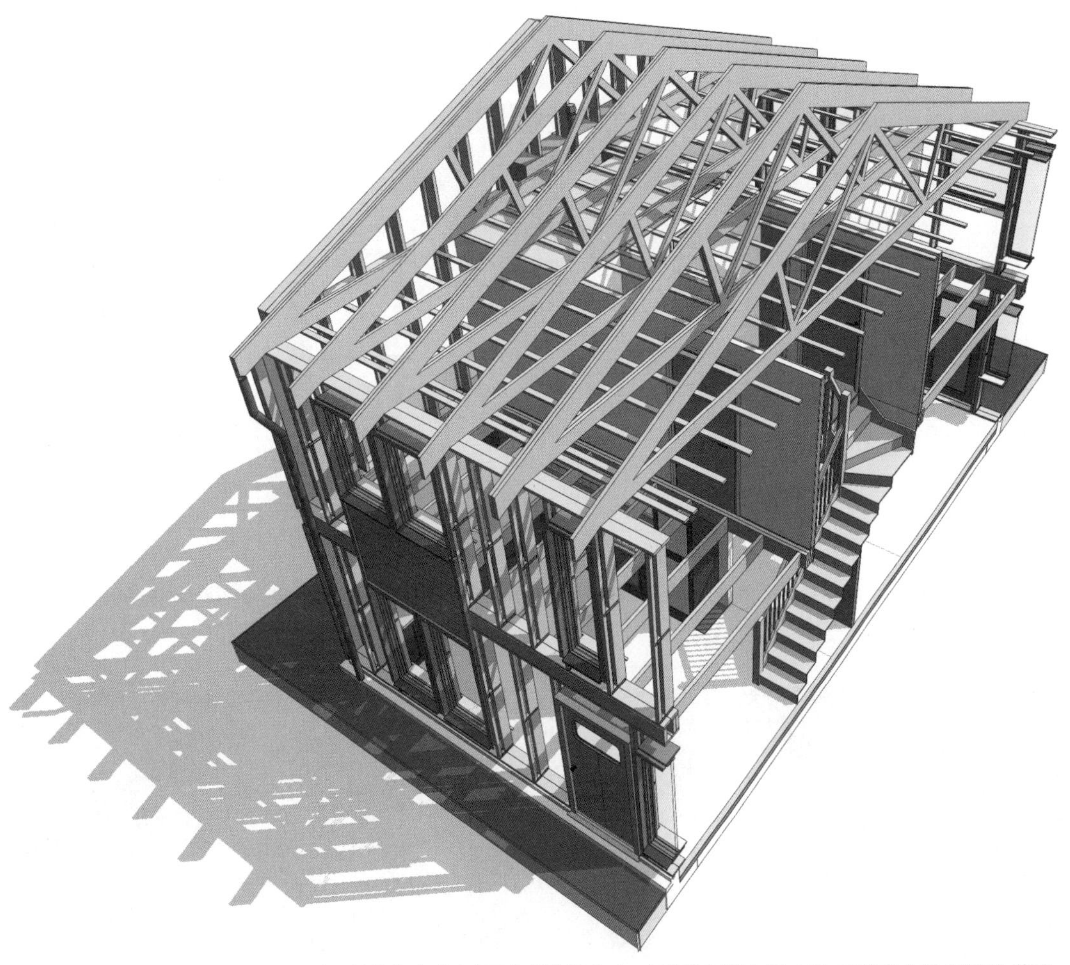

图 2.7　Spacehus 是一座满足英国《可持续住宅法案》要求的独栋住宅，它建造周期少于 4 周，且花费少于 150000 英镑。该项目完全基于 Revit，且模型通过 Navisworks 建造和组装（英国 space architecture 提供图片）

书前面描述的类似，CEA 也是在体块模型阶段就开始进行基本的能耗分析，从而使设计师可以在设计过程中进行定量的评估。

Vectorworks

Vectorworks 2012 已于近期登陆 Mac 和 Windows 两大平台（图 2.9）。该程序于 1985 年推出，最初是作为一款基于 Mac 平台的 CAD 程序发布的，即 MiniCad。从发布于 1993 年的 MiniCAD+ 4 开始，该程序融合了 2D/3D 的墙体、屋顶和地板等，满足了 BIM 应用的基本定位。其在全球范围内共有超过 45 万名用户，其中约有 1.1 万名 BIM 用户是在美国企业工作，六个或以下许可证的企业。Vectorworks 拥有完善的 2D 绘图和 3D 建模功能，且拥有一些特定行业专用的版本：

37

- □ Architect（建筑、工程、建造或 AEC）
- □ Landmark（景观和场地设计）
- □ Spotlight（剧场及展示设计）
- □ 机械设计
- □ 基础设施（非行业专用版本）

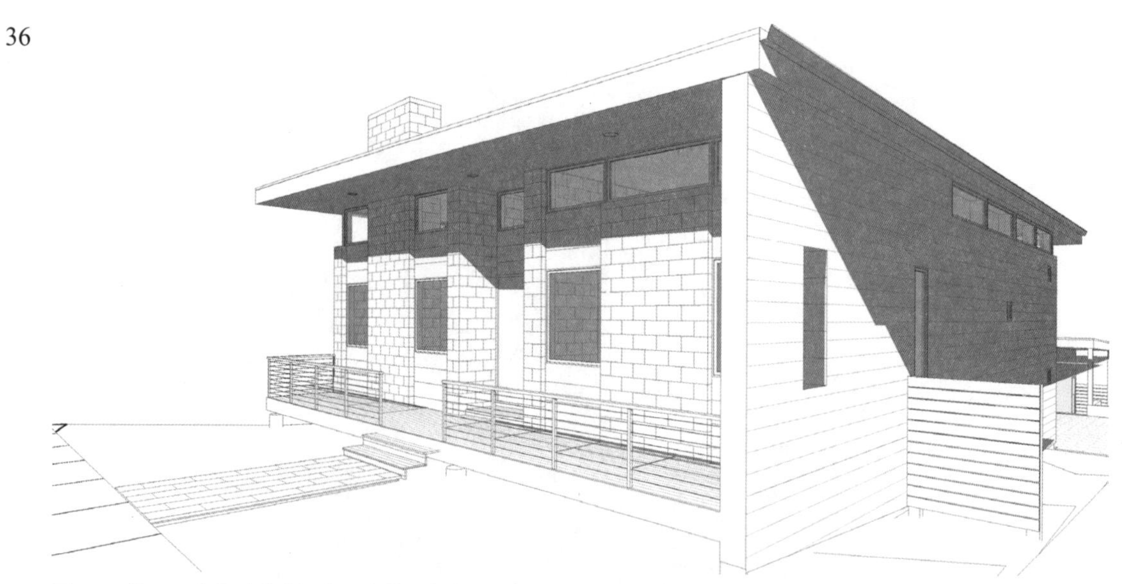

图 2.8 基于西方设计建造标准建造的华盛顿公园游客之家是采用 Revit 设计的住宅项目。BIM 在其中的设计、开发和项目可视化等方面发挥了重要作用（West Standard Design Build 提供图片）

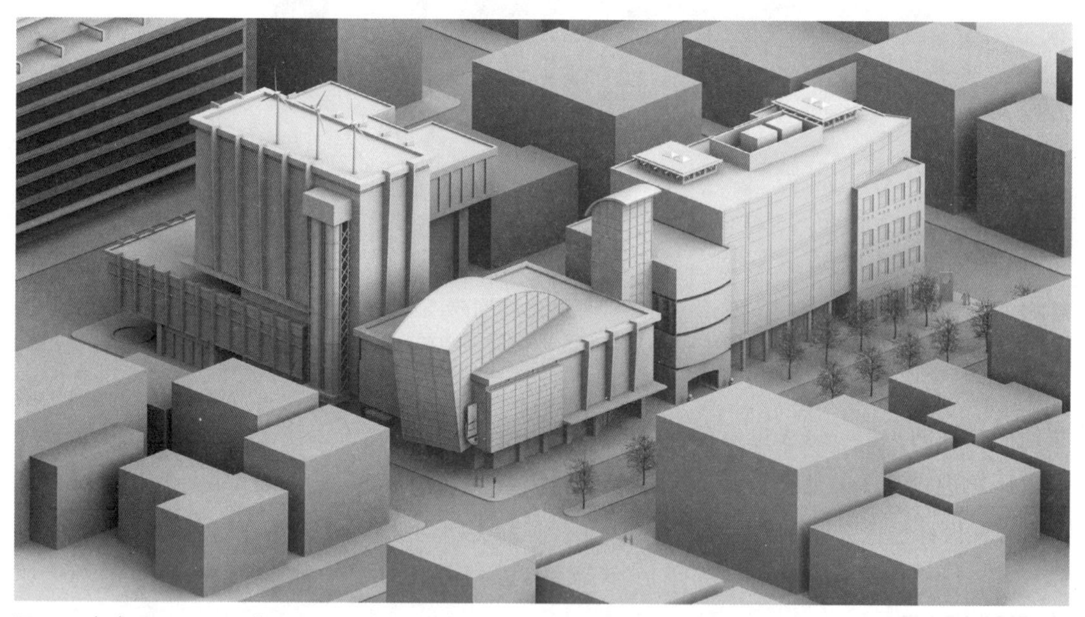

图 2.9 包含 Renderworks 的 Vectorworks 可以胜任从草图到成品过程中各种高质量的渲染样式。该图片中建筑模型刻意去除了材料质地和颜色，而使用了高清晰度成像（HDRI）的背景以取得一种博物馆级的渲染效果（Wes Gardner 提供图片）

□ Designer（含所有专业工具、命令及对象）

上述工具可独立使用，亦可添加到基于 Cinema4D 的扩展渲染引擎 Renderworks 中。

Vectorworks Architect 是一个功能完整的 BIM 创作环境。其所有版本均包含行业相关的参数对象，并且，借助于西门子的产品生命周期管理（PLM）参数化实体内核，其还能够支持自由样式布尔建模和非均匀有理 B 样条曲线（NURBS）建模。用户自定义的数据可添加至任何对象当中，并能通过内置的电子表格进行操作，此外，多数内置的参数对象在默认情况下包含有数据。借助于 Vectorworks 提供的灵活的几何工具，用户可任意建模，添加完整的 BIM 数据集，并将该 BIM 模型按 IFC 标准导出。这使得 Vectorworks 成为 BIM 的各种创作工具中最具设计灵活性的工具之一（图 2.10）。VectorScript 是一种类似 Pascal 的内置编程语言，高级用户可以借此创建参数可自定义的 2D 和 3D 工具。此外，还有一个软件开发工具包（基于 C++）供第三方开发者使用。Vectorworks 还包含数据丰富的对象库，可广泛用于各种行业产品。其导出格式包括文本数据表、DXF/DWG、EPix/Piranesi、EPSF、图像文件（如 JPEG 和 PNG）、PDF、WMF、VR 对象及 VR 全景图、VectorScript、DIF、SYLK、Parasolid X_T、IGES、SAT（ACIS 3D solids）、Strata、STL、KML、SketchUp、DOE-2，以及关键的 IFC 2×3。Vectorworks Architect 是 GSA BIM 兼容软件。

38

优点

Vectorworks Architect 是 BIM 应用程序中可在 Mac 平台运行的两款应用之一。虽然它属于一款 CAD 应用程序，然而多年来它一直包含一个独特的 2D/3D 混合环境，从而既能够进行基于数据的建模，也能进行常规绘图，还能够用于 2D 展示。因此，它可称作一个“一站式平台”，即能够在一个应用程序内提供完整的绘画、绘图、建模、数据和展示功能。该软件的成本低于其竞争对手的一半，

图 2.10 Vectorworks 是一个通用 CAD 平台，Vectorworks Architect 是一款 BIM 创作工具，在 Mac 和 Windows 系统上均可运行，因此广受中小型企业的欢迎（Wes Gardner 提供图片）

且不采用订阅模式（即用户无须每年定期升级，不过近期该程序的开发者Nemetschek Vectorworks向其美国和部分欧洲用户提供了订阅服务）。其3D布尔和NURBS功能可对几乎任何对象进行建模。Vectorworks symbols的记号功能提供了一种用于创建自定义对象的灵活“动态”解决方案。

缺点

没有专门针对结构或机械设计行业的版本，虽然Vectorworks Architect包含一些结构和机械建模的工具，但其结构分析能力有限。然而IFC互通性允许在其他不同程序里进行此类分析，Vectorworks具备灵活的设计环境，并不要求整个设计环节均位于BIM环境中，但这种操作环境仅限专业的设计师，对没有经验的用户在操作过程中可能存在问题。Vectorworks的工作组解决方案是基于文件而不是基于服务器的，这对于小型企业而言没有问题，然而对于较大的公司或者项目而言，较新的以及不断扩大的BIM范例对可扩展性提出了更高的要求，因此这会成为一个日渐尖锐的问题。此外，该程序常被认为是BIM应用程序中不太成熟的一款。它在美国占据的市场份额很小，不过正在显著增加。[1]

辅助性软件

虽然某些BIM应用程序致力于提供“一站式服务”，涵盖一些BIM中没有的功能，但其大部分均未采用瑞士军刀式的集成方式，而是将程序范围限制于3D和信息建模。此外，虽然BIM很有用，但是建筑师们最关注的仍是建筑的设计。尽管应用程序可能包含BIM的所有功能，但是用户对于软件的担忧仍会超过单一程序满足客户使用需求的能力范围。鉴于建筑设计的需求可能超出BIM中工具的能力范围，因此还有一些辅助性软件来完善BIM工作流。

BIM辅助

在BIM工作流中，某些非BIM的应用程序被用于弥补建筑信息模型自身的短板。虽然BIM涵盖下述的某些功能，但它们并不属于BIM自身的特性。

高级建模

本质而言，BIM构件的参数格式各异，其高级建模程序都是为了对建筑元件和条件进行建模，如墙壁、门、窗、屋顶和楼梯等。早期版本的软件需要用户自行创建这些组件作为3D铝型材等的复合模型。随着时间的推移，BIM程序已经包含了越来越多参数化的建筑模块。例如，门的尺寸可以是任意的，并与用户自定义的门框、通道尺寸保持一致；同时，门的模块还适用于一些常见操作（如旋转、隐藏等）。但是，即使是最强大的参数化的门模块，可能也无法满足所有配置或者一些不常见的门。此类局限性可以理解，不过用户在某些情况下需要避免此类情况。值得一提的是，BIM程序有一个很明显的发展趋势，就是包含更多的建筑元件模型，并且使之更具灵活性。

39

1 软件的评论参见以下网址：http://www.laiserin.com/features/issus26/feature01.pdf;http://www.macworld.com/reviews/product/412823/review/vectorworks 2009;http://architosh.com/2009/02/product-review-nemetschek-vectorworks-architect-2009/, 以及 http:/www.cadalyst.com/aec/vectorworks-2008-cadalyst-labs-review-3701。

图 2.11　某些三维几何体，如简单平面或是 NURBS 面等，都可在 BIM 中生成

自由形式建模

在一些过去较为常见而现在较少的情况下，设计师们想要，甚至是必须创建一些不适用于标准 BIM 对象工具的图形。任意格式的对象包括：

- □ 简单的固体，如直角棱柱、球体和锥体等（图 2.11）；
- □ 直线或折线形铝型材（称为剖面图）；
  - □ 简单的铝型材，视角垂直或不垂直于剖面；
  - □ 锥形、多重挤出、融合——后两个在两个轮廓间放样出几何实体；这些轮廓在三维实体中有序排列；
- □ 像扫掠和螺旋上升那样旋转固体；
- □ 几何体的叠加、消减和交集（图 2.12）。

非均匀有理贝塞尔曲线（NURBS）

皮埃尔·贝塞尔曾是雷诺公司的一名工程师，他致力于研究用相对简单的数学算法来描述复合曲线。当雷诺公司致力于研究用电脑控制的制造流程来生产汽车时，贝塞尔主导了这项工作。贝塞尔用曲线作为其对几何学的突出贡献而被广为人知，并被 Postscript 语言采纳。事实上，贝塞尔研发了一款 3D 建模程序 UNISURF，而它现在已成为众多 3D 建模程序的基础。这些复杂的三维曲线或面可被用于描述或近似描述所有外形，例如拉伸结构或者家具的复合曲线等。相比于那些基于 3D 网格（如不规则三角形网格或者第 3 章中提到的 TIN）的几何方法，NURBS 可以以最小的计算量获得光滑的曲线（图 2.13）。

某些 BIM 建模软件，如 Revit 和 ArchiCAD 虽然能够生成二维的贝塞尔曲线，但目前并不支持 NURBS。而一些非 BIM 的建模软件，如 SketchUp 也不支持 NURBS 和贝塞尔曲线。但是一些第三方的插件是支持贝塞尔曲线的。虽然 SketchUp 和 Revit 也能够生成光滑的曲面，但这是由其渲染引擎中有平滑化算法所致，其基本几何图形仍是多边形（图 2.14）。

40

多数情况下，基于多边形几何的方法也足以胜任。假设多边形数目没有多到计算成本太高（例如过长的计算和渲染时间）或者图形很粗糙（例如难以接受的结果或者明显的不平整）的程度，那么基于三角形网格的曲面也是可以的。但是，相比于采用如图 2.10 所示的几何图形和操作，有些图形如果利用 NURBS 建模会简单很多，图 2.15 所示的卫生用具就是一个简单的例子。很多软件的模型所需的多边形数目太多，使得 BIM 文件的运行速度显著变慢，而如果基于 NURBS 重新建模则非常简单，且建模速度快，模型更优秀、精确。

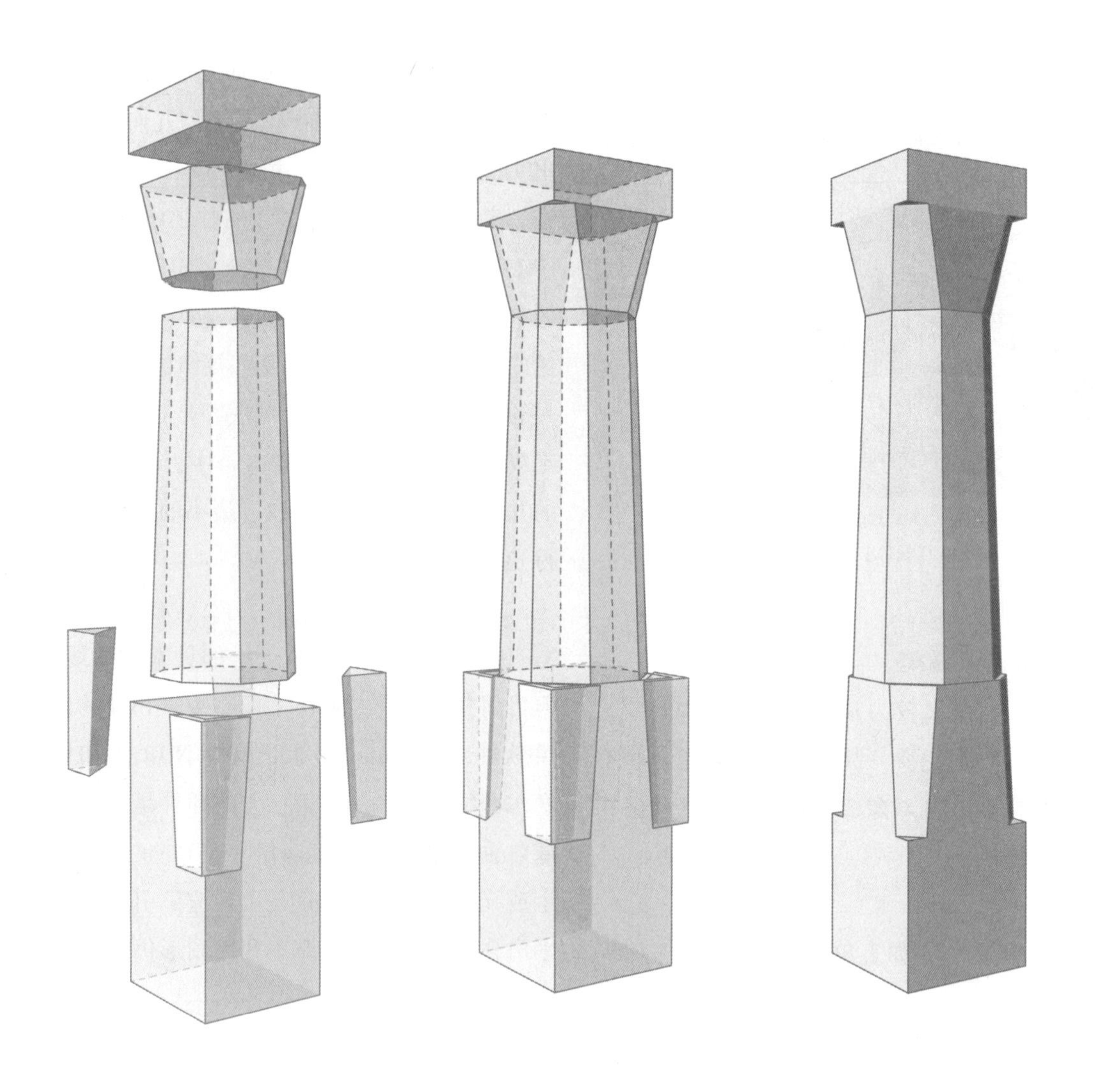

图 2.12 虽然 BIM 中标准的参数化对象模型具有很大的灵活性，但有时仍无法满足某些建筑元件的建模需要。所有的 BIM 程序都在不同程度上允许用户生成自定义模型，并为之分配数据。图中最后的几何体就是在一些简单的几何体（如简单的铝型材、锥形铝型材或者多个铝型材的复合体）上进行一些布尔运算得到的

41 诸如 Rhino 的单纯建模工具和诸如 Vectorwoeks 的 BIM 应用程序均支持 NURBS。然而，如果希望高效渲染的话，那么在 Rhino 中创建 NURBS 模型并导入 Revit 会存在限制，因为如果目标程序不支持 NURBS 的话，该 NURBS 模型会变为多边形模型。另外，如果创建 NURBS 模型的目的是为了创建一些用其他方法不易创建的模型（例如体量模型、特殊屋顶形式、某些特定卡具等），那么用其他程序基于 NURBS 创建模型（即使是多边形），然后再将其导入 BIM 程序就比较有用。常见的支持 NURBS 模型的建模工具包括：

- □ 3DSMax
- □ Blender（免费）

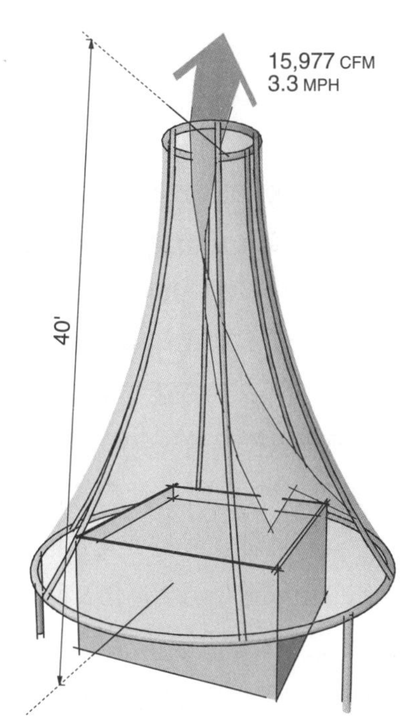

图 2.13　某个用于研究小型建筑加装遮阳设备可行性的模型，其在利用烟囱效应的同时减少太阳辐射的热效应。其中的曲面和框架结构是利用 NURBS 建模的

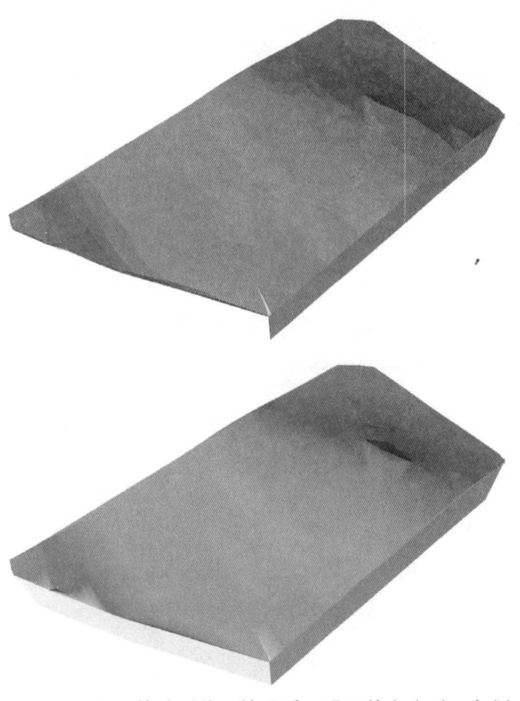

图 2.14　上图的地形使用情况采用明显的多边形三角划分的，下图为相同的模型，但渲染时进行了光滑面处理。该图仅在显示时进行光滑处理，几何结构未改变。这两个模型相对应的部分将产生精确相同的配置文件

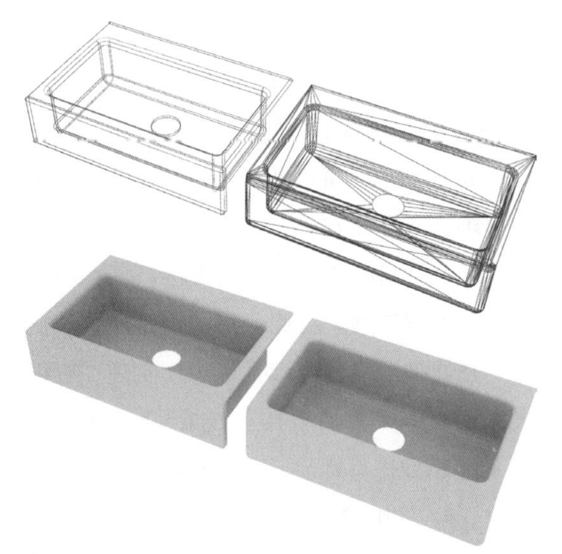

图 2.15　左边和右边两组图分别为一个用 NURBS 和多边形建模的水槽模型。两组图中上方的图为线框图，下方的图示为渲染效果图。多边形模型包含了多达 600 个三角面，使得渲染更慢，且效果更差，因此可能在剖面视图中出现小面

42

- □ bonzai3d
- □ Cheetah3D（Mac OS 平台）
- □ Cinema4D
- □ Cobalt
- □ Form · Z
- □ Maya
- □ Rhinoceros 3D
- □ Solid Thinking
- □ Vectorworks（全工业版）

体量模型的准备工作

由于软件开发者专注于 BIM，使得其开发的工具不适于创建体量模型。一般而言，如果建筑师在体量创建阶段前即开始工作，

那么我们建议 Revit 用户选用 3D 建模能力更强的程序（例如 Sketch Up）来创建体块模型，然后将模型导入 BIM 建模工具。Revit 的面墙、面幕墙和面幕墙系统等工具均支持这样的工作模式，如它们的名字所示，可以快速给体量模型“披上”合适的 BIM 模型的“外衣”。如果内在的模型发生变化，相应的墙体、嵌板等组件亦可随之改变。

不过，如果创建了 BIM 模型之外的体量模型是用其他工具编辑和升级，再将其导入 BIM 模型中，将会在升级相应组件时会不太容易,并可能有碍于交互设计。依据笔者经验，设计工作往往不是单纯的线性过程，建筑的循环交互往往是非常需要的，尤其当模型用作定量绩效决策的依据时。因此最好创建支持交互设计的工作流程。

图形信息传递

建筑师们可能会逐步采用以无纸化模型的方式传递服务成果，虽然过去很多年来都是用图形。即使现在我们同其他学科的协调工作都是无纸化的，并且由计算机进行比较分析，但是建筑设计的成果还是会包含图形。

人们常抱怨说 BIM 中打印的图纸质量总是不太理想。据笔者观察，从 CAD 开始，无纸化设计中的图纸不像以往那样可以从图纸上传递丰富而清晰的信息。另外，以往的图形也没有绘制质量差的问题。也许我们正在经历的就是这样一种文化变迁，即设计工作不再强调清晰性和图纸质量。

然而，用 BIM 也能创建出清晰、信息丰富且漂亮的图纸。对任意一种 BIM 程序，以下几点均可供参考。

线型问题

经验丰富且通晓视觉交流含义的绘图员认为，线条粗细变化是绘制高质量图纸的关键。如果线宽变化不够，我们就会迷失其中。信息都画在了纸上，含义却不见了。不仅要有足够的线宽变化，线宽还应足够醒目。我第一个工作室的教授就是一个优秀的绘图员，他就曾要求我们除了 10 支针管笔，其他的笔都丢掉，这样才能使线宽变化足够大。因而，我绘制的图纸至今仍会包含 5 种 Richard Dodge 曾要求的线宽。

一般而言，BIM 中线宽被设置为不同物体类型（墙体、门、管道等）或不同视角的函数。前一种情况下，线宽值会根据平面图中物体类型不同而赋值。然而，那些基于物体类型的、赋值相同的线宽对于不同立面、剖面、细节或者透视角的情形是不适用的。一般而言，在不同视角下，所有物体都有相互不同的线宽。这就能避免一些情况，比如说所有的墙都是粗线条，即使是那些很远的。但是这样的图纸很单调、难读（图 2.16）。

对于绘制高质量图纸的方法，现在与过去无异，即渲染。在此我指的仍是通过改变线宽来增加图纸的可读性。想要实现，有很多方法，但大都需要用传统 CAD 画图工具对 BIM 模型进行标注，例如直线、折线或者弧线。Revit 中轮廓线和线条工具都支持这种线宽方式，ArchiCAD、Vectorworks 和其他程序也大都类似。这种方法适用于建筑和内部立面图、建筑和墙体截面以及一些细节。

44

图 2.16　一个 BIM 模型的两幅相同的图用来说明用好线宽变化的重要性。上方的图用不同线宽来显示纵深和表面材料特性，因而图形清晰，可高效传达图形信息。而下方的图则无线宽变化，因而绘图信息不清晰，令人迷惑

BIM 中可自动完成大部分操作，基本不需再进行渲染。

BIM 的使用者常常需要它能在立面图中测量两个面的间距，并自动根据用户喜好设置线宽。Sketch Up 也有个类似功能，一般常用于透视图。

图案，填充和明暗度

正交视图的图纸也适用于上述线宽变化（图 2.17）。以下有一些备选选项，可依据软件及用户需求而定。

- 除了先前所说的线条，ArchiCAD 视图还能通过明暗度、阴影渲染来表现。比如，建筑剖面可见部分的线条可以渲染线条并加上阴影。
- Revit（类似 ArchiCAD）允许具有动态矢量的应用程序绘制出三维及二维曲面。
- Vectorworks 中，视图可以有两种叠加的渲染风格，例如同时有明暗和阴影两种最

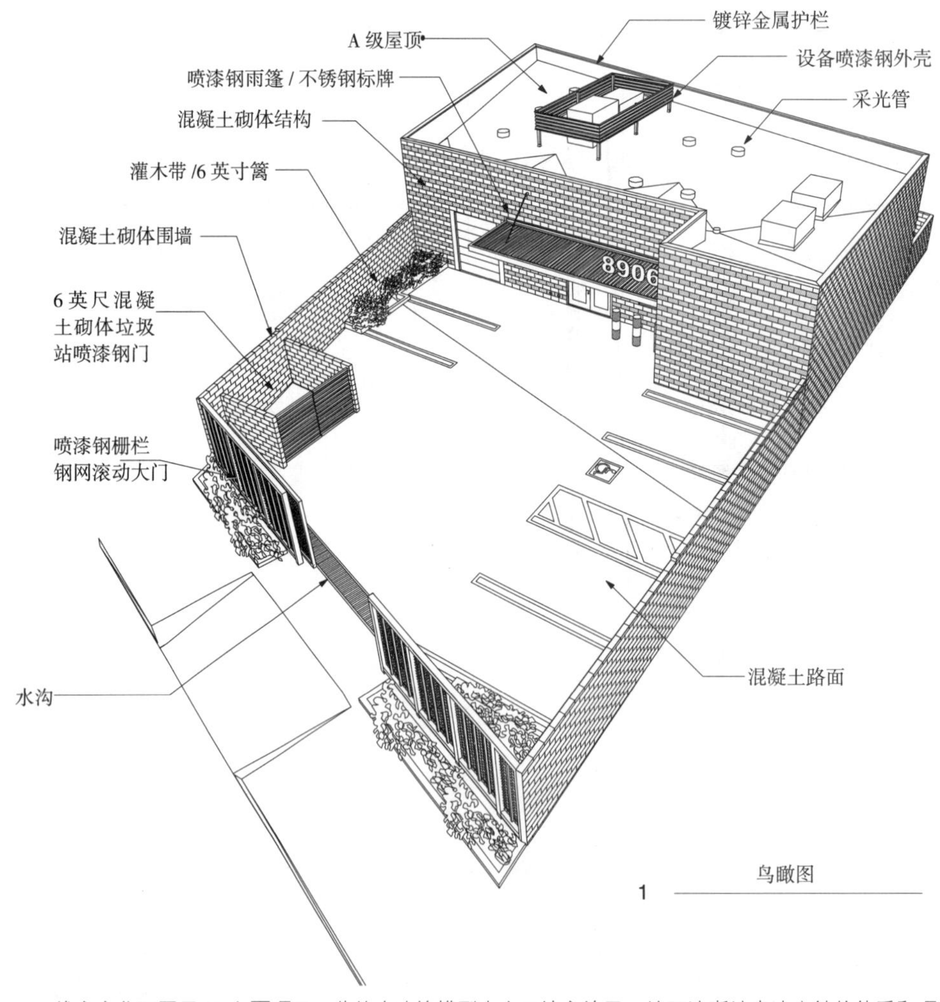

图 2.17 线宽变化不限于 2D 立面项目，此处在建筑模型中应用填充效果，就可清晰地表达出结构体系和项目的建筑意图（建筑师 Daniel Jansenson 供图）

终效果背景，在此之上的隐藏线条可能被覆盖。这对任何视图都是有效的，无论是正交还是透视。最近，Vectorworks用户可以将2D矢量添加至3D表面，不过该功能不像ArchiCAD和Revit中那样是全自动的。

比例取决于适量的信息表达而非纸张大小

建筑学院中刚开始学习手绘图纸的新生可能认为绘图比例是特定的，或者取决于纸张大小、建筑大小或者比例尺大小。然而经验丰富的绘图员却知道该比例取决于图形中想要表达的信息。相比于纸张大小，绘图比例与图形信息的关系更大。诚然，一般都是由绘图比例才决定哪些信息被剔除。但是，如果绘图平台像BIM一样功能强大，那么决定什么保留、什么剔除就一样重要（图2.18）。

BIM程序解决了比例和如何以更为简化、进步并且高效的方式自动显示信息的问题。比如说，Revit用户可以选择粗糙、中等和精细模式，然后程序就会自动决定物体细节信息如何显示。比如门窗中框、中梃和侧柱可以全部显示、简化显示或者被忽略。再例如，如果绘图比例小于用户自定义值，那么Vectorworks可以将墙体的组件隐藏于一个文件中。

检查设定和设置

类似于CAD，BIM允许用户自定义几个标准的线宽，一般是15或16。在改变默认设置前，最好先在不同视角下检验一下预设线条，并且打印出来。一般而言，软件开发者预设的默认值是精心研究过的，所选区的默认值是适用于典型用户要求的。如果更改了默认值，那么最好也通过打印一些典型视角下的图来检验，例如平面、立面、建筑剖面、内部立面或者一些特定细节。

45

不同打印机之间可能在线条打印质量方面存在细微差异。相同线条用不同打印机打印时可能线宽不同。对于细心且注重线宽的建筑师而言，在整个项目确立标准线宽前应对打印机进行打印测试。

详图

常规的详图方法是针对特定情况绘制带有标准比例和注释的2D图纸，等大家熟悉这种方法以后，相关机构就会与他们描述材料和建立没有任何文字关系的图形标准。例如刚性绝缘应该用正方形或三角形填充，钢制品的截面用相距很近的两条对角线表示，胶合板用平行于版面的三条相交的对角线表示等。上述细节通常绘制于平面、立面或者剖面视图中（图2.19）。这些细节通常是重要的：

46

- □ 其通常代表着典型的情况，可以此推测某些类似的情况；
- □ 其传递了某种非施工图本身的设计意图；
- □ 其可能不包含所有情况，用户和建筑师可能要依靠总承包商的专业知识来在其他可能的情况中应用知识和技能。

如果让BIM包含所有细节，那么整个虚拟建筑会出很大的问题。有人可能天真地认

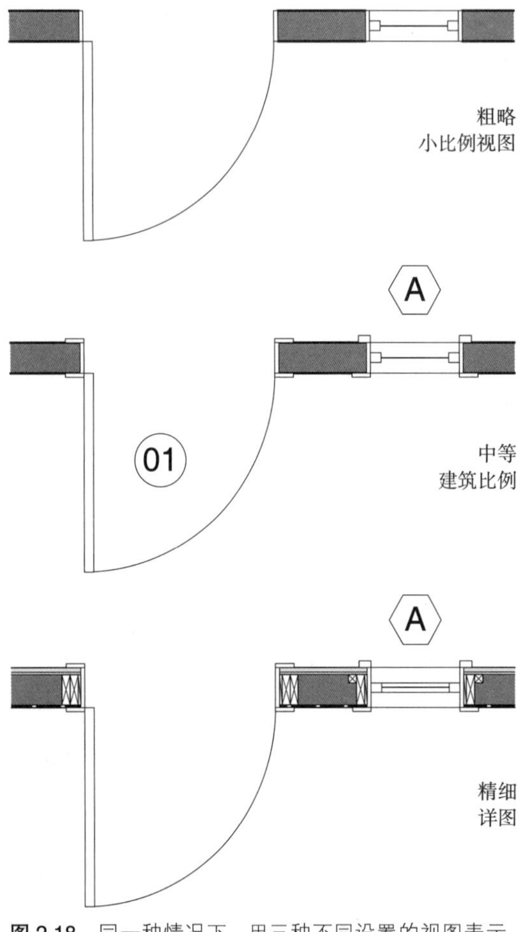

图 2.18 同一种情况下，用三种不同设置的视图表示。根据不同的设计阶段或者设计意图，BIM 用户可选择性地过滤某些组件

为一个 BIM 模型可以包含所有栓钉、所有扣件、所有遮雨板、所有堵缝和所有密封条。但是一个模型只是一个模型，它就像细节信息一样，只是一个抽象体。这不仅仅是计算资源有限所致（也包括设计者有限的技能和时间），更是恰如人意的。建筑师既不是承包人也不是商人（除非特殊情况）——更不用说其他行业。抽象体给了项目实施者巨大的空间来发挥水平、增加经验和知识，甚至是想象。

简而言之，即使是 BIM 模型也需要抽象细节，这些细节通常不会全部提取出来。目前不管哪个软件程序，最佳的做法包括了从模型中提取总体信息，然后用作背景，帮助建立绘制常规的 2D 细节。后者会部分或整体覆盖模型结构，甚至是直接取代。

以免读者抗议以及反对在 BIM 模型中绘图，有人认为 2D 参数化的元素是一个“模型”中合法的“智能物体”，虽然这不符合通常的假设，也即一个模型必须是三维的。然而，BIM 程序中包含了用作细节元素的 2D 参数化物体的库。例如一些重复性的线性元素，比如砖、护墙板、面板、绝缘层等。

BIM 的详图元素库不限于 2D 组件，适宜在较小尺度上使用的 3D 参数化元素当然也包含其中。标准的钢构件截面，如 W 截面，木龙骨、桁架等。从任意角到 W 截面的标准钢截面、木材或木质框架、桁架、螺钉和 U 形夹之类的紧固件、通风管道和容器之类的都是 BIM 软件常常可见的。另外，用户也可创建组群、GDL 对象、符号和自定义参数化对象等以满足特定需要（图 2.20）。

48

正是由于有了上述以及其他未提及的微观 BIM 对象，因而还有些等轴、分解或者透视细节视图等有待挖掘。它们可以将一些 2D 视角无法详细表述的细节清楚表示，或者加以补充。如果能使设计信息更清晰，或者让顾问、承包商、分承包商以及业主更易明白，那么就能让交流更顺利，相互信任更多，错误更少。甚至设计师也能从中获得意想不到的收获，因而某种程度上讲，这些也可看作是探索性质的工具。

就我的亲身体验而言，我的设计方案水准与对 BIM 的掌握程度密切相关。在我的设

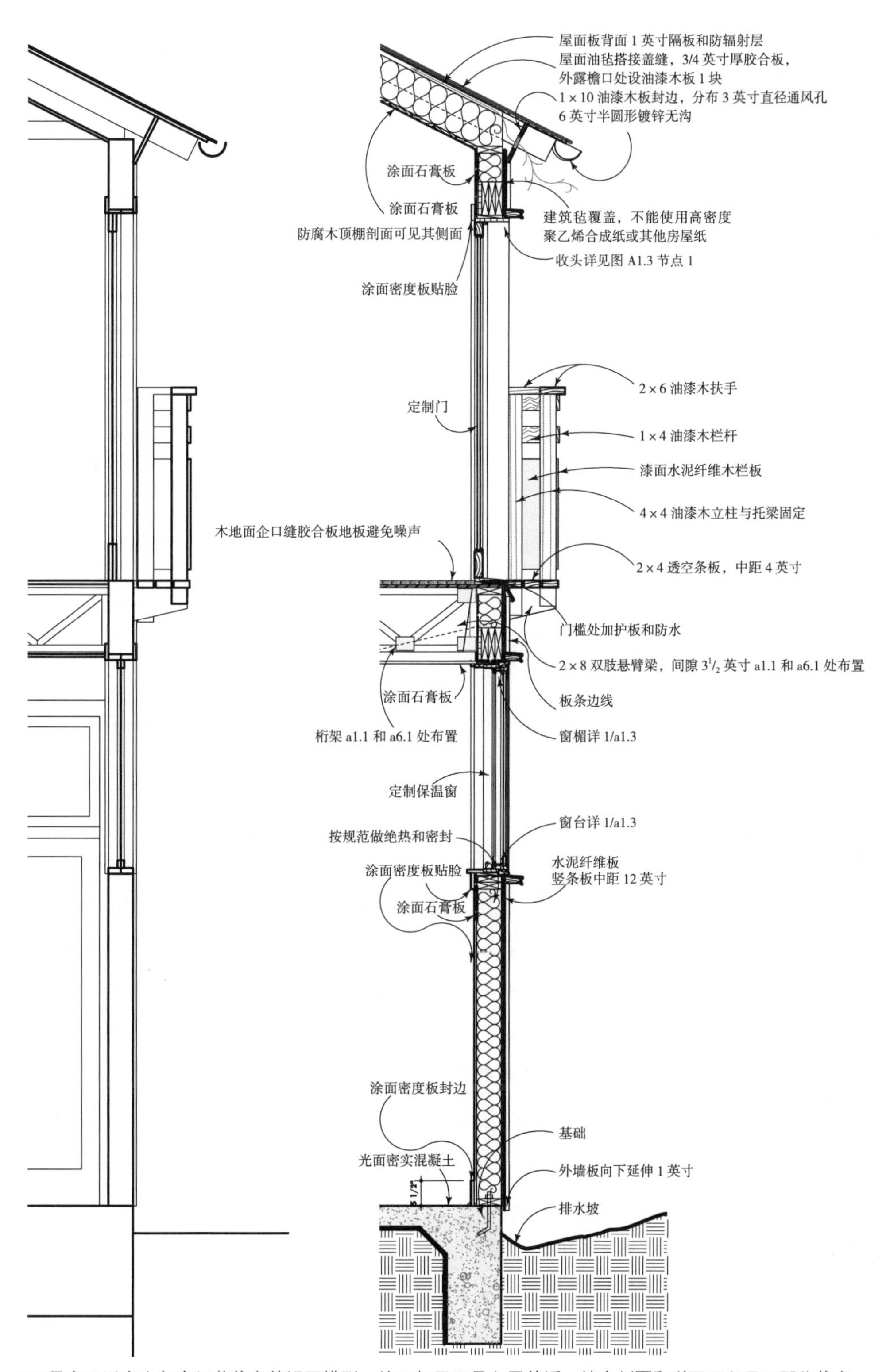

图 2.19 BIM 程序可以产生包含细节信息的视图模型。然而如果不是必需的话，墙身剖面和详图不必显示那些信息

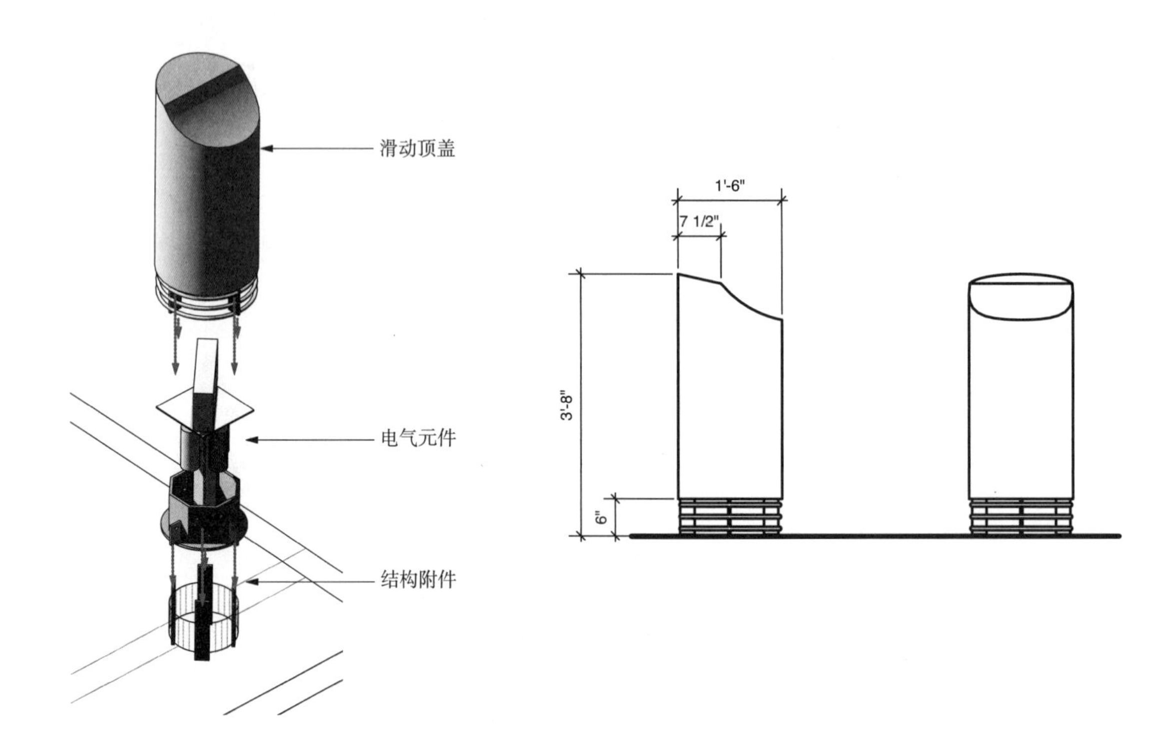

图 2.20 BIM 中一个典型灯柱的完整模型及细节信息。轴测分解图和立面图是相同 BIM 组件的不同视角（Limbacher & Godfrey 建筑师事务所提供图片）

计生涯初期，除了剖面和平面图，我还严重依赖立面图，而现在我更多依赖模型作为设计工具。而由于立面图可以很好地表示构造和比例研究，因而现在更多地用在提交的设计成果之中。因此，它主要作为向承包商解释项目和提供用料估算的依据。然而就前者而言BIM模型更能胜任，而就用料估算而言，BIM的相关功能也更强大。同样地，我的图纸现在也总是包括了模型的各种视角。49 对某些细节，比如说对木制品的特定细部表达，隐藏线的透视或者等轴视角很有用。因而，我的室内立面图和零件图总是涵盖某些3D细节。

标注和索引编号

我的最后一位导师Richard Dodge教授曾说，一个词值得用一千幅图来阐述。正如不是所有模型都得是3D的，BIM中建模对象不需要标注所有信息。以往，图纸的标注（无论手写的还是CAD录入的）与图纸是相互分立的。因此，“信息”（标注，乃至比例）并非“模型”（即图纸）的一部分，而是作为一个独立的覆盖层。在透明纸绘图的时代，标注和比例都单列于一个表中，与图纸是分立的。

BIM中也采用类似的处理方式，将文本框作为独立于几何图形之外的独立对象，这在很多情况下都是适用的。但是，类似于模型对象，BIM 的索引标号标注都是参数化的实体（例如文本字符串）都是与一个数据库相链接的。因此，改变一个文本字符串的情况就改变了所有情况，注释可以从数据库中编辑。

在他们最智能的版本中，尺寸线是独立于他们所命名的几何图形之外——在几何图形创建之初“读取”它，但是在此后独立于他——这是 CAD 样式的特点。另一方面，BIM 中比例信息既可用于标注几何图形，也用于控制几何图形。例如，通过进行相关的文档设置，Revit 中的临时比例就允许这样与 Vectorworks 中的比例信息相关联。

延伸阅读

在第 11 章中我们将讨论如何将 BIM 模型以其他格式导出，以便能加强与顾问的协作，包括补充计算以便：

- □ 能耗建模
- □ 结构分析
- □ 进度分析（4D 建模）
- □ 成本估算

■ 案例研究：参数化豪氏（Hauer）幕墙

作者：David Light

设计者：David Light

例如 Revit 这样的 BIM 制作软件中的参数化设计工具的意义非常重要。同时，参数化功能与建筑信息建模还是有本质不同的，它能提供给设计更强的杠杆效应，快速评估多重迭代的设计方案。运用最少的参数化规则在原始设计概念上，这样就有可能带来众多意外的结果。虽然掌握好三角函数肯定有帮助，但将规则应用到数字化构件上是不需要高等数学的。现在的 BIM 工具已经能让用户应用一些简单的规则，如将构件的长度和或角度进行关联。

受澳大利亚雕塑家 Erin Hauer 所设计的无限重复的表面几何图形的启发，人们在 BIM 参数化工具中引入该设想。Revit 的幕墙就是一个能够创建多次重复的 3D 几何图形的参数化工具（图 2.21）。且不论这样的程序算是建筑学的还是艺术学，通过创建参数化的形式，并能通过迭代方式迅速更改设计，以便获得大量变化形式也是一种很强的设计能力。

50

参数化设计方法尤其适于设计建筑以满足日益增长的可持续发展需求。例如，热带气候区域内的建筑需要用复杂的立面来检验遮阳效果。将几何关系定律应用于

图 2.21 受 Hauer 启发而创建的幕墙的透视渲染效果图，其中把典型的 Revit 族作为重复元素。与常规的幕墙不同，这个程序通过参数化设计可以设计出新颖而意想不到的建筑形式（David Light 供图，Revit 专家，伦敦 HOK 事务所）

BIM 构件中来构成立面，可以让设计师快速灵活地评估立面变化。然后，建筑师或工程师可以使用软件内自带的太阳研究功能来检验每次的立面迭代，从而明确立面如何影响建筑表面的遮阳效果。通过应用参数化原则，设计师可以根据需求迅速改变参数以满足构件的特定设计需求，然后快速检验设计更改的效果。最后，将 BIM 模型的参数化结构输出与快速原型工具相结合，就产生了真正的设计 - 施工工作流程。

在此处的实例中，幕墙图形阵列的重复元素是一个 3D 模型对象，该对象应用了参数化原则，因此可进行各种变化以满足需求。有趣的是，这种特殊形式包含了一些实心和空心图形，并由参数化的原则决定中心处方块的形式，然后再控制其他位置的拉伸和变形等，从而组成了整个构件，要注意中心处的方块是空心的。

为了确保构件紧凑，其定义中包含了一个用于检测的参数，这不难实现。一个名为“外部长度”的参数用于构件内方块的总长度。另一个用于检测的参数名为“外部长度检验”，其中包含一个 if 语句：

If（length_outer>5000mm，5000mm，length_outer）

这个公式将用户创建的构件长度限制在 5 米内，超出后就无法创建 Revit 族元件。然后这个构件可以嵌入一个窗帘平面组件中（图 2.22）。这里牵涉程序中将一个构件嵌入另一个构件中，就像俄罗斯套娃一样。当一个顶层参数改变后，相应的次级构件均会随之改变。

52

然后将嵌入的幕墙平面构件载入 Revit 幕墙系统中。幕墙中还有别的参数用于决定数量、尺寸和旋转角度等（图 2.23）。

Hauer 幕墙（图 2.24）可能只是参数化设计或者学术上的一个实例。但是，这些看似平淡无奇的 BIM 工具却揭示除了很少用户能掌握的 BIM 软件的强大能力。诸如软件 Rhino 的 Grasshopper 插件和 Bentley 的 Generative Components 一类的程序有赖于相关的几何图形的建模能力。而随着 BIM 更加成熟以及用户界面更加合理，越来越多的用户有望掌握设计新型高性能建筑所需的 BIM 计算能力。

David Light 是一位英国 Revit 专家，同时也是一个知名的演讲家和博主（autodesk-revit. Blogspot.com）

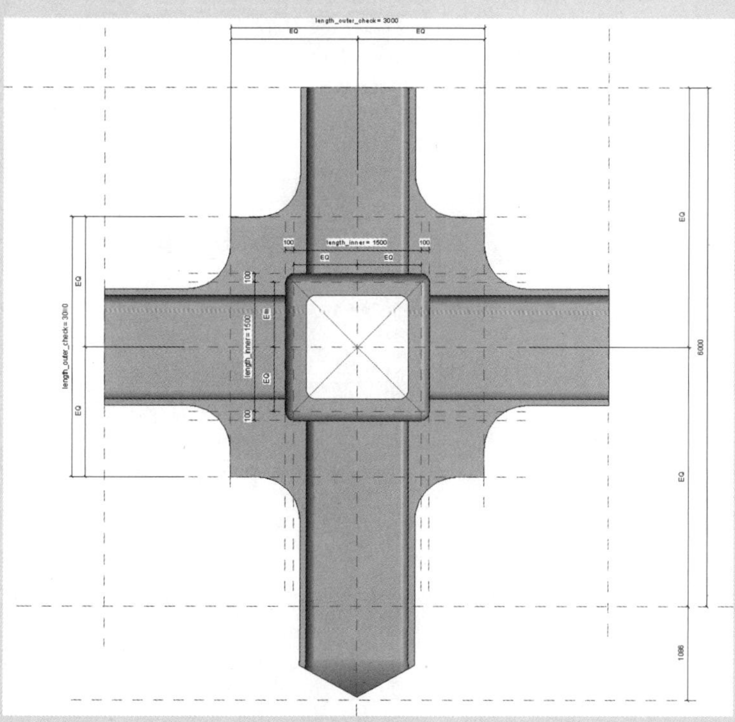

图 2.22 组成幕墙阵列核心元件的 Revit 族的立面图。尺寸信息不仅用于标注对象的几何图形，还用于控制它，很多 BIM 程序均有此功能（David Light 供图，Revit 专家，伦敦 HOK 事务所）

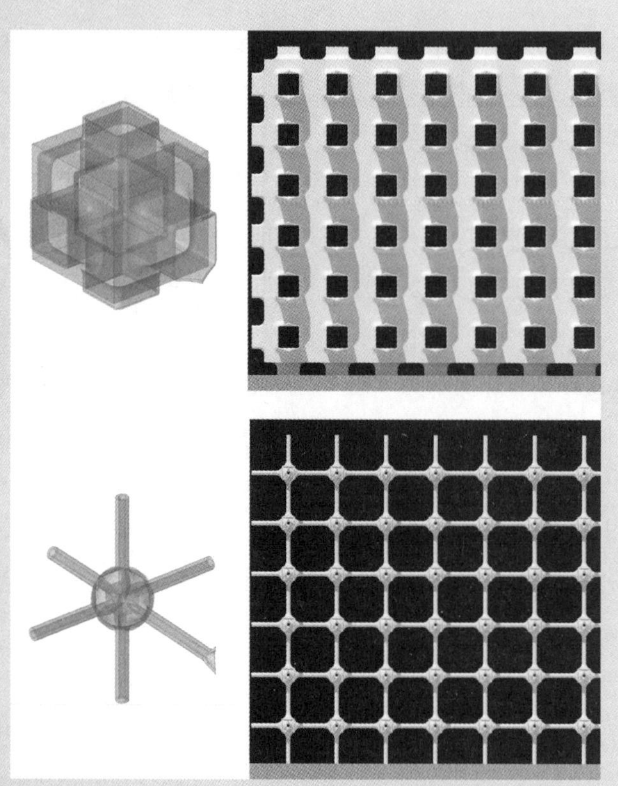

图 2.23 幕墙的两种极端情况：上图中外部长度为 1050mm（左边为元件，右边为幕墙），下图中外部长度为 5000mm（David Light 供图，Revit 专家，伦敦 HOK 事务所）

图 2.24 Hauer 幕墙的另一个透视图中，核心构件的几何图形清晰可见。抛开其他方面的作用不提，这样的无限重复且参数化控制的阵列在新型遮阳设备几何图形的优化方面具有巨大应用潜力（David Light 供图，Revit 专家，伦敦 HOK 事务所）

第 3 章

场地分析

除了国际空间站，任何建筑都离不开场地。有经验的建筑师们都知道如果不认真考虑场地问题，那么建筑设计工作就等于少了一个重要考虑因素（图 3.1）。建筑不是独立于经验（居所）或者背离环境（场地）的客观条件。并且适宜的永久性场地的设计需要对地形、日照、风向等场地条件进行定量分析。这些没什么新意，但是 BIM 可以让我们以直

图 3.1 在陡峭的地形上选址是件很平常的方式，因此一个粗略的场地模型对于 BIM 来说是个重要的考虑因素

56

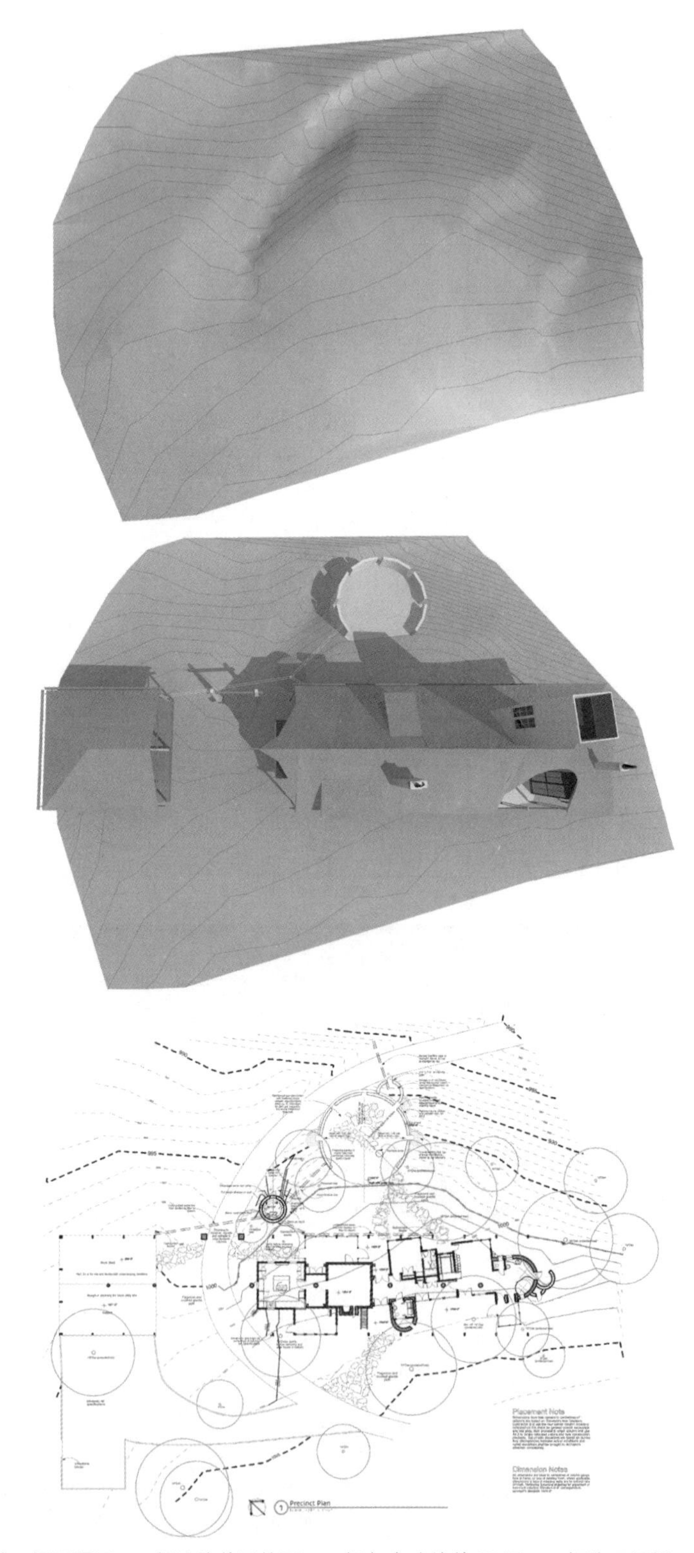

图 3.2 场地模型的三幅平面图：一幅渲染的网格图，一幅包含建筑的 3D 图，一幅施工图纸。三幅图所表示的为同一个场地模型

接便利的方式将场地数据信息融入设计过程中（图 3.2）。本章将讨论 BIM 在永久性场地的分析与设计中的作用。

57 建立场地模型

一般，建筑师可以从两个渠道，即图纸和实体模型，获得关于场地的文档、分析、设计和交流信息。其中，前者由于图形的抽象性和地形线标准，在传统上认为是一种在大部分范围内灵活而有效的工具。总平面图和地形图很容易用铅笔手动绘制，并且添加比例。用这些简单工具外加一些简单计算，可以绘制、研究、分析、更改和完成分级、斜坡和高度。时至今日，实体场地模型的搭建都极为耗时，尤其是大型、复杂的场地。数字制造技术（激光切割、电脑控制路径、3D 打印）的优势有助于实体场地模型的建造，但仍旧是耗时的，此外，直至本书成稿时很少有公司，尤其是小公司，拥有自己的数字制造能力。时至今日，多数实体场地模型仍旧由人工完成切割和粘合。虽然对于可视化展示大有裨益，但对多数项目而言，场地模型最多也就是由手工完成（图 3.3）。

但正如所有图纸一样，协调可能存在困难。总平面图、底层平面图、建筑立面图和

图 3.3　数字制造技术并不排斥手工模型。此处的等高线是在 CAD 中数字制造的，为人工制作的场地模型提供基础（Flying Fish Designs and Studio Maquette 供图，Veronica Winford 摄影）

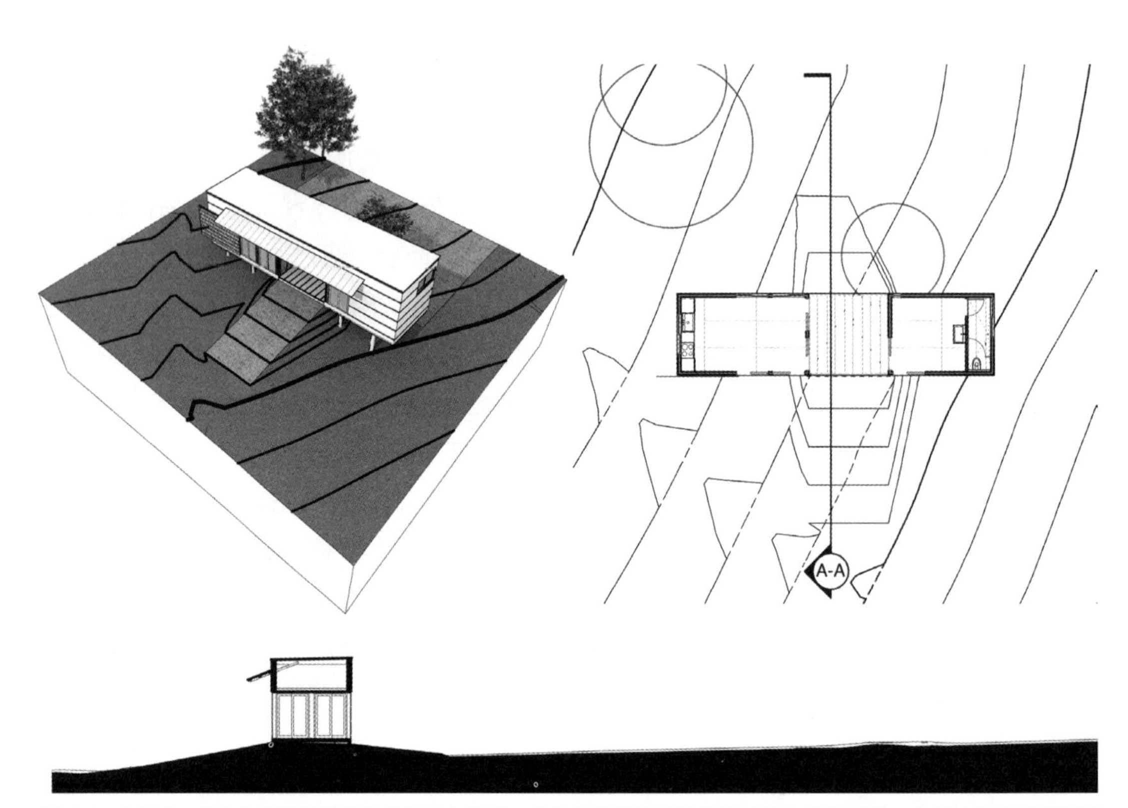

图 3.4 实际上，BIM 中建筑模型和场地间存在关联。此处场地模型就被修改以便与建筑匹配，也即协调底层平面图和场地条件

建筑剖面图之间的协调过程冗长、复杂，非常耗时，有时还易出错。尤其当设计师修改场地以适应建筑，或者调整建筑以适应场地时。一个与场地匹配的建筑需要多次反复调整。通过从建筑模型中提取包含数字地形信息的视图，建筑和场地之间的协调工作可以自动完成（图 3.4）。多数场地模型都包含三角多边形网格或者 TINs（图 3.5）。依据设计师需求、采用的软件工具或是场地特征及已有资料，多种方式可被用于生成数字地形模型（DTM）。

58

通常，缺乏经验的用户常常在模型中包含太多细节信息（一个模型仅是一个抽象体，不是作为一个忠实反映本体每个方面的微缩模型）。场地模型也是如此，新手往往容易尽可能的创建或复制一个“忠于现实”或与等高线分毫无差的场地。这种倾向会导致地形模型的分辨率太高。比如，图 3.6 所示的贝塞尔曲线轮廓线，初学者可能想重新对数千个点进行多边形近似（左上方图）。其实精度较低的模型只要满足信息需求同样可行。

这里有四种意见，有一种可能是场地模型所期望的：

- □ 带有等高线的传统场地平面图
- □ 用作分析的平面图，例如带有颜色分级的坡度或坡向箭头
- □ 渲染的 3D 效果图，例如透视图
- □ 场地剖面（例如包含已有或竣工坡度的建筑立面图）

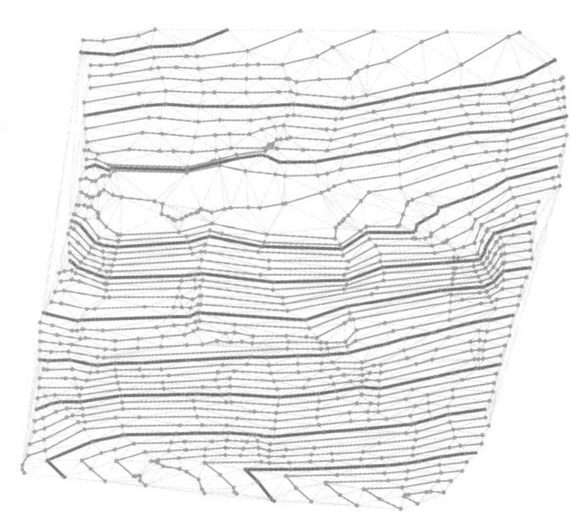

图 3.5　一个 TIN 场地模型。其中用于生成 TIN 的实际数据点的 X、Y、Z 坐标极值已用点高亮表示

对于第一种情况，有时候 TIN 模型即便采用低分辨率（也即包含较少的数据点或者 3D 顶点）也是可以的。无论是 Revit 和 Vectorworks 之类的 BIM 程序，还是 SketchUp 之类的平面建模工具，很多程序可以用渲染算法让带棱角的场地模型在 3D 渲染中看起来表面平滑。这样做的一个巨大好处就是显著减少了渲染时间，因为一个平滑、多面的模型要比一个显然拥有更多数据点的欠平滑模型在计算和渲染方面有更快的速度（也即所谓的“高分辨率”）。因此，光滑、高顶点计算法的等高线可以在质量损失很小的情况下降低分辨率。设计师应当注意等高线的大致外形（弯曲程度）。如果用我所说的自动化脚本或者命令行来减少顶点数量，要检查简化后的等高线，以确保大弯曲、大密度的等高线不会相互交叉。大多数 TIN 不允许绝对的剪切面（即等高线堆叠在其他等高线上）和“洞穴”（即交叉等高线）。

此外还应提及，等高线可自我修改，并基于一些点进行近似。把一条等高线简化为带多面的多边形并不一定就是损失了数据真实性（图 3.6 中上方和右下方图）。

对大多数场地模型而言，最终或现有的坡度线中显著的弯曲一般较少，因此低分辨率 TIN 仍可得到令人满意的结果。场地剖面和建筑立面并不会因为 TIN 的高分辨率而改善太多，而用户却会因为过多数据点而承受巨大的计算损失：降低计算速度、重建速度及渲染速度。

我们对何种情况下构成 TIN 过高的分辨率和什么样的数据才是适当的低（而不是太低）分辨率很难做一个全面的评估。项目大小和规模、场地坡度的相对均匀性、软件的能力、可用计算能力等变量均是显著的影响因素。不幸的是，对一个“典型”模型而言，设计师可能需要反复试验才能确定 3D 顶点数目最优的最大和最小值。作为参考，我曾生成过一些很好模型，所用的 3D 顶点远少于 5 万个，对本书成稿时多数的软件和硬件水平而言，10 万个点应该是保证计算不会严重卡顿的上限了。

如果设计师需要一个扩展的场地模型，但其中只有少数几个感兴趣的特定区域，那么场地模型的“嵌入”便是一个非常有益的工具（图 3.7）。采用这种方法，一大片区域（其中大部分地方是没有建筑物）用较低的分辨率进行建模（和平滑化渲染）。然后感兴趣的小块区域再用高分辨率建模，然后将其插入上述大面积场地模型中。这样一来，场地模型很大，而仅在有用的部分深度细化，可以减少计算成本和渲染时间。

从粗略的场地测量

设计师可能想简单地调查一下就能掌握

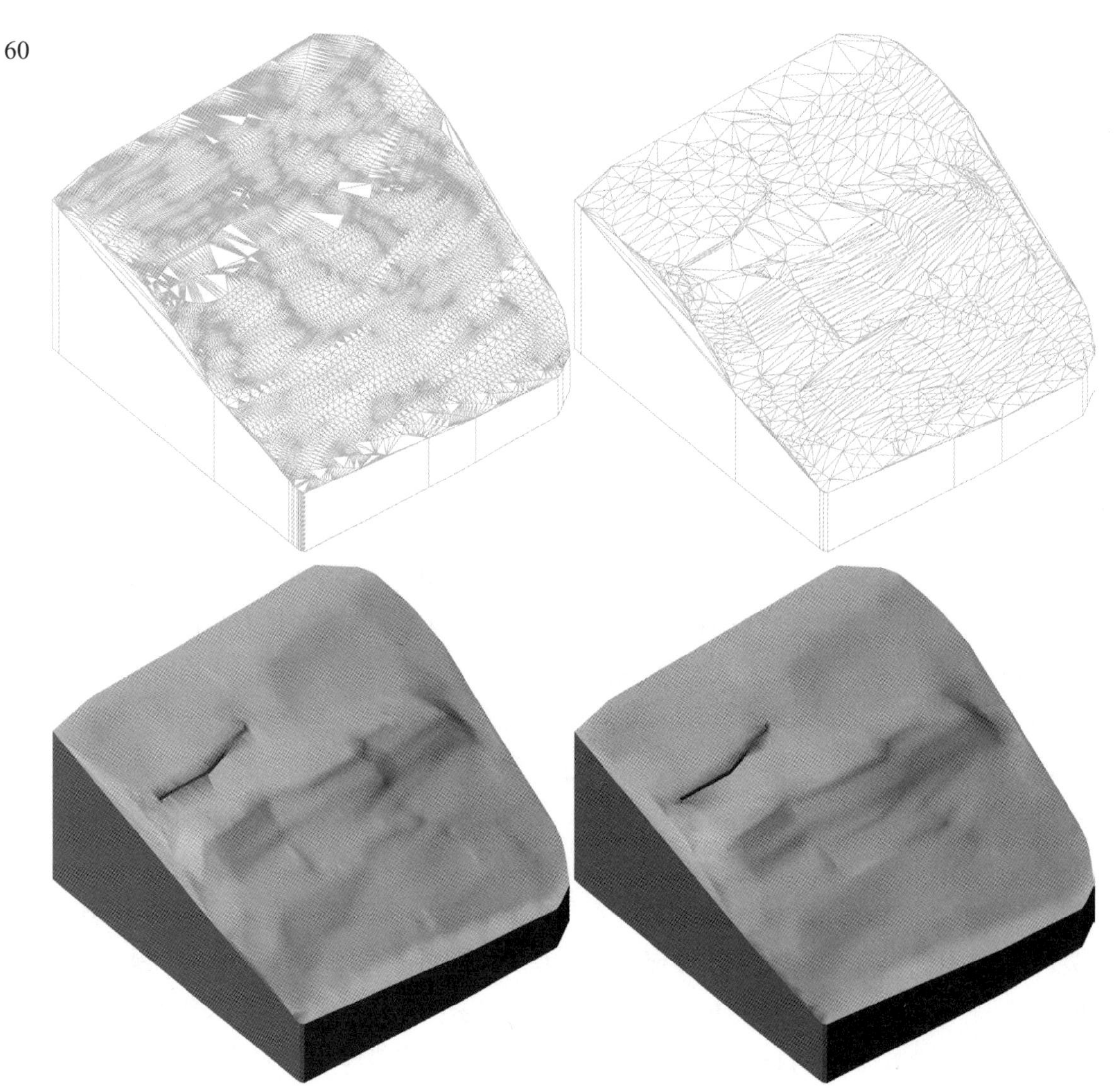

图 3.6 左方的场地模型源自三次样条曲线，因而在转化为 3D 多边形时，会产生约 8000 个顶点。左边的模型包含了更多近似多边形，其中顶点少于 1000 个。下方的渲染图是相同模型的，得益于平滑算法，这个粗糙的场地模型（计算更快，渲染时间更短）看起来跟它的高顶点模型一样平滑，甚至更平滑一些

场地的概况，在项目处于可行性研究阶段时，无须一个调研报告。基本的调研技术只要建立少许数据点（图 3.8），这种方法在设计师拥有 2D 场地平面图但却没有地形信息（如界限和地图）时尤为有用，并且可以添加竖向信息。可以先任意确立一个基准，然后依据该基准得到相应的近似或者精确的标高图。这样的基准包括树的位置，已经存在的建筑转角部位等。可以用手持水准仪或者卷尺来标定建筑边缘处的室外设计地坪。

当得到一些数据点后（带有相应的坐标信息），就可以有一些方法来生成调研报告。大多数 BIM 软件都带有自动命令行或者工具

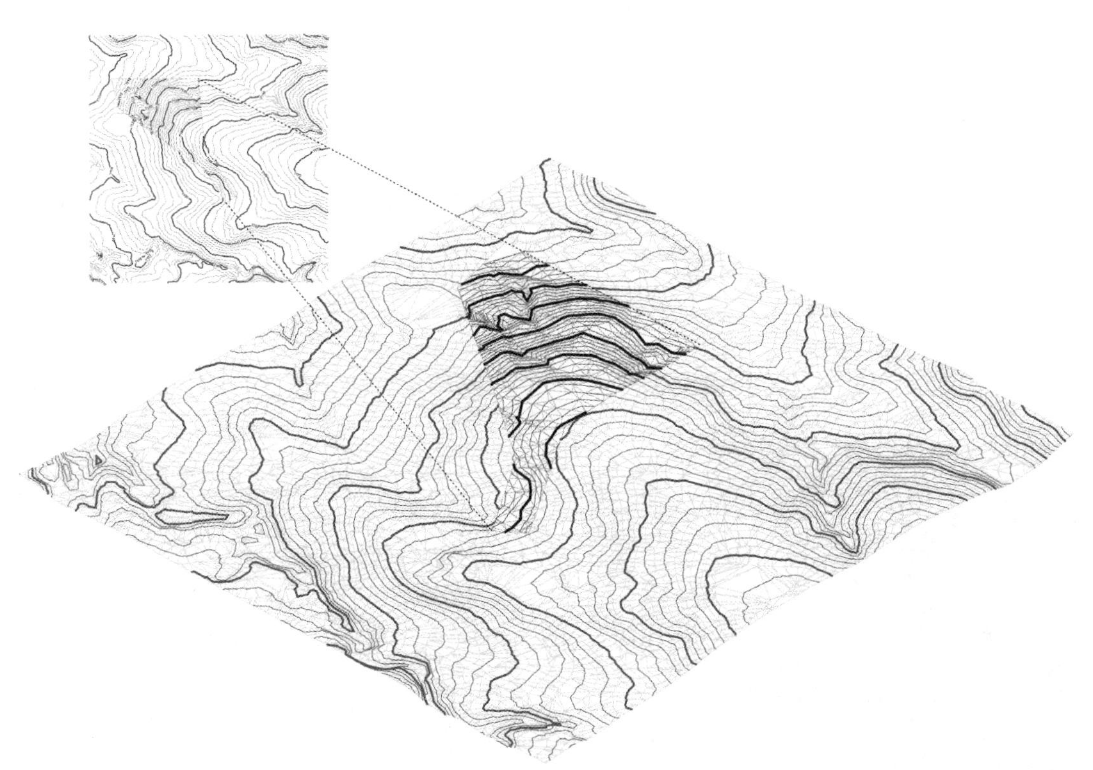

图 3.7　为了降低计算成本，建立一个低分辨率的扩展场地模型，然后再嵌入精细的小型场地模型是可行的。此处在一个很大的（低精细程度）的场地模型中嵌入了一个多边形数目较多的场地模型。较大的模型是依据航拍地理信息系统（GIS）数据建立的，而嵌入的场地则是由专业调研员进行实地测量而得的

来完成这个过程，因而某种意义上讲，场地模型的建立也是自动的。例如：

- ArchiCAD 允许经纬仪 x，y，z 坐标的导入，并将其转换为一个（静态的）场地网格模型。
- Revit 的拓扑表面命令允许 3D 等高线自动生成静态网格表面。场地工具可以用于生成道路和片区。土木工程版本的 Revit 包含了强大的场地生成与修改工具，但建筑公司的版本中并没有这些工具（见第 11 章）。
- Vectorworks Architect 和 Vectorworks Landmark 可以把 3D 轨迹（XYZ 坐标值）或者 3D 多边形转换为动态场地模型。Vectorworks 可以通过所推荐的等高线、平整命令、垫面和道路来修改场地模型，场地模型显示现有或设想的情况，分析坡度和挖填工作（图 3.9）。
- SketchUp 的沙箱工具允许利用等高线生成场地模型，并在 SketchUp Pro 中以 3D 模式导出，或者直接用导入函数从 SketchUp 导入 BIM 程序（由于 SketchUp 非常流行，因此大多数 BIM 程序支持直接从 SketchUp 中导入模型）。

作为最后手段，用户也可以手动地（同时也是枯燥地）“缝合”一个三角 3D 多边形

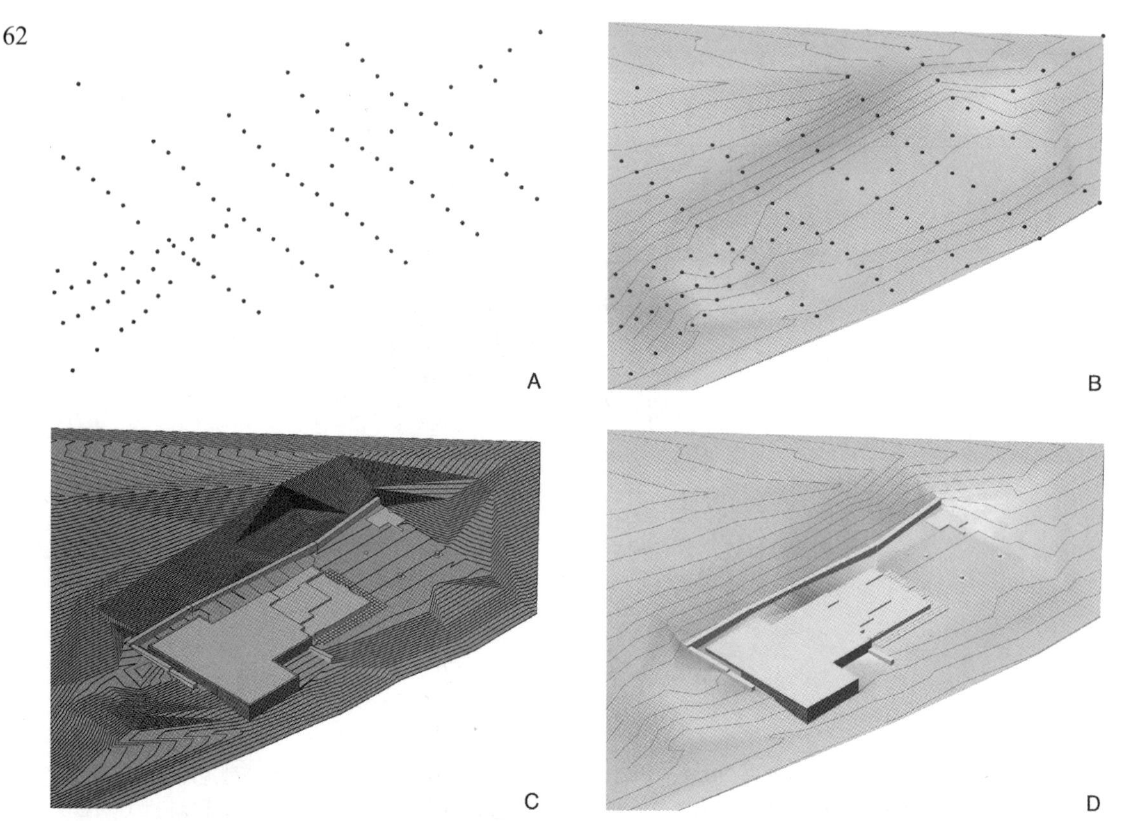

图 3.8 场地模型的建立过程：建筑师先进行场地地形测量（左上方的点，以及右上方叠加的场地 TIN），然后在 Vectorworks 中创建场地模型；左下方图为与建筑平板模型匹配的场地初步模型；右下方是平滑的场地模型。原先的业主把一个斜坡的部分挖掉了，现在的业主希望用这块地方盖房。模型和选址都非常精确，因此承包商接受了在挖坑的西北角去除额外 9 英寸的意见（Agruppo 设计的 Rancho Encino 居住区）

的网（本质上讲，这其实就是自动化工具做的工作）。

从测量的等高线开始

导入场地信息最常用的形式就是测绘文件形式，常见的有 DWG 文件，所有 BIM 程序均可导入该格式。现在测量技术都是通过 GPS 获取数据信息并以坐标形式存入数据库，然后土木工程类软件就可以生成此地形等高线（BIM 程序中，Vectorworks Architect 包含了该功能，并能够从分立的三坐标轴点或 3D 多边形等高线中获取 2D 等高线和网格模型）。但是过去测量员只能够手动绘制等高线，且技术条件难以从数据点中大规模取样，因而当时的测量没有今天的准确。从数据中得到等高线有益于更加精确的场地地形测量。另外。以往的测量可能不够精确，但可能更容易体现测量数据的细微差异。

测量员可以提供 2D 或 3D 等高线，抑或两者兼有。如果只有 2D 等高线，则需要转换为 3D 的，给每条等高线一个标高，这个过程对于有数以千计的大型场地模型而言工作量很大。在一些软件中，为等高线赋 z 值（即高度）的工作可自动完成，但还是需要人工干预以

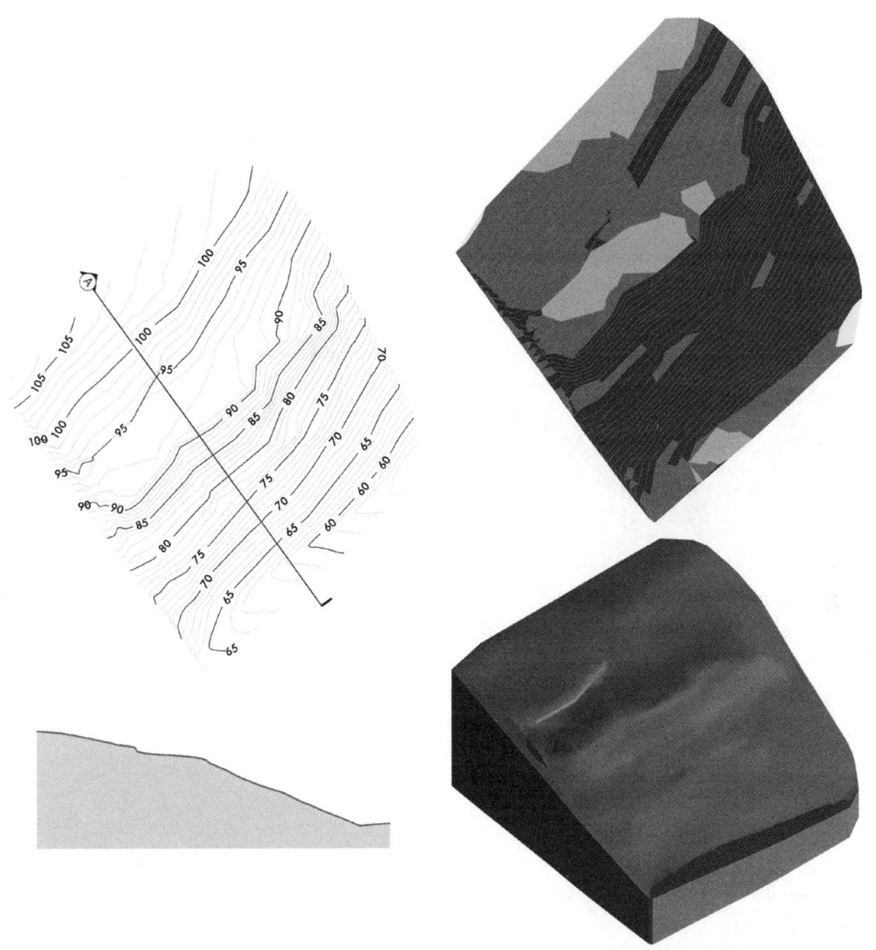

图 3.9 我们用同一个 Vectorworks 场地模型的四幅视图来说明视图的角灵活性。从左上方开始逆时针来看，分别是带有动态场地剖面标记的 2D 平面图、2D 场地剖面图、经过平滑渲染的场地三角形网格图和带有用以标示斜坡程度的多边形阴影的 2D 场地分析图

确保标高的正确性。一旦得到了 3D 数据，依据所用的 BIM 软件，场地模型可用上述方式自动“建立”。

63

需要注意的是，测量而得的等高线没有包含过多数据点，尤其当等高线是平滑的样条线或曲线时。如下所述，这类等高线看似精确度适宜，但会导致 3D 多边形的计算量非常大。这时，就要简化导入的多边形等高线的数目（图 3.10）。再次强调，决定场地模型中数据点总量时要参考上文中所给的建议，以便满足项目需求以及软硬件的能力（图 3.11）。

在美国，测量员一般采用十进制英尺作为测量的默认长度单位，这也体现在其他软件中。然而 BIM 软件却常使用英制英尺和英寸作为默认的长度单位。现代的 BIM 软件会自动换算单位，但偶尔会因为使用者忘记设置或设置错误而导致尺寸错误。在我见过的案例中，导入的场地模型就曾把 12 英尺误认为是 12 英寸。这样的错误很容易更正，要么

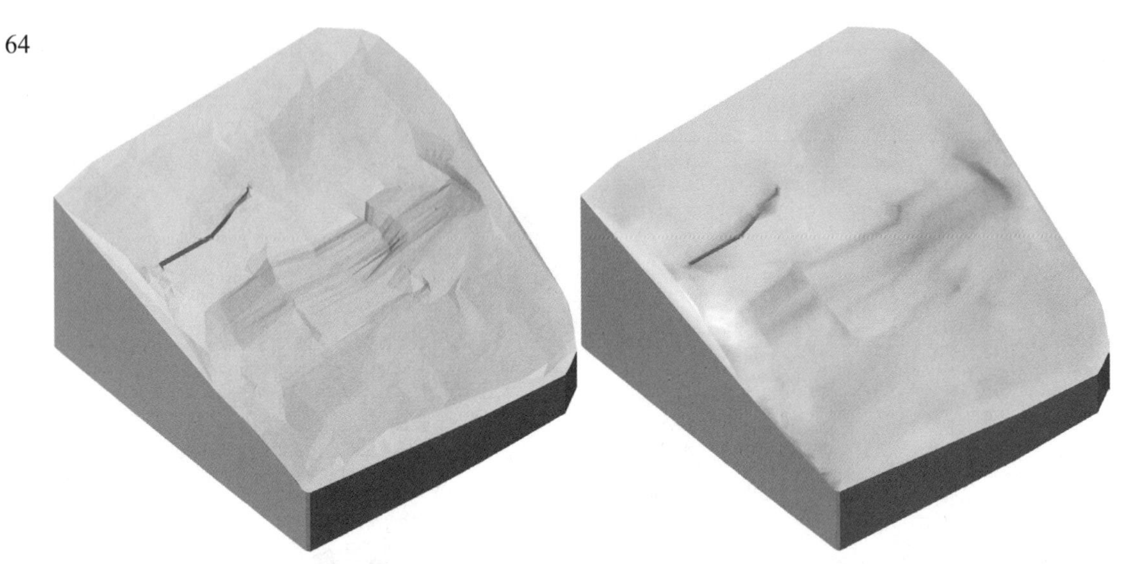

图 3.10 这两幅是同一场地模型的两个视图（相对的低多边形数目）。左边的是该场地的实际几何图形，右边的视图则通过更改设置使得视觉上更加平滑并且角度大于 70°。这个平滑效果仅是视觉上的，实际的几何图形并未改变（因而计算所需时间并未增加）

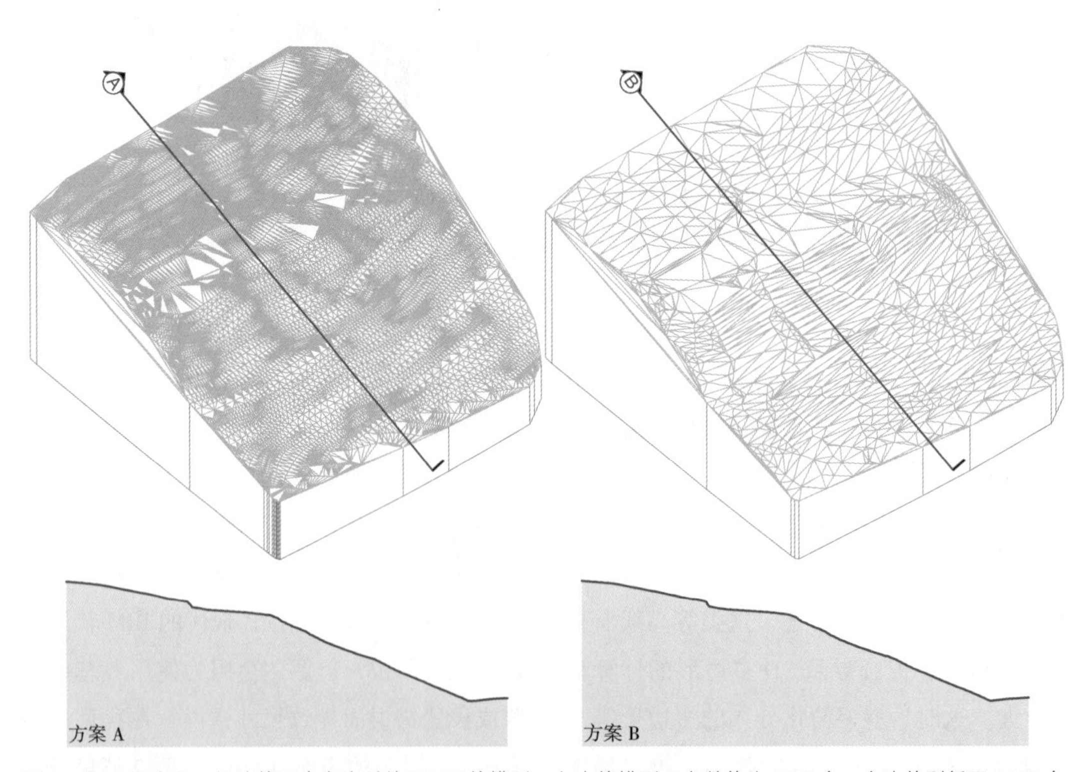

图 3.11 上图为同一场地的两个多边形数目不同的模型，左边的模型顶点数约为 8000 个，右边的则低于 1000 个。但是二者的截面视图则相差无几，这也说明了低分辨率模型对于设计和文档而言也是适宜的，且计算成本更低

重新导入正确地测量文件，要么把导入的文件同比例放大12倍。

从航空和地形测量开始

随着谷歌地图和微软研究地图（MSR，即从前的TerraServer）的流行，用户现在可以在网络上免费得到航拍图像，并从中获取地形信息,不过一般是光栅（或者像素）格式。用户可以从MSR中获取美国地质调查局的地图信息，很多的谷歌地图中也有地形视图选项，不过大多是较小的比例。地图拷贝的扫描影印或者数字栅格文件也可以用。

利用GIS数据

过去的20年中，地理、规划以及相关领域都受益于GIS的数据和软件。GIS中，信息的分立图层代表相似数据的组群，也即覆盖层或者图层。比如说，有关于地形的图层，有关于树木（根据类型或者种类不同进一步细分）的图层，有依据分区划分的图层，有按照经济活动划分的图层等。所有的这些都与其地理分布相关。很多城市和州都有GIS数据文件，这些数据可以在线浏览、下载或者通过磁盘获得。

为了生成有用的场地模型，使用者需要2D或者3D的矢量数据。对于测量文件而言，3D矢量数据显然对TIN而言更好，因为可以省去最终用户输入z坐标数值或者高度信息。有时下载或者获取2D或者3D DXF（即图形交换格式，一种更普通和常用的格式）文件，这样的文件可以直接导入BIM程序中。当在线获取GIS数据时，GIS数据只能在线浏览，设计师只能通过像素文件（即屏幕截图）来获取地形信息，然后再手动描绘轮廓或者用转换工具把像素文件转为矢量文件（图3.12）。Adobe Illustrator、Vectorworks以及其他很多软件都有这样的功能，最终可以得到各种不同精确性和可用性的矢量数据。

一旦将场地的地形信息汇集并转换为2D或者3D矢量对象（例如线条、线段和多边形等）后，使用者就可以因此建立该场地的模型（图3.13）。

场地分析

BIM如何帮助设计者获悉已存在或者规划中坡度的设计含义？如何处理场地模型才能减少干扰，最大限度实现设计意图？在场地和分区规划的结合中，BIM能为项目揭示怎样的外在限制和潜在机会呢？

地形分析

场地模型的主要用途是便于对该场地进行地形分析。坡度显然对建筑的布局和设计有重要影响。幸运的是，BIM的场地模型可以通过多种途径，帮助建筑师分析场地，以实现可持续性设计目标。

开挖与回填分析

在越来越多的地区，为了可持续发展，法规禁止将建筑工地上挖出的土壤运出。即便没有法律的强制性要求，良好的土地管理理念也提倡在建筑施工期间应尽量少地挖填土壤。此外，运出或者运入土壤也是额外的施工开支，而如果设计得当，这完全是可以省去的。施工时，与其事后再考虑土壤管理

66

图 3.12 这组 2 英尺的等高线是相当典型的自治区的地理信息系统的数据，在这例子中，面积为 636 英亩的地区覆盖了超过 100 万个三维顶点；距离中心 2 英亩的地区，用阴影标识

问题，不如利用 BIM 中场地模型的分析工具来实现可持续性的设计（图 3.14）。

开挖与回填分析是评估开发影响的一个手段。如果 BIM 程序允许自动对比现有和规划的场地（Vectorworks Architect 和 Landmark），那么进行挖填分析，以期实现挖填平衡的设计也就是输入一些命令、敲击几个按钮的事。通常来说土木工程软件的功能，可能并不适用于规模较小的项目。然而在这种情况下，我们仍然可以选择快速而有效地对拟定地形变化进行分析。

设计师应该准备至少两个场地模型：一个是现存在的，没有其他干扰，另一种是针对每个对照的解决方案设计图并加以分析。每一个模型中都可以查询总体积，并与作为参考基准的现有场地作对比；考虑分析各个设计方案之间的差异，是开挖（如果负）或回填（如果正数）(图 3.15)。这样就可以分析对比场地模型。

这种方法仅比较了净（总）开挖和回填；为了更加细致的分析，设计师应该区分已经添加的被移除土壤；一个场地设计净开挖与回填

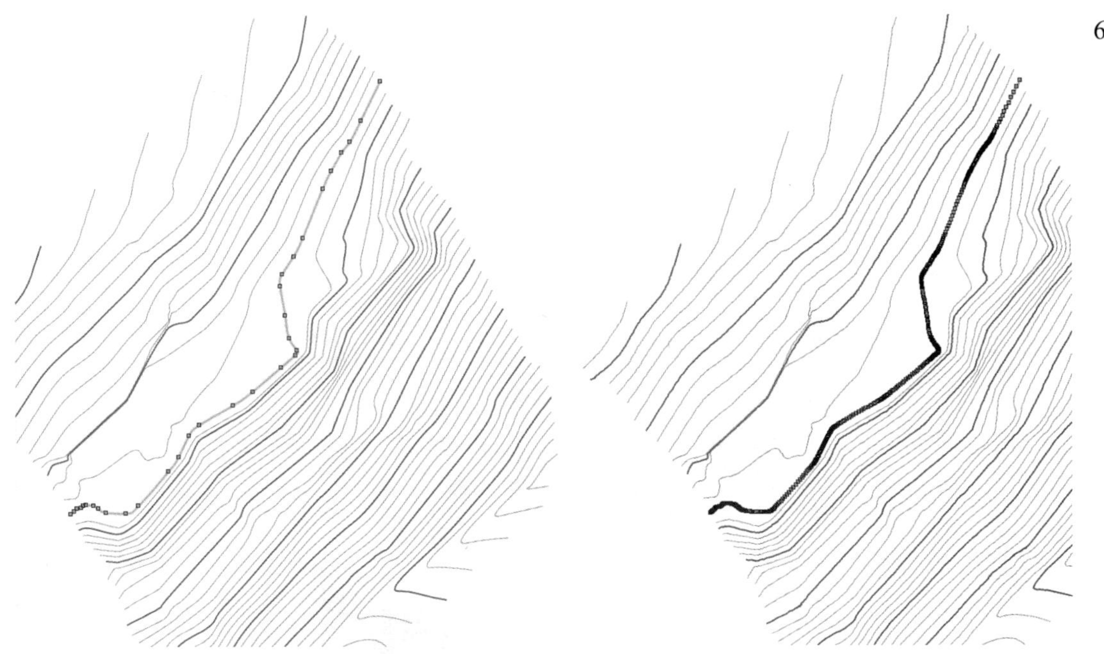

图 3.13　图中的等高线生成模型与目视检查相似，右边的轮廓是由光滑样条曲线转换的；这些在左边是（角）的多边形，可以看出，在对应的顶点数目和突出的轮廓，样条创造更多的顶点或几乎没有出错

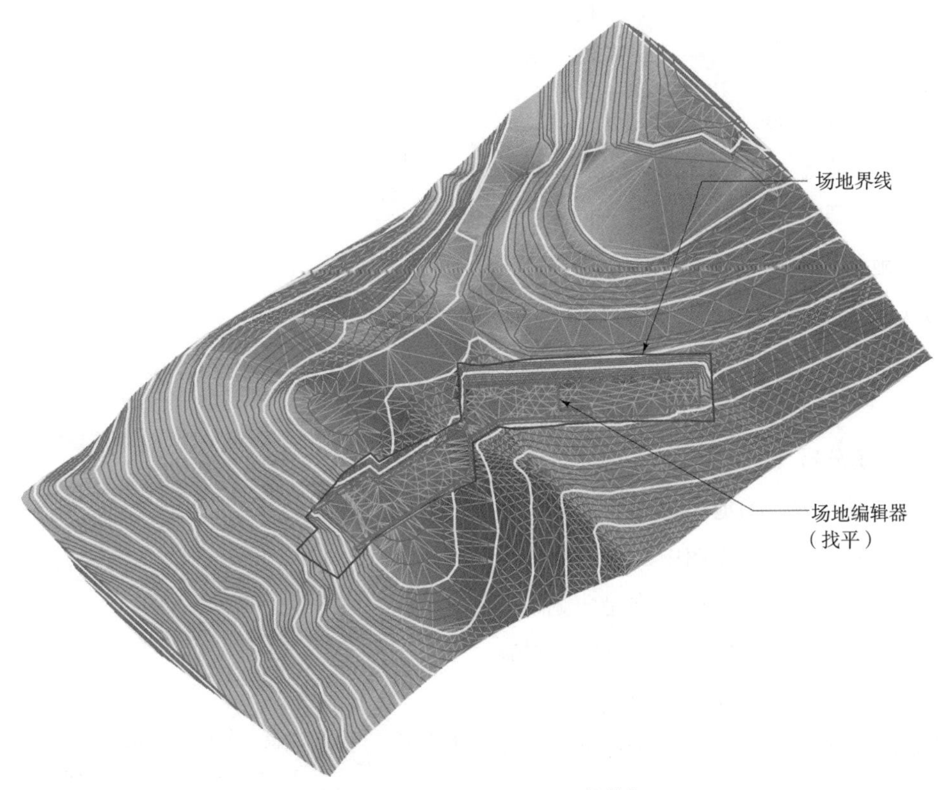

图 3.14　场地模型按照建筑地坪修改（图片由 Keith Guiton Ragsdale 提供）

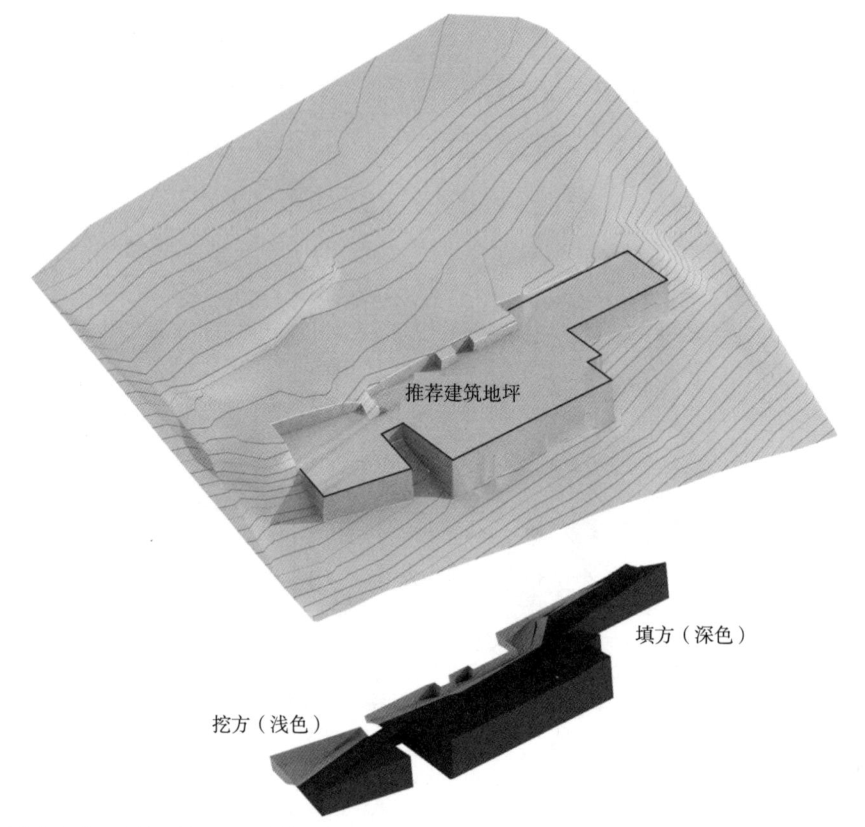

图 3.15 更为先进的场地模型软件可以计算开挖与回填量并绘制图形，如 Vectorworks Architect 所绘制的那样

土的总数本来可以接近于零，但这仍可能代表土壤被大量移动过。为了更精确的分析，独立回填的场地模型应与原始场地相比，同样独立开挖的场地与现有的场地相比。在这里，土木工程软件的咨询顾问（或建筑的BIM产品，Vectorworks）可能会分开计算开挖与回填量。

排水系统分析

在传统习惯中，场地模型中的排水系统常以平面图表示，在平面图中两个给定的等高线之间绘制向量（箭头），方向是向更高的等高线垂直，箭头的长度可以通过缩放来调节。在 Vectorworks（建筑物和地界标）中，流程箭头被机械地放置在2D场地模型中，尽管他们是一样长的（但他们的方向，度数，

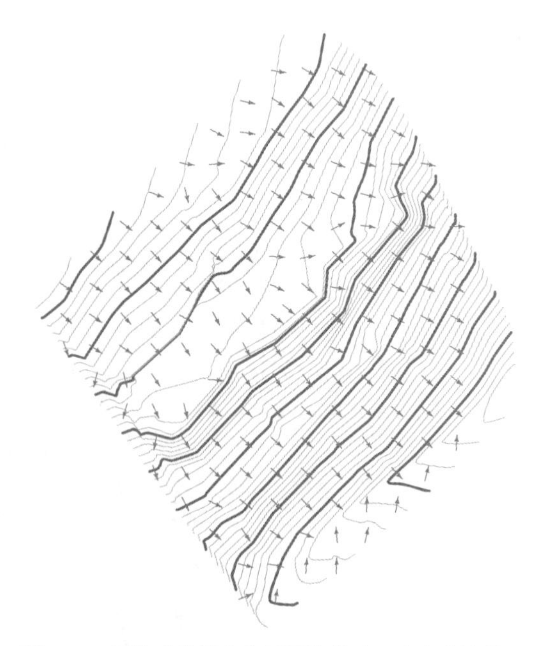

图 3.16 用流动的箭头分析网站模式。在这种情况下，箭头用以指示方向，并非表示坡度（所有箭头是相同的长度，不论坡度）

斜坡度都不同；图 3.16）。第 9 章场地排水系统中进行了更加充分的分析。

69

场地剖面

场地剖面对于 BIM 来说并不是新鲜事物，一直以来都是场地设计的重要工具。剖面通过剖开模型自动得到，否则会是一个潜在的复杂和易出错的图纸。对于大型场地来说，地形随着截面长度变化小，它可能要放大场地剖面的高宽比。一些 BIM 应用程序可以自动进行此项工作（图 3.17）。

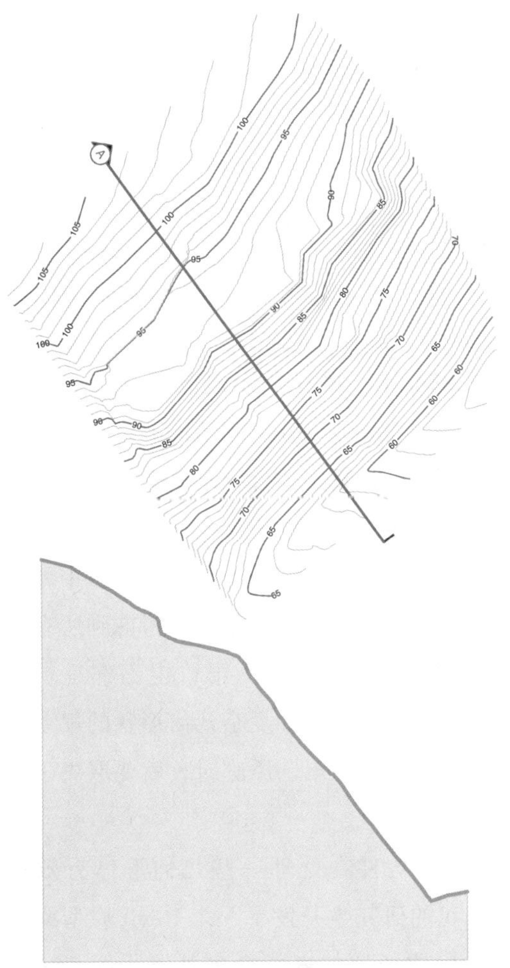

图 3.17 在土木工程常见的图形规范中（在长距离上有相对轻微的海拔变化）y 轴截面的清晰度被同等放大了

表面飘浮 / 网络附着

精确 3D 场地模型的一个独特优点是尽可能地使用作为现有和规划场地物体的参考数据：树木、人造景观、街道公共设施、车辆、建筑配景等。场地模型表面的“飘浮”物体或“发送”物体对上述对象是很有用的（图 3.18）。BIM 应用自动化的过程（例如 Archi CAD 的网格附着工具，或 Vectorworks Architect 的表面浮标的命令）不仅节省时间还能确保准确性。这一特性还有一些特殊的用途：

- 一系列的 3D 点可以被发送到具有不同密度的网格曲面上，这些点按照场地的需求分布在一个有限的区域内。这些标点在有限区域形成细致的场地模型的基础。
- 类似地，一组浮动 3D 点可以在次要网格的基础上代表一些不同的材料，例如步行道。而 BIM 软件能够产生特定的族，如道路和停车场，有些工具有它的局限性。例如，道路工具的族可能是特定的宽度。铺砌区可能需要复杂的分级来实现的一个单坡垫。因此，更多的自由形状可能需要一个浮动网格。

建筑围护结构的最大值和最小值

在早期设计过程中，建筑师必须研究适用的建筑规范、地区条例、行为限制条款，比较其项目内容来确定可建造的最大建筑面积范围（在某些情况下可建建筑面积最小值）。这些限制往往来自多个法规，正确地使用规范，这是设计师的责任。这些限制有的相当简单（例如，建筑高度）和容易适用于 2D 图

图 3.18 在 Vectorworks 中，两个同样视角的模型视图；在左边，树木被放置在 x 和 y 坐标上（平面中，其放置在正确的位置），但“浮”在一个统一的和任意的高度上（位于 Z 坐标上）。在右边的 Archi CAD 中，树木被种在场地表面“附在场地网格中”

（道路规划）；其他的可能更加复杂，如太阳的日照时间，建立“外罩”，或容积率（FAR），最好方法是通过一个智能的 3D 模型解决以上问题（图 3.19）。显然，错误的分区和限制性应用会导致不可实施的设计。特别是在项目的早期设计过程中，更容易作出决定和避免灾难性的结果。

日照时间与遮挡

大多数教程对阶梯形建筑设计范围进行了分区，这些阶梯形式不一定是垂直的，可能会有一定的角度：

- □ 帮助保证周边建筑物有充足的日照。
- □ 城市或自然的地标建筑要避免遮挡视线或是维持适当的视野。
- □ 以控制发展规模或是加强建筑管理为措施，来鼓励特定的风格而阻止其他的风格。

2006 年，得克萨斯州奥斯汀市采用措施控制城市核心区住宅建筑的开发。所谓的麦式豪宅条例规定“建筑外罩”的边界范围受三个与建筑成角 45° 的平面（侧面和建筑红线背面）限制，并且在一些条款中新建建筑不能超出垂直的前平面。考虑到所有住宅的平面并不都是长方形，也不都是水平的，因此在决定一些复杂几何形状的规划项目是否违背“外罩”原则时，就要取决于场地分析。

BIM 构件在处理一些几何形体有效性上，我的研究生开发了一个 Revit 原型族参数来生成场地的麦式豪宅外罩（图 3.20）。这个 Revit 的命令对象允许快速测试项目的

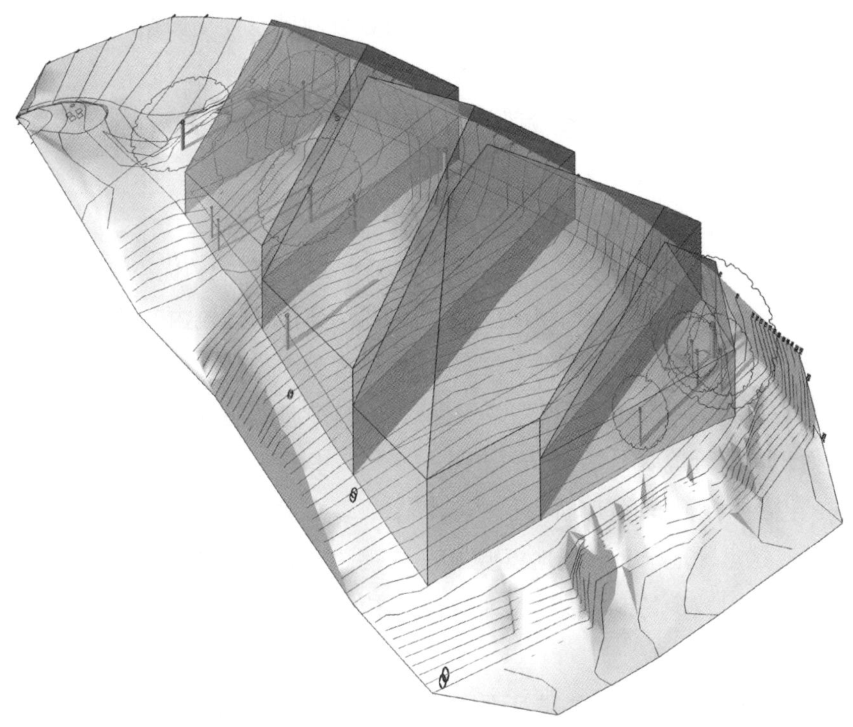

图 3.19　形态条例越来越受欢迎，但它们的应用程序有时会比作者预期的复杂得多。在这里，场地具有挑战性的不规则边界的地形，只能通过场地模型来表现建筑围护结构最大值（图片由 Mell Lawrence 建筑师事务所提供）

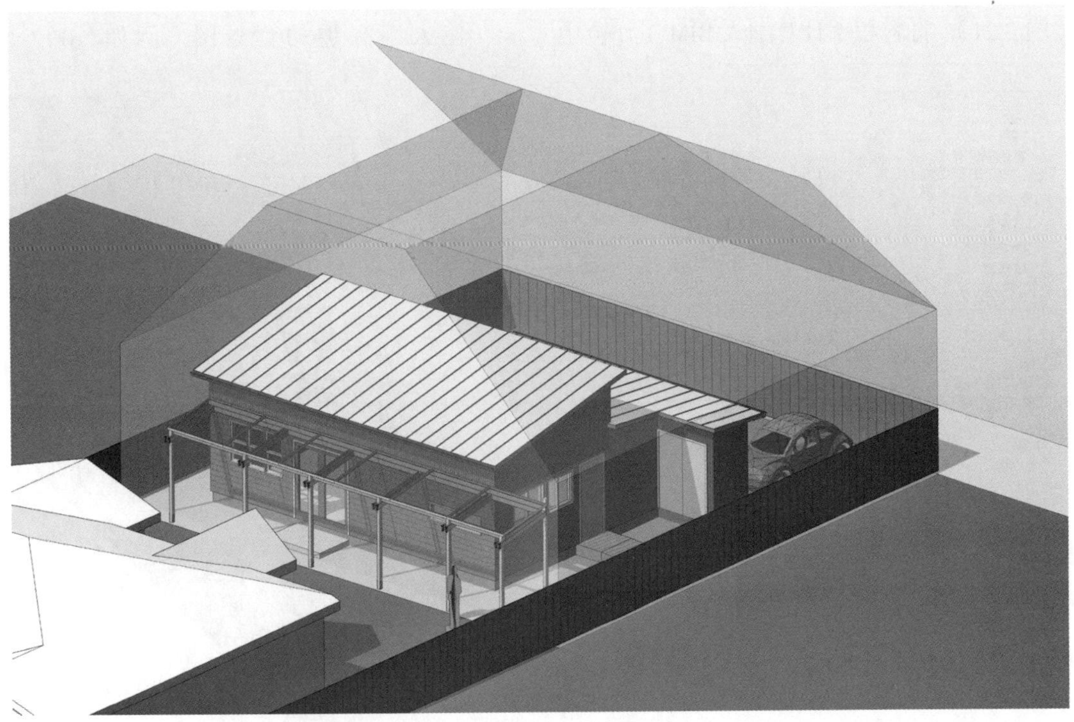

图 3.20　这个奥斯汀麦式豪宅外罩的 Revit 族命令是依据场地边界进行参数化重塑的［图片由 Justin Firuz Dowhower（LEED 认证专家）提供］

72 外罩冲突，将其考虑到特定的几何场地中。虽然，没有一个 BIM 程序可以预期每个辖区的每一个条例，用 3D 对象进行验证是非常重要的。

容积率的计算

通常，地区条例会限制项目的面积比（容积率）。在这些情况下，最大总建筑面积是基于建筑物与占地面积的百分比（小于、等于或大于基地面积取决于地区类型和条例的性质）。在某些情况下，场地的基地面积会随着敏感地带缩减。这里，基于 BIM 场地模型的分级定量分析可能对减少场地容积率是非常有效的（见第 3 章）。

来自 BIM 模型的总值表或净建筑面积可以动态链接到一个报告中，从而使设计者从实时数据中作出定量驱动的设计决策（图 3.21）。将容积率计算纳入 BIM 工作流中可以创建紧密的反馈循环。这样的工作过程比设计更高效并且有效，通过项目条件限制来检查设计结果，然后再设计。

可视域

场地 3D 模型的优势一方面在于与建筑模型相结合能从建筑内部及四周来准确判断场地的视野，另一方面便是评估建筑位置。根据 BIM 软件功能可选择不同难度。

其中一个方法是从观察者的角度设置一个或多个透视图。尽管视图已被设置，但是该视图（墙体位置、窗口布局、介于观察者与建筑模型之间的人造物体或自然物体）的内容可能会随着设计的进展而有所不同，并在预置视图中进行周期性检查（图 3.22）。建筑模型与中间物体可以是简略的，仅带有少许细节，但这仍是非常有用的。

使人感兴趣的背景图（例如，JPEG，

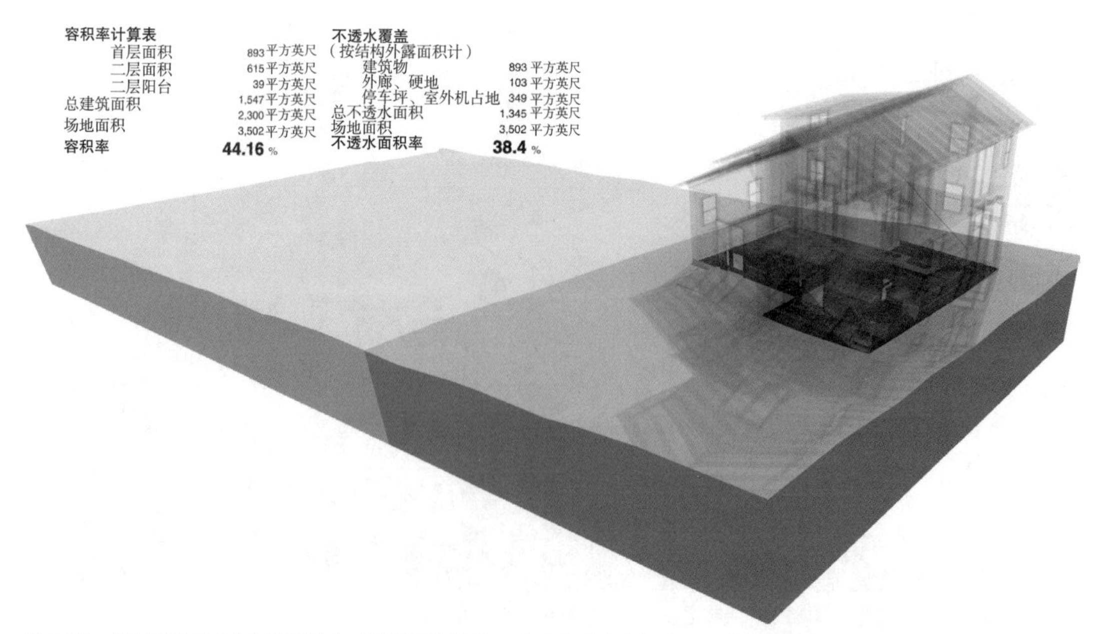

图 3.21 BIM 容积率工作表将场地与建筑楼层相连接，准确和动态地报告，以符合当地区划和水文要求

图 3.22　在概念设计阶段，场地照片以正确的尺寸和位置被放置在模型内，以理想情况和不可取情况下的观点来帮助评估对规划结构（这里呈现为半透明）的影响

PNG）可以准确地被放置在 3D 模型当中。有些情况必须注意，不正确的放置或缩放可能会导致图像出现失真。如上所述，预设场景对于有效评估设计迭代是必不可少的。

当设计师关注一些可见或不可见的主观独立视图时，一个独立的场景或一系列简单的场景便是有效视图的决定因素。然而，当建筑师需要确保整个区域可被查看或隐藏时，这种方法可能并不实用。在这种情况下，一个有用的技术包括了 BIM 模型中在观察者位置下放置一个点光源。应该注意观察者眼睛的标高，将光源放置在适当的高度。通过采用适当的阴影渲染选项和鸟瞰图，光源将照亮所有可见表面和物体，而那些在查看器中不可见的物体将被隐藏在阴影中（见图 3.23，视觉影响区工具是 Vectorworks 在场地设计应用中非常有效的技术，这种技术被誉为 Vectorworks 的里程碑）。无论是在建筑内部还是在场地中，这项技术可以在任意规模的项目中使用。

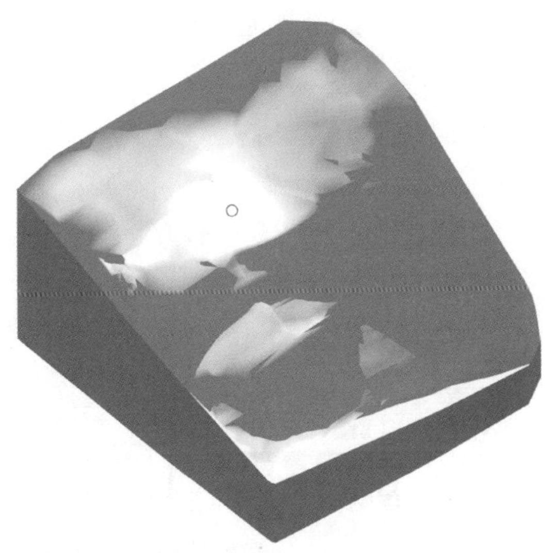

图 3.23　视觉影响区工具是 Vectorworks 中一个简单而聪明的工具，这种工具可以在任何模型中重现。点光源放置在确切的 xyz 坐标点上；任何表面阴影表示观察者不可见的部分

■ 案例研究：加利福尼亚州索诺玛住宅

设计师：David Marlatt

设计公司：David Marlatt

委托人：保留

住宅从一个近 3 英亩的山坡上接近并俯瞰索诺玛小镇，拥有两间卧室，一个 650 平方英尺车库，占地面积为 3600 平方英尺，打破了前庭院与后院的传统观念（图 3.24）。屋顶巨大的悬挑不仅使得西面在清晨的阳光中拥有良好的视野，还为毗邻的凉亭与游泳池提供了一个室外庇护所。由于房子位于山脊线下，其长度、最低点和南北朝向均遵循已有的等高线，这些不仅没有破坏附近的风景（图 3.25），还优化了所有房间的交叉通风。折叠屋顶使表面光伏发电和太阳能热水器的利用率达到最大值。

这栋零能耗的房子完成于 2011 年的春天。热量通过辐射楼板和热泵获得，而两者的热量来源于屋顶的太阳能集热板。代替了传统的空调，夏天空气通过换热器进入房间，换热器位于房屋下面形并成自然的冷室，进入的空气通过屋顶附近的天窗和通风口将空气排出。功能、美学和项目整体的宜居性在设计的方方面面同时发挥着作用。由于房屋的南北向相对进深小，业主拥有看向东面索诺马镇的最好视野，有利于太平洋冷空气的对流，对流空气午后从西方而来并从上坡上倾泻而下。

图 3.24　索诺玛的房子坐落在一个坡地上，无论从房子本身还是从邻居的视角来看，其都有宜人的视野。精确且定量的场地分析是帮助确保项目成功的重要工具（图片来自 DNM 建筑师事务所）

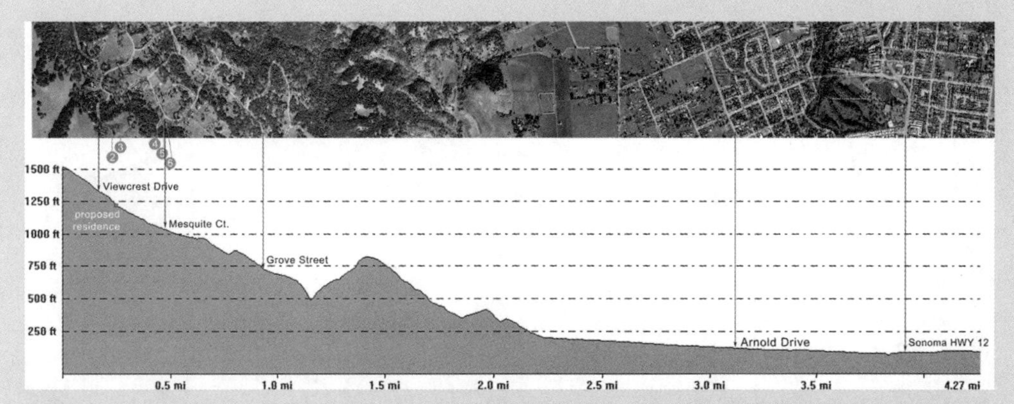

图 3.25 从一个复杂的场地模型中提取的一个较长的场地剖面图，用来评估预期的设计方案对于临近可视域的影响（图片来自 DNM 建筑师事务所）

地基采用了保温混凝土形式（ICFs），而外墙体采用了保温板系统结构（SIPs），这样既能够保证密封和绝热性，又能够显著地减少时间和人力成本。虽然房屋的东面是开放的，但出于夏季遮阳的考虑，屋顶出檐还是进行了仔细设计。金属板在下，经过表面处理后的混凝土板在上，两者组成的板体系甚至提供了整栋房子的热质来调节温度波动。户外门和窗户配备了双层有色玻璃的断热铝型材。其他方面，主要还有 2 万加仑的雨水收集系统和半渗透性的车道，以便尽量减少地表水的流失（图 3.26）。

BIM 软件（ArchiCAD）对项目进程的每一步都至关重要，包括：

- 场地分析以便掌握视线和地形
- 向客户和企划部进行 3D 可视化展示
- 遮阳和通风研究
- SIPs 施工图的绘制和验证

即便项目已经动工，在设计有变动时 BIM 仍应及时更改，并且在建筑师的项目网站上保持同步更新。

我们基于 2D 勘测数据以及公开的地形信息创建了场地及其周边环境的 3D 模型，并从山谷中一条主干道处的视线进行分析。这样做可以避免房屋出现在索诺玛镇的视线范围内，以通过该镇规划部门的严格审查。理解和控制观景廊对于客户而言同等重要，因为他们希望既能够看到东面索诺玛镇的主要景点，同时又不会挡住邻居向西瞭望山顶的视线。除了进行视线分析，这个 3D 场地模型还能帮助我们分析主导风的情况，以便使房屋获得最好的对流通风效果（图 3.27）。我们可以在这个 3D 模

图 3.26 从这个角度看这个位于索诺玛镇的住宅入口，就能说明这个场地的地形给设计工作带来了多大的难题。车道是半渗透性的以便减少地表水的流失（图片来自 DNM 建筑师事务所）

图 3.27 这个位于索诺玛镇的房屋的剖面图既能看出建筑容积，也能清楚地看到在山坡上的房屋向上挖山、向下填充的平衡。大范围的模型有助于进行视线分析（图片来自 DNM 建筑师事务所）

77

型和 Ecotect 的帮助下，既确保主要的空间部分都能有较好的通风效果，又避免产生死角或者涡流。

这个 3D 模型还能用于估算在斜坡工地上挖填的工程量。然而一个 3D 的地形模型显然无法将影响实际坡度的地下土质情况考虑在内，也无法预估夯实回填土时的误差。用 3D 模型来简单地预估和平衡挖填量，显然并不意味着需要运出或者运入土壤，因为挖出的土可能并不适于回填土的区域。这个项目中，我们虽然运用模型进行了挖填的平衡计算，但最终挖出的土比预想中要多，因为表层土下存在疏松岩层结构，此外对于挖填中土壤松动引起的误差也未能精确预估。幸运的是，这个工地有 3 英亩大，因此我们得以在很大的工地内进行土壤重新分配，因而土壤既没有运入也没有运出。

第 4 章

体量分析

在工程项目中，越是前期的设计决策影响力越大，对项目在建筑上的成功，对项目的可持续性来说都是如此；遗憾的是人们常常把 BIM 当成出图或生产工具，很少在概念设计或方案设计中用作设计工具（图 4.1）。BIM 用数据驱动的体量模型可以洞察潜在的建筑性能，这些性能对可持续性有巨大作用。如果忽略了建筑体量的关键性影响因素中的量化信息，如建筑朝向、长宽比，以及围护结构最大表面积等，则可能误导建筑师做出造价昂贵或后期不可逆转的决定。因此，本章针对建筑体量的概念设计和定量可持续性分析中 BIM 的作用展开讨论。

创建体量模型

毋庸置疑，任何建筑方案设计都需要创建建筑体量模型。在 BIM 流程中，从建立建

图 4.1 BIM 不是仅限于记录已完成的初步设计。渲染功能可以给出初步设计成果的第一印象，但这还是一个概念模型，旨在确认总体方案和场地限制（图片来自建筑师 Daniel Jansenson）

筑物与场地的相互关系，到遵守建筑围护结构的最大限值，再到优化建筑物的空间利用和热工性能，体量模型是非常宝贵的可持续设计工具。有多种方法可以形成智能概念模型：有些是“数据准备型”，而有些则是真正的“数据富集型”。

80

从 SketchUp 导入

SketchUp 最初是由科罗拉多州博尔德市的 @Last 软件公司开发，其填补了建立三维概念模型时简单、快速的需求，这是更为强大的全功能型 CAD / CAM 建模软件没有考虑到的。因此，它对接触 CAD 操作较少的建筑师和设计师特别有吸引力。谷歌收购了 @Last 公司后，消费者可使用 SketchUp 免费版本，其受欢迎程度一直不减。SketchUp 最大的优势是其有限的工具选项板，胜过面面俱到的企图。它填补了一个特定的商业契机，概念设计，并且确实做得很好（图 4.2）。

有些人认为 SketchUp 是 BIM 创作软件，这并不完全正确，只能说借助第三方插件可以让用户将数据附着到 SketchUp 模型中。然而，在许多方面，SketchUp 确实不能满足 BIM 的要求：

- □ 构件数据不丰富。例如，除非用插件，SketchUp 中的墙体不能设定 R 值。
- □ 构件没有关联性。SketchUp 中的物体不包含数据或标记，不能与模型中的其他物体联系起来。换句话说，SketchUp 中的墙体并不“知道”它们是墙体。
- □ 不是参数化模型。例如，一个 SketchUp 的楼梯，不能连接到建筑的楼层标高，那样楼板与楼板之间的高度可以参数化修改，楼梯的梯段会自动调整以满足规范——限制踢面的最大值和踏面的最小值。

SketchUp 不支持同一模型的多维视图。

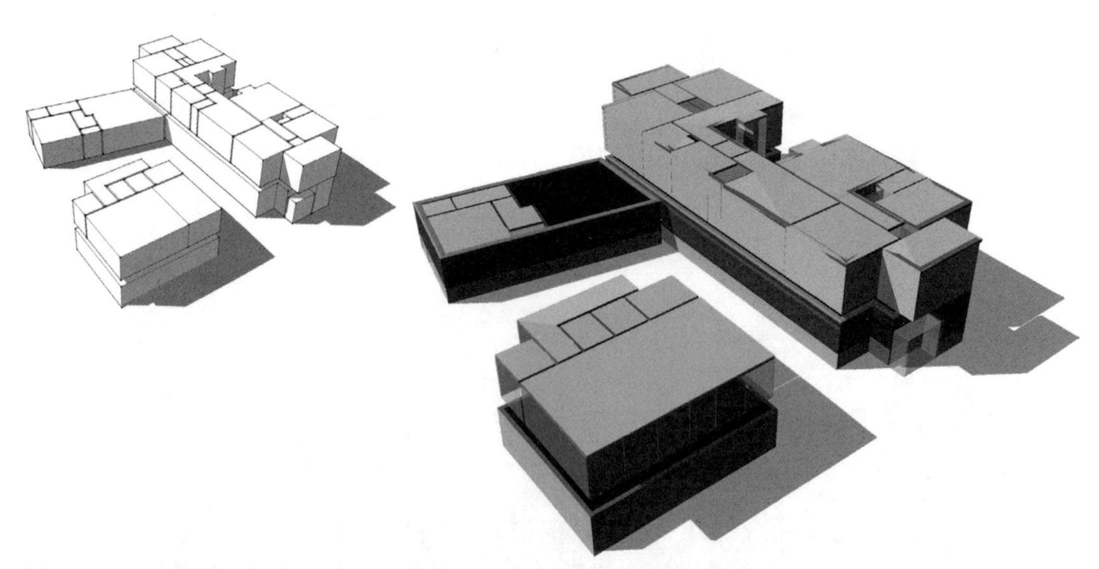

图 4.2 SketchUp 拉伸（左图）可以说是 BIM 模型的起点。在这里，Revit 的内建体量是由准备好的 SketchUp 对象创建（在 Revit 插入选项卡下，选择导入 CAD，选择 SKP 文件格式，并打开所需要的 SketchUp 文件）。然后系统族（屋顶，墙体，楼板）构件通过体量和场地选项卡应用到每个体量表面（图片来自 Justin Firuz Dowhower，LEED AP）

也就是说，虽然可以有不同的三维模型渲染样式，但同一个物体并不能轻易生成符合制图标准的二维平面图（门开启 90° 且显示圆弧开启线）和三维视图（透视图，立面图，剖面图）。

然而，可以把 SketchUp 当作一个非常有用的工具，应用在更广泛的 BIM 工作流程中。特别是当串联式展开大量 BIM 建模时，可能缺乏简易的三维概念化工具。在这种情况下，在 SketchUp 中简易的创建体量或概念模型作为真正 BIM 模型的先导，这是一个有用、高效的策略。有些案例，比如在 Revit 中，可以导入 SketchUp 模型，用合适的墙体，玻璃幕墙，屋顶元素形成“表皮”。甚至可以应用 Vectorworks 这样功能齐全的自由形状建模工具。在导入到目标程序的 BIM 参数化对象（墙体、楼板和屋顶）时，SketchUp 的三维几何模型可以被自动正确的解读。

81

自由形状建模

BIM 应用支持原生的、通用的三维几何模型，有不同程度的操作、细化和参数化（图 4.3）。如前所述，BIM 要求设计师对一个项目提前作出决定，这是一个普遍的错误。事实上，未指定的构件如常规的墙体，屋顶和楼板都是常见的。建模的人可以建造形式自由的体块和三维多边形，从简单的挤出、拉伸（延伸）体和多边形平面，直到某些情况下的布尔加法和减法。一些 BIM 工具允许非均匀有理线条（NURBS），可以构造复杂弯曲的三维多段线和面。

用 BIM 创作工具生成概念体量模型的一个优点是，反复变化的体量模型，可以联动 BIM 模型，反之亦然，把数据损失或者需要重复的工作减到最小（图 4.4）。如果体量模型是在 BIM 环境外创建的，那么设计的进展与体量模型就会脱节。这似乎不是问题，除非在设计后期还需要体量模型做某些分析。

空间对象

最初开发空间对象是为了响应美国联邦总务署（GSA）的要求，因为 BIM 模型中的

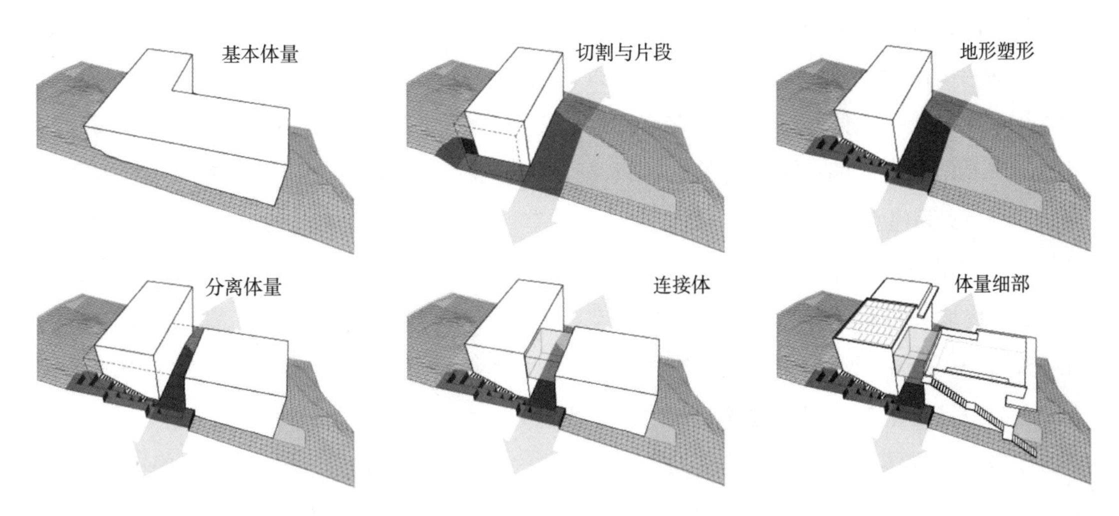

图 4.3 甚至在项目的概念化阶段，三维建模的体量分析也是一个非常重要的工具。图示为 LEED 认证住宅项目 Margarido 住宅的一系列的体量和地形操作（建筑师 plumbob LLC）

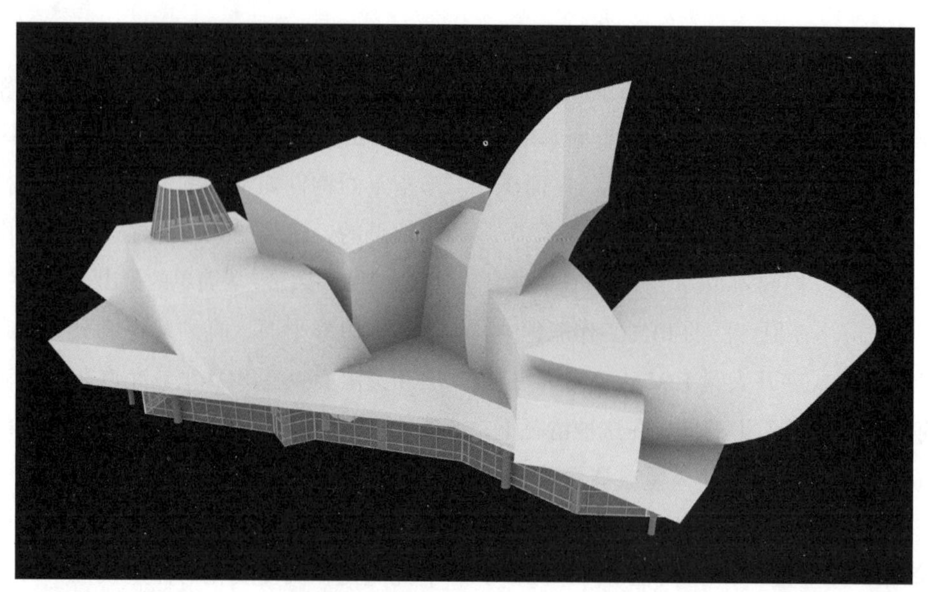

图 4.4 甚至在设计阶段早期，BIM 创建的模型也可用于测试基本的设计决策。例如，参考方案和场地设计的体量是否满足建筑围护结构最大值的限制？这些模型可以是简单的实体棱柱，数字化的热线切割的蓝色泡沫，或被快速地赋予表皮，使其看起来像一个完成的建筑设计（图片来自 Wes Gardner NV）

建筑空间要赋予使用性质的数据。建筑模型中的空间对象不仅仅是使用标签——它们是携带了大量数据的三维物体，包括从完成进度信息到 GSA 项目分类这些数据。正确地构成 GSA 兼容的 BIM 模型用空间对象来填满整 82 个模型；甚至面积大于 9 平方英尺穿过楼板的竖井也设置为空间对象。如果一个开放的区域包括两个或两个以上的使用类型，那么建模时必须创建一个假想的边界，在空间之间有一个专门分类的墙体：这样的墙体只是概念，不会实际建立。

在常用的 BIM 工作流程中，一旦虚拟的外墙、内墙和楼板正好“填充”空隙，空间对象就可以应用到模型中。这种方法有优势，因为一旦建筑参数建立起来，相当于它可以创造数字物体。在本质上，空间对象是建筑的一个粗略的铸件或印版，缺乏某些细节。空间对象不像一个真正的铸件，不是完全的几何模型，会省略像窗框和窗棂之类东西。因此，空间对象是一种抽象的建筑模型，提供给不需要详细的物理模型的软件。忽略细节有一定的优势。能耗建模程序，例如 eQuest，在没有这些细节的情况下进行分析非常高效，简化的模型功能更好（运行更快）。

一定的 BIM 操作应用程序，例如 Vectorworks，可以反向设计。即空间对象可以在概念设计的早期创建，然后，用预设的建筑围护结构来包裹（图 4.5）。这种方法具有一些明显的优点：

- 空间对象作为一个动态的、数据丰富的体量模型构件，与智能模型的 BIM 样式一致；
- 它可以先生成任意给定形状的多段线，然后通过指定网格（顶棚）和总高度（屋顶或架空层）“挤出”；

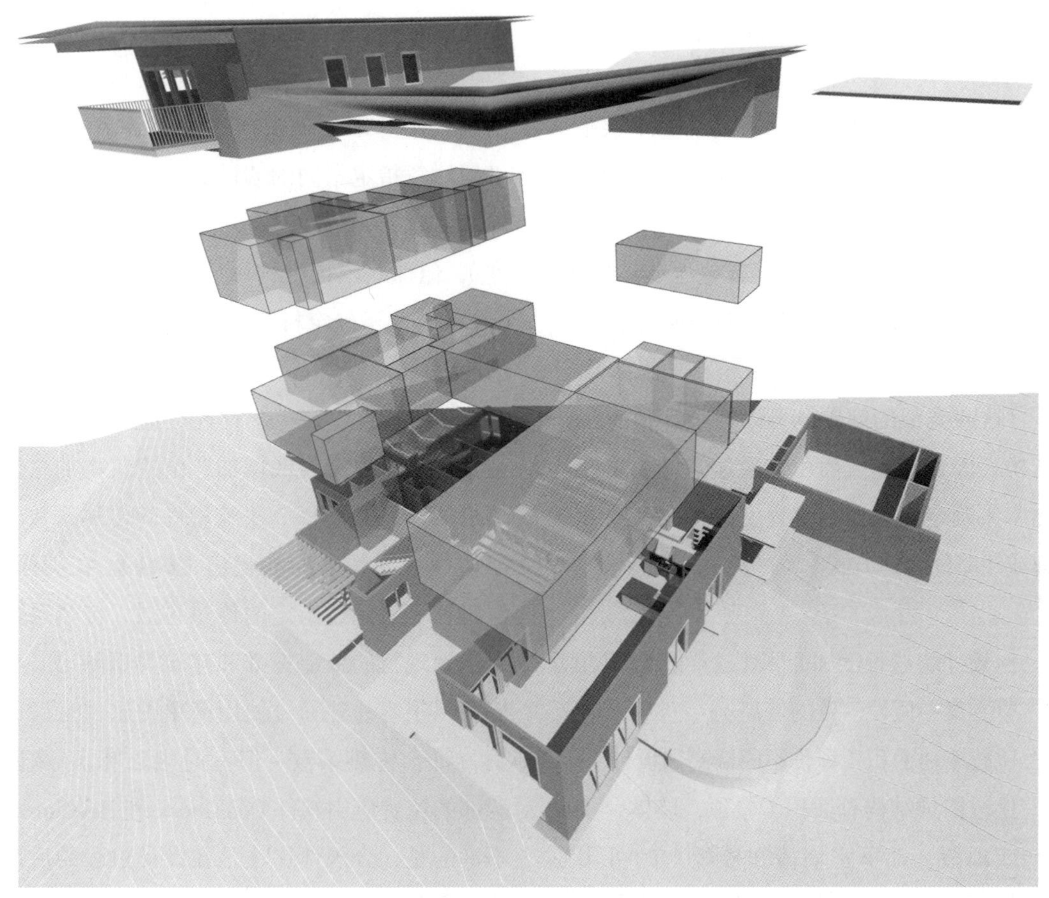

图 4.5　空间对象（这里指半透明体块）可能会被定义为现有墙体之间的体积，或者用墙体的“表皮”包围现存空间（作者提供与 Gregory L. Brooks 合作设计项目的图片）

- 平面设计评选时，空间的相似性可以定量评分来比较优劣，比如使用 Vectorworks 的邻接矩阵；
- 方案评比时，比较空间对象的周长（或表面积）与楼板面积比，可以判断外围护结构与面积比的效果；
- 可以假设建筑排列比例，测试场地指数与日光路径。用体量模型，日照和阴影分析可以用最小的建模工作获得有用的信息；

83

- 可以快速测试整体传热，来确认一个特定墙体系统的适用性或参数性，得出早期外围护结构的设计决策。

在本章的后面，将看到各种具体定量的体量模型。

周长 / 体积比：围护结构定量优化

除了围护结构设计在法律上的强制规范，智能体量模型可以让设计师进行经济设计或者优化能耗性能的工作。在施工预算受限的情况下，即使在一个非常早期的阶段，来评价两种或两种以上不同设计的相关成本，这种方法是可取的。例如：

- □ 特殊型庭院与 H 形平面相比有没有经济竞争力？
- □ 一个更紧凑的两层楼方案与一个单层平房设计相比，就各自的围护结构数量而言，它们的相对优点是什么？
- 84 □ 开发更为紧凑的平面能有效地节约成本，但通过增加层高来保持建筑空间？

这些类似的问题，可以通过评估总围护结构表面积和建筑面积或者建筑体积之间的比率来确定，根据细化程度的不同，选择精细或粗略的合适方式：

- □ 比较外墙总长度和面积（这个相当于在竞争方案中假设一致的墙高）；
- □ 比较墙地面积（评价不同墙高的设计）；
- □ 比较围护结构总面积（屋顶，墙体，楼板或地板，地下室墙体和楼板）的可用总体积（当评价体量和布局非常分散的设计时）。

BIM 模型内已经包含某些数值，外墙长度、屋顶面积、封闭体积等（图 4.6）。这些数值能在明细表中以表格的形式呈现，或者通过基本算术公式来动态显示所需的比值。必须注意指定不同的墙体类型来区分内墙和外墙，（如果设计已经深化到布置内墙的程度），但那些围护结构构件可以通用（例如，6 英寸厚的不确定材料的墙体），如前面讨论的通用墙。

关于能耗（热工）性能，通过建筑围护结构传热量的损失或增加，由建筑物的总传热量测定，测量每个建筑构件的传热系数 U 与构件的面积 A 的乘积值（$U.A$）。在美国，建筑物不得超过给定的传热系数，传热系数由当地现行的节能标准和建筑类型给出。我们可以很容易地通过使用简单的软件来确定是否符合传热系数（但有时很乏味），像能源部的免费应用软件 ComCheck 和 ResCheck。不幸的是，合规性往往是在设计过程的后期才进行验证，但这时设计师都已经做了许多几乎不可逆转的决定。

更好的方法是，在设计过程的早期就开始，合理的假设围护结构构件的热工性能，

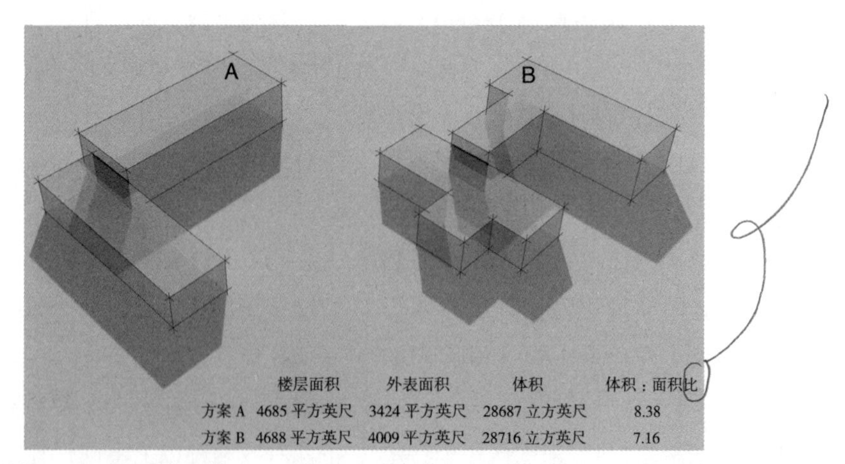

图 4.6 空间几何物体可以用来评价体量模型，即使在很少细节或细节信息没有确定时。在这里，BIM 工作表显示一个基本的定量信息报告

并量化竞争方案的基本导热系数，以便做出更明智的决策。只要在项目的概念阶段，可能会使用导热系数，并通过提供一系列的增量修改来验证改进并完善设计。这样的参数设计方法可以显著改善建筑性能，尤其是把这种方法应用在初步设计阶段。

例如，传统的小型框架结构建筑，可以假设，墙体传热系数是 0.07，屋顶传热系数是 0.03。坡屋顶会包括更多体积并且大多数空间都是可用的。不同屋顶坡度的热工性能具体结果是什么？比较备选方案传热量的总数值，甚至在精确选择材料之前，设计师就可以得出一个解决方案，用给定的围护结构边界和特定的建筑程序来优化最大体积和最小传热量（图 4.7）。

当然，优化围护结构的面积比或体形系数外，还有许多因素会影响建筑师的选择。设计应该考虑一些其他因素，从审美考虑到潜在的太阳能收集，对设计成败而言，这些因素是定性的、必不可少的（图 4.8）。然而，权重分析是概念设计中一项重要的任务，它往往被忽视。“前置”定量分析过程，将其整合到设计中可以大大提高项目性能。

良好的视野

视野设计看起来与建筑可持续性无关，但是视线的控制对于高性能建筑其实很重要：

- □ 视线好的窗口朝向、大小和位置不利于热工性能（图 4.9）；
- □ 视野显然会影响采光，它是一个依靠自然采光的重要策略，降低照明成本和随之而来的冷负荷（见第 5 章）；
- □ 住户反馈满意度较高，当有一种亲近自然的感觉时，他们工作表现更出色。建筑中最宝贵的当然是人。

设计者用多种方法来确定一个项目理想的视野。最明显的方法当然是在平面图中以观察者为顶点，画出视野范围角，组成角度的两根线将与建筑围护结构平面相交，在建筑平面图上定义出预期视野的范围。但是，这种方法是建筑专业的学生能已知的方法，

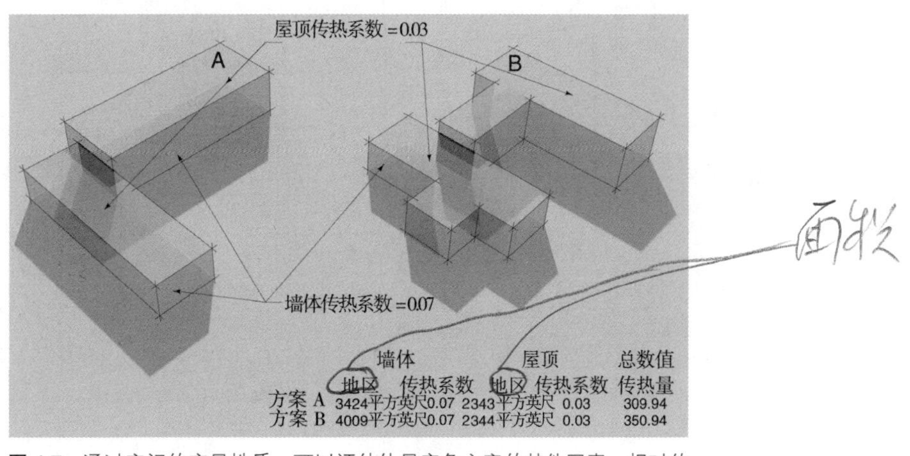

图 4.7　通过空间的定量性质，可以评估体量竞争方案的其他因素，相对传热量或体形系数

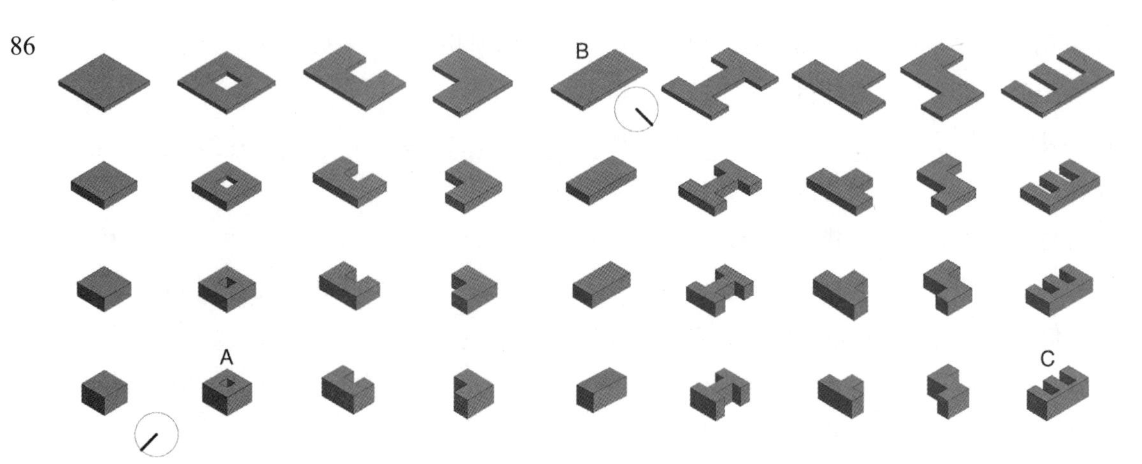

图 4.8 得克萨斯州大学奥斯汀土木、建筑和环境工程学院的学生和研究人员进行了从单层到四层系统排列的建筑形式，构成了一系列的体量分析。每个体量代表得克萨斯州，奥斯汀（湿热气候）2 万平方英尺的办公楼，除了形式，所有的设计变量保持不变。用 Revit 建立模型，使用 Green Building Studio 完成分析。设计中的采光分析也包含在内，所有的建筑物以年度能源消耗量从最低到最高的方式逐个排列。年度运行费用最高的形式是最低费用的两倍。当把光伏收集考虑进来分析，在这种情况下，费用最高的形式每年贵 30 倍左右。对每个模型进行能量分析（除形成盒子和庭院形式），面向两个方向（北侧较弱，一次运行时在向左转，而在另一次运行时向右转）。此外，在奥斯汀，把每个体量作为完全不透明的建筑（无窗户）进行研究，然后作为全玻璃幕墙的不透明建筑进行研究。能源费用最高的是一座四层院落体量（图片中标记为 A）。正如预期的那样，最节能的是旋转后使长轴在东西方向（标记为 B）的单层长条矩形体量。在全玻璃幕墙系列中，旋转的矩形形状保持费用最低，但四层 E 形（标记为 C）是运行花费最贵的（图片来自 Gregory L. Brooks 和 Eleanor Reynolds）

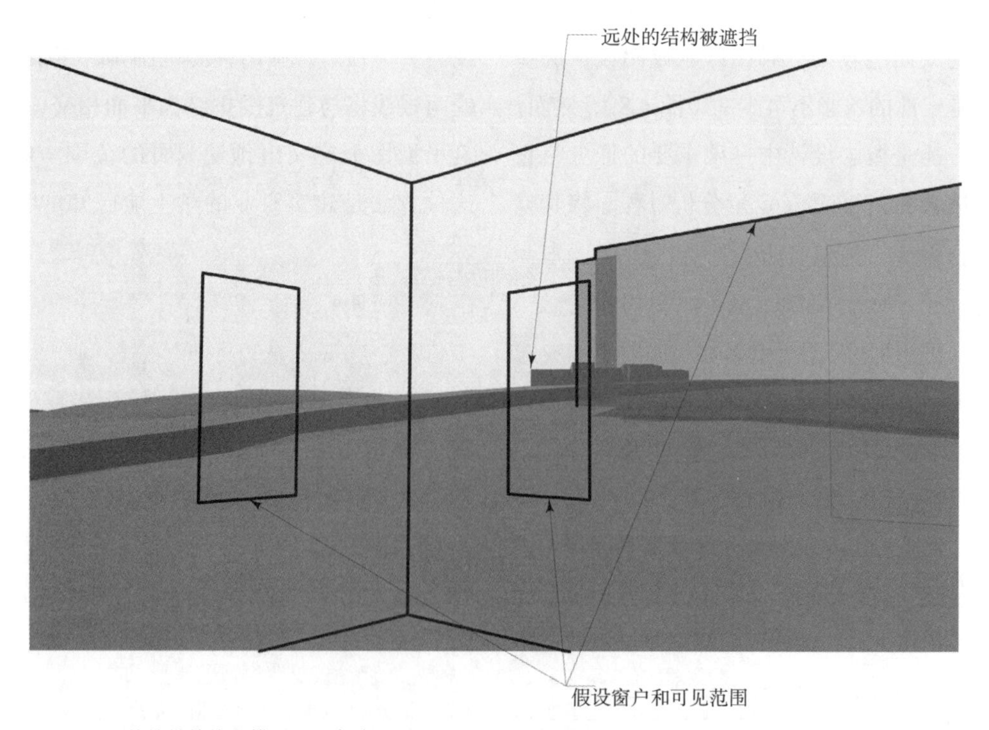

图 4.9 即使简单的体量模型仍然有效验证了三维空间中相邻房屋的视线

87 只有在观察者和目标之间的高差可以忽略不计的情况下才是有效的；场地相对平整，或目光落在遥远的地平线附近。在其他情况下，三维建模场景中的透视图可能是有用的。使用简单的BIM体量模型都是非常有用的，尤其是如果把模型整合在一个精确的3D场地模型中；有各种各样的体量模型技术来帮助确定合适的视野。对于BIM场地模型的完整讨论，见第3章。

初步成本和可行性分析

在设计过程早期，设计师可能需要验证方案的可行性与土地开发规范（分区或退线限制）或客户的预算。

在体量的基础上分配成本

最基本可信的建设成本可以从建筑面积和体积估算。基于历史数据来参考每平方英尺的成本是很常见的——这种方法甚至无处不在。经验丰富的设计人员（承包商）明白，这种成本估算方法有多种缺点。

注意以下几点：

- 历史成本数据不一定是当前或未来市场价格的可靠预测；
- 尤其是住宅承包商，建筑成本（质量）差异大。一个建筑商的成本数据，不一定适用于另一个承包商；
- 建筑是独特的，而历史数据越大，更多的成本特性将被"消除"。统计样本数越少（参考历史项目的数量和规模），历史价值就越不太可能准确预测建筑成本，可供比较的建设总面积越少将得到不可靠的估算。同样，住宅成本的历史回顾也不能准确地预测图书馆分馆建设工程的造价；
- 项目的完成程度、复杂性和材料的差异显著，都会影响成本。虽然一个给定的公司可能有统一的设计语汇和特殊的细部，但这种趋于规范化的建设成本要高于几个项目成本之和，每个客户的选择可能都会使这些成本增加或减少；
- 项目场地条件的不同，对基础的复杂性有显著的影响，因此成本也不同；
- 每平方英尺的建筑成本忽略了建筑高度。对一个项目与历史平均高度相比高或低，可能会造成过高过低的估算结果。

尽管有上述和其他方面的限制，设计师可以通过这些因素仔细分析部分地减轻。因此BIM有两个角色：分析项目的过去，和分析项目目前估算的动态数据。

过去的项目可由所需的任何维度单位进行分析：每平方英尺的平均成本（平面）、每立方英尺成本（图4.10）或每平方英尺围护结构的成本。假设后者的计算方法能更好地体现了建设的原材料和劳动力成本，那这可能是最好的选择。围护结构面积的成本也间接反映建筑的复杂性，至少在很大程度上是这样的：对于相同的楼板面积或体积，复杂的围护结构与简单体量相比面积要大。如果细部的交易成本数据是可用的，那么成本可以进一步分解，随建筑空间功能的不同而不同（厨房的成本比车库的高）。项目可能会进一步分化为三步或依据主观（依据经验）完成量的程度分化。这样，设计师可以把当前项目预期的完成水平与过去

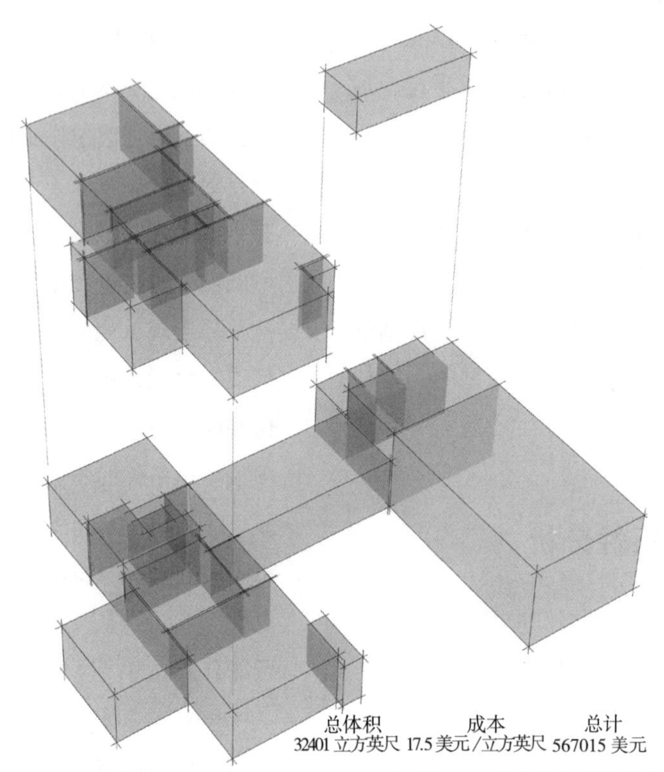

图 4.10 对一个简单的体量模型组成的空间物体，进行了初步可能的项目每单位体积平均成本的分析

类似的项目作比较。

为了简化历史成本分析，有助于确保准确性，搭建过去项目的 BIM 体量模型，可以使用空间对象，三维图元，布尔实体，或者甚至是合适的 NURBS 曲面（图 4.11）。这种模型并不需要非常详细，只要尺寸准确，这样表面积的报告值在可允许误差范围内是正确的。

88

为了得出每平方英尺围护结构的成本，将 BIM 模型中的体量面积报告的项目总成本进行拆分。如果需要更详细的成本分析，成本高的区域可分别建模，这些面积的额外预算金额（特殊设备或表面材料）可以添加到指定的整个历史体量模型的基础项目成本中。

基于构件的成本分析

设计者可能希望在体量模型阶段，生成更详细的建筑成本分析，也就是说，这可能在没有对每个框架构件单独的详细建模时实现。但是在这种情况下，一旦再次需要历史成本数据，设计师应该通过建筑交易获得详细的费用。如果从过去项目的几个不同的承包商来分析成本，可能需要把成本数据协调到通用分类，因为独立的承包商经常有不同成本分类。或者可以参考 RS Means 的成本数据库。

在这里，单位墙面或地面面积的成本，可以适当用于体量模型，但体量模型需要在得知交易或材料成本的基础上建立。例如，一个结构隔热板（SIP）以前项目的成本是 91300 美元，围护结构表面积是 13400 平方英尺，每平方英尺围护结构的结构隔热板（SIPs）成本为 9.10 美元。由于整个项目都使用结构

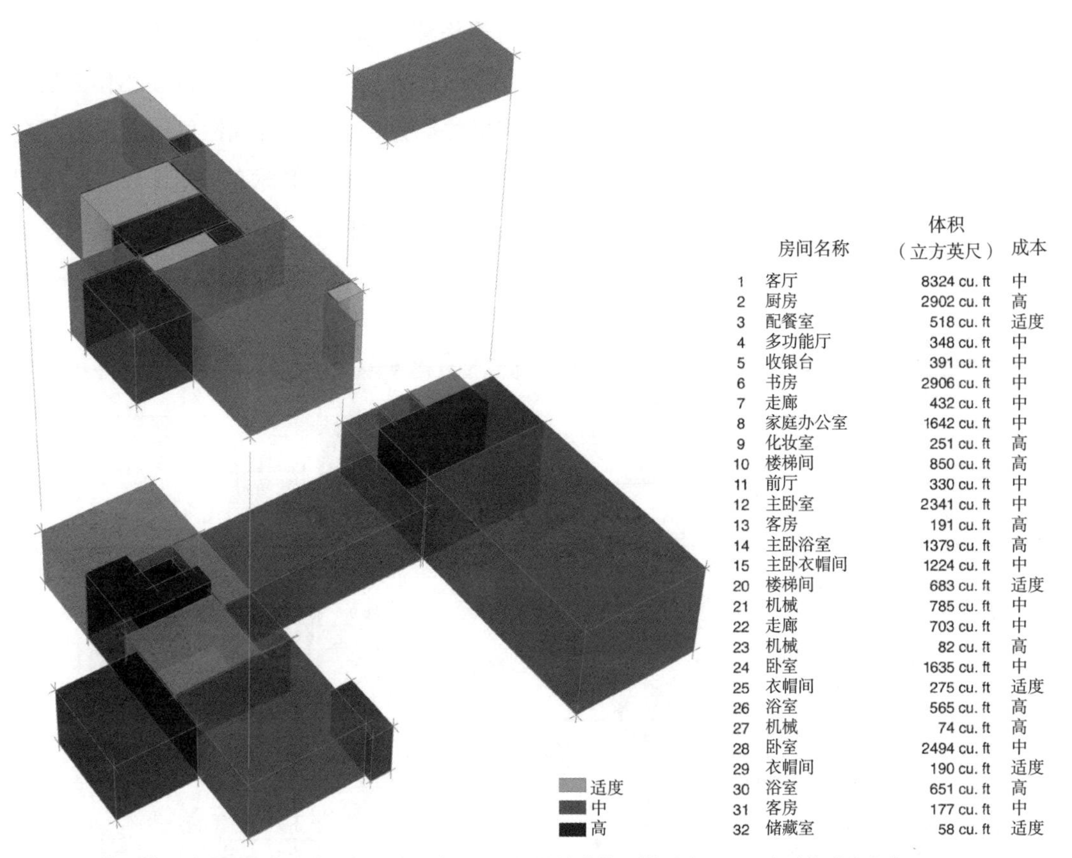

	房间名称	体积（立方英尺）	成本
1	客厅	8324 cu. ft	中
2	厨房	2902 cu. ft	高
3	配餐室	518 cu. ft	适度
4	多功能厅	348 cu. ft	中
5	收银台	391 cu. ft	中
6	书房	2906 cu. ft	中
7	走廊	432 cu. ft	中
8	家庭办公室	1642 cu. ft	中
9	化妆室	251 cu. ft	高
10	楼梯间	850 cu. ft	高
11	前厅	330 cu. ft	中
12	主卧室	2341 cu. ft	中
13	客房	191 cu. ft	高
14	主卧浴室	1379 cu. ft	高
15	主卧衣帽间	1224 cu. ft	中
20	楼梯间	683 cu. ft	适度
21	机械	785 cu. ft	中
22	走廊	703 cu. ft	中
23	机械	82 cu. ft	高
24	卧室	1635 cu. ft	中
25	衣帽间	275 cu. ft	适度
26	浴室	565 cu. ft	高
27	机械	74 cu. ft	高
28	卧室	2494 cu. ft	中
29	衣帽间	190 cu. ft	适度
30	浴室	651 cu. ft	高
31	客房	177 cu. ft	中
32	储藏室	58 cu. ft	适度

图 4.11　体量模型稍微详细的成本分析是通过给不同空间物体的体量模型分配不同类别的成本来实现

隔热板（SIPs），然后，单位成本将被用来分析预设项目的所有围护结构（假设没有通货膨胀或其他成本上升）。此外，以前项目中瓷砖、卫生器具和仪表（只在厨房和浴室有）的总费用为 84500 美元，表面积超过 795 平方英尺。仅在厨房和卫生间这样的空间，每平方英尺将超过 1.10 美元。如果该项目仍处于非常初步的体量阶段，其内部布置的确切配置还未知，在总建筑面积上应用预算额可能是可取的，在这个案例中，建筑中的所有区域都是每平方英尺 14.80 美元。

当然没有 BIM 模型也可以计算，但很快它们会变得非常烦琐，需要不断更新。然而，如果将数据附加到模型构件中，程序就会自动计算。然而，最有利的是，随着设计的发展结果实时更新，把设计决策的影响给建筑师直接定量的反馈。

被动制热、制冷的初步设计数据

在建筑设计中使用能源模型变得越来越流行。这种性能的定量分析，也许发生在设计过程中的不同阶段。下面的章节将以倒序方式讨论这些阶段，但会首先列出最常见的。

能源要求

在允许的情况下，根据授权，项目需要

90 使用能源部的COMcheck或者REScheck来分析机械、采光、围护结构热工性能是否符合规定。因为这是越来越多的司法机构的共同要求。它是最普遍的热工性能“分析”形式。不幸的是，在时间允许的情况下，这样的合规性检查顶多会影响保温类型的选择、门窗的规格或导致增加楼板周边保温材料（图4.12）。因此我们很难将能源的使用作为建筑构思的机会。此外，合规性仅仅意味着符合项目能源效率的最低标准。如果仅仅满足建筑性能的最低标准，那么我们会发现我们的世界处于一种危险的状态。

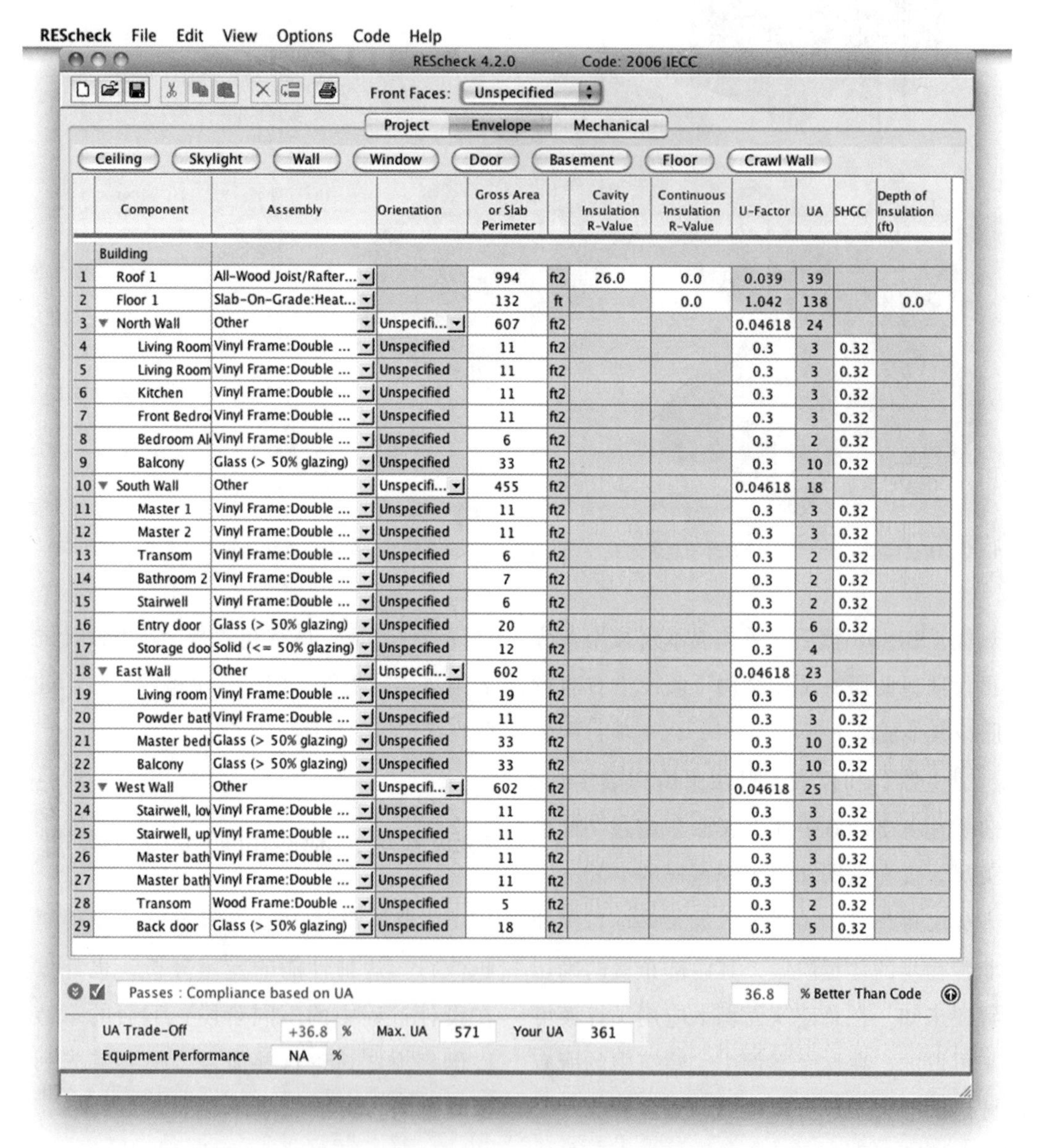

	Component	Assembly	Orientation	Gross Area or Slab Perimeter		Cavity Insulation R-Value	Continuous Insulation R-Value	U-Factor	UA	SHGC	Depth of Insulation (ft)
	Building										
1	Roof 1	All-Wood Joist/Rafter...		994	ft2	26.0	0.0	0.039	39		
2	Floor 1	Slab-On-Grade:Heat...		132	ft		0.0	1.042	138		0.0
3	▼ North Wall	Other	Unspecifi...	607	ft2			0.04618	24		
4	Living Room	Vinyl Frame:Double ...	Unspecified	11	ft2			0.3	3	0.32	
5	Living Room	Vinyl Frame:Double ...	Unspecified	11	ft2			0.3	3	0.32	
6	Kitchen	Vinyl Frame:Double ...	Unspecified	11	ft2			0.3	3	0.32	
7	Front Bedro	Vinyl Frame:Double ...	Unspecified	11	ft2			0.3	3	0.32	
8	Bedroom Al	Vinyl Frame:Double ...	Unspecified	6	ft2			0.3	2	0.32	
9	Balcony	Glass (> 50% glazing)	Unspecified	33	ft2			0.3	10	0.32	
10	▼ South Wall	Other	Unspecifi...	455	ft2			0.04618	18		
11	Master 1	Vinyl Frame:Double ...	Unspecified	11	ft2			0.3	3	0.32	
12	Master 2	Vinyl Frame:Double ...	Unspecified	11	ft2			0.3	3	0.32	
13	Transom	Vinyl Frame:Double ...	Unspecified	6	ft2			0.3	2	0.32	
14	Bathroom 2	Vinyl Frame:Double ...	Unspecified	7	ft2			0.3	2	0.32	
15	Stairwell	Vinyl Frame:Double ...	Unspecified	6	ft2			0.3	2	0.32	
16	Entry door	Glass (> 50% glazing)	Unspecified	20	ft2			0.3	6	0.32	
17	Storage doo	Solid (<= 50% glazing)	Unspecified	12	ft2			0.3	4		
18	▼ East Wall	Other	Unspecifi...	602	ft2			0.04618	23		
19	Living room	Vinyl Frame:Double ...	Unspecified	19	ft2			0.3	6	0.32	
20	Powder batl	Vinyl Frame:Double ...	Unspecified	11	ft2			0.3	3	0.32	
21	Master bedi	Glass (> 50% glazing)	Unspecified	33	ft2			0.3	10	0.32	
22	Balcony	Glass (> 50% glazing)	Unspecified	33	ft2			0.3	10	0.32	
23	▼ West Wall	Other	Unspecifi...	602	ft2			0.04618	25		
24	Stairwell, lov	Vinyl Frame:Double ...	Unspecified	11	ft2			0.3	3	0.32	
25	Stairwell, up	Vinyl Frame:Double ...	Unspecified	11	ft2			0.3	3	0.32	
26	Master bath	Vinyl Frame:Double ...	Unspecified	11	ft2			0.3	3	0.32	
27	Master bath	Vinyl Frame:Double ...	Unspecified	11	ft2			0.3	3	0.32	
28	Transom	Wood Frame:Double ...	Unspecified	5	ft2			0.3	2	0.32	
29	Back door	Glass (> 50% glazing)	Unspecified	18	ft2			0.3	5	0.32	

图4.12 COMcheck和REScheck要求提供建筑构件面积和热工性能，进行能耗规范符合性的验证。用户预定义选项的选择有限，在某种程度上，可能会被修改（在这张图片中“乙烯窗口”是最接近玻璃纤维的近似单位）。虽然在软件程序中没有几何建模，所需的数据可以很容易地从BIM中更快更好地提取出来。COMcheck和REScheck是由美国能源部（www.energycodes.gov）的能源效率和可再生能源办公室（EERE）提供

91

能耗模拟

随着设计的发展，一个项目可能会经历一个详细的能耗建模分析，运用 Ecotect，eouest，EnergyPlus，能耗 10，绿色建筑工作室，HEED 或 SUNREL 等。[1] 这样的分析是非常可取的，其需求也是越来越多的。然而，详细的能耗建模或模拟也存在一定的局限性。

第一位也是最重要的，模拟需要准确的数据，以产生精确的结果。旧编程术语是 GIGO：垃圾进，垃圾出（最近有些人把缩写解释为垃圾进，真理出，暗示倾向于过分信任计算机模型可靠性）。建筑能耗模拟，物理基础很好理解，并且大多数模拟程序与实验数据进行了验证。然而，即使是一个很好的建模程序，基于精确算法仍需要良好的数据作为基础。

围护结构组合

围护结构必须准确描述传热系数、反射系数、辐射系数、孔隙率和朝向。能耗模拟软件通常包括围护结构构件和设备在主观基础上检验值的组库。这是非常有帮助的，因为即使是专家用户也无法真实地测定材料值、配件值和设备值。然而这样的数据库，有时也有局限（例如北美的墙体构件）或有限的（常见的仅有构件和设备）。在案例中，当设计师提供不常见的构件时，可能需要一些近似构件。

设备

设备必须包括能源使用的正确值，产生的总热量，并且，在某些情况下也包括输出的污染物（包括水蒸气或二氧化碳）。

时间表

建筑的季节性和日常使用时间表必须准确。在任何给定的时间内，建筑物内的人员数量将影响性能，因为人们对建筑产生显热和潜热的热负荷，这会提高温度和湿度。

气象数据

第 2 版典型的年气象（TMY2）包括大量的气象因素：干球和湿球温度，降雨量的大小和方向，风速和风向，阴天条件下，照射在水平面的太阳能（日照）等。免费数据库由美国国家可再生能源实验室（NREL）显示每小时气象数据，代表北美 239 位置处超过 30 年的平均数据。例如，在过去 30 年的时间里，5 月 24 日 13：00—14：00 的数据包括了这个小时的平均温度。类似的数据库（美国、加拿大是 WYEC2，欧洲是 TRY）也可用。显然，TMY2 与其他数据库不预报未来的天气数据，也不统计特殊的天气情况。作为衡量平均天气的工具，不允许软件来预测实际的建筑性能。因此，能耗模拟软件不会预测最坏的情况。

总之，当构件和设备的选择仍在调研中时，一个详细的能耗模拟练习是最有用的，但这一切都需要在已经建立充足参数的基础上才能提供有意义的数据。在概念或方案设计阶段，有太多未知的变量；在施工图阶段，能量模型顶多能帮助改进决策，但不太可能显著地影响性能。

1　全面的列表可在 http：//apps1．eere．energy，gov / buildings / tools_directory．查看。

方案设计：能源使用参数化设计

后面的章节将更深更细地研究 BIM 应用于具体被动制热或制冷策略的方法。这种方法需要更详细的模型，意味着更成熟的设计。然而在这一章中，由于我们关心的是体量模型，目前将重点讨论相关的、粗略的建模和信息处理：那些近似的“围护结构”计算，是非常有用的。

接下来详尽的大纲表示在概念阶段的参数化能耗设计的详细方法。下面讨论的主要部分详见 Mechanical and electrical Equipment for Buildings（MEEB：2010 Grondzik 等人著）。MEEB 是注册建筑考试（ARE）建筑系统，部分的主要参考书，对候选建筑师和建筑师而言，是一本不可缺少的书。

再次强调，严格来说，作为模拟，这些计算是没有预期的。相反，他们表示定量数据的迭代过程，使设计师能够评估不同概念设计的相对优点或优化设计。为方便起见，在本章末尾有一个清单。

围护结构 *U·A*

围护结构的 *N* 个构件（墙体类型、屋顶类型、玻璃类型等）的总传热量可以表示为：

$$U_{\text{assembly1}} \cdot A_{\text{assembly1}} + U_{\text{assembly2}} \cdot A_{\text{assembly2}} + U_{\text{assembly3}} \cdot A_{\text{assembly3}} + \cdots + U_{\text{assembly N}} \cdot A_{\text{assembly N}}$$

其中 *U* 是一个构件的传热系数；*A* 是该构件的传热面积；传热系数的倒数是热阻 *R*，经常被墙体或建筑材料引用的 *R* 值：

$$U = 1 / R \qquad [式 4.1]$$

R 值是累积的，而 *U* 值不是。要确定构件的整体 *U* 值，先求得所有构件的 *R* 值之和，然后求倒数（图 4.13，注意，导热系数 *K* 与传热系数 *U* 不同，前者是一种材料单位厚度的传热程度，后者是一种给定材料或构件整体厚度的传热程度）。

通过建筑围护结构的总传热量来决定建筑节能性能是很关键的。所需的室内干球温度（设定值）和室外温度之间的温差越大，传热阻（损失或增加）越重要。因此，在寒冷气候中，保温是最重要的，那里的温差也许有 70 ℉或更多。相反，非常温和的气候，室外温度相当恒定，或接近人体舒适度标准，可能很少需要或不需要保温。例如，只要参观 Schindler House in West Hollywood，就会领会设计师对加利福尼亚州早期现代主义可以负担得起热量控制的漠不关心。

屋顶传热

即使是初步的体量模型，将建筑物的屋顶与其他围护结构区分开也是很关键的。主要原因是：

- □ 通常屋顶构件的传热系数与墙体相比有所不同（更高），有更多的构造厚度并暴露在天空中；
- □ 屋顶与墙体相比可能有较高的反射率或辐射率；
- □ 在寒冷无云的夜晚，屋顶可能比空气温度更低，因为它们向接近黑体的无云夜空辐射能量；
- □ 由于其更多暴露在太阳能照射中，因此降低了屋顶的保温效果。屋顶的 *R* 值表示构件的导热，但并没有充分考虑辐射或对流这两种其他传热形式。屋顶构件的保温功

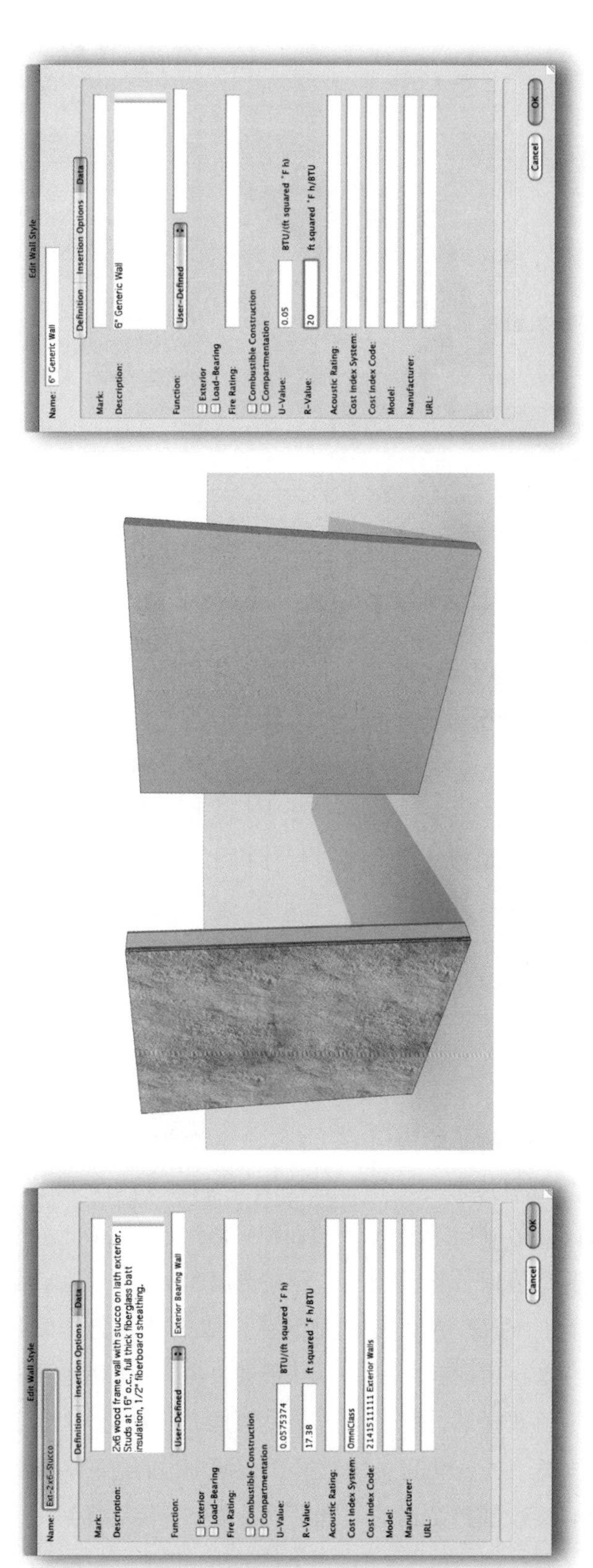

图 4.13 通常，BIM 墙体在这种情况下用 Vendor 软件的数据填充，建筑师用 Vectorworks 软件。在概念设计阶段，即使是“常规”墙体（右图），在设计围护结构之前，也可以指定一个合适的 R 值或 U 值

图 4.14 即使用常规楼板建模，与墙体相比，BIM 中的屋顶可能具有通用特点

能与墙体一样，但以计算为目的因此要减小 R 值，这是为了考虑增加的屋顶对流和辐射的热量。有关详细信息，参见第 7 章。

在 BIM 模型中，为特殊的屋顶构件指定一个可适当调整的 U 值（$1/R_{有效}$）（图 4.14）。而无论是温度计入与否，屋檐都将提供遮阳并有助于提高节能性能

不透明外墙面积

就像屋顶构件，没有必要对围护结构构件作出精确的决定——把常规墙体指定一个合适的 U 值即可。如果设计师倾向于复合墙体类型，那么应该由于 U 值而分化。然而，作为上述单个墙体构件的 $U \cdot A$ 总值公式的结果，对于所有墙体 U 值的简单平均的初步假设将作为建筑师选择墙体类型的依据。很明显地，墙体类型的变化可能导致 U 值变化，可能影响整体围护结构的 $U \cdot A$ 值。

地下室和楼板

建筑物地下部分的失热方式与地上墙体的失热方式不一样，不是通过地下室墙体和楼板失热，因为接触地球的墙体与在空气中的墙体相比，传热过程不同。（一般只有热损失问题，因为土壤温度几乎总是低于人类的舒适范围）。土壤温度随深度不同而变化；结果是，地下室墙体的 U 值是不均匀的，随深度不同而变化。对于初步设计，可以用常规墙体的 U 值。在概念设计阶段，采用适当的方法，可以将地下室的模型作为一个简单的棱柱体（例如，挤出矩形），并使用实体的周边面积来得到地下室 $U \cdot A$ 的总值。

冬天温和气候主导地区的建筑物、楼板或地下室，可以作为一个散热器，在这种情况下，为了能够将热量最大化地传导出建筑物，它应该有尽可能高的 U 值。然而，在一定条件下，当空气温暖潮湿而地下室的墙体很凉时，就可能发生冷凝，促使霉菌生长，从而使空气不利于人体健康。因此，设计者必须仔细考虑温暖

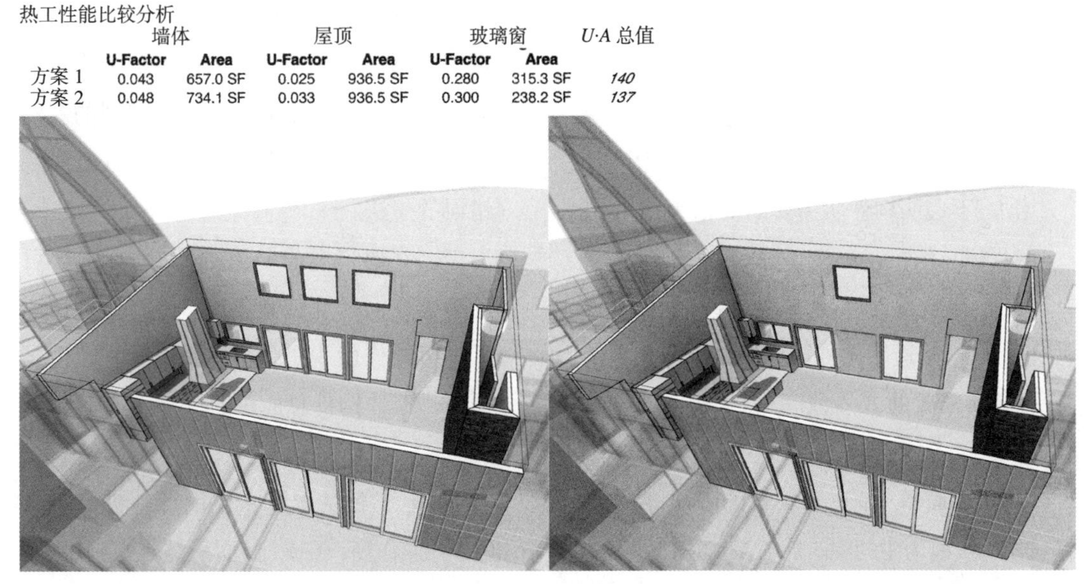

热工性能比较分析

	墙体		屋顶		玻璃窗		U·A 总值
	U-Factor	**Area**	**U-Factor**	**Area**	**U-Factor**	**Area**	
方案 1	0.043	657.0 SF	0.025	936.5 SF	0.280	315.3 SF	*140*
方案 2	0.048	734.1 SF	0.033	936.5 SF	0.300	238.2 SF	*137*

图 4.15　两个对比的房间设计，快速分析出相对热工性能。左侧的房间有更多的北向玻璃窗（为了更好的漫射采光），但必须有较低的围护结构 *U* 值，由于右侧的房间有更多不透明设计，这样才能保持二者的 *U·A* 总值相同。在这两种情况下，BIM 模型的报告可以快速分析并优化设计

月份的相对湿度和露点温度。

从地下室侧面传递的热量倾向于更多，而从地板传递的较少。当计算通过楼板的热损失量时，只考虑楼板线性英尺的周长，而不是它的面积。在概念阶段的分析，楼板（无论是在地下室楼板或水平楼板）的 *U·L*（周长）总值已经足以对竞争方案进行比较分析。第 7 章将讨论关于楼板设计 BIM 参数化能量优化更详细的分析。

玻璃

如果可能的话，在初步的体量模型中应包括玻璃围护结构的数量。即使设计师尚未确定玻璃的精确分布，如果只确定围护结构的 *U·A* 值，模型中玻璃占总围护结构的近似百分比是有用的。由于 *U·A* 值仅考虑传热系数乘以总传热面积，因此大小、位置、窗户的数量和玻璃门都与计算无关——只有总面积起作用。然而，如果适当的考虑遮阳和得热，那么设计师就要在模型中安排玻璃的粗略位置。

朝南和非朝南窗户面积

对于夏季少得热，冬季多得热的地区，玻璃的方位对其影响非常明显。它也对采光有一定影响，并可通过遮阳装置来调控（挑檐，遮阳棚，垂直遮阳片）——见第 5 章。然而，即使在体量模型阶段，设计师也要用 BIM 模型来区分玻璃朝南还是朝北，这是被动采暖设计的关键。把二者区分开是有帮助的，在这里再次量化而显现出的设计缺陷可以帮助设计师决定相互竞争的设计。当然，确切地说“朝南”意味着“朝向赤道”（南半球的项目应区分朝北和非朝北的玻璃）。

传热系数。当确定了玻璃的总量，就可以给不透明构件（墙体和屋顶）以及窗口指定一个 *U* 值，计算出 *U·A* 总值（图 4.15）。

可以快速的做出比较，来帮助设计师评估不同玻璃数量或质量的影响：

- □ 增加（或减少）窗口总面积，相应减少（或增加）不透明构件所需要的 *U* 值来保持 *U·A* 的目标总值；
- □ 对于给定的面积，选择更多或更少的传热窗口，与不透明构件需要的结果互相抵消，保持所需要的 *U·A* 值。

96 **可操作面积**。有三个定量的因素将决定以围护结构负荷为主的建筑能够操作窗口的尺寸：

- □ 能源的使用。将在第 6 章见到。对于湿热的气候，自然通风可以成为一个成功的冷却策略。风压作用和热压作用驱动通风，二者都强烈地依赖于孔径（窗口）大小。

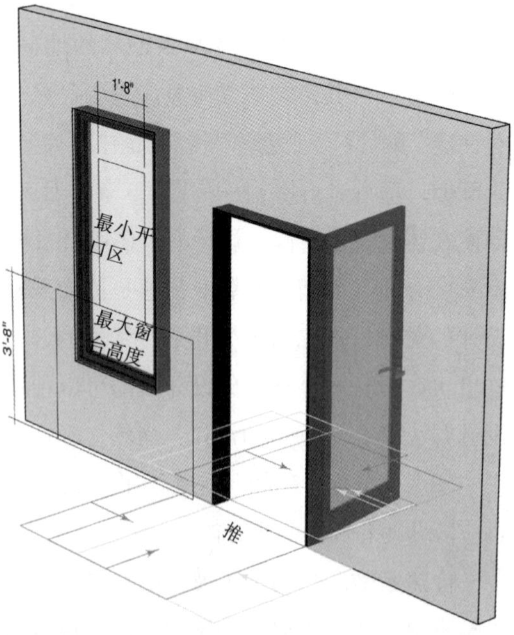

图 4.16　简单的“模板”物体（自定义族或符号）可以快速有效地用于检查合规性

- □ 室内空气质量。良好的室内空气质量需要足够的通风；对于大多数以围护结构负荷为主的建筑，被动通风是可以实现的。然而，假定室外空气总是比室内空气健康是错误的想法。
- □ 出口。在建筑规范中，要求卧室的最小可开启窗口需要允许紧急出口。在这种情况下，可操作面积是最小值（面积和宽度），而不是墙体构件总面积的百分比。

在以上三种情况下，供设计师进行定量评价的可操作窗口（或门）面积是非常有用的。在 BIM 模型中，区分可开启窗口的面积，并将其与总建筑面积相比较。作为一个粗略的经验规则，假定 1％的可操作面积对住宅的自然通风是足够的，假定适当的风速。随着设计的发展，如在第 6 章中描述的那些更详细的定量关系，可以帮助设计师更精确地建立最优的最小可操作面积。

为了使出口符合规范，验证最小可操作大小：

- □ 最小净开口高度：24 英寸；
- □ 最小净开口宽度：20 英寸
- □ 最小净开口面积：5.7 平方英尺（部分规范允许在地面层的开口 5 平方英尺）；
- □ 最大窗台板高度：完成楼板 44 英寸以上。

当地建筑官员确认上述内容是非常关键的，因为规范会随着管辖区域的不同而改变，因此社区内也可能会采取变革。在 BIM 模型中，设计师可以使用一些简单的技术，以最小的努力来快速验证是否符合规范（图 4.16）：

建筑蓄热方案预测

K mass	A mass	A floor	% SG	A SG	SSF
0.137	732 SF	2,132 SF	11%	235 SF	**43 %**

SSF = K mass · A mass / A SG

式中：
SSF = 太阳能储热率；
K mass= 材料的比热系数（砌体）；
A mass= 暴露在冬季太阳中的混凝土和砖砌体表面，平方英尺；
%SG = 朝南玻璃面积最大推荐值，与地板面积比值；
A SG = 假定朝南的玻璃面积，平方英尺（根据 % SG）。

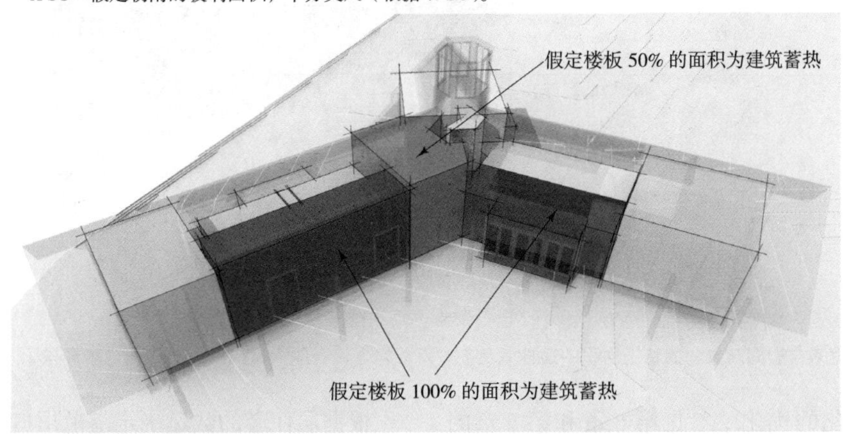

图 4.17　早期的体量模型，包含立方体空间对象，可能不会提供详细的建筑蓄热信息，但大概近似。在建筑设计之前，设计师可能做出某些假设：朝南的玻璃可以最大化利用（公式 7.8，图 7.12），这个全部空间作为可用的建筑蓄热，没有或者有部分楼板作为可用建筑蓄热。参考图 7.16，较为详细的建筑蓄热分析说明图

□ 建立三维参照（无论是平面或立体）的最低窗台板高度；因此可以目测窗口检查是否违规；

□ 以族的形式，创建一个合规性参照（Revit）或符号（ArchiCAD，Vectorworks）。这样的物体作为三维多边形的最小宽度、高度和面积，设置在最大窗台板高度处。参照可以放置在所有提议窗口的位置，然后关闭或依据需要再移除；

□ 建立各种合规尺寸的窗口的族或符号，包括区分符号的名称，因此很容易地识别它们。即使在高度概念的水平上，这种方法也是可行的，在使用实际的窗口物体之前，作为简单的 3D 多边形也可以这样用；

□ 如果设计是足够的成熟，以至于可以包括墙体（甚至是通用的），那么我们就可以使用兼容的窗口制造商的族或符号。这样的物体库也包括指定窗口是否兼容的数据（例如，一个 TRUE 或 FALSE 的布尔语句）。

97

热量

在温和潮湿的气候下，尤其是昼夜温差波动较大的区域，热量可能是一种有效的被动制冷策略。在一个建筑物内，材料暴露失热的总面积（一般为石材，混凝土，或水）通过以下考虑可以优化（图 4.17）：

□ 混凝土屋顶（下部）面积；

□ 结构墙，柱和梁；

□ 楼板面积。

这些建筑元素，在体量模型阶段以外，

使用空间计算

空间	净面积 SF	居住者（IBC）1 Occupant/100 SF	出口宽度 0.2"/Occ, 36" min.	居住者（ASHRAE62.1）1 Occupant/200 SF	通风 5 CFM/Occ + 0.06 CMF/SF
A1	2264.2 SF	23	36"	12	316 CFM
A2	2342.0 SF	23	36"	12	321 CFM
B1	2264.2 SF	23	36"	12	316 CFM
B2	2342.0 SF	23	36"	12	321 CFM

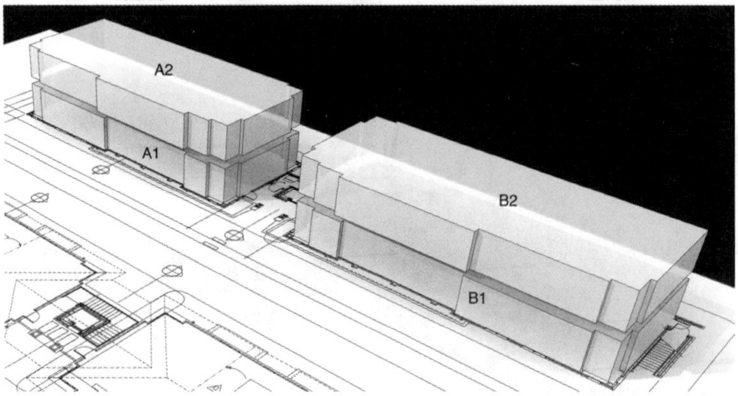

图 4.18 数据来自空间对象，如基于面积的居住者负荷，可能包含设计的含义——如疏散出口的要求

可以最大化的优化；参见第 6 章和第 7 章的被动制冷和被动制热的优化。

空间依赖

在 BIM 中，分区、成本和能源使用，以及其他因素对方案设计的围护结构有一定限制。此外，其他空间的依赖性也会影响建筑性能：使用和通风要求。

居住者负荷

对住宅项目，居住者的数量一般不会影响设计，除非在规划阶段，我们要确定用水量和制冷负荷。然而，对于其他项目类型，居住者的数量会影响疏散和通风要求。

疏散，请咨询当地规范要求来确定：

□ 根据总面积确定居住者的数量；

□ 根据居住者的数量确定疏散出口宽度；

98

BIM 模型在文件的动态工作表里可以快速得出总面积，并且可以得出其他所有的计算值（图 4.18）。因此，设计者可以得到居住情况的实时反馈。

通风

ASHRAE 标准 62.1 推荐的通风要求（每分钟立方英尺，或 CFM）适用于除低层住宅外的所有居住建筑类型；标准 62.2 包含独立的和低层的住宅楼。[1] 在标准 62.1 中给出总通风需求量，每人次通风率加上单位面积率。[2]

标准 62.2 是相当短的。对于低层住宅[3]，模型可以动态地报告总建筑面积，并自动计算卧室的数量，如果这些物体被分配正确的

1 所有 ASHRAE 标准可在 ASHRAE.org 使用。
2 感兴趣的读者可以参考的出版物，尤其注意方程（6–1）和表 6–1。
3 参考方程 4–1（通过楼板面积和卧室数量的作用，建立 CFM 总通风量），或表 4–1，这是相同的。

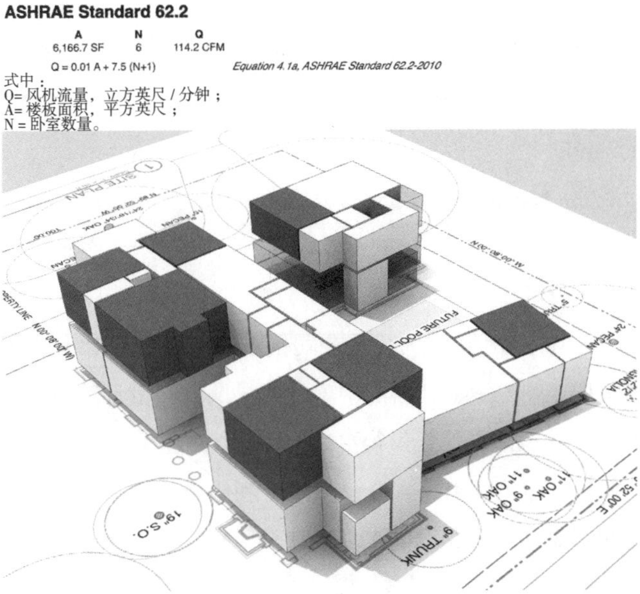

ASHRAE Standard 62.2

A	N	Q
6,166.7 SF	6	114.2 CFM

Q = 0.01 A + 7.5 (N+1)　　Equation 4.1a, ASHRAE Standard 62.2-2010

式中：
Q= 风机流量，立方英尺 / 分钟；
A= 楼板面积，平方英尺；
N = 卧室数量。

图 4.19　ASHRAE 标准 62.1 和 62.2 通风需求限制居住者类型，并依赖于面积和居住者数量。BIM 报告可以基于空间的几何形态，很容易地追踪这些要求。而独立家庭住宅的 BIM 标准 62.2 分析可能是不必要的，甚至对小型商业或城市项目 62.1 的通风要求计算更费力，在 BIM 中可以方便地计算

数据（空间或多边形的命名区域），那么在 BIM 文件加入相应的公式即可（图 4.19）。

概念设计的热性能的 BIM 清单

下面的列表可以用作概念设计阶段的指南。

围护结构 *U·A*

□ 外部不透明墙体

$$A_{墙体1} \cdot U_{墙体1} + A_{墙体2} \cdot U_{墙体2} + A_{墙体3} \cdot U_{墙体3} + \cdots + A_{墙体N} \cdot U_{墙体N}$$

□ 屋顶传热量

屋顶面积 $\cdot 1 / (R-9)^{-0.1}$

□ 地下室墙体

利用墙体总高度均匀保温

99

利用墙体垂直段保温

玻璃

□ 区分朝南和非朝南的面积

□ 导热

□ 使用制造商的值，或用总体不透明 *U·A* 连接参数化

□ 可操作面积占总建筑面积的百分比；假设 = 1%

□ 操作区出口最小宽度达到 20 英寸，最小高度达到 24 英寸，最小面积 5.7 平方英尺，窗台高度最大值 44 英寸。

体积的依赖关系

□ 居住

由建筑面积决定

□ 疏散出口

宽度

规范的最小宽度；宽度由居住者数量决定

□ 疏散出口数量

规范最少数量；由居住者的数量决定

□ 通风

ASHRAE 标准 62.1：居住类型，居住者的数量，建筑面积

标准 62.2：建筑面积，卧室数量

100

■ 案例研究：加利福尼亚州，Carlsbad，新高中

设计师：Lane Simth

设计公司：Roesling Nakamura Terada 建筑公司

客户：Carlsbad 校区

Roesling Nakamura Terada（RNT）建筑公司的 Lane Smith 在加利福尼亚州的圣迭戈市讨论了在加利福尼亚州 Carlsbad 新高中项目的早期方案设计阶段 BIM 的使用（图 4.20），并来回答“如何用 BIM 把建筑做得更好？”这个问题。

BIM 是在建设之前由建筑商引入到办公室中，利用设计团队制作的 BIM 模型和分包商的文件来检测和解决冲突。相同的工具，让承包商节省了大量的时间和金钱，也属于更好地做建筑？

College 和 Cannon 的新高中是 RNT 公司在所有设计阶段探索 BIM 潜力的第一个

101

项目。设计者徒手勾勒出地形复杂的场地方案和初始标高的草图。这些草图结合基

图 4.20 新高中项目的手绘概念设计草图，指导早期的建模（RNT 公司供图）

于区域建设计划的泡泡图，类推到 Revit 模型中，并附带增加如卫生间、机械室和楼梯等空间。虽然场地设计停留在二维形式，但在早期阶段使用 BIM 是非常重要的（图 4.21）。上下层之间剖面关系的中心长廊很早就很明显（图 4.22）。Revit 可实时计算房间面积和明细表，加快把计划转译为建筑形式的进程，满足客户的要求。

也许 BIM 带给 RNT 公司最强大的设计方法是把 BIM 模型与传统手绘设计方法结合起来。BIM 可以生成任何视角的结构图纸。在 College 和 Cannon 的高中项目中，角度和主要视图或者打印更重要的面积出来，随后在纸上描出来。然后把 sketch 形式中的想法纳入模型中，可以直接看到效果，建议所产生的变化和直接影响，会使设计理

图 4.21 Roesling Nakamura Terada 建筑师事务所的加利福尼亚州 Carlsbad 新高中项目的场地规划设计，集成了数字成像技术和徒手绘图技术（图片来自 Wallace，Roberts & Todd）

102

图 4.22 基于 BIM 模型展示的新高中项目立面，用来建立正确的体量和建筑的关系（图片来自 Roesling Nakamura Terada Architects, Inc）

念很快成立，并可不限数量的评估（平面、立面、剖面、轴测图、透视图等）。体量和形式对复杂或重要的空间，如校园入口、图书馆、健身房和政府建筑都是非常快速有效的（图 4.23）。

而 BIM 作为免费的软件平台，并不是说它完全优于 2D 或具有更少的信息格式，但它确实为建筑实践带来另外一个有价值的工具（图 4.24）。

图 4.23 使用 BIM 快速建立体量和形式，使重点项目可以快速、准确、高效地设计（图片来自 Roesling Nakamura Terada Architects, Inc）

103

图 4.24 Carlsbad 高中项目的 BIM 模型是一个迭代的设计过程，从徒手草图到二维绘图再到智能建模，采用了广泛的可视化设计工具（图片来自 Roesling Nakamura Terada Architects, Inc）

第 5 章

太阳几何学和日光

人们几乎终生都是随着昼夜轮转、季节的光和热变化来安排生活。从进化史上来看，我们在不久以前首先学会了用燃烧植物的方法点亮我们的夜间世界，而后便是用加工过的动物脂肪和油。一眨眼照明工业——煤气灯、电灯，帮我们创造了 24 小时社会。但是，在那些创新之前，大多数建筑是充分利用日光——即依赖自然光线提供一般照明。即使建筑物在夜间使用是有限的，由于夜间充分照明比较困难，但如果我们有的话人们也并不需要太多的人工照明（图 5.1）。

在电气照明出现之前，建筑师和当地人

图 5.1 从 1880 年 Edmond Paulin 作剖视图，“戴克里先浴室（Diocletian Bath）的复建”，强调古罗马建筑中被动太阳能设计的重要性（图片来自明尼苏达大学的数据库）

就知道如何进行采光设计，即使这些知识主要来自经验的模仿而不是科学进步。同样重要的是，对日光的意识是人的第二天性，充斥于建筑语汇中，是如此彻底，以至于人们对此熟视无睹。然而由于材料和工程的发展，建筑体型越来越大，随之而来的是在白天也需要人工照明，照亮大跨度的内部空间。日光在建筑功能中渐渐被忽视，一些设计师的开窗设计更关注构图与形式法则，其次是视野，然后才是采光。

106

大跨度空间和人工照明普及的同时，建筑逐渐采用机械来制冷和供暖。和采光一样，被动式供暖和制冷设计被丢在一旁。但相比其他任何光源，自然光提供的照度最大而发热量最少。当然，夏季太阳辐射热会明显加大建筑冷负荷。另外，冬季阳光不足时无法在寒冷环境中提供足够的被动供暖。

对于机电系统提供照明和热舒适性的依赖，掩盖了自然光和被动式热舒适设计之间的关系。这些设计事项有时能协调，有时会有冲突；矛盾都因为建筑内含的丰富而产生，如何在高效能建筑物中加以解决，则需要应用技术知识。

由于要兼顾节能建模或结构分析，建筑 BIM 软件本身并不是全功能的采光分析工具或被动式采暖建模器。当然它对被动式照明和采暖设计还是一个强大支持工具（图 5.2）。尤其是在设计初期，BIM 可以非常有效地用于定量设计。本章和随后的章节将重点集中在 BIM 中如何应用科学原理和常识来进行采光、遮阳、被动式制冷和采暖，以及 BIM 模型如何支持模拟软件进行更详细的采光和能耗分析。

建筑中运用太阳几何学和日照分析有三个主要目标：

- □ 建筑遮阳，避免过度的太阳辐射（夏季）；
- □ 被动式得热，获得理想的太阳辐射（冬季）；
- □ 首选漫射光和避免眩光。

聪明的设计师认为上面的第二点和第三点之间常常是相互矛盾的，因此需要小心控制南向（或朝向赤道）的玻璃窗的面积。

日影分析

有效采光和被动式制冷供暖的关键是研究建筑围护结构获得的太阳能。对于前者，漫射阳光是最理想的：太阳直射形成眩光问题和增加得热量。进而，良好的空间设计可以从漫射天光中得到充足的光照（全阴天，或是天空穹顶的非直射光线）。对于热舒适性，显然降低夏季直接得热是至关重要的。另外，在寒冷和温和气候区，宜优化冬季的太阳得热。在自然采光和冬季得热之间存在潜在的冲突：建筑师为了冬季得热把阳光引入室内，但是冬天太阳高度角低，会带来眩光问题。

遮阳设施的设计

遮阳设施不止遮阳篷或遮光板。调查发现局部出挑、垂直遮阳板、格栅板、水平遮阳板、藤架等各种形式，可以作为 BIM 建模特色范围来研究。设计者可以使用 BIM 来辅助评估遮阳设施的效果，包括温暖季节阻挡直射得热，而在寒冷季节获得它。常见的问题是遮阳设施应该在一年中什么时候引进阳

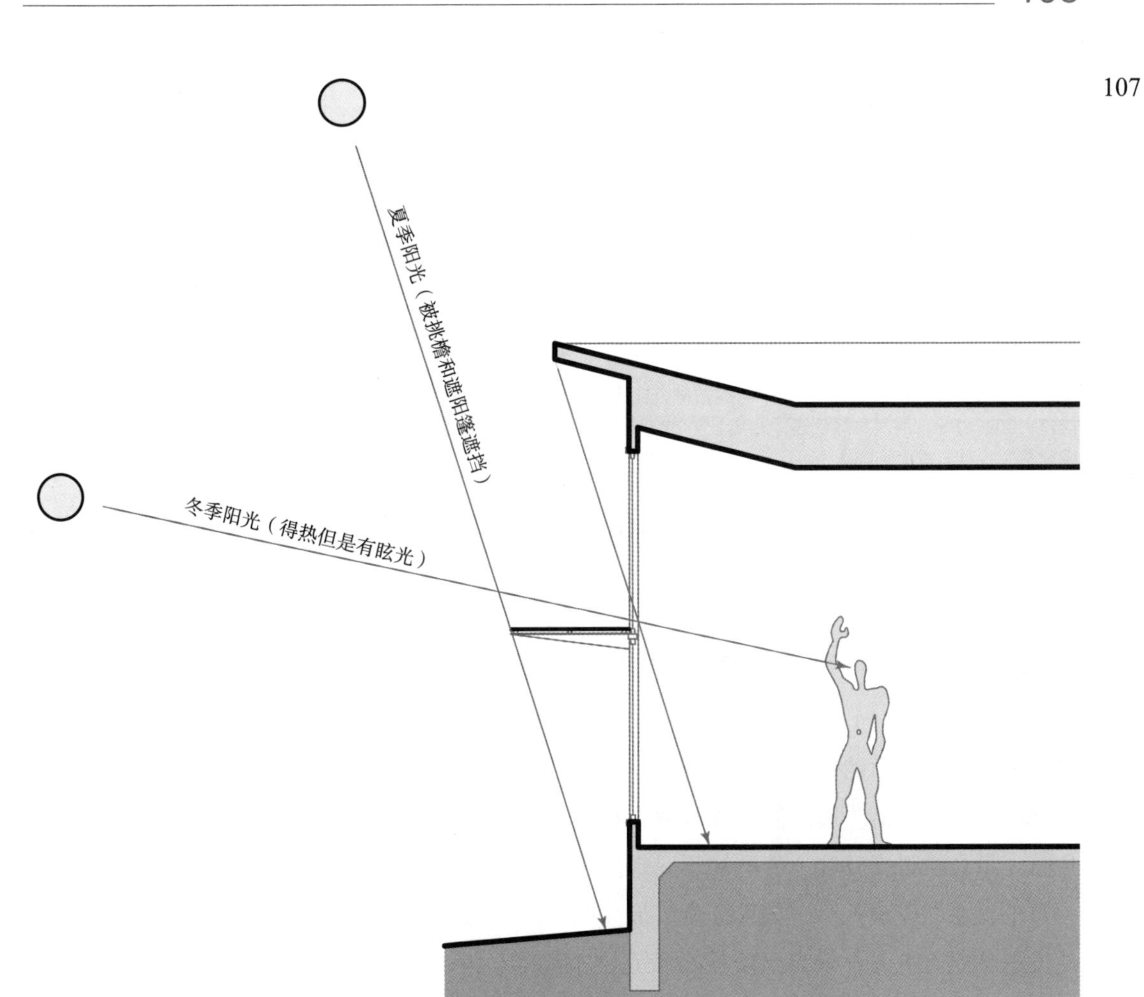

图 5.2　适当设计的南向悬挑或遮阳设施可以在盛夏的阳光下提供阴凉，同时在冬季引入低角度阳光，带来较好的被动式热环境控制。然而，正如剖面图所示，冬天太阳高度角低，室内采光时存在眩光的可能，令人担忧。并不是所有的被动式环境控制措施都能协调工作，有时是相互矛盾的

光，什么时候应该阻止热辐射？一种早期的方案是基于供暖和制冷度日数对比的设计指南。我们可以非常方便地在一些网站中获得在线气象数据表。[1] 比较建筑地点的月平均供暖度日数（HDD）和制冷度日数（CDD）：当制冷度日数超过供暖度日数时，遮阳设施可以设计为最大限度防止直射得热（图 5.3）。例如，得克萨斯州奥斯汀市，Texas 从 11 月到 3 月，每月供暖度日数超过制冷度日数：在这几个月里，遮阳设施可以设计为最大限度地接受太阳直射得热，在 5 月到 9 月之间完全遮挡，在 4 月和 10 月提供部分遮挡。另外，芝加哥则相反，从 10 月到 5 月，供暖度日数更多，所以在这几个月应该尽可能减少遮蔽。

当然，这只是基础的设计指南，但可以在 BIM 中很容易地应用。如果要对设施的遮

1　读者请参考 www.degreedays.net 和 www.wunderground.com。

2009-10	芝加哥 供暖度日数	制冷度日数	Δ 差值	建议	奥斯汀 供暖度日数	制冷度日数	Δ 差值	建议
10 月	482	2	-480	不遮阳	112	204	92	遮阳
11 月	562	3	-559	不遮阳	259	63	-196	不遮阳
12 月	1162	0	-1162	不遮阳	584	8	-576	不遮阳
1 月	1318	0	-1318	不遮阳	590	18	-572	不遮阳
2 月	1050	0	-1050	不遮阳	534	6	-528	不遮阳
3 月	694	3	-691	不遮阳	312	53	-259	不遮阳
4 月	328	48	-280	不遮阳	88	162	74	遮阳
5 月	195	119	-76	不遮阳	23	417	394	遮阳
6 月	21	218	197	遮阳	0	557	557	遮阳
7 月	4	411	407	遮阳	0	597	597	遮阳
8 月	3	375	372	遮阳	1	685	684	遮阳
9 月	91	124	33	遮阳	14	471	457	遮阳

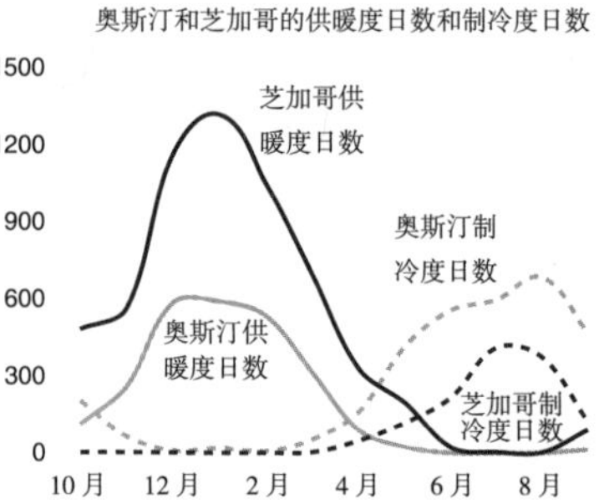

奥斯汀和芝加哥的供暖度日数和制冷度日数
1500
1200
900
600
300
0
10 月 12 月 2 月 4 月 6 月 8 月
芝加哥供暖度日数
奥斯汀制冷度日数
奥斯汀供暖度日数
芝加哥制冷度日数

图 5.3 每月供暖度日数和制冷度日数的数据，比太阳几何学更方便管理，一年中启用窗户遮阳的适当时机。对比奥斯汀市和芝加哥市的气象数据表明，奥斯汀市的窗户从 4 月到 10 月应该遮阳，而芝加哥的建筑从 6 月到 9 月应该暴露窗户来提高冬季太阳得热

阳性能及其对热工性能影响进行详细分析、全年能耗分析建议使用节能软件。

秋天和春天根据季节滞后性进行设计优化

重新思考上面的例子，可以得出，在某些情况下，冷负荷（最高制冷度日数）和热负荷（最高供暖度日数）的高峰不一定落在各自的夏至和冬至。对于奥斯汀市，最高制冷度日数是在 8 月，最高供暖度日数是在 1 月。此外，太阳的运动轨迹以二至点为对称轴，也就是说，只考虑了太阳角度。4 月和 8 月是对等的，但它们各自的供暖度日数和制冷度日数的数值却非常不同。事实上，陆地、水空气都是（不同程度的）蓄热转换器——而在环境中有很多蓄热。因此，天气比太阳运动“滞后”。就像巨大的建筑重新给夜间分配白天的热量，环境蓄热的变化使夏季太阳得热的热效应延迟，在许多地区春天的太阳把冬天的寒冷带走也需要一定时间。

设计师因此必须权衡是否设计固定的遮阳设施，温暖的春天会有较热的秋天（更少的阴影），或者凉爽的秋天会带来寒冷的春天（更多的阴影）。在这里，BIM 中的太阳模型常常综合考虑简单的 HDD 和 CDD 气象数据，用于测试遮阳设施设计的可能性，为有助于平衡太阳运行规律和年周期气候模式之间的不对称提供可能的设计途径。另一种选项是自适应设计，可动遮阳设施（手动或自动）适时调控，补偿气候变化和太阳运行之间的不对称。

相邻建筑和植被

为了满足日照时间或自然采光，无论是遮阳设计，或者是天空照度的遮挡区域，或者是通过漫反射（甚至镜面反射）让光线照进建筑，附近的建筑物都可能对光线有显著的影响。对设计而言不需要构建相邻的建筑物或遮挡的烦琐细部。设计师可以忽略相邻建筑物的外墙和门窗细节；在大多数情况下，相邻建筑物可以用简单的体量模型。BIM 应用程序通常包括体量模型工具，或许与屋顶的形状相似，它能够快速方便的生成这样相邻的建筑物（图 5.4）。像树木一样的遮挡物也应显示，特别是规模较小的项目，可能被附近的大树明显遮挡。设计现场太阳能集热器的时候构建出所有的障碍物是特别重要的，尤其是光伏发电（第 8 章）。

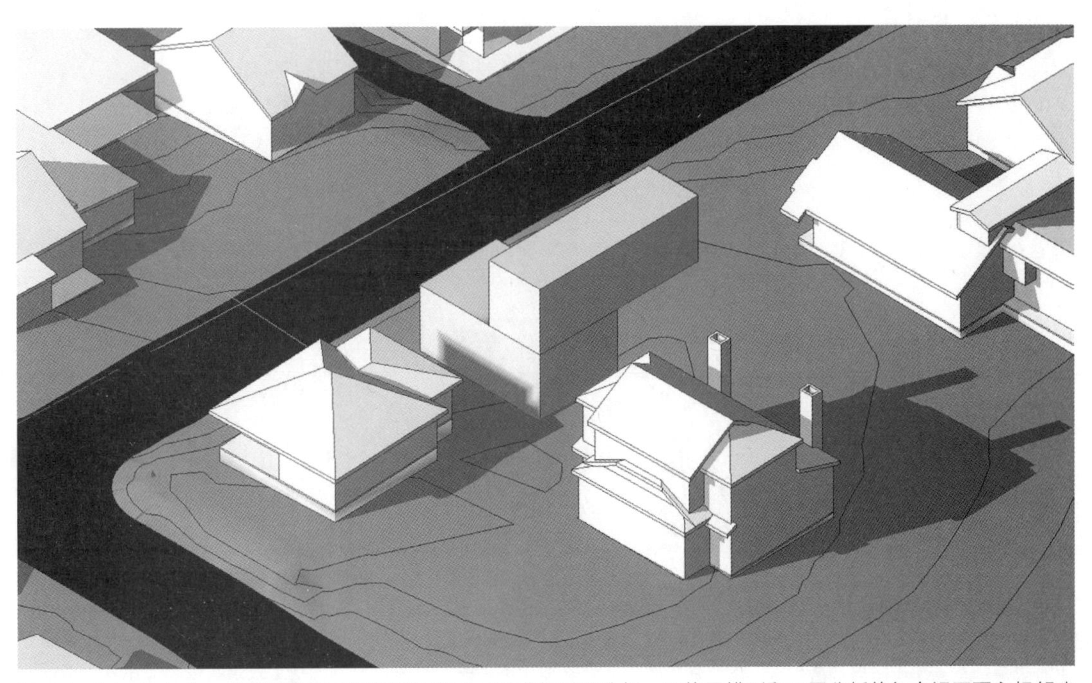

图 5.4　Autodesk Vasari 项目使用可视化设计环境可以进行日照分析。用体量模型和日照分析的复合视图研究相邻建筑物阴影的叠加（图片来自 Justin Firuz Dowhower）

记住，构建这些障碍物模型是为辅助有效设计，而不是作为渲染的背景或场景。如果导出为能量模型或者辅助设计进一步的分析，文件应该包含这些障碍物模型。出于这个原因，障碍物模型应避免有太多细节；几百个多边形来模拟树的叶片，在渲染时是引人注目的，但分析时高精度多边形统计适得其反。使树冠简化为低精度多边形的团状（图 5.5，左），或者甚至是球状。比构建枝干和树叶更重要的是准确地代表树冠的常规形状和尺寸，枝叶对建筑性能的分析几乎没有积极影响。

109

静态日照模型

BIM 对几种日照或阴影分析方法非常有用。这些分析能够显示从创建视图在一年中某一时刻的日照阴影（称为静态日照研究，见图 5.6），到用动画显示一天中建筑阴影的动态，再到以固定视角代表全年某个点的太阳直射可见光。

第一个显然最容易实现：设定一个场景，从菜单中定义场地的纬度或位置，依据太阳位置需要的时间和日期设置，渲染太阳阴影。值得一提的是两个动态的方式。研究全年的太阳阴影，不做动画时，或者需要演示展板时，可以在页面视图上并排显示效果图。另一种可能是用太阳全年活动区域显示其可能的位置，而不是某一天的太阳轨迹。

静态图像

由于早期的定义，日照“动画”可能包括一系列的静态图像，能够显示在一年中不同的日期，一天中不同的时间建筑上的太阳阴影，像动画片中的一格画面（图 5.7）。虽

图 5.5 对于日照分析，除了低多边形数的树冠（左），几乎没有完全足够的树木模型；尤其要注意一点，如果模型中有很多树木，渲染速度比高精度的树木模型更快。想要最小的渲染成本营造更好的视觉效果，可以使用片状透明贴图树（右）而不是高多边形数的树木模型

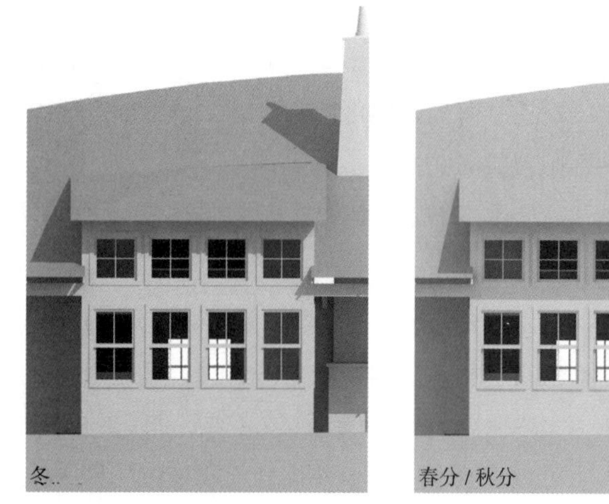

图 5.6 BIM 日照阴影分析传统的时间有三点：冬至日、春分（春天和秋天是相同的）和夏至日。考虑到秋天的滞后，大多数地区的经验表明，气候参数，而不是太阳位置，将确定什么日期该设计遮阳（参见图 5.3 和图 6.10）

然原始，但是优势是让用户对遮阳设施随着时间的运行能一目了然。

- □ 日照动画，最好创建一些视图作为日照研究的基础。不要忽视西北和东北方向的视图。
- □ 至少，选择三个日期：夏至日和冬至日，或者春（秋）分（太阳几何学中昼夜平分时）
- □ 如果需要，选择其他日期，每个月的第 21 天。下面成组的两个月太阳路径相同：
- □ 1 月和 11 月
- □ 2 月和 10 月

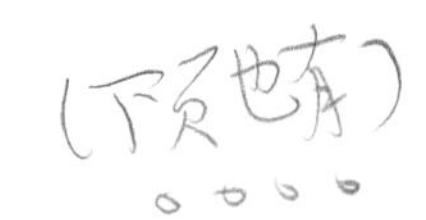

冬至日　上午 9 点　春分 / 秋分　上午 9 点　夏至　上午 9 点

冬至日　正午　春分 / 秋分　正午　夏至　正午

冬至日　下午 3 点　春分 / 秋分　下午 3 点　夏至　下午 3 点

图 5.7　在选定的日期和时间，同一个视角，同一个模型的太阳阴影静态图像的矩阵分析。用户可以添加日期和时间来进行分析

□ 4 月和 8 月

□ 5 月和 7 月

□ 准备一天中带阴影的几个小时的渲染视图；也许上午 9 点，中午，下午 3 点，下午 6 点（或者稍早一点，如果太阳已经落山的话）。

□ 按照日期有序排列，在图纸上布置小或缩略的效果图。和日照动画一样，该模型不需要非常精细，有效的颜色或图例（图 5.7）。

大多数应用程序将依据正确的方位角（从南方或北方）和高度角（水平线以上的角度）自动设置一个定向光源。除此之外，有许多在线工具可以计算。例如，在 NOAA 的网站[1]用户可以缩放世界地图拖动标记来定位建筑场地（图 5.8）。

太阳视角（太阳能看什么）

早期的建筑学院，当一些美国人有意识

1　NOAA 日照计算访问网址 www.esrl.noaa.gov/gmd/grad/solcalc/,NOAA，美国国家海洋和大气管理局。

NOAA Solar Calculator

Find Sunrise, Sunset, Solar Noon and Solar Position for Any Place on Earth

Show: ○World Cities ◉U.S. Cities ○GMD Observ.'s ○GMD Data Sites ○SurfRad

Click one of the small pins near (and in the same time zone as) your desired location. Use the control on the left side of the map to zoom in or out. Place the large pin in the exact desired location. You can use the Save button to have your computer remember the current location for next time. Check the DST check box if Daylight Saving Time is in effect for your site.

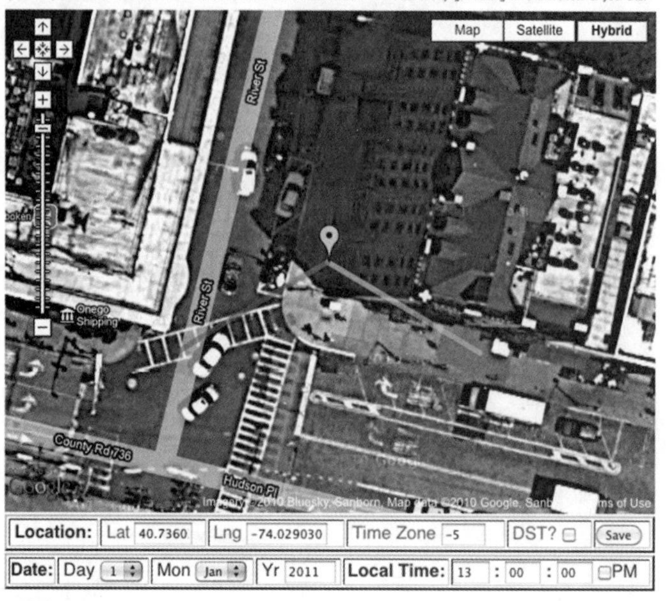

Equation of Time (minutes):	Solar Declination (degrees):	Apparent Sunrise:	Solar Noon:	Apparent Sunset:	Current Az/El (degrees):	
-3.55	-22.98	07:20	11:59:39	16:39	195.3	24.79
Show on map:		Sunrise☑		Sunset☑	Current■	

图 5.8 NOAA 日照计算位置的屏幕截图。用户可以指定所给日期的日出和日落方向，也可指定某一时刻的太阳方位角（图像 @2010 Bluesky，Sanborn Map. Map data @Google，Sanborn）

地关注太阳和建筑形式之间的关系时，观察者是将模型倾斜或伸着脖子来模拟太阳的视角。作为"太阳"所能看到的就是直接照射。模型中的任何部分被悬挑或突出物遮挡就会在阴影中。设置 BIM 模型的视角相当于在太阳的位置有类似的视线；观察者可以看见的就是太阳"看见"的，因此被光照（图 5.9）。其他的任何物体都是在阴影中。在某些情况下，BIM 中的太阳是平行光对象，它的方位角和高度角是程序计算的；例如，在 Vectorworks 中，单击"设置光线视图"，将平行太阳光的"射线"对齐视图。如果需要手动设置太阳视图，用户可以先用 NOAA 计算器计算出太阳的方位角和高度角再手动设置。

太阳棒影图

极坐标太阳路径图是相当熟悉的（三维太阳路径如图 5.10 和图 5.11 所示）。俄勒冈大学的免费在线工具，可以迅速生成任何纬度的二维太阳路径。[1] 三维半球可以围绕建筑

1 俄勒冈（Oregon）大学的免费在线工具访问网址 http：//sofardat. uoregon.edu/PolarSunChartProgram. php

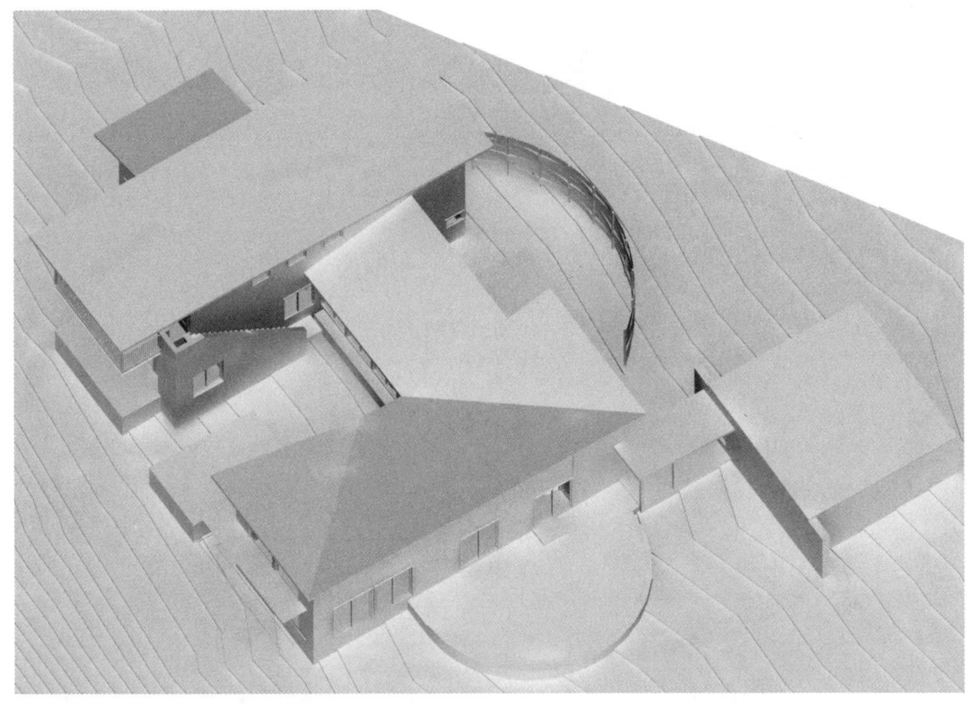

图 5.9　这是在图 1.18 中同一个模型的另一个视角，但在这种情况下，设置视图是为了模拟 9 月下午的太阳。这个角度可以快速有效评估遮阳设计的调整。注意，投影是正交的（太阳很远，它的视角几乎没有任何角度——光线几乎平行）。同样，没有阴影（太阳从来没有“看到”阴影）

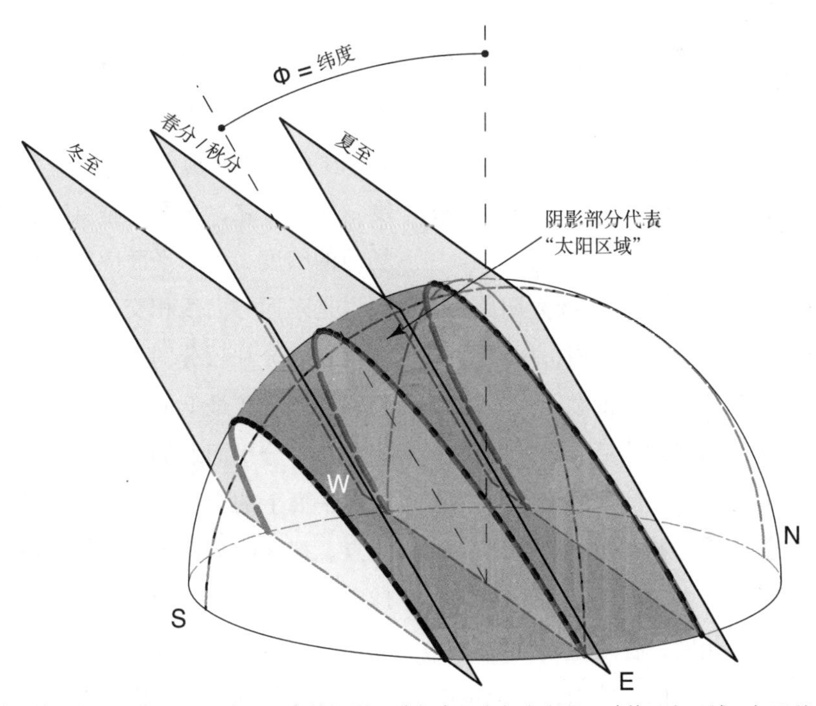

图 5.10　由地平线、冬（夏）至太阳路经围合的阴影区域代表了全年中太阳运动的天空区域。如果从建筑上的某点可见这个“太阳区域”，那么在一年中的某些时候，这个点会被太阳直接照射

114

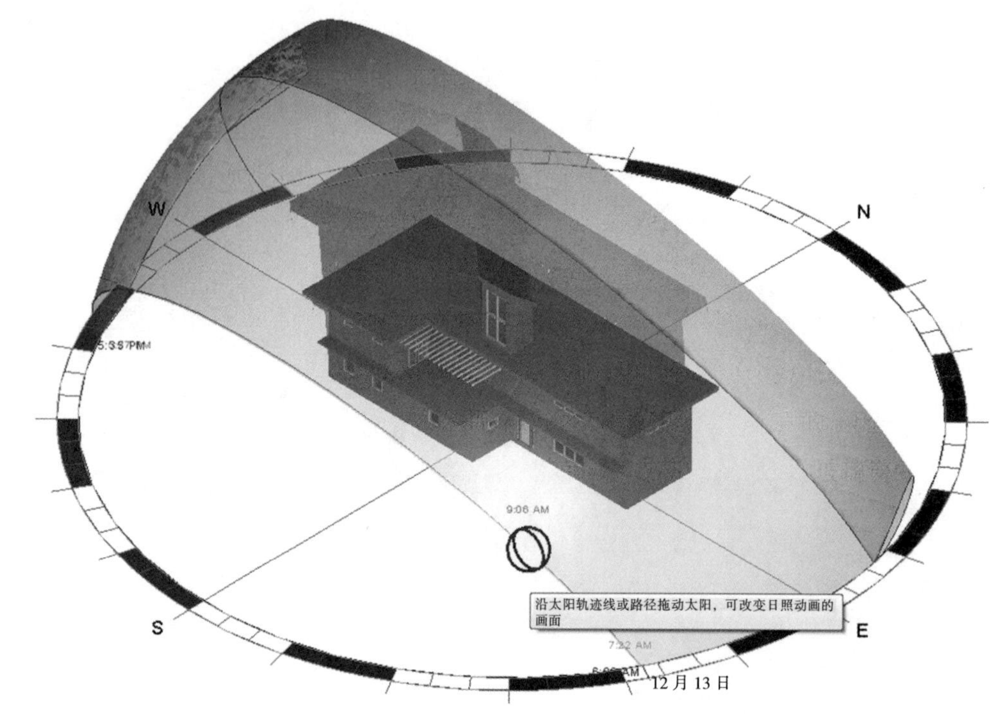

图 5.11 像 Sketch Up，Autodesk 的 Vasari 都有交互界面，可以实时变化太阳位置（照片来自 Justin Firuz Dowhower，LEED AP）

模型或者感兴趣的点，还有绘制太阳路径可以帮助量化每年在给定点能“看见”太阳的小时总数量。

不可能根据单个太阳动画确定全年的太阳位置，而是通过非常烦琐地一系列动画来确定。

有些应用程序自动配置三维太阳路径，“虚拟日影仪”在BIM模型周围，用户可以用它构建年度太阳区域。从俄勒冈大学网站上生成合适的建筑纬度图表后，BIM用户在建筑模型周围放置半球。圆顶的尺寸应该足够大，完全覆盖模型，并有扩充的余地。准确的尺寸并不重要，由于两个或两个以上同心圆顶的太阳路径相同，各圆顶某点观看圆顶中心点的视线是共线的。然而，一个足够大的圆顶不用移动，可以适用建筑中的多个点。

115

其次，构建了向赤道倾斜的三个平行斜面（例如，北半球的平面向南方倾斜）。水平线以上的高度角应该等于90° 减去场地的纬度；换而言之，平面与垂直方向的夹角等于场地的纬度。一个平面应与半球的底部确切地说是东西方向线相交；该平面和半球相交线代表春分和秋分的太阳轨道。冬至日的太阳路径是全年最低的轨道，第二个平行平面应放在春分平面北侧。这个平面与半球底圆边在平面上的交点应该是冬至日的日出和日落点。把太阳运行图调整大小使其圆周与半球底部圆周尺寸相同，可以指导冬至日的基准平面的定位。和春分一样，圆顶和冬至日平面相交得到半球表面的曲线，代表冬至日太阳路径。在夏至日重复这个程序，在相应的春分南侧放置平面，因此夏至日和冬至日的平面与春分平面距离相等。同样这个平面和与半球的交线代表夏至日太阳的路径。图 5.10 表明这三个平面和半球相交得出太阳的三个路径。

对冬至日平面边界以外的半球表面可以省略，留下一个弧面代表给定纬度全年所有可能的太阳位置。从 BIM 模型中的任何角度（如从房间中望着窗外），冬至日路径界限内的半球可见区域代表感兴趣的某点全年都可直接看见太阳。

太阳动画和模型

由于建筑全年使用，渲染某一时刻的阴影状态用处有限。太阳动画克服了这一限制，大致包括演示工具表现随着时间推移太阳的运动——或者更准确的是太阳阴影的运动——无论时长是一天、一季、或一年。

交互动画

在模型中，观察者操作滑块或其他手势来象征“移动”太阳，因此交互调整太阳阴影，可能是有用的且最令人满意，但却最小化定量分析了日照形式。一个优秀的（近似 BIM）例子是 SketchUp 中的阴影设置浮动调节窗口，用户可以操纵两个滑块（一个代表一天中的时间，另一个代表一年中的日期，见图 5.11）。而这类工具对增加建筑物上的日照效果的直观理解是有帮助的，对设计遮阳设施也可能是有用的，最大的不足是缺乏定量数据。例如除非通过检验，不能轻易地、量化地比较两种不同的遮阳设施。

季节性动画

更有用的是真实的太阳动画，例如这些保存为 Apple Quick Time 或 Windows Media Player 的文件。通常这是一年中的某一天，从一个固定角度（建筑是静态的；场景中唯一的动画是太阳的投影）。如果包含一个计时器，这些动画是非常有用的，这样用户可以在任何给定的时刻停止动画并记录时间，或观察在特别的遮阳条件下一天中的什么时间开始和结束（图 5.12）。

准备这些动画，捕捉建筑物的特点非常有用。然而，特定的建筑设计将决定应采取哪种视图：

□ 通常建筑转角处的透视图最有效果，可以同时观察两个立面，只要不缩短可见立面，窗户和遮阳不会被遮挡。

□ 不要因为错误的假设北立面没有直射光而忽视北立面。快速浏览日照路径图就会立即发现，在夏季的清晨和傍晚，北立面可获得直射光。太阳投射到北立面光线的多少取决于纬度（接近赤道，在夏天，北立面有更多太阳光）。

一些渲染参数可以帮助更快速的生成有效的日照动画：

□ 日照动画要有价值而不是很长。5 ~ 7 秒的短动画非常有效；很长的动画有点乏味几乎没有实际优势。

□ 模型应保持简单以减少渲染时间，除非需要高质量的展示。甚至纹理颜色通常可以忽略；即使电子模型相当于泡沫芯，但也是一个有用的设计工具（图 5.13）。

116

图 5.12 在纸上无法表现动画，这 6 张一系列的静态图像开始表明在评估建筑朝向，玻璃窗的尺寸和位置和遮阳装置设计时这个工具的作用

- 动画不需要设置高分辨率。记住，渲染图像范围加倍，像素数就是原来的 4 倍，相应的会延长渲染时间。动画只是一系列的静态渲染图序列，一帧接着一帧。1000 像素宽的动画是很好的，甚至是 500 像素宽都相当有益。

原则上用来进行设计研究的日照动画文件应该足够小，以便网上浏览。当然，如果用户有耐心等待渲染，动画的品质会提高。

日光

根据美国能源部最新的数据，约 15.4% 的电力都用于住宅、商业和工业建筑的照明。人们意识到即使是相对高效的荧光灯也只能把它所消耗大约 22% 的能量转换成光，而 78% 的能源会变成余热。很明显，许多用于照明而消耗的电力被浪费了（图 5.14）。这反过来又增加了建筑的冷负荷，相应的增加制冷、通风和运营成本。为了处理照明负荷，必须升级制冷设备和增加运行设备的成本。

而且，漫射天然光是已知最有效的建筑照明光源，发光效率是 130 ~ 160 流明每瓦。把这些数据与光效约 100 流明每瓦的荧光灯相比较。漫射天然光优于其他所有的光源——即使是高压钠灯（图 5.15）。因此，白天的合理采光不仅可以减少，甚至不用电气照明，而且减少了冷却灯具所需的负荷。

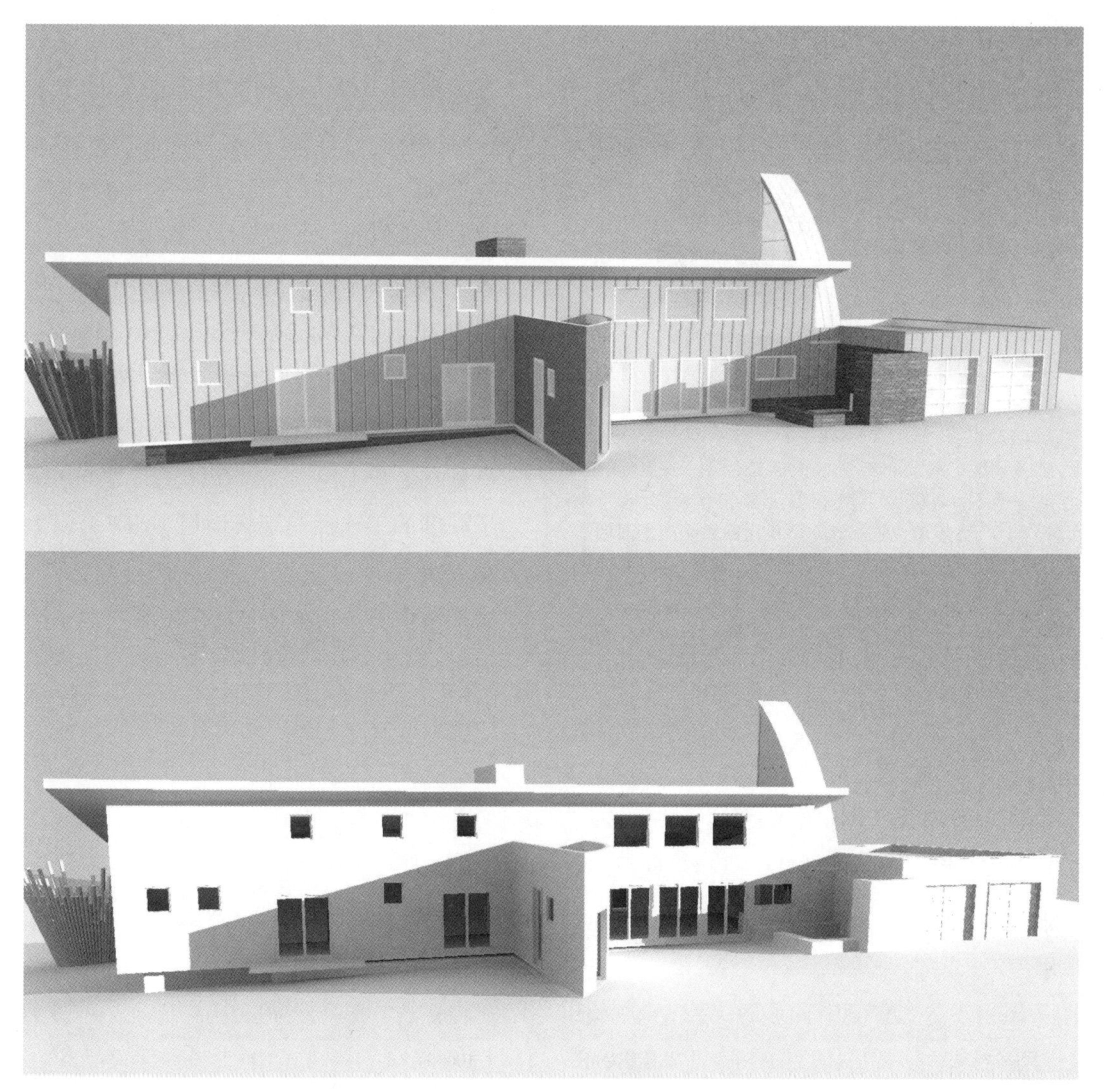

图 5.13　用于日照分析，模型不需要是彩色的或高精度的。这两张图片来自完全相同的 BIM 模型；下边这张图片关闭了所有颜色和纹理（顺便说一句，渲染速度更快）。这种技术会使日照分析模型更加清晰。此外，这张照片表明，日照分析可以有效地应用于早期模型——甚至材质还未选定时

然而，这不是简单的在建筑上添加玻璃就可以宣布它是“天然采光”。正确的采光需要适量的光线和合适的类型（漫射）。即使是天然采光，过亮空间也会产生不必要的制冷负荷、造成居民眩光问题。我的建筑照明专业的学生将很多精力花费在物理模型和分析软件中，用照度计来分析他们的设计是否采光合理。BIM 实践者可以采用几种分析方法来使天然采光项目更成功，无论后期使用 Ecotect、Daysim 或 Green Building Studio 都能进行更详细的分析。

窗高与进深比

用给定窗口的尺寸来确定足够的采光面积，普遍而简单的经验法则是 2.5 倍的窗户高度。也就是能够充分进行天然采光的

118 商业建筑电力消耗

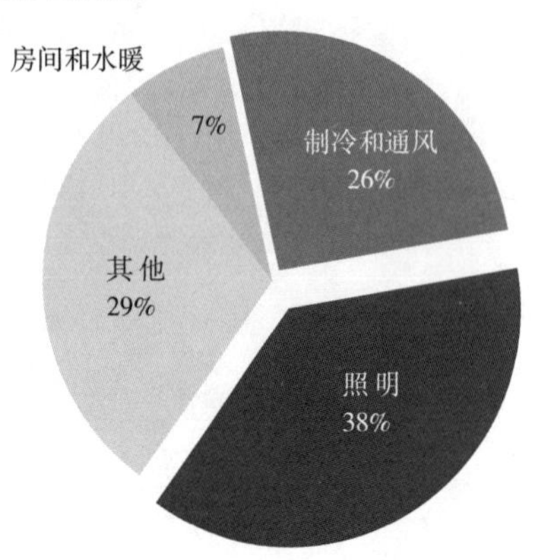

图 5.14 商业建筑用电量最大的是照明——38% 的电力用于照明。2003 年，美国商业建筑消耗的电力是 1340×10^{12} 英热单位的。这并不包括由照明产生而增加的制冷负荷。注意荧光灯（比白炽灯光效更大），其产生 22% 的光照就会产生约 78% 的余热
[数据来自 US Departmant of Energy，Annual Energy Review 2009，Report NO. DOE/EIA-0384（2009）.]

空间，它的深度等于楼板以上窗顶高度的 2.5 倍（图 5.16）。这一法则的前提是主观假设：

- 玻璃是透明的，透光并且比较干净：
- 天空条件阴（实际上这是各类采光设计指南中的假设，原因还需进一步探讨）；
- 涉及的窗户外面没有大障碍物：
- 窗台与工作面平齐或低于工作面——照明任务发生在工作面上。在许多情况下，桌子高度的工作面是地板面层（AFF）以上 30 英寸；
- 假定窗户大约占外墙长度（不是面积）的一半。

光源	灯具寿命	发光效率
白炽灯	750	15
卤灯	4000	16
汞灯	24000+	45
紧凑型荧光灯	10000	70
感应灯	100000	76
T8 荧光灯	20000	89
金属卤化物灯	20000	90
T5 荧光灯	16000	93
发光二极管（LED）	50000	100
太阳直射光	—	100
高压钠灯	24000	104
自然光（太阳直射光 + 天空漫射光）	—	119
低压钠灯	16000	140
天空漫射光	—	153

图 5.15 发光效率是光源输出的光通量（单位流明）与所需功率（单位瓦）之比。光源的发光效率越高，达到相同照度所产生的热量越少。即使出现了 LED 灯，荧光灯也进步了，天空漫射光仍是可用的最有效的光源
（数据来自 Charles K. Thompson. AIA，IALD，LC，IESNA，Archillume Lighting Design，INC）

119

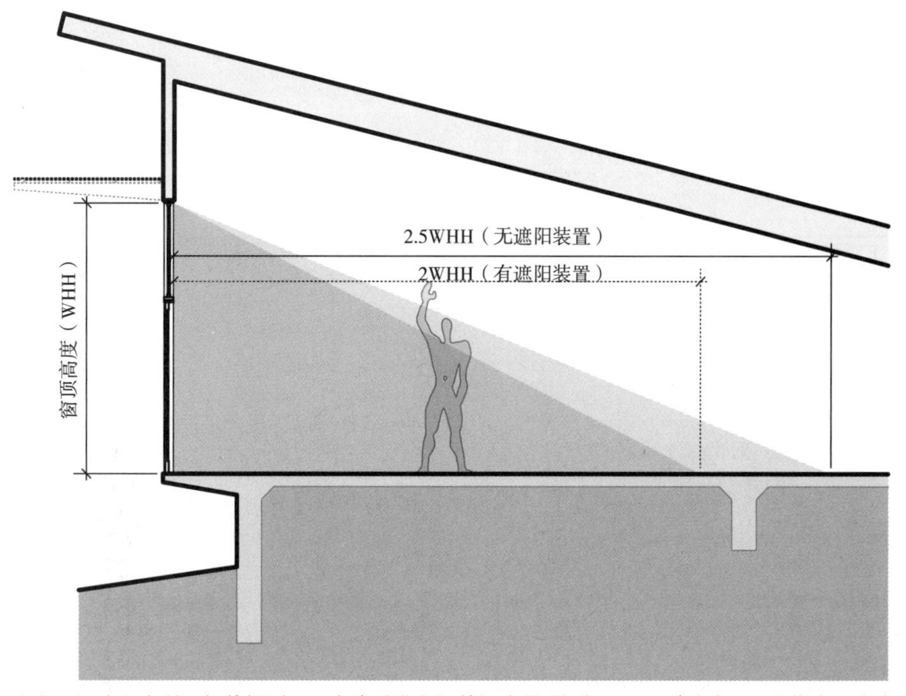

图 5.16　这张图阐述了众所周知的规则，日光渗透进空间的深度是 2*H* 和 2.5*H*。请注意，*H* 是指窗顶高度——而不是玻璃高度——假设窗台与工作面平齐或低于工作面（通常是地板完成面（AFF）以上 30 英寸）

在 BIM 模型中可以检查窗顶高度与房间进深来验证 2.5*H* 规则；简单的验证方法是准备一个明细表或工作表，通过 2.5 倍窗顶高度小于房间深度来得到错误提示（也许是“窗顶太低”或“房间太深”）。代表建筑面积的空间物体甚至是简单多边形，可以提供房间的具体宽度（显然，这个尺寸与窗墙平面垂直）。如果窗户带有遮阳装置，那么普遍认为 2.5*H* 应调整为 2*H*。

平均采光系数评估

使用了几十年的采光系数（DF）是一种简单估测，用来预测或评估给定建筑空间中的一个点是否能够得到充足的采光来满足用户舒适地进行工作。它是阴天室外水平面漫射光照度与室内给定一点照度的比：

$$DF = E_{point} / E_{outdoor\ horizontal}$$

[公式 5.1：Grondzik 等人 2010.598]

DF 通常用百分比表示，*E* 是照度（单位勒克斯或英尺烛光）。照明工程协会（IES；原 IESNA）依据空间类型建议采光系数在 0.5% ~ 6% 之间；另外，建筑机械和电气设备（MEEB；Grondzik 等人 2010）报道，Millet 和 Bedrick 根据工作性质和常用纬度，采光系数的范围在 1.5% ~ 8% 之间（图 5.17）。

120

用采光系数辅助设计有两个主要的缺点。首先其假定是阴天，往往会低估以晴朗天空气候区为主的照度。这时需要考虑 Millet 和 Bedrick 的建议，把冬季日光充足和纬度偏南区分开。其次，采光系数本身并

工作性质	采光系数，南部	采光系数，北部
普通观看 阅读，归档，简单的办公室工作	1.5%	2.5%
中等难度工作 长时间阅读速记工作，常规的机械工具操作	2.5%	4.0%
困难的长期工作 起草校对低劣复制品，精细的机械工作，精确检验	4.0%	8.0%

图 5.17 MEEB 报道的建议采光系数值简介

不能直接表明在一点进行工作照度（单位勒克斯或英尺烛光）是否能够满足，因为它完全依赖于室外照度，显然会随着时间不断变化。

然而，采光系数是一个非常有用的设计工具，因为它通常是设计师了解空间采光是否足够的判断方法。对于室内照度水平的精确计算，必须采用更复杂的方法，BIM 也能在此发挥作用。然而，在初步设计中，设计师可以在 BIM 模型中进行一些相对简单的计算以便了解采光状况并辅助优化。

在 1979 年，Lynes 给出了窗口照明的矩形空间的平均采光系数（即侧窗采光，相对于天窗采光或天然光）：

$$采光系数 = A_{glazing}\tau_{vis}\theta/2\ A_{total}（1-\rho_{mean}）$$

[公式 5.2：Reinhart & LoVerso 2010]

这里 $A_{glazing}$ 是玻璃净面积；τ_{vis} 是玻璃可见透光率 [有时表现为透光率（VT）]；θ 是天空角（从窗户中心到室外障碍物顶点连线与垂直面之间的角度；没有障碍物时角度等于 90°）；A_{total} 室内总表面积，包括玻璃；ρ_{mean} 指的是空间所有表面材料的平均反射率（在 0 ~ 1.0 之间）。

对于这些变量，BIM 模型可以很快得出两个面积的值。从 BIM 中窗户的属性可得知 τ_{vis} 值，也可以从制造商提供的数据中指定一个值。手工计算 ρ_{mean} 值会比较烦琐，但在这里 BIM 可以再次提供帮助。用户应为空间的所有表面指定反射率值，进而可以在 BIM 明细表中得到每个表面积 A 和反射率 ρ 和总面积 A_{total} 计算得出 ρ_{mean} 值：

$$\rho_{mean}=A_1 P_1 + A_2 P_2 + A_3 P_3 +\cdots+ A_n P_n）/A_{total}$$

只剩天空角是唯一的变量，θ 是在 BIM 模型中最难自动获得的值。然而，如果障碍物用前面建议的"相邻建筑和植物"来建模，那么设计师就可以便捷地从 BIM 模型中手动导出剖面来准确地确定 θ 值。

对 Lynes 公式和采光设计经验准则的作用，主要是 Reinhart 和 LoVerso（2010）有一个有趣而有技术的讨论。Reinhart 和 loVerso

证明，Lynes 公式及其变量能够非常准确地预测平均采光系数，与通过 Radiance 软件模拟结果一致。

一些证据显示：如果允许冬季日光不设上限，那么就可以控制住眩光。这忽略了冬季房间有可能被动过热的事实，以下两种情况可以证明：

- 控制建筑内部负荷。在这种情况下，内部住户、人工照明和设备的制冷负载比围护结构热损失要高得多，建筑需要冬季制冷。
- 甚至，通常以外部负荷为主的小建筑，围护结构足够绝缘，热损失很小；显著增加太阳辐射热会破坏过热空间的热交换平衡。

因此，第 7 章中设计师注意朝南玻璃比率的最大值和最小值，并可在 BIM 模型中实现。

遮光板

Lynes 的方程相当准确地预测房间的平均采光系数；当然结果作为设计准则是可以接受的。但需要注意的是它计算平均采光系数，不能预测空间中感兴趣的特定点的采光系数。此外，经验表明，大部分空间在窗口附近采光充足，但随着与窗口距离增加，照度急剧下降。15 ~ 30 采光经验规则说明：墙体长度大约是窗口长度 50% 的侧窗采光空间，窗口前 15 英尺采光充足，到窗口前 30 英尺时需要补充人工照明，再远一些就要完全依赖人工照明。这种现象解释了可持续设计的围护结构主导的建筑的理想体型是南北向小进深。

很容易想象，Lynes 的分析方程预测了令人满意的空间平均采光系数，但结果是在窗口附近采光系数非常高，房间深处采光系数不足。遮光板是在室外或室内外设置的水平板，放在视线高度以上范围内，上面和下面都是窗玻璃，其基本功能是分配采光系数的梯度。即在窗口处引入更多阴影，降低采光系数，但由于其高反射，可以往房间深处反射更多光线。当然，因为从来没有完全漫反射（$\rho < 1.0$），平均采光系数总会有些损耗。不管怎样，遮光板帮助把窗口附近的光重新分配到黑暗的房间深处（图 5.18）。

遮光板在南向窗口最有效，北立面很少甚至没有受益。在建筑东西立面使用受限，除非是明显宽于要遮蔽的窗口。

遗憾的是不能快速的应用于 BIM 模型遮光板经验法则。另外，可以通过建模和照明分析得出合适的位置和尺寸，就像我们看到的那样，BIM 是一个很好的出发点，可以建构用于分析的模型；上面所述的替代优化遮阳装置的方法完全适用于遮光板。事实上，对于板下面的窗，外部遮光板基本上就是遮阳板。

对遮光板和采光的全面讨论，读者可以分别参阅 Lechner（2009）和国际能源机构的原始资料（2000）。[1]

1 国际能源机构资料的访问网址 http：//btech.lbl.gov/pub/iea21。

图 5.18 用 Radiance 完成的带有内遮光板空间的等照度轮廓线，分析表明反射遮阳装置的益处。遮阳板下部和附近阴影更多，另外，遮光板顶部把更多天然光反射到顶棚和房间深处（由 Adam Pyrek 模拟）

光线追踪渲染

在 20 世纪 80 年代，Grey Ward（Radiance 软件早期是免费的行业标准应用程序）等研究为反向光线追踪的建模技术，编写计算机程序来准确地预测建筑空间中的照度水平。这种算法追踪反射，直射光线路径，从终点返回到观察者的眼睛，而不是从源头跟踪光线前进。前者的方法比后者（天然光线追踪）具有的明显优势，当“只有涉及的光线（从空间中一个给定点可观察到）时，才更容易处理此问题。

122

从那时起，只给研究人员或照明顾问使用的专业 Unix 软件已经可以在台式机和笔记本电脑桌面上运行强大的应用程序（图 5.19）。现代渲染应用程序（包括 BIM 软件中的模块）可以逼真的渲染不可思议的照片。然而，任何经验丰富的渲染师都知道，在大

123

图 5.19　BIM 中的漫反射（北侧光）采光分析是一个有用的采光定量分析案例。现在的 BIM 制作软件中改进的渲染引擎的目标是制作更引人注目的展示，也可以用作某一点有效的照明分析工具。不同于 Radiance 这样专业的照明分析软件这些效果图。用户也可以通过改变光的基本物理特性值来“欺骗”。这会使效果图看起来更加逼真，但逼真是以准确性为代价的（Ashe Laughlin Studio by Agruppo）

多数应用程序中，包括每个光源和正确的材料反射率来达到逼真的场景是很困难的。通常，用户必须使用像填充光、隐藏光源、或大气效果这些诡计的技术才能使场景看起来更真实。

如果只需要渲染，这是很好的（因为简单，在许多情况下会优先选择）。但如果用来分析，这种方法不能采用，因为它只能产生照明效果来满足用户的期望。为了作出明智设计决策而进行准确预测照明条件的分析，需要 Radiance 或基于类似物理程序中的严格方法（图 5.20）。后者依据所选择的视觉样式也可生成吸引眼球的渲染图。生成的部分图像看起来像照片一样逼真，其他图像可能把照度（单位勒克斯）轮廓叠加，或者可能是黄色到蓝色范围的伪彩图，显示表面上的量化照明水平。由于 Radiance 已成为开放源码的程序，像 Ecotect 这样的应用程序就包括可选择使用 Radiance 基础代码用于分析的模块。

近年来，渲染应用程序（不同于照明分析软件）已经将渲染引擎基于真实物理原理；Maxwell 的渲染器是倾向这样的程序。这些程序将纯粹照明分析和纯粹的视觉渲染结合起来。Maxwell 的免费软件 Kerkythea 和其他基于物理渲染器可用于分析，但用户必须遵守纪律，不能“伪造”光源和大气环境，也不能选择性隐藏光源。如果分析电气照明，实际灯具 IES 文件必须分配到人工光源，以确保结果准确（图 5.21）。这些文件描述灯具和配套灯的精确光度特性，通常可从制造商那里得知（图 5.22）。

Maxwell Studio 和 Kerkythia 都支持 3DS 和 OBJ 文件格式：Maxwell Studio 还支持导入 DXF 文件。Maxwell Render（软件渲染引擎）包含插件，可直接将几种三维 CAD 或 BIM 应用程序与渲染器结合起来，包括 ArchiCAD、Revit 和 Vectorworks，用户必须把模型导出 3DS 或 DXF 再导入 Maxwell Studio，然后用 Maxwell Studio 渲染。另一个渲染器 Cinema4D 是用于 Vectorworks Renderworks 的新型渲染引擎（图 5.23），因此 Vectorworks 也可直接导出 BIM 模型到 Cinema4D 中。

图 5.20 这是在 Radiance 中生成特定颜色的照度分析。在黑白复印件中与特定的颜色有明显区别，但是注意空间中普遍出现的照度（单位勒克斯）值。在 Radiance 中这样的分析不仅给人空间的印象，还可以准确地预测照度，从而帮助设计师完善项目，以满足所需的照明目标而空间不过度明亮（由 Adam Pyrek 模拟）

BIM 采光工作流程概述

把 BIM 可实施的工作流程概括如下：

1. 运用上面概述的设计指导方针和经验准则来发展和完善早期的比例、体量和玻璃设计决策。注意许多策略并没有深入考虑材料的反射率；这不是一个大问题，因为在这个阶段定义材料的反射率可能有些过早。

2. 完全在 BIM 中应用这些设计策略，可以迭代几次设计，从而得到最佳优化的采光效果。

125

3. 一旦设计能够满足采光策略，以及其他建筑方面的要求，那么导出的模型就可以运用 Ecotect、Green Building Studio 或类似程序的默认算法进行分析。

图 5.21　在 BIM 程序中采用非对称灯具的 IES 光度数据来渲染空间（用 Vectorworks 中的 Renderworks 生成）；插图是一张类似条件的实地照片

4. 在 BIM 中有依据地改进设计。按需求重复此步骤。

5. 依然使用 Ecotect，但有选择性地使用 Radiance 或 Daysim 引擎进行深入分析，结果更精确，但时间更长。

6. 再次完善并按需求重复步骤 5。

7. 如果需要导出并对模型进行精确的物理渲染。

值得注意的是：即使用精确的物理算法来渲染 BIM 模型（图 5.24），渲染器也不能提供 Radiance 那样的照度分析（如等照度线）。

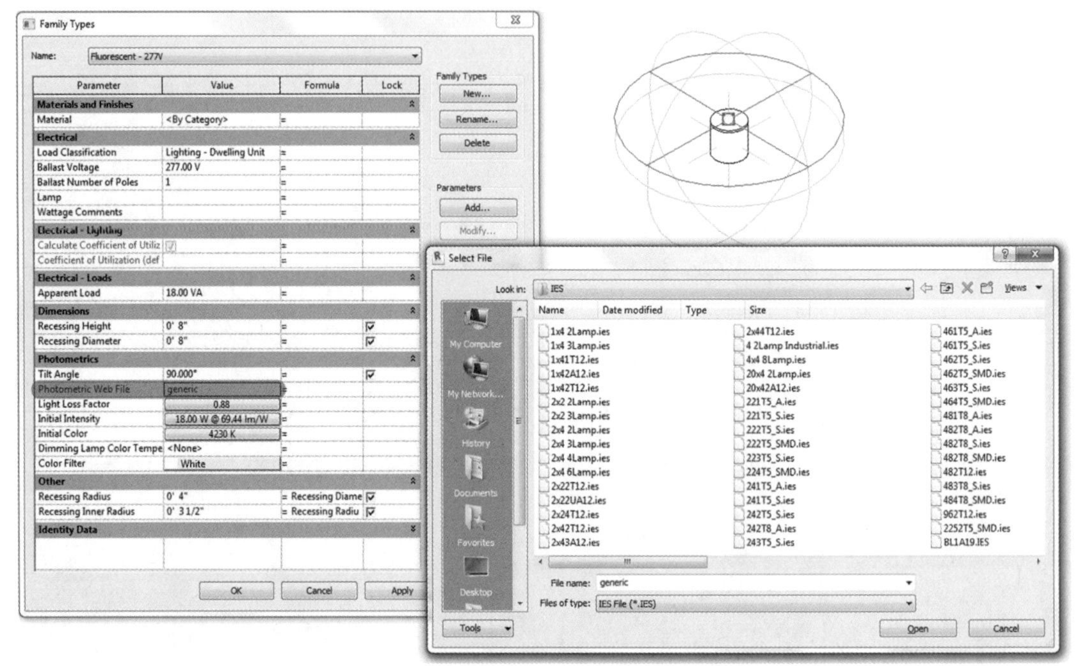

图 5.22 Revit 中灯的光度数据；注意进口厂商 IES 格式的光度数据有更高的照明模拟精度（照片来自 Justin Firuz Dowhower）

图 5.23 这张逼真的住宅室内空间渲染图，完全是在 Vectorworks Architect 中制作的（用 Renderworks 模块），没有任何其他后期的应用程序或 PS。对于任何逼真的渲染，其结果很大程度上取决于用户的技巧和耐心（照片来自建筑师 Daniel Jansenson）

图 5.24　另一个逼真的 BIM 渲染，这是拟建的 Durham 大学图书馆建筑的 Revit 模型之一（照片来自英国 space architecture）

■ 案例研究：威斯康星州麦迪逊市的罗斯街住宅

设计师：Carol Richard

设计公司：Richard Wittschiebe Hand

客户：Carol Richard 和 Fred Berg

业主的目标是设计和建造一个现代的、经济的、可持续的独立住宅，他们夫妇退休后将一直在这里居住（图 5.25）。业主是一名建筑师，她的丈夫是一名工程师，他们对项目的设计提出了完整的想法。这将让他们一起参与项目的整个过程，也是该项

图 5.25 罗斯街住宅是 LEED 白金住宅项目，该项目从一开始就用 BIM 设计，以被动式太阳能设计来确定形式（照片来自 Carol Richard，Richard Wittschiebe Hand）

目的另一个关键目标。

50 英尺宽、130 英尺深的城市宅基地，朝向正南方，并向后逐渐倾斜。它以一种谦和的邻居姿态坐落在麦迪逊市西边。这里不是很发达，周边有必要的服务设施，如公园、自行车道路，它距威斯康星大学仅一英里的路程。

设计概念是一个精确控制的采光盒子，将 BIM（ArchiCAD）广泛应用于从开始到不断改进住宅的过程中。几个日照分析不断完善住宅南立面遮阳，并引导该建筑的立面形式（图 5.26）。百叶窗的设计是为了在 10 月到 2 月让阳光能够深入到空间内部，而 5 月到 8 月遮挡窗口。另外，ArchiCAD 也用来确定位于独立车库上面的光伏板；住宅建模将光伏板全年被遮挡的时间减到最少。

图 5.26　ArchiCAD 被用于设计的整个过程，从建立相邻住宅的体量模型来评估临近建筑的相互影响，到优化南向遮阳板的间距和尺寸来最大化增加冬季直射光（冬至，上）并阻止夏季得热（下）（效果图来自 Carol Richard Wittschiebe Hand）

130

大坡面玻璃窗朝向正南方向。光线是通过固定的外遮阳板来控制的，设计时要指出场地纬度（图 5.27）。在夏至，阳光不能直接穿透空间。在冬至的中午，阳光能够到达开放楼层平面的后面。东西向的开窗是有限制的；然而，朝西的开敞楼梯间里放置了三个圆形窗户。这些“舷窗”能够激活空间。在东侧精心放置的带形窗为就餐区和主卧室提供了晨光。

建筑的形式非常简单，两层高、开放平面的“采光盒子”形体主要包括起居空间（图 5.28），而辅助空间布置在相邻的一层体块内。整栋房子大约是 1700 平方英尺，不含地下室（威斯康星州的基础必须要在冰冻层以下，因此地下室是一个附加经济的空间）。这个退休的家庭预备未来加设电梯，可以把主卧室布置在楼上。因此该建筑的尺度和周围的建筑是和谐的。在材料的选择上，例如 6 英寸榫槽的雪松壁板和金属屋顶，都是根据它们的可持续性和耐久性进行仔细挑选的，并且与周围的房子

图 5.27 构建了综合的 BIM 模型并贯穿整个设计过程。项目团队，包括建筑师、工程师、LEED 认证的景观设计师，以及后来的承包商，把模型作为工具持续应用（渲染图来自 Carol Richard，Richard Wittschiebe Hand）

图 5.28　浅色的表面除了在视觉上适度扩大空间，还可以提高光的漫反射，减少能源浪费（照片来自 Zane Williams）

风格一致。在设计初期，该设计住宅相邻的房屋都用计算机建模来确保该与周围建环境相协调。

该项目是作为 LEED 住宅计划的项目来注册的。运用了很多绿色建筑的概念。景观几乎完全采用了本地多年生植物也没有设计草坪。通过储水池或直接通过生物沟收集场地中全年雨水 58% 的雨水量，使预计的光伏功率 3045 千瓦小时大约降低 16%。收集器是固定板，光伏阵列上的雪融化需要一些时间。热工性能良好、透光的建筑围护结构（不到 1 ACH）需要有效的能源回收通风系统，与三段式高效计费协同工作。依据 2006 年的能源法，Ross Street 项目得到了住宅能源评定系统（HERS）的住宅建筑评定等级。在第一年的年底，对应于 HERS 的等级，实际使用等级约为 23。

该项目达到了预期的目标，简洁、深思熟虑、一体化设计（图 5.29）。全年的阳光在室内表面提供被动制热以及视觉乐趣得到一个舒适、宜居的家。该建筑获得了 LEED 白金级认证，这是在威斯康星州第一个用这种方法做的项目。

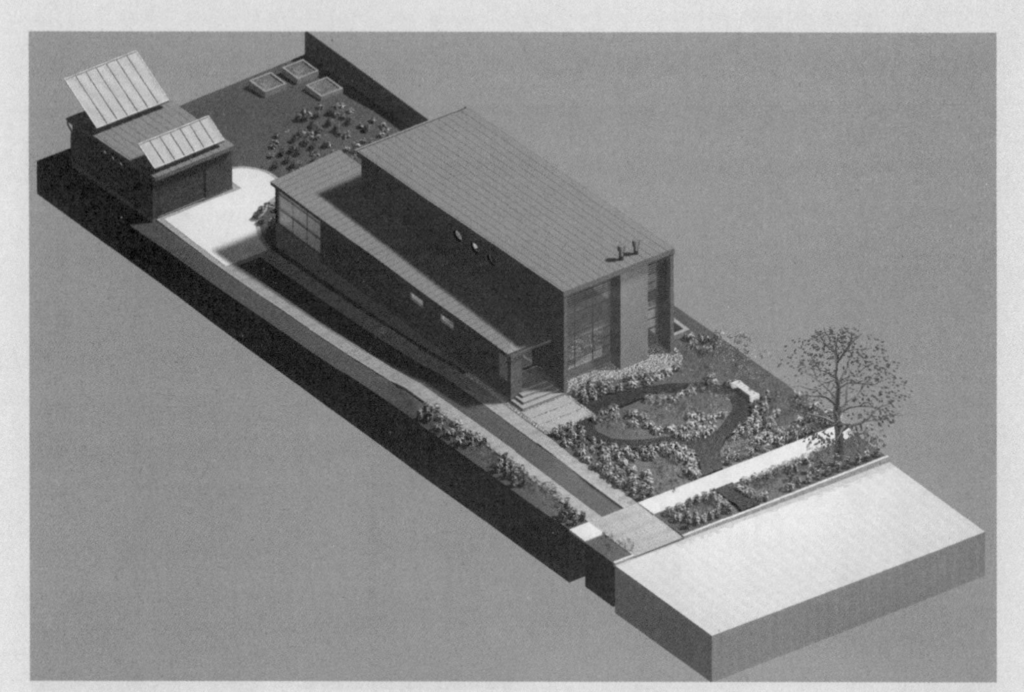

图 5.29 太阳能集热器阵列被分开放置在屋面上，远离任何遮阳结构。注意阵列倾斜角大，适用于纬度偏北的项目（渲染图来自 Carol Richard，Richard Wittschiebe Hand）

第6章

被动式制冷

关于削减能源负数曾在其他地方长篇介绍过，是设计师在可持续理念设计方案中提高能源利用效率的一项基本策略（图6.1）。（这就是介绍日光路径、日光照明、被动制冷的章节被排列在能源系统章节前面的原因）在减少能源消耗而不是提高能源产量的

图6.1 澳大利亚墨尔本的Jack Clements Burrough的特洛伊房屋，利用了大量的自然通风来制冷；从室内的热风井到木制的挡雨板，为围护结构通风降温（照片由Emma Cross 提供）

前提下，设计师对能源利用效率提高的多少有一个大致的排名（可以通过降低碳排放量，采用非传统能源等渠道实现）。传统意义上，在保温隔热方面花费一美元就值得为安装太阳能电池板花费十美元。因此太阳能电池板的效果更加明显。因此可以在建筑学方面得出以上结论。但是坐落在炎热气候环境中且拥有大面积玻璃的建筑物如果只用一块太阳能电池板来抵消建筑物的冷负荷，那么建筑物的可持续性也所剩无几。

被动热控系统能够利用最少的自动化机械系统来寻求最少的冷、热负荷。而且零成本的运行被动制冷和被动供暖系统也是非常有可能的。许多相关的被动制冷和被动供暖的方案都能够通过建筑物的合理配置来实现，而不需要昂贵或者额外的技术（图6.2）。设计师应在机械自动化系统出现之前作为建筑形式发展的出发点来考虑。无论是乡土建筑还是“高性能”建筑，自动机械制冷对于气候适宜具有普遍性，并且对于给定的气候和地区可以作出适当的反馈。比如说在卡特里娜台风结束后，Alex Wilson 和建筑师 Bill Odell、Mary Ann Lazarus 对美国建筑师学会发表了可持续理念设计的演说，其中提到了“被动生存能力”，意思是一座建筑物的职能就是能够使居住者在灾难当中存活一段或长或短的时间。这是一个建立在（连续的）统一可持续理念上的一个设计目的。历史上具有自动化机械系统的建筑就是“被动生存能力”有效的例子。

也可以说，在炎热的季节或气候中实现舒适的室内环境相对于被动供暖面临更多的挑战。一方面讲，这是因为有良好性能的保温措施，对保持室内环境舒适有很大的帮助，应归于高效适当的内、外负荷的分配。而且在炎热的气候中，如果覆盖物没有经过精心的设计和施工，过度的隔离会导致湿度问题。

图6.2 并不是所有的玻璃建筑都是不可持续的；Bark设计的建筑就合理利用了玻璃实现自然通风（照片由Bark设计建筑师事务所/Christopher Frederick Jones提供）

图 6.3　20 世纪早期得克萨斯州农民的仓库就是历史上被动生存能力建筑的一个清晰的例子

此外一些简单的被动供暖措施例如隔热保温、散热板并没有考虑湿度问题（尤其在炎热气候中，这是供暖系统使人感到不适的关键因素）。最后被动制冷系统似乎导致建筑物的表达更加明显，遮阳、自然空气通风、烟囱效应都是被动制冷理念形式上的表达。

对现有气候适当的反应

值得注意的是，太多的建筑师选择不合适或者不是最好的被动制冷设计应用于一个给定的气候或者区域。设计者们可能会选择自然通风系统应对像美国西南部沙漠一样炎热、干燥的气候，或者在墨西哥湾岸区希望依靠结构系统中的蓄热体帮助来降低一座建筑的室内温度。对适用方案的理解是非常重要的，接下来的综述是非常有用的，但是对于想要了解更深层、更细节方面的读者，请参考 Lechner 在 2009 年的分析和 Grondzik、Kwok、Stein、Reynolds 在 2010 年的分析。前者倾向于提供对实际事物概念化的阐述，而后者更加倾向于技术性，都是非常精彩可以借鉴的。

焓湿图是由机械工程师们描绘不同环境下温度、湿度、空气密度之间的相互关系。在过去“美国采暖、制冷与空调工程师学会”

136

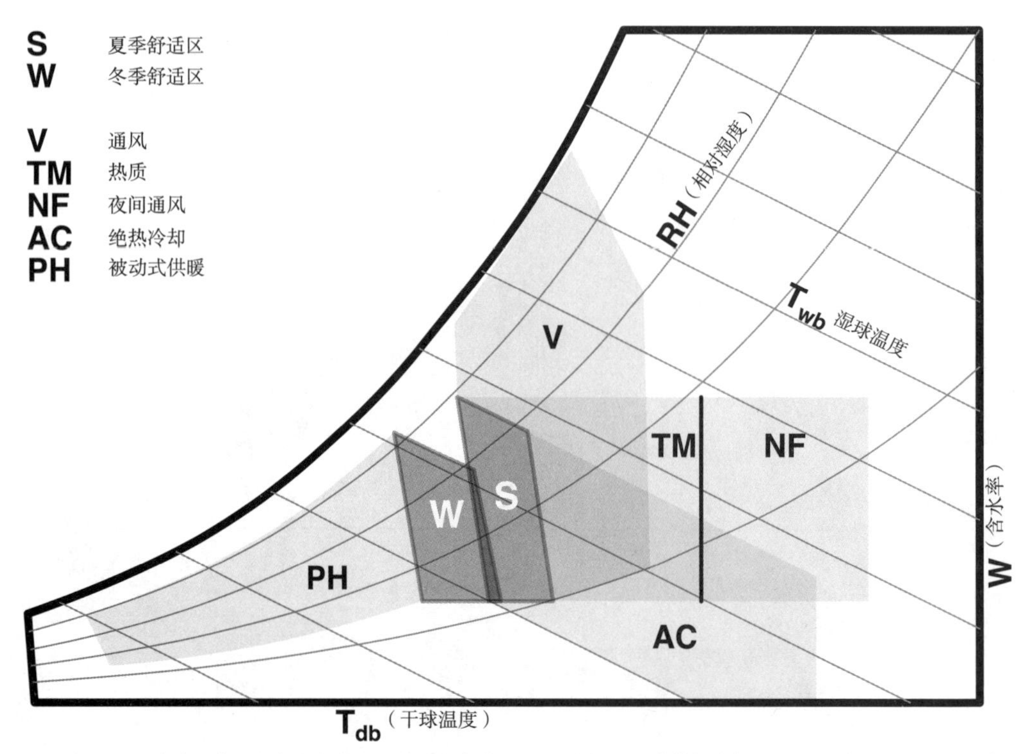

图 6.4 在这里，被动制冷方案和它们在不同炎热气候条件下影响舒适区域的能力都反应在湿度图中。这是一个能够帮助设计者针对特定的气候选择合适被动制冷方案的有用可视工具

定义了一种单一的舒适区域，详细地列出了受试人感觉舒服的温度和湿度区间。这让我们认识到人们预期的室内舒适度和穿衣指数是随着季节的改变而改变。

近期，单一的舒适区域被划分成两部分：夏季舒适区域和冬季舒适区域。在设计被动制冷系统时，最重要的一点就是舒适度是取决于干球温度。在设计制冷系统时充分考虑我们人体所采用的生理机制，例如流汗、汗液的蒸发也是非常重要的。

焓湿 – 生物气候图（图 6.4）用曲线表示出需要在分析气候的基础上才能对不同种类的寒冷做出适当的反应。当然并不是炎热季节时每天都是炎热干燥的天气，但是建筑物的被动反应经常是动态的；主导条件决定着设计方案的反应。

干热气候

在炎热干燥的气候条件下，不仅需要温度保持在舒适区上，湿度也是如此，无论相对湿度（一团给定温度和气压的空气的水汽饱和度）还是湿度比（水蒸气的量相对于干燥空气的比值）都是如此。不像干球温度和湿球温度（条线图上沿对角线分布的相等的值）考虑到空气团的能量和热力性质以及水蒸气中所含有的能量。结果表明湿球温度相对于干球温度能够更好地衡量人体感觉的舒适度。因为湿球温度能够更贴近焓值—— 一种衡量气体总热量的方式，包括明显的热力特性（温度）和隐蔽的热力特性（湿度）。

在图 6.4 的焓湿图中，炎热干燥的空气位于夏季舒适区域的右下方，粗略的沿着等

图 6.5　伊朗城市亚兹德的一个传统风塔（波斯语：badgir）。这些古老的建筑是被动制冷建筑的奇迹，是技术与建筑形式完美结合的杰出案例（照片由 Many Loosemore 提供）

焓线。这就是说在干燥炎热的区域的焓值同舒适区域的焓值相等。所需要做的就是为了明显的热力特性来权衡分析湿度。因此就能在能量不增加和转移的前提下实现舒适，这就是绝热的过程；在干燥炎热的环境中，消耗少量的能量获得舒适环境的初始制冷方案是向空气中补充水分，这样水分就能够吸收空气中的能量，降低干球温度。湿球温度还会保持不变，但舒适性会有所提升。这就是低能耗空调系统背后的原理，像是湿地降温；地域性传统降温措施，例如有水面的庭院和 9 世纪波斯风塔（badgir，图 6.5）。仅仅依靠自然通风并不能使环境变得更加舒适。通风首先能够降低潮湿感，也有可能从干燥炎热的环境中带来多余的尘土。

137

应该向建筑物内供应多少水分？怎么设计建筑才能够更有利于使含有适当水分的空气进入室内？实现利用自然通风来循环潮湿空气的可能性有多大？通过 BIM 提供近似模拟的有效实施就可以帮助设计者量化上述问题的答案并和设计要求。

炎热气候

气候湿度和夏季舒适区域湿度一致的地区，建筑物不能够高效利用绝热制冷。从炎热区域沿着不变曲线出发，温和湿润的条件错开了夏季舒适区域。在这样的条件下，适用被动制冷方案可以降低干球温度的同时保持湿度不变。这样的方案能够通过提供蓄热体实现（图 6.6）。应用这种方案，一些像石头、混凝土的密实物质或者用水来当作“蓄热电池”，它们在白天的制冷负荷循环中充满热量，在夜晚的热负荷循环中释放热量。

所以蓄热体即使在白天气候非常炎热、夜晚气候非常寒冷的条件下也能够使 24 小时的循环气温波动变得缓和。如果蓄热体在白天吸收了太多的热量，夜晚无法全部释放热量或者使夜晚内部空间过热，这样通过使用附加机械或者被动通风设备就非常有必要了。

建筑信息模型再一次帮助解答了前面提到的设计方面的量化问题。需要多少蓄热体才算合适呢？现存的结构系统能够满足蓄热体的需求吗？或者说它们应该被增加吗？是夜晚通风需要的吗？如果是的话，夜晚在不利用电风扇的条件下能够充分提供被动通风吗？

湿热气候

如果绝热制冷应用于温热气候的话，那么绝热制冷可以说是完全不适合炎热潮湿的气

图 6.6 建筑使用的混凝土是非常持久耐用的，在建筑形式的表达上提供了不计其数的可能性，能够轻松地从模具中制出压印品，非常合适作为蓄热体。然而一个比水更有效的吸热部件或者说“蓄热电池”在结构上是非常有用的

候，主要观察空气线图，从炎热潮湿区域延伸的绝热曲线完全没有和夏季舒适区域交汇就能说明。虽然蓄热体在改变温度时可以充当“蓄热电池”，但是在这样的气候条件下，蓄热体却影响不到湿度。在适当的条件下，在炎热潮湿的气候中蓄热体表面能够凝结出水分。

当在炎热潮湿的气候条件下，观察人体的反应。在人体皮肤上汗液蒸发的过程中，流汗从皮肤和空气中带走了热量，进而冷却我们的身体。1758 年 6 月 17 日本杰明·富兰克林在他写给 John Lining 的信中睿智地阐述了这种现象：

138

这可能不是原因，为什么宾夕法尼亚的收割者们在露天的土地上工作时，劳动工人在太阳的暴晒下畅快地喝水就不会因为热而感到不适……但是如果出汗突然停止，他们就会跌倒，有时还会突然地死去……

当空气中含有水分时，空气将不会轻易吸收汗水；在这种情况下就使空气流经人体实现对汗水吸收的最大化。建筑学上有两个回答是鼓励自然通风的。自然通风特点是效率非常高，但是它要求很好的风向、风力等，而风的很多因素都是不固定的。在夜晚，风是非常普遍的，当设计夜晚通风制冷时，冷却的需求一般都是很低的。作为替代品，建筑师可能设计烟囱效应通风方案，依靠热空气的自然上升性来使建筑物通风。第二种方法总体上比自然通风效率要低很多，但是更加可行。当然，这两种方法可能或者说应该在一起使用（图 6.7）。

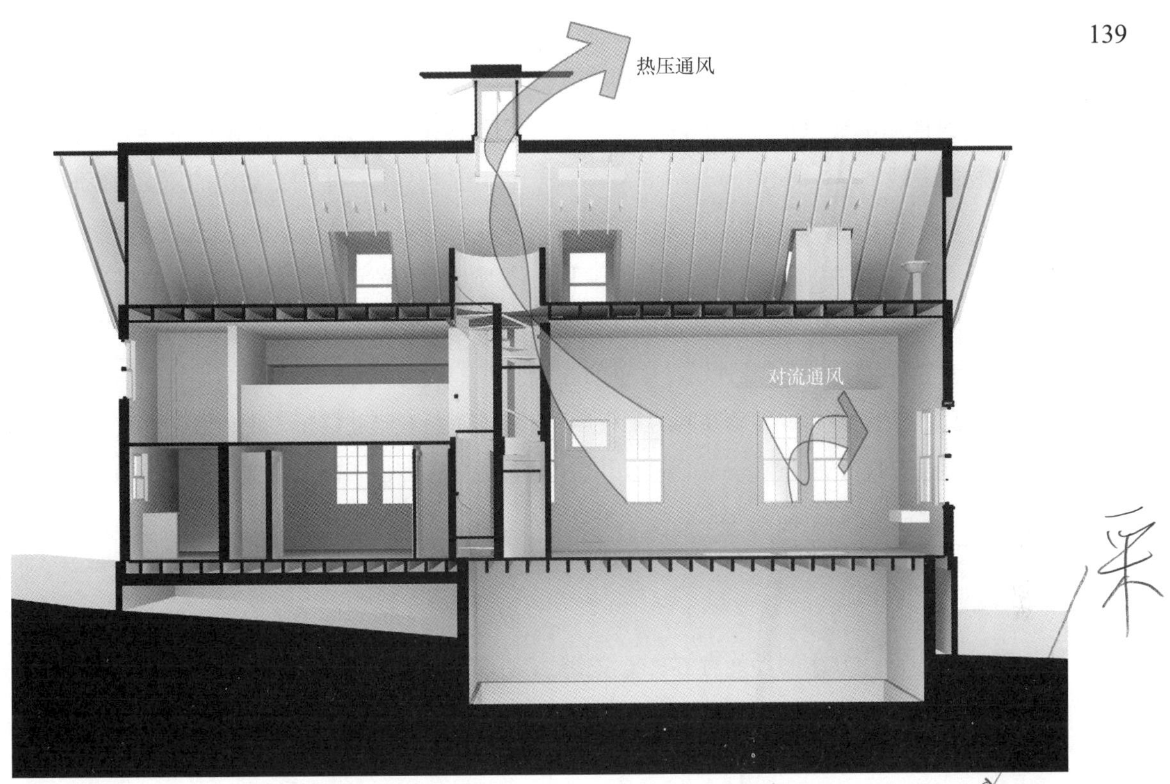

图 6.7　在这个烟囱效应通风和自然通风结合的建筑实例中，屋顶的天窗既是烟囱热效应通风口，同时也是日光装置

自然通风和烟囱效应通风是自然条件内对风速、风向和周围温度可以预见的。然而空气的流动很大程度上受建筑物影响，比如说开门的方向、尺寸和烟囱的高度。换句话说自然通风依赖建筑的几何结构，建筑的几何结构能够很轻易的在建筑信息模型中量化。一个建筑信息模型的工作流程能够量化相关设计对自然通风效率的影响。

制冷方案的经验准则和定型指导方针

随着对制冷过程的思考，我们将会逐渐意识到在建筑信息模型中应用的制冷方案和技术能帮助我们造出高能源利用效率的建筑。就像在第 1 章关于建筑的可持续设计的普遍讨论一样，早期在概念和原理阶段对被动制冷的思考将会对建筑物的表现产生巨大的影响，至少是在日常管理的计算上。长远来看，这些被讨论过的被动制冷方案仅仅是缺少一些清晰的规划；实际上一座智能、高性能的建筑可能或者一定能成功的运用两种或者更多的方法来高效的控制热度的舒适性。

接下来我们要讨论的是经验法则和工程近似法在建筑信息模型中的应用。随着过去几个世纪建筑信息模型的发展，今天，在没有建筑能量模型的前提下，对没有高水平科学知识的建筑从业者也能够很轻易的利用建筑信息模型的互动的工作表单。读者要谨慎使用工程近似法，这种方法可能不会准确的预测出建筑物真实的表现（因为这个原因，精密的建筑能源模型也不一定能够精确的预测建筑物的表现）。

140

在很大程度上建筑物内的居住者消耗的能源也处于不可预测的状态，当然在这些经验和规律下的模型表现就像动态链接建筑信息模型一样，能够帮助设计者衡量几种设计竞争的方案。为了更深层的讨论构成经验准则的工程学，读者需要再次借鉴MEEB（Grondzik et 2010）。

获得夏季热量的近似值

被动制冷设计方案的性能存在一个关键的问题是冷负荷的计算。这有可能被简化计算被动制冷在最差条件的冷负荷，但是冷负荷的计算一直都是非常复杂的。造成冷负荷计算复杂的原因是热转换在不同时间点相互关联的机制：传导、对流、辐射、蒸发。此外，太阳轨迹随季节和一天中不同时段的变化，通过与气候主导冷负荷的计算特点相结合，使得制作精确的建筑能量模型包含了大量复杂的计算，超出建筑信息模型应用的范畴。结果是，真正的建筑能量模型需要在几何学和建筑信息模型提供的重要数据的帮助下通过专用的应用程序来应用（见第11章）。

当然也可以推迟冷负荷的计算直到设计方案进展到能证明精密的建筑能源模型。在这种情况下，设计师将会根据不同的设计方案，表现出不同的设计方案冷负荷，但是这将不能够确定最好的方案是否能满足当前的需求。

有一种可选的方法就是应用简单的建模器。由加利福尼亚大学洛杉矶分校发起的免费家庭节能设计系统就是一个在住宅项目上应用的简单建模（建筑能源模型和建筑信息模型的合作将在第11章详细介绍）。这种方法的明显优势是当只有一个简单易用的建模器也能够比人工计算更精确的预测出建筑的表现。设计初级阶段的负荷计算，利用建筑信息模型中装备区的数据计算，在设计师改变设计方案时，反馈信息可能是目前让我们利用建筑信息模型的数据进行建筑物能量表现计算的理由，即使在能源建模器的基础上，建筑信息模型中的数据一定要人工转换和人工重建。

另外，在能源建模器中的建筑控制程度（如设计家庭节能系统）趋向于粗犷，因为复杂和不寻常的几何图像可能无法被很好的模拟出来。深入地讲，反复的设计必须在能源模型中重建，这可能会花费大量的时间而且有很多障碍。

在过去的几十年里，美国采暖、制冷与空调工程协会基本手册提供了几种人工计算冷负荷的方法（在普通和廉价的计算出现之前）。比如，随时间变化的总等效温差法和考虑太阳能冷负荷因素的冷负荷温度微分法都是非常有用的，这两种方法是近似而且有效的。后者的一个版本在MEEB（2010年，第8章，附件F中）被提出，很多读者对直接应用这种方法到建筑信息模型中而不引用独立的能源建模非常感兴趣。记住，这些负荷的计算方法都是相似的，但要求有一定程度的工程经验和判断能力。

有效遮阳

可持续能源应用的第一条准则就是减少能源需求。对于依靠包裹隔离制冷的建筑物来说，阳光照射的增加是最需要考虑的地方。设计师必须考虑太阳轨迹和怎么样才能更好在炎热的

图 6.8 日光遮阳的黄金法则：让夏季的太阳走开。一个向南倾斜的宽檐就能做到

月份为建筑物遮阳，并且在冬天时又能够保证热量的增加和将遮阳措施对外形景观、自然通风的影响降到最低（图 6.8）。汇总前面章节的信息，利用建筑信息模型的途径来实现合适的建筑阴影效果需要考虑一下几个方面：

141

日照角

在设计遮阳方案时，模拟日照角需要注意三个关键的日期：夏至、冬至、春分或者秋分（后面两个日期的阳光照射的几何形状是完全一样的）。优化建筑信息模型的几何形状来保证夏天的阳光不会照进建筑物室内，而在冬天能使阳光进入室内（图 6.9）。经过实践考验的遮阳方案的外形都是相当有效的：南边屋檐水平延伸外悬，东边、西边和北边屋檐垂直外悬（随着北部夏天太阳的东升西落，夏天的清晨和傍晚，太阳处于低的海拔高度也能够入射到建筑空间中）。

记住，虚拟时间轴上一个至点到下一个至点的日光照射的几何形状是对称的，而气候却不对称（图 6.10）。就像前面章节中讨论的一样，在春天和秋天两个对立的日期可能有完全相同的日光路径，但是温度、风力、云层等因素却不相同。

在得克萨斯州的一所建筑学院，我的一个教授告诫我们说“要看到太阳所看到的”。这句话的意思就是我们应该改变我们观察和思考的角度，在某些特定的时刻我们的优势就是太阳：任何我们所能看到的事物都是在日光的照射下的；任何被隐藏的事物都是在阴影当中的。非常有用的是，检验遮阳装置有效性的技术方法同时在建筑信息模型中同

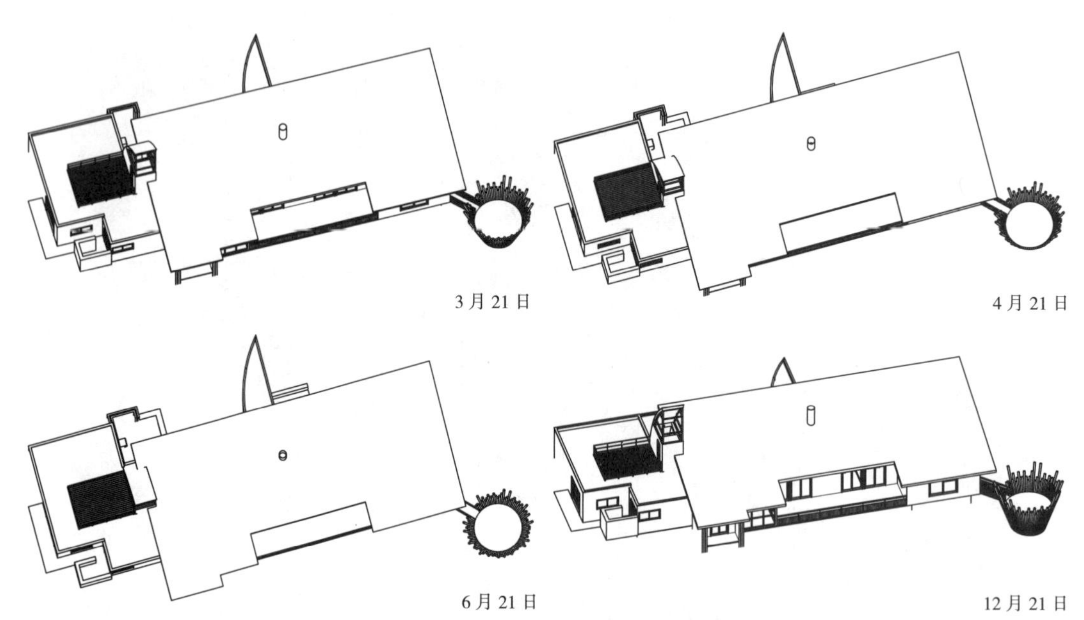

图 6.9 在一年中的关键时间，冬、夏至和春、秋分建筑被选择验证遮阳的效率，同样采暖和制冷度日数也会建议建筑适时遮阳（参见图 5.3）。这些“太阳视角”不需要阴影（太阳从不照射阴影），也不会被透视投影（太阳距离我们 9300 万英里，所以光线可视为平行的）

样适用。一旦一个日照角被建立（项目的位置和日期确定后日照角能够自动生成），在一个正交投影中，视线可以沿着太阳射线的平行线观察建筑物（建筑物到太阳的天文距离间的光线可以认为几乎是平行的，能够利用正交投影能够模拟）。建筑物中任何一个可能被看到的部分都是日光照射区域；在当时其他部分在太阳特定位置都是处于阴影区域。142 高级建筑设计软件中，可以在几乎不了解情况时，使用“设置日照情景”按钮，就能够自动分辨阳日照射区域和阴影区域。

日照动画

像生态建筑大师一样的日照分析应用系统能够提供有用的日照系数和建筑物或者独立空间的日光分析（参见第 11 章）。这些在做细节和量化的设计时都是非常有用的，比如说在反射率的基础上选择材质。而且日光系数和建筑物的日光分析在设计阶段的前期，对解决定性的设计决策也是非常有价值的。建筑信息模型的应用，比如说 ArchiCAD、高级建筑设计软件、建造师软件和 3D 建模（如草图大师软件）甚至能够在建筑的概念设计阶段建立日照动画。如果生成西南部和东南部的至点日期、春分秋分和北部的夏至点，日照动画就非常有用（图 6.11）。

记住这些是非常有效的，日照动画不需要：

- □ 细节的；
- □ 特征明显的；
- □ 时间的；
- □ 或者高帧速率的。

记住，一个精确但是低保真度模型（建筑信息模型相当于一个泡沫核心模型）的短暂日照动画相当具有指导性，同时建筑并不

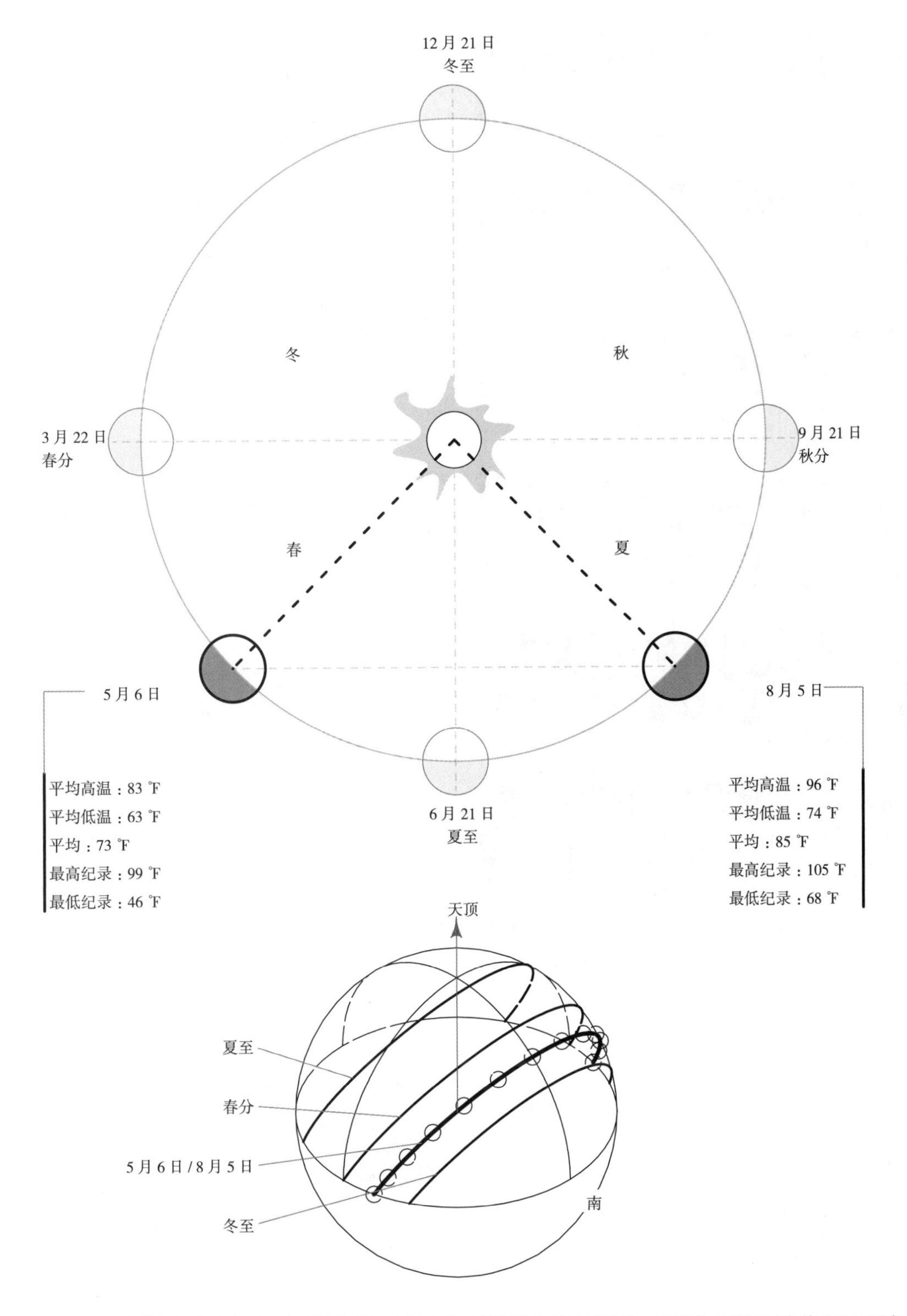

图 6.10 从地球的任何地方来看，太阳轨迹在两个至点间的假想时间轴是对称的，季节分点前后对应的两天日照角和时间都是相同的。然而，气象资料和与之相对日期的气象资料可能完全不同，这取决于不同的区域。当设计遮阳装置时，设计师必须对气候和日光路径非常敏感

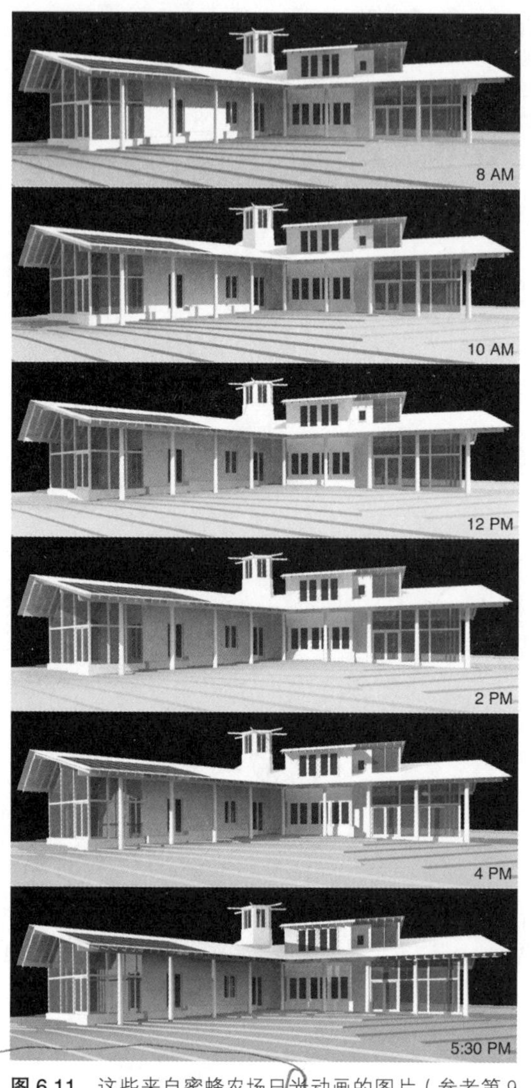

图 6.11 这些来自蜜蜂农场日光动画的图片（参考第 9 章的末尾，这个项目的研究）是南面、东面、西面立面视图中几个重要的遮阳设计

需要什么花销（图 6.12）。

通风设备

尽管我们知道存在各种不同的理由，无论是在干燥炎热的气候条件下，还是在炎热潮湿的气候条件下，自然通风都是被动制冷系统的基础。在前面的案例中自然通风就意味着降低身体温度和提供舒适的室内环境。对于后者来说，通风系统是自动将湿度加入到建筑物内部的气团中，帮助确保良好的空气混合情况。除了用机械方法提供通风（在有些时候是必需的），有些长达两个世纪之久的被动通风方案可供采纳：风的有效利用或者利用暖气流使通风达到自然上升的趋势。

144

对流通风

风压或对流通风取决于风向和风力强度，以及通风口尺寸。在主要的或当地机场采集的气象数据，用风玫瑰图的方式来表现美国多数城市一年当中会出现的风向和风力频率。然而主风向受到当地地貌（例如附近的建筑物、地势、水体和植被）的严重影响。在开阔的区域，标准的风玫瑰是可靠的。然而最好是实地测量。风玫瑰包含在像“Ecotect”一类的分析软件中，同时会在各种网站上面公布。美国环境保护署在网站上列举了收集的 139 个邮政地区的风玫瑰。[1] 关于风的数据在绝大部分的机场网站也有提供。

通风率，即空气体积置换率为 V，单位是立方英尺 / 分钟，可以近似表示为：

$V=C_V Av$ [式 6.1; ASHRAE 2005, 27.10]

建筑物应该尽可能面向夏季主导风向；建筑物窗户的朝向受到有效系数 C_V 的影响，有效系数在风垂直于窗户的方向上取值范围为 0.5~0.6，在风倾斜于窗户的方向上的取值范围为 0.25~0.35。A 代表空气进口的尺寸（单位为平方英尺），v 代表主导风向上的风速，

1 邮政地区的数据可上网查找：http://www.epa.gov/ttn/naaqs/ozone/areas/wind.htm.

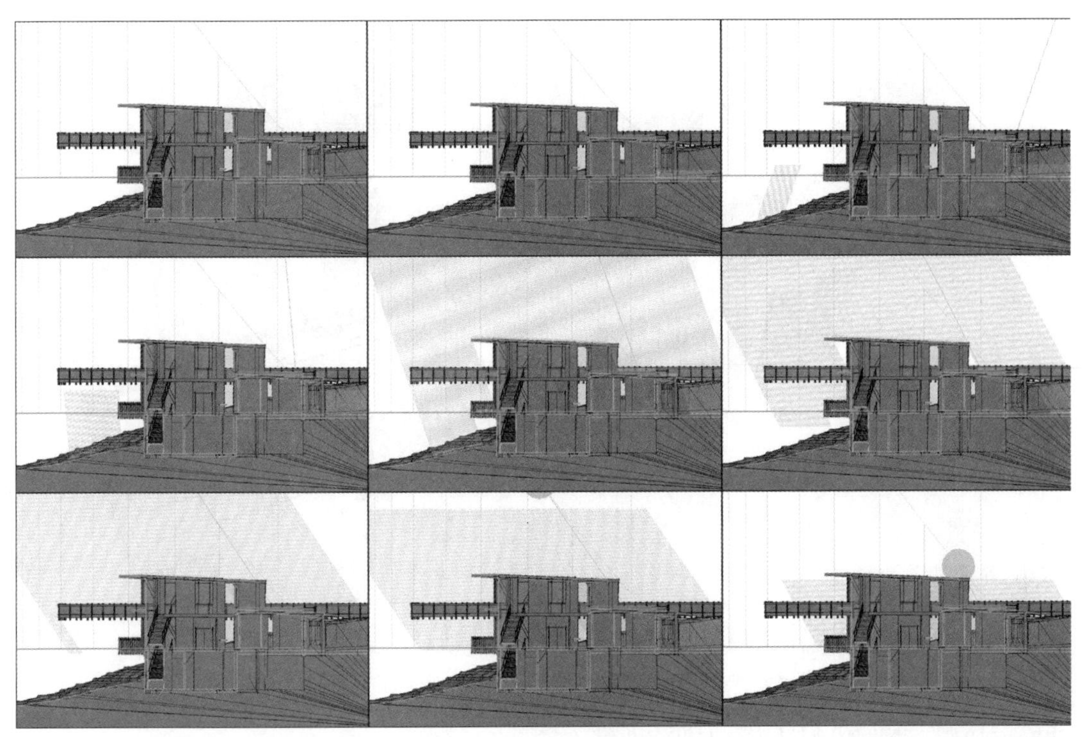

图 6.12　这一系列来自生态建筑大师动画的静止图片是建立在巴特尔达比河环境保护中心（参考第 7 章的末尾，这个项目的研究）建筑信息模型的基础上。建筑信息模型的几何形状只保留必要的设计信息，不必渲染细节

每分钟多少英尺（把英里 / 小时乘以 88 换算成英尺 / 分钟）。如果没有风速数据，一般按照 7.5 英里 / 小时（660 英尺 / 分钟）计算。

所有这些变量都能在建筑信息模型中被考虑（图 6.13）。C_V 能够通过建筑物窗户的定位确定，v 根据气象数据，由用户编辑输入。建筑信息模型中 A 值将会是动态的，模型会随着设计程序的进行而改变。不同设计方案的建筑信息模型会生成各自的有效系数（C_V）和可行的净开口面积（A）的报表，并计算出通风率 V；通过比较 V 值的大小，建筑师对竞争性设计方案的自然对流通风，能进行量化分析和对比。

在很多的情况下，建筑师仅能够量化比较设计方案中的通风率就足够了。然而，很多情况下建筑师还想知道需要多大的通风量才能够冷却一栋建筑。这里我们就会冒着偏离经验法则的风险进行建筑能源建模；当然，记住这些都只是设计的参考，并不是对建筑真实表现的预测。

在估算热量传导时，我们假定室内温度值能够处于室外温度值上下 3 ℉的范围内。即使热量能都完全传导，室内温度显然也不能够低于室外温度。从这个观点来看，自然通风仅仅在抵消内部热负荷时是有效的，例如室内居住者、机器设备、灯光产生的热量。

但是，考虑以下内容：

□ 如果建筑物能够很好被阴影覆盖，室外的空气可能会处于或者接近一个令人舒适的温度。

□ 如果绝热制冷在干燥、炎热的环境下被采用，随着入风口的空气进入室内然后变得

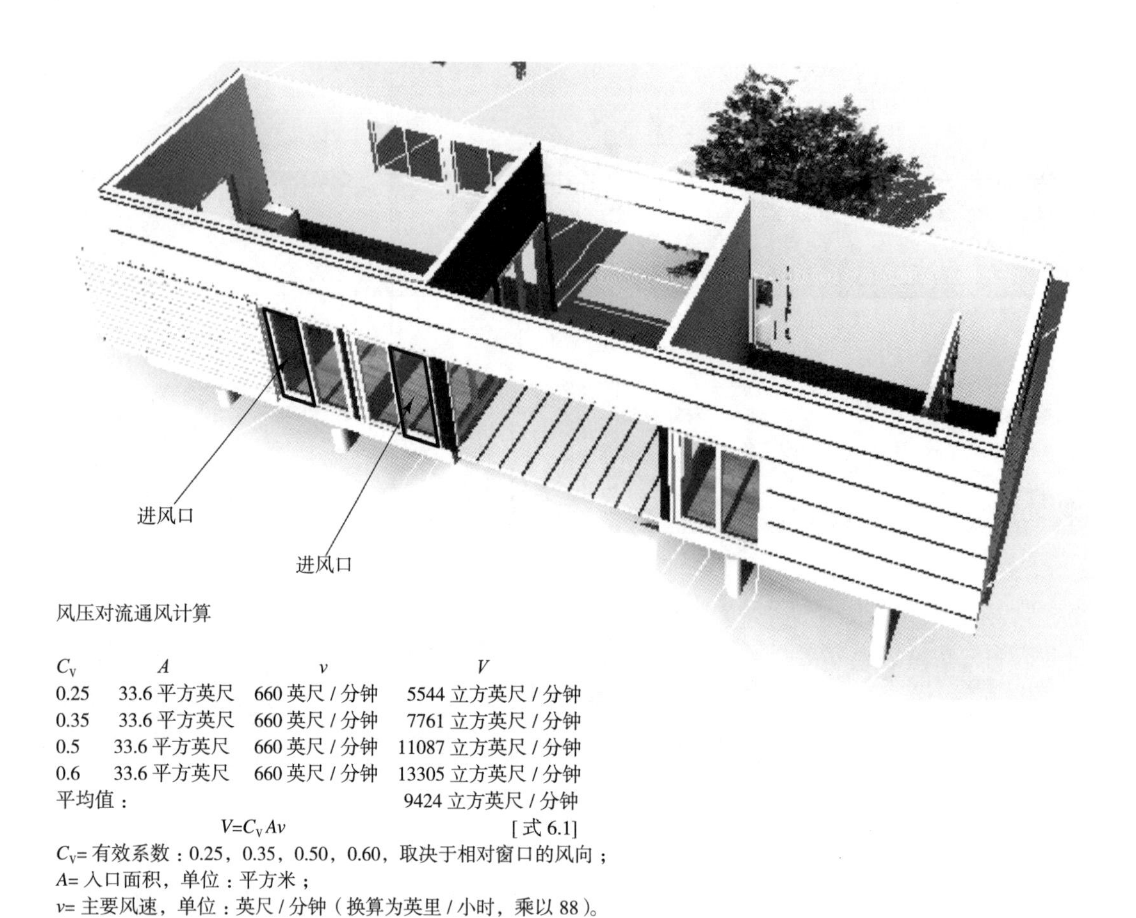

风压对流通风计算

C_V	A	v	V
0.25	33.6 平方英尺	660 英尺 / 分钟	5544 立方英尺 / 分钟
0.35	33.6 平方英尺	660 英尺 / 分钟	7761 立方英尺 / 分钟
0.5	33.6 平方英尺	660 英尺 / 分钟	11087 立方英尺 / 分钟
0.6	33.6 平方英尺	660 英尺 / 分钟	13305 立方英尺 / 分钟
平均值：			9424 立方英尺 / 分钟

$$V=C_V Av \qquad [式 6.1]$$

C_V= 有效系数：0.25，0.35，0.50，0.60，取决于相对窗口的风向；
A= 入口面积，单位：平方米；
v= 主要风速，单位：英尺 / 分钟（换算为英里 / 小时，乘以 88）。

图 6.13 简单的对流通风计算可能会在建筑信息模型工作表中被估算得到

潮湿，空气的干球温度就会降低。这降低后的温度可能恰好就在舒适区域的温度区间之内。

□ 最重要的是，独立的自然通风系统有可能会拓宽夏季舒适区域的温度区间，就像图 6.3 中所表达的一样。

显热传热（q_V）：

$$q_V=V（1.1）\Delta t \qquad [式 6.2; Grondzik et al. 2010, 208]$$

146

V 是通风率，计算方法见式 6.1。假设 Δt（室内空气和室外空气干球温度的差值）是 3 ℉，结果是自然通风能带走的最小热量值。其单位是英热单位 / 小时 · 平方英尺；与 Grondiz 等人不同类型和不同气候的建筑的平均冷负荷（2010，附录 F.3）或者利用建筑能源模型软件得出的冷负荷做对比（参见第 2 章）。

再者，在没有建筑物完整设计的精密能源模型的情况下，负荷计算都是估算的。此外精密的负荷模型也可能不能准确的估算出实际居住者的行为方式，而居住者的行为方式对于冷负荷又有非常大的影响。

在采用自然通风时，作为替代计算热量流失的方法，设计师可能会考虑到室内空气温度效率的降低。温度可以看作是衡量热量密度的一种尺度。这种观点的好处是把温度看作一种简单的尺度，这样建筑物里面的居住者就能轻松的调整到舒适的尺度。另外，可以单独计算由于通风造成的温度降低，而不考虑日照、人体运动、灯光和设备运行产生的热量增加导致冷负荷。

147

对于经常坐在室内的居住者来说，推荐的最大空气流速为（1.8 英里 / 小时）；小于或者等于这个空气流速，室内松散放置的纸张将不会被风吹动。当空气流动速度是 160 英尺 / 分钟时，如果建筑内表面温度和空气温度相同，那么室内温度将会降低 4.7 ℉；如果建筑内表面温度高于空气温度华氏 9 ℉且通风风速是 160 英尺 / 分钟时，建筑将会降低 5.4 ℉。自入口吹进出口吹出的空气量被设定之后，在建筑信息模型中借助式 6.1 计算，该量值 V（单位是立方英尺 / 分钟）除以入口和出口的平均面积来得到风速单位是英尺 / 分钟。当然，通风口面积的数据也是由建筑信息模型提供的；因此由空气流动带来的制冷效果的计算也包含在建筑模型中。

烟囱效应

几个世纪以来，在主动通风无法提供或者不可靠时，热空气自然上升的趋势一直在建筑方面被利用来提供自然通风。由于热空气团的上升是一个非常复杂的过程，它包含空气团的位移（空气的移动）和热量的转换（通过热量传导），所以在烟囱效应中准确的预测空气流动的速率是非常困难的。这种现象的真实模型包含流体力学的计算（CFD），超出了建筑信息模型能够提供的能力范围。

另外，美国供暖、制冷与空调工程师学会（ASHRAE）公布了一个非常简单且能够通过数量粗略估算出空气流动速率的公式。这个功能能够在建筑信息模型中建立，用来计算每立方米 / 分钟的体积流量 Q：

$$Q=60\cdot C_d\cdot A\cdot K\sqrt{2g\cdot h(t_i-t_o)/t_i}$$

[式 6.3；ASHRAE 2005，27.11]

流体系数（C_d），一个关于通风口面积尺寸的修正系数，可以被表达为：

$$C_d=0.040+0.0025\ |(t_i-t_o)|$$

[式 6.4；ASHRAE 2005，27.11]

多种通风入口的情况，C_d 近似等于 0.65。入口的面积 A，能够在建筑信息模型中表达。当通风入口和通风出口的面积不相同时，A 取较小的值然后乘以 1.39，利用下面的公式：

$$K=1.388-(e^{-(A_1/A_2)})$$

[式 6.5]

注意，在上面的公式中，当通风有相同的尺寸时，K=1；当孔径比率为 6 或者大于 1 时，K 值可以近似为 1.39。指数的比值 A_1/A_2 中分子 A_2 经常被认为孔径中较大的一个，所以比率一般会是 1 或者比 1 更大的数值。在公式 6.3 中还有一个数值是 g，万有引力常数的取值为 32 英尺 / 秒的平方（在只有重力没有浮力的情况下）；h 为烟囱高度以英尺计算；t_i 和分别为室内和室外的干球温度表达在兰金温标中（℉ +459.67）。因为建模师没有相关联的气象数据，就必须建立上层温度的数学模型为 t_i 和 t_o 赋值。

在公式 6.3 中，我们注意到空气流动速率 Q 随着通风口面积、烟囱的高度、上部开窗和下部开窗的温度差的增加而增长。为了使上下开窗的温度差最大化，入风口应该在低处开窗且最好在北面。出风口应该在高处开窗而且光亮透明的地方，就像小的温室效应一样，以便使出风口的温度最大化（图 6.14）。这恰好是蒙蒂塞洛和美国南北战

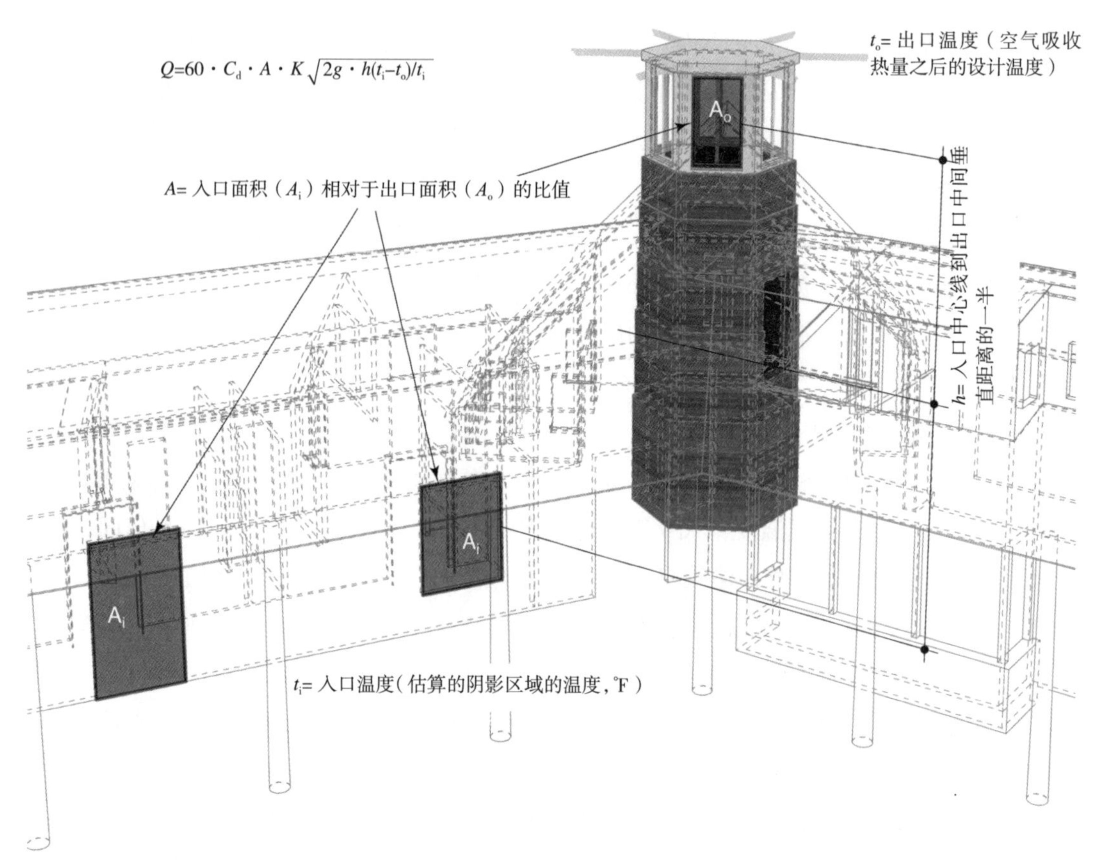

图 6.14 为了准确的模拟烟囱效应的制冷能力，需要计算流体力学（CFD）。ASHRAE 的近似计算方法（式 6.3）非常容易掌握。而这在建筑师控制的变量就凸显了出来

争前北部所采用的方法，利用有覆盖的门廊（冷却进风）和圆屋顶玻璃窗（热出风）。

一旦上面的公式能够包含在建筑信息模型中所有适当的孔径（利用窗户）就能被利用来给 A 和 h 赋值，改变烟囱的高度和窗户的尺寸都能自动反映到模型中来重新计算空气流动速度（图 6.15）。这在设计师建筑设计早期开发建筑体量、决定热风洞的高度和选择开窗位置时，是非常有用的。对于利用烟囱效应通风的制冷效果可以参照上面对流通风的一些意见（式 6.2；4.7 ℉ ~5.4 ℉，在 160 英尺 / 分钟的通风速度下）。

蒸发制冷（绝热制冷）

湿热冷却器能够比蒸汽压缩冷冻循环消耗更少的能量，但是尽管如此它也只不过是一个机械设备。一个完全的被动系统必须考虑自然通风和对进入室内空气加湿相结合。在 1990 年上述的方法和研究主题是冷却塔，该冷却塔应用了在美国西南部沙漠的波斯角楼中的原理。一个或者多个有潮湿吸水垫的高风塔作为干燥高温的空气的入口。气体被风带动进入室内，穿过潮湿的吸水垫，在潮湿的吸水垫中隔热冷却（图 6.4）。它的冷却能力能够利用一系列的

烟囱热效应计算

C_d	T_{in}	T_{out}	A, 低	A, 高	A	K	g	Z, 低	Z, 高	△ Hnpl	Q	V	V
0.45	85 °F	105 °F	55.0 平方英尺	22.6 平方英尺	2.4	1.3	32.2 平方英尺 / 秒平方	3.5 英尺	13.6 英尺	5.1 英尺	2698 立方英尺 / 分钟	1.4 海里 / 小时	119.2 英尺 / 分钟

Q=60C_d · A · K(2g ΔHnpl(Ti−To)/(T_o +459.67)^(1/2)（资料来自 ASHRAE Handbook of Fundamentals 2005，Page 27.11）

注释：

C_d=0.40+0.0025(Ti−To)

A= 通风孔径面积比值，下通风孔径比上通风孔径；

K= 风孔径面积比值的系数（根据经验得来的），K 可以近似认为等于 1.388−e^−A（资料来自：Francois Levy，M.Arch，MSE）；

ΔHnpl= 上下出风口水平中轴线之间的垂直距离，大概相当于 ΔZ 的一半；

T_{out}= 出风口的温度（较高位置的开口）（用户提供的数值是用° F 表示的，自动转换为以° R（兰金度数）表示，° R=° F+459.67）；

T_{in}= 入风口的温度（较低的位置开口）（用户提供的数值是用华氏摄氏度表示的，自动转换为以° R（兰金度数）表示，° R=° F+459.67）;

g= 万有引力常数。

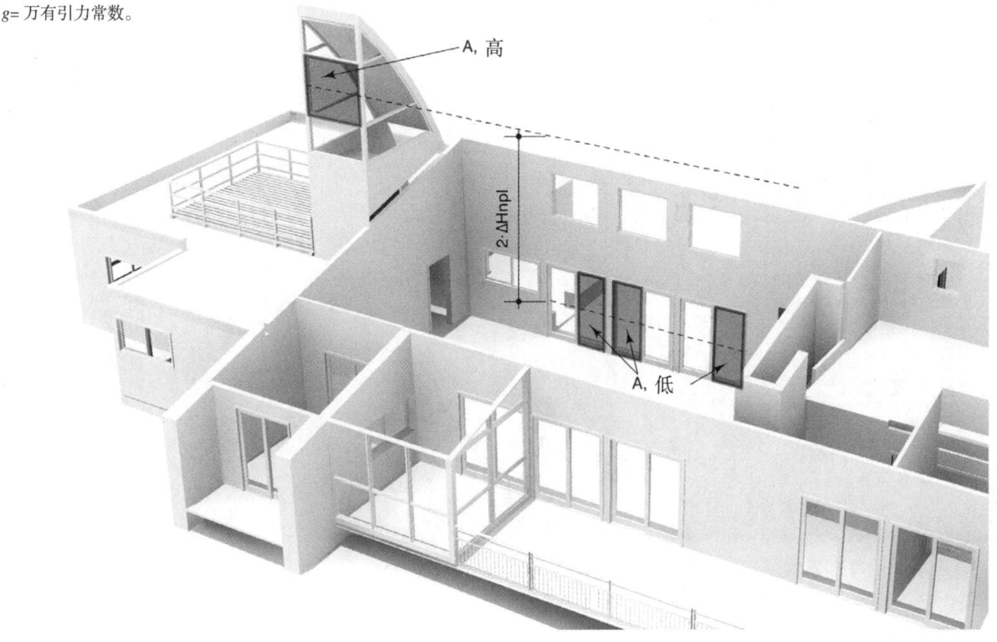

图 6.15 在这个模型中，烟囱效应的计算被整合到建筑信息模型中。工作表单动态的反应着通风口径尺寸和相关高度的变化和提供更新后估算的气流速度

短公式（式 6.6 ~ 式 6.8）估算出来，这些公式照例也能以计划工作表格的形式应用在建筑信息模型中。首先，已冷却空气的温度能够利用下面的公式估算，其中 t_{cooled}、t_{DB} 和 t_{WB} 分别对应已冷却温度、干球温度和湿球温度：

$$t_{cooled}=t_{DB}-0.87(t_{DB}-t_{WB})$$ ［式 6.6；Grondzik et al. 2010，305］

第一个温度当然是我们感兴趣的冷却后的温度，后面两个干球温度和湿球温度是从气候数据中派生出来或者用来设计温度的。

149

记住，仅仅了解温度是不够的；必须要知道的是以英热单位 / 小时表示的总体制冷能力。式 6.6 是不依赖建筑物的几何外形；气体穿过冷却塔的流动速度 V 被定义为：

$$V=2.7 \cdot A\sqrt{h(t_{DB}-t_{WB})}$$ ［式 6.7；Grondzik et al. 2010，305］

在这个公式中，A 为含水湿垫的面积，h 是冷却塔的高度。记住，不像式 6.3，上面的公式并不考虑相关的通风孔径尺寸；仅考虑室外空气进入室内的开口尺寸（含水的湿垫）。其他的，A 和 h 是人为赋值的因素，其值能够

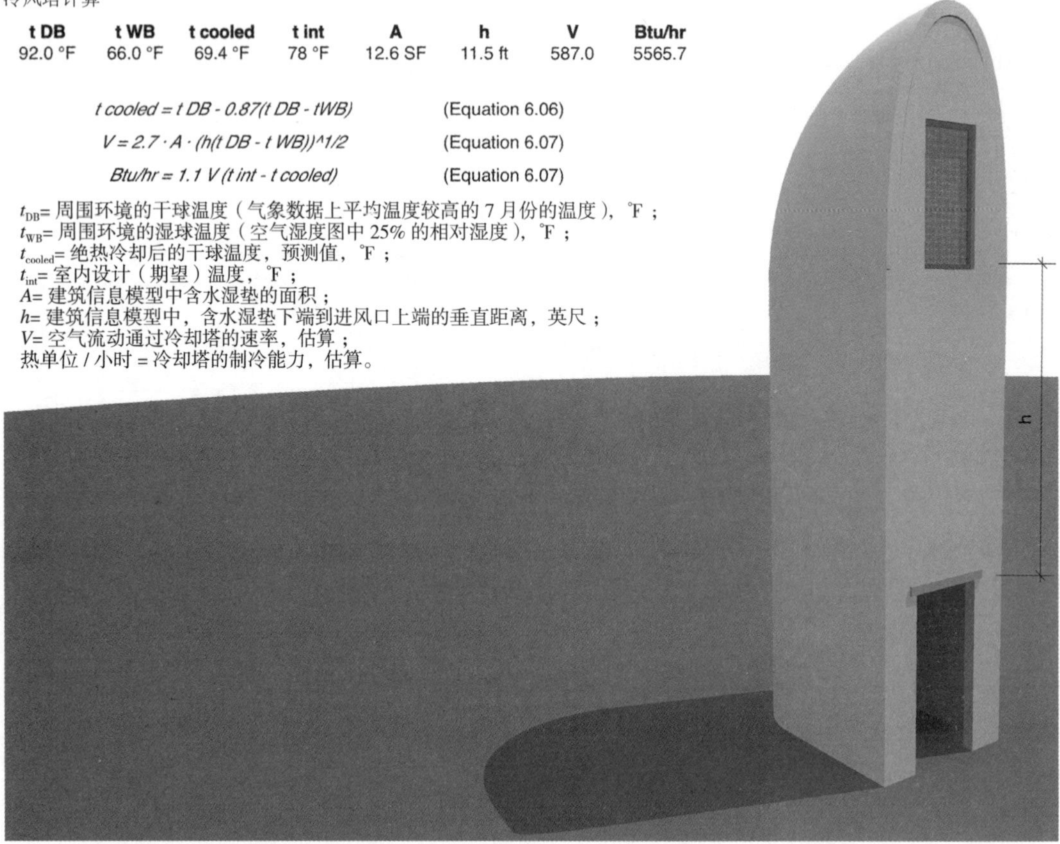

图 6.16 这个简单的冷却塔的建筑信息模型应用很容易用平均气象数据联合模型的几何形状来计算冷却塔的制冷能力。这个冷却塔的建筑信息模型能够改变建筑进风口的高度（在这个例子中，用较低的门口和含水湿垫以及后者的面积来优化冷却塔的设计）

在建筑信息模型中体现，并用来计算 V 的值。

冷却塔的总体制冷能力是由下面公式所计算的：

$$B_{tu} / h_r = 1.1V(t_{int} - t_{cooled})$$ ［式 6.8；Grondzik et al. 2010，305］

在这个计算中，V 是来自式 6.7，t_{cooled} 来自式 6.6，t_{int} 是由室内干球温度所维持的。这三个简单的公式能够在建筑信息模型中联合应用，与冷却塔高度和入风湿孔开孔孔径相关联，可以求得最佳的冷却塔高度和含水湿垫的面积（图 6.16）。举例，空气入口（含水湿垫的开口面积）的 Z 值（地板以上的高度）可能会被用作 h，湿垫的开口面积被用作进风口的面积 A，无论是窗构件、自定义族（Revit）或是自定义符号（ArchiCAD or Vecorworks）。

热质的夜间通风

本书关注以围护结构负荷为主导的建筑物，大多数的热负荷发生在白天（这种情况也适用于没有很高夜晚入住率的以内部能耗为主导的建筑）。热质在白天吸收的热量被它在夜间释放热量的能力所限制。所谓的热质的夜间通风由于温度的延迟效应可以提升白天的制冷能力，同时也延伸了湿度舒适区域（图 6.3）。

对于中质型建筑来说（例如暴露的轻质墙和屋顶构造的玻顶房屋），夜晚通风制冷的能力（英热单位 / 天 · 平方英尺）可以根据下式近似计算：

151　英热单位 / 天 · 平方英尺 $=358-(t_{out}-t_{MDR})^{1.366}$

[式 6.9；据 Grondzik et al. 2010，245]

夏季室外设计温度（建筑师所设计的干球温度）可以被表达为 t_{out}；t_{MDR} 代表白天气温的波动范围，这项气象数据可以在网上 MEEB 的附录上找到。高质型建筑(举例说明，在每平方英尺的房屋面积内至少有两平方英尺三英寸厚暴露的混凝土表面）运用下列公式计算冷却能力单位为 Btu/day：

英热单位 / 天 · 平方英尺 $=546-(t_{out}-t_{MDR})^{1.456}$

[式 6.10；据 Grondzik et al. 2010，245]

在大多数情况下，这两个公式得到的屈服值（Grondzik et al. 2010）由 MEEB 提供 10% 以内的图表，计算结果表明平均只有 1% 的误差。对于以设计为目的来说这些误差可以被接受。这些公式可能会被联合起来运用到建筑信息模型中，以动态的确定热媒气团需要的进出口面积来抵消内外负荷。通过接触热容材料的暴露区域来计算，如果有额外热容积的话，可能被最优化来解决初始设计阶段的冷负荷（图 6.17）。

以小时计算的热媒气体的冷却能力的详细计算超出了本书的范围，但是感兴趣的读者可以参照 Grondzik 和他的同事在 2010 年所做的工作。这些详细的计算联合详细的热量模型能够最好的完成计算工作，优于计算公式在建筑信息模型中的联合应用。

屋顶水池的冷却

屋顶水池是另外一个非常有效地实现建

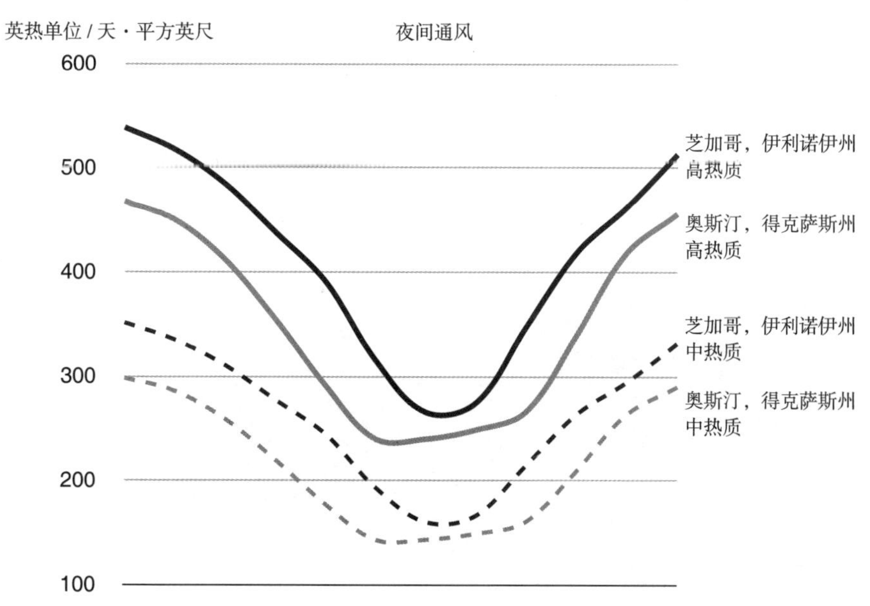

图 6.17　根据奥斯汀和芝加哥的天气数据，按照式 6.9 和式 6.10 计算结果绘制夜间通风散热量曲线（英热单位 / 天·平方英尺）。虽然只在较热的月份会用到夜间通风散热，但是绘制了 12 个月的数据（参见图 5.3 两地需要遮阳的月份）

筑热交换的策略，这种方法自 1940 年就被人们所熟识。屋顶水池依靠太阳的直接辐射来完成一个热循环。

152 在夏天雨水能够帮助冷却建筑物，如同它在冬天能够给建筑物保温一样（我们将会在第 7 章讨论屋顶水池的应用）。夏季冷却建筑物的原理很简单：白天屋顶的水体能够吸收下面使用空间的热量，然后再把热辐射给夜空中的黑体。由于热量是由温度高的区域流向温度低的区域，所以水体的温度一定要比下面空间的温度低。为了防止屋顶水池白天热量的增加，可以用一层边缘可伸缩的物体覆盖池塘，直到晚上。屋顶水池只对直接在它下面的楼层空间非常有效，也只影响明显的得热或失热。因此屋顶水池用于控制气候湿度非常理想。

在美国，屋顶水池并不常见而且被认识是外国的发明。他们认为水应该存储在大的密封袋中以防止渗漏和蒸发。在伊朗屋顶水池做了大量的研究，屋顶水池中的水趋向于在空气中敞开。对于后者渗漏是一个必须要考虑的严重问题，由于蒸发作用而损失的水也需要再次补充。但是无论哪种形态的屋顶水池，他们所需要的面积都是由池中水体吸收和释放的热量来决定的。通过 MEEB 我们知道，每天每平方英尺的蓄存能力为：

英热单位 / 天・平方英尺 = 0.7・d_{pond}・（62.5Btu/ft^3 ℉）・（t_{pond}−t_{min}） ［式 6.11；Grondzik et al. 2010，250］

第一个数值是矫正常数。屋顶水池的深度 d 单位为英尺约为 4 英寸（每英寸为 0.33 英尺）；62.5 英热单位 / 立方英尺・℉是一个由水的热度和比热容决定的常数。 153

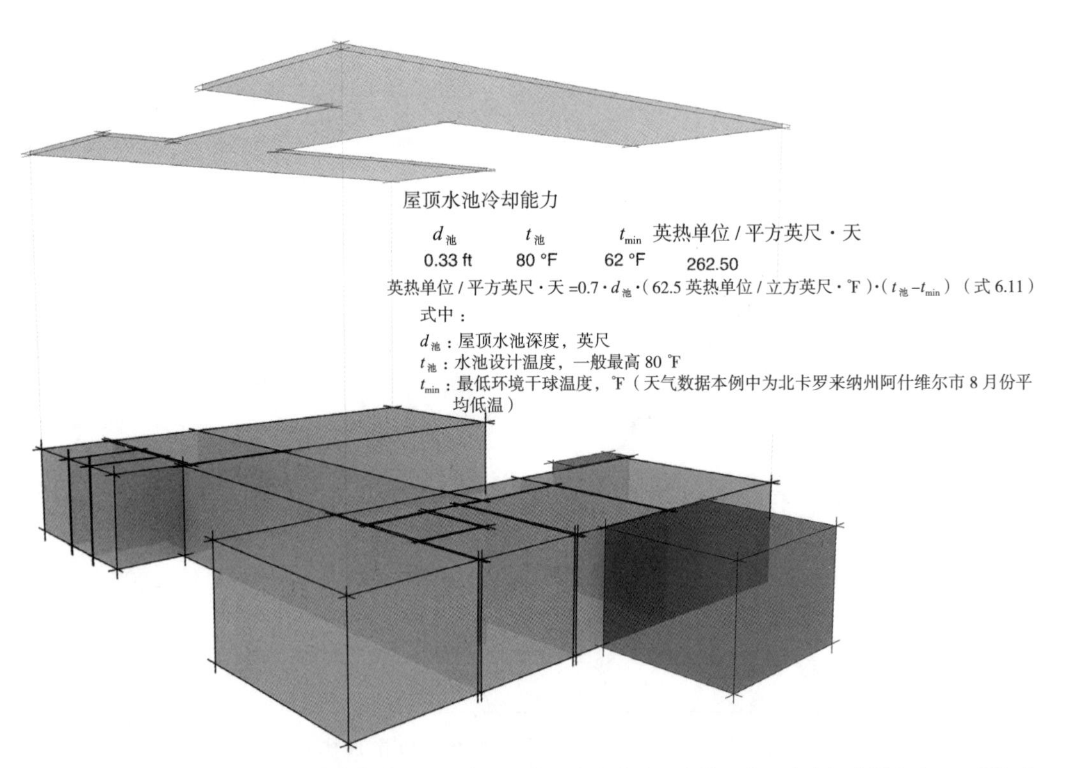

图 6.18 制冷蓄备能力是屋顶水池最高温度、夏季夜间最低温度和水池深度的函数。水池深度链接自 BIM 明细表。对比制冷能力和建筑冷负荷就能大致计算夏季制冷所需的屋顶水池尺寸

设计温度 t_{pond} 是期望的池塘温度；80 ℉实际上是最大值。该地点的夏季最低温度 t_{min} 来自气象数据，代表平均每日低温（夜间温度）。

为了确定屋顶水池的尺寸，比较建筑热量的增加（或者减少，供暖的情况一样），单位是英热单位 / 小时 · 平方英尺，每天几小时的入住率或者制冷（比如 9 个小时），水池热量的储存计算见式 6.11。结果将会用水池下面每平方英尺的建筑底面面积需要水池的平方英尺数表达。

在建筑信息模型中突出的特点是池深和面积的参数化或者说它的容积（图 6.18）。一个固态柱状体如挤压体或目标空间可以作为水池的替代品，再汇总含有相关公式的工作表格。随着建筑设计的发展，屋顶水池的面积和深度也在逐渐调整，设计师就能够判断这种屋顶水池是否能够冷却水池下面的空间。

■ 案例研究：哈德洛大学农村再生中心，英国，肯特郡

作者：James Anwyl

设计公司：Eurobuild

委托人：哈德洛大学

Eurobuild 公司的创始合伙人，被动式住宅建筑和施工方面的专家，James Anwyl 为英国最顶尖的三大农业大学之一的哈德洛大学设计建造了农村再生中心。这个农村再生中心是英国第一个认证的被动式房屋的教学建筑。

这个 3700 平方英尺（350 平方米）的建筑包含了两个教学区，一个厨房，一个办公室，一个厕所。该建筑部分由一个区域性的发展组织，英格兰东南经济发展署资助，这个建筑被计划用做一个新的教学设施供农学专业的学生使用，当地的社区偶尔也会使用。根据和肯特州规划部门的讨论，Eurobuild 公司改变了这栋新建筑的建造位置，最初规划的建造位置是位于现在建造位置的南侧的一块未开发的绿地。取而代之的是，规划局批准 Eurobuild 公司的计划，利用大学日常运行的农场的大量牛棚栏基址（和已经存在的墙体）。该地原来 95% 以上的棚栏被保留用于非结构性再利用，并且有很大比例的棚栏被重新粉刷来适应新的木材。

这座建筑的主要作用是确保以研讨为基础的教学，它拥有一个员工办公室和一个会议室，在旁边一个很大的展示区域被用作陈列大学昂贵的以陆地为基础的研究项目。大学的一个要求就是“湿润的工作区域”，一个半露天空间展示机械和家畜。作为他们研究的一部分，研讨室的一个滑动窗可以让学生看到这个展示。这个空间用以前的

图 6.19　在这个哈德洛大学的农村再生中心的照片中看到建筑已经完成。依照被动式住宅建筑研究所的原则和一系列的计划（PHPP）计算工具（在美国可以参照 www.passivehouse.us）这个中心成功的采用了大量的朝北方向的玻璃窗用来采光，用一些其他的办法解决了热量流失的问题（照片由 James Anwyl 提供）

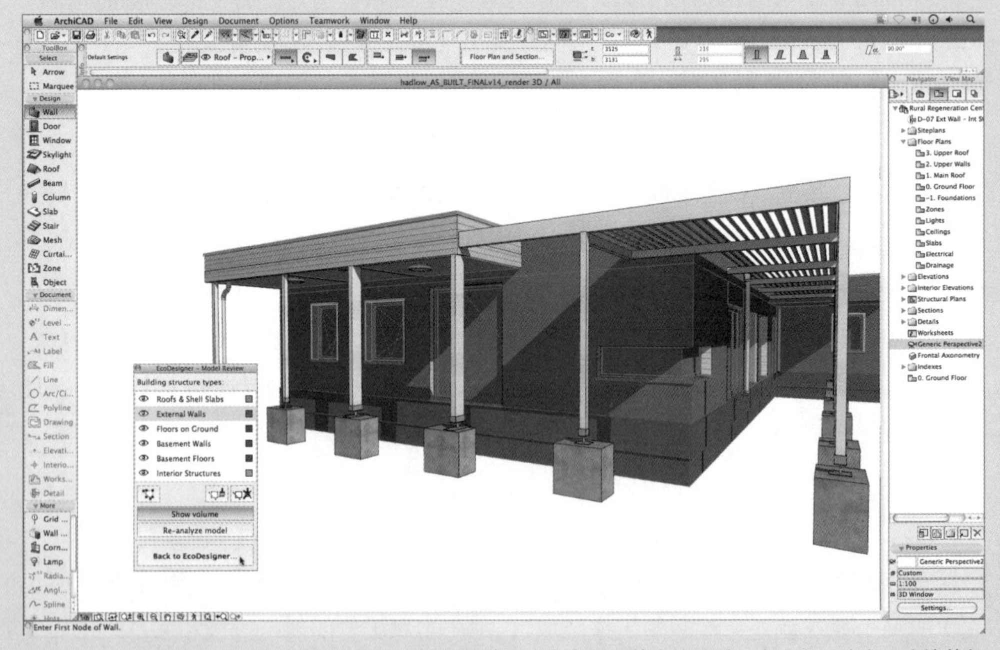

图 6.20　能够在 AchiCAD 中利用 EcoDsigner 分析设计，决定和能源的直接关系。在这张照片中，建筑的部件被拆分成结构类型，进行前期验证分析（图片由 James Anwyl 提供）

155

牛舍保留下来的砖块建造在了最北边的一个角落。以前的墙体隐藏在连续的落叶松面层后面。

由超级绝热材料构成封闭式的面板，这结构利用建筑信息模型（ArchiCAD）设计，组装只用了三天时间（图 6.20 和图 6.21）。十天过去了，这个建筑的密封性仍然处于一个很高的水平：0.34 每小时的空气交换律。组合房屋构件的预先制造使得该建筑能在很短时间内高质量的完工。

在随后的两年内，安装的监视系统能够跟踪热量的消耗，Eurobuild 研究建成后与气候和使用模式相关联的建筑物性能。除了照明和电源电路外，信息交换展示、通风单元、热泵都被单独监测。学生和工作人员都可以通过在线的用户指南在展示区域内的一个很明显的监视器内看到结果的演示。这个建筑采用了一些可持续技术，包括通

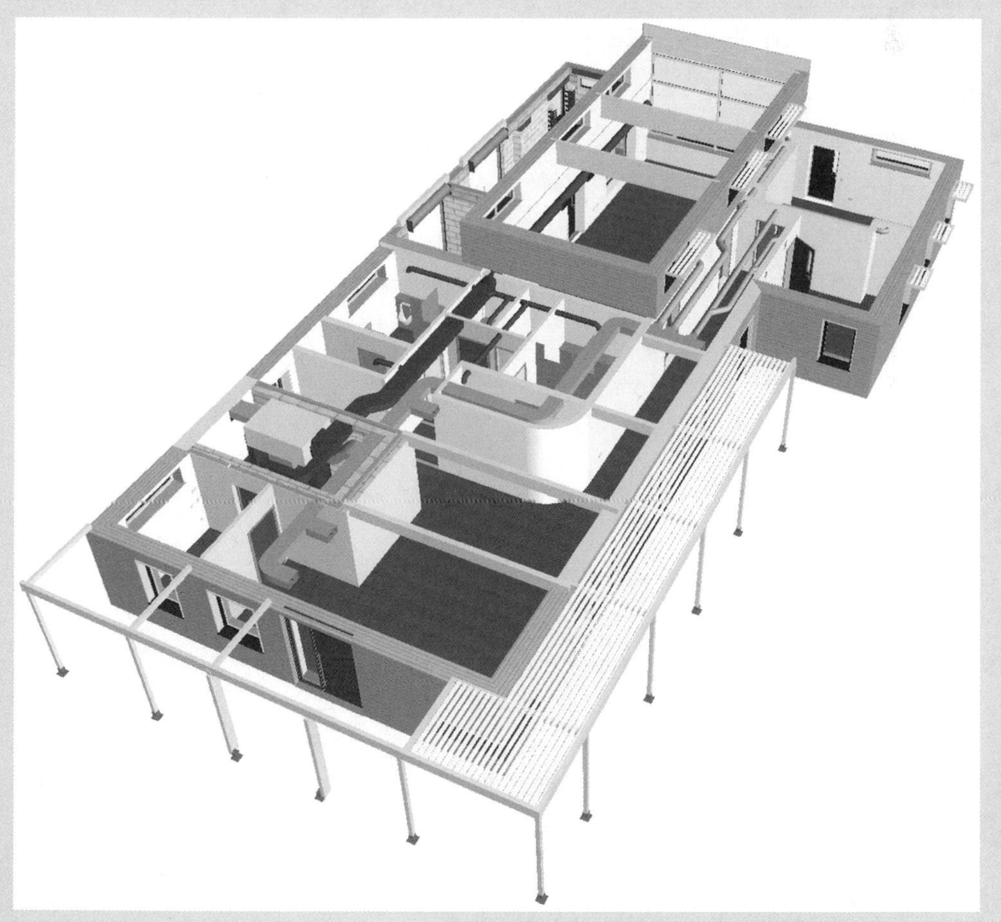

图 6.21　农村再生中心的 ArchiCAD 建筑信息模型除了作为一个虚拟建筑还包括机械和结构组分（图片由 James Anwyl 提供）

过热回收而使效率提高的 Drexel&Weiss 航空中心机械通风系统，三重玻璃窗和能够供暖及制冷的地源热泵系统。由于负担不起二氧化碳感应器（用来衡量屋内人数和自动控制机械通风系统引入适当的新鲜空气），会议和展示区域安装了手动开关。当空间充满人时，通风率会增加到 16 立方英尺 / 分钟 / 人（81/s/person）。浴室都有免冲水式小便器、小水流冲水马桶、时间控制节水式水龙头和缓慢出流的喷淋。整栋建筑应用的都是低能耗的 T5 荧光灯，照明经过 Dialux 软件精心设计。

156

天然石板铺设在砂浆层使得底板的厚度达到了 2.75 英尺（70mm），中密度混凝土砌块隔墙增加了内蓄热体，并且增加了从南面大面积的区域吸收的太阳能。制冷主要由通风单元的地源热泵交换机控制，通过热泵和地板下面的管道工作实现。此外，会议室的窗户由时间和温度控制以保证夜晚的空气流动，实现晚上的无能耗制冷。个别窗口藤蔓缠绕，柱廊穿过南部正面防止夏季过热。Solar geometry 利用 ArchiCAD 在 3D 中建模（图 6.22），由 EDSL’s 能源计算软件验证然后反馈到 PHPP 分析。

这个工程中的所有木材都由（美）森林管理委员会或奥地利可持续管理森林提供，部分由两个 3 英尺长的钢切面（4″ ×2″ 或 100mm×50mm）组成，因此结构中没有金属。这种决定使建筑全生命周期的消耗减小到最小值，储藏能源是一个非常明智的决定。经过仔细计划之后，通过预评估，这个建筑可能实现绿色建筑评价体系（BREEAM）

图 6.22 一张哈德洛大学策划的建筑信息模型的素描表现图。施工文件由这个模型图形标注和三维视图组成，这个模型提供了初始能源设计数据和后期的能源计算（图片来自 James Anwyl）

"卓越"的等级；这个建筑已经通过了被动式房屋鉴定。

R–56 的隔热值，墙体和房顶面板应用了 15.75 英寸（400 毫米）可循环利用的"blown"纤维隔热材料。这些面板由 Eurobuild 的合作工厂制作，直接运到临近肯特郡汤布里奇的地点。这个工厂非常有名，是世界上生产最顶尖框型支架的工厂。Eurobuild 在英国一直致力于输送更多的被动式住宅和教育计划。

157

第 7 章

被动式供暖

如果能源生产、材料资源管理和污染控制方面没有突破，我们面临的是建筑物将没有能源可以使用，这也许会影响几代人。目前可持续设计的关键要素表现为减少建筑能源的使用，逐渐减少人类对生物圈的影响。最终我们将会和自然界一样，实现零浪费设计，建筑环境，乃至整个人类社会都在一个永恒的系统中循环利用所有的资源。

为了使建筑供暖的能耗费用最低，适当的方法是使建筑的被动式得热最大化，同时控制建筑物围护结构的热损失量。被动式得热的途径包括室外吸收太阳辐射热和室内利用建筑使用者、照明、机器设备的放热。大部分的被动式供暖设计都只重视最大化吸收外部的热量，而忽略内部因素（本章会进一步说明原因）。在较寒冷的气候条件下，被动式供暖设计的关键是“恰当的”最大化，不能造成室内过热。此外，在寒冷的气候中也有暖季，在温暖的气候中也有寒冷的季节，所以被动式供暖方案要按照季节进行调整，避免在夏季时出现糟糕的状况。就像被动式制冷方案一样，被动式供暖并非任何建筑或任何气候都通用。

利用导热系数乘以面积的原理，能够测算出建筑物围护结构的热损失，并加以优化设计。不过地板和地下室的热损失情况特殊，要采用不同的估算方法。正如其他优化性能的设计实例，在 BIM 模型中运用一些简单的经验法则生成动态报表，就可以更方便建筑师了解情况（图 7.1）。

在 BIM 模型中实施被动式供暖的计算比被动式制冷计算稍微直截了当些。就像我们上一章看到的，被动式制冷的性能化设计的挑战性在于冷负荷的计算。热负荷的计算是假设为最差气候条件，多少有所简化。两者都忽视了室内的冷负荷——建筑使用者、照明、机器设备的放热量——否则这些也要计入建筑物的得热量。

就像被动式制冷一样，建筑信息模型的使用者必须手动输入气候数据。使用所谓保证率

图 7.1 威斯康星州森林中的被动式房屋。在建筑信息模型中收集的数据支持下，TE 工作室把被动房规划工具包（PHPP*）用作基础的优化工具。建筑外表面积和室内地板面积都可以从 ArchiCAD 的虚拟建筑物中读取，网格工具（mesh）用来模拟一个拥有树木的复杂基地。3D 可视化用来“漫游”确定房屋的理想位置（图片来自 TE Studio）

99%的室外计算温度，既为了减少数据输入量，更重要的是确定出最坏的气候条件（不对建筑物过度供热）。这就是说，室外温度只有 1% 的概率低于这个值，这就是设计建筑物时所考虑的条件。来自《建筑机电设备》（MEEB）**、《ASHRAE 手册：基础知识》*** 和其他地方的气象数据表提供了这些保证率 99%的条件。

本书推荐性能化设计方法，它比“凭直觉”的设计方法在定量方面更加准确，但是相比准确的能源模型在计算量和技术知识方面的需求要低。更加期待的是，这种可持续性的建筑信息模型设计方法可以推导出详细的能源模型（图 7.2）。能源的模拟最好是用建筑信息模型作为建筑几何形状的基础，从而可以避免重复的数据输入产生的低效率和潜在的错误。

寒冷气候的湿度反应

就像被动式制冷一样，建筑物对供暖需求的响应必须根据气候设计。然而与被动式制冷技术不同，被动式供暖方案仅处理显热，不涉及潜热。这也许会有问题，因为冬季的空气要比温暖的空气干燥很多。当相对湿度（*RH*）相同时，空气温度越低，含湿量（*W*）会变得更低。含湿量是水蒸气质量与干空气质量的比值。冷

---

* Passive House Planning Package，被动房规划工具包。——译者注

** MEEB，Mechanical and Electrical Equipment for Buildings，（《建筑机电设备》），John Wiley & Sons 出版。——译者注

*** ASHRAE，American Society of Heating，Refrigerating and Air-Conditioning Engineers，美国供暖、制冷与空调工程师协会。——译者注

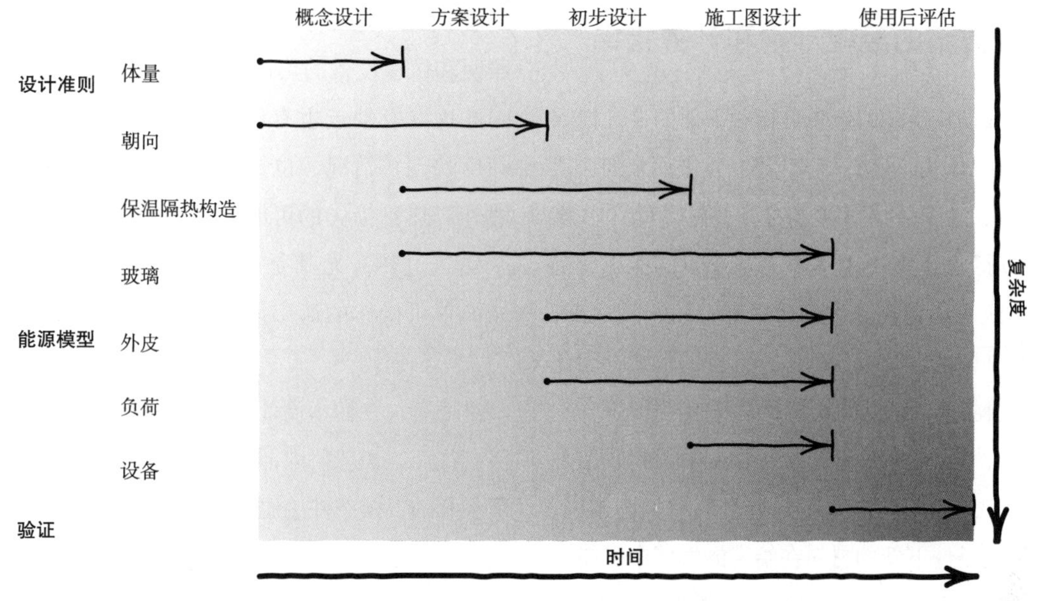

图 7.2 矩阵图说明了设计准则和详细的能源模型在建筑的设计过程中所扮演的角色。参考 MacLeamy 曲线（图 1.5）及其在节能设计中的适用性

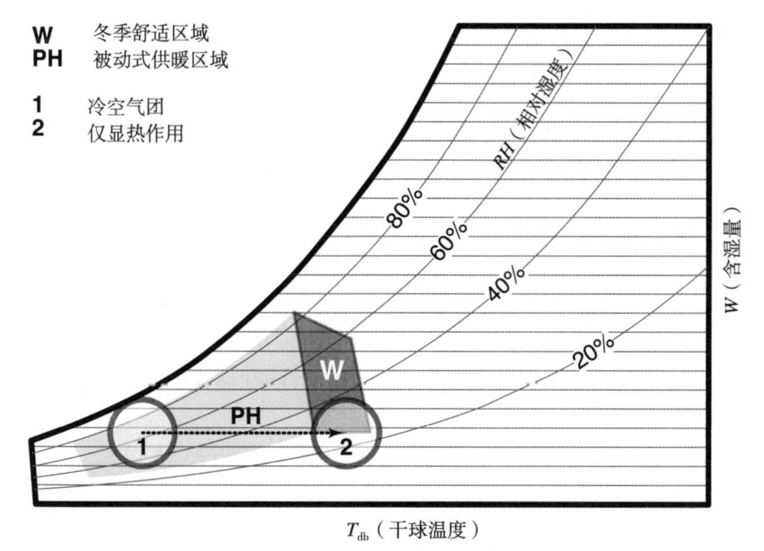

图 7.3 冷空气团可能含有很高的相对湿度，但实际上并不是因为它含有大量的水分（它的含湿量 *W* 可能很低）。这样的气团被加热（只有显热），由于水蒸气和干燥的空气的质量保持不变，所以空气含湿量也保持不变，但是相对湿度可能会明显的降低

空气更容易被加热，当空气含湿量（*W*）保持不变时，空气相对湿度（*RH*）则会降低（图 7.3）。

代表性的情况是内部负荷（使用者呼吸或者类似烹饪活动）会加湿冬季空间，不过，建筑信息模型也没有其他方法能预测这些。还好被动式供暖的得热量增量（在可以接受的范围之内，不会对空间过度供热）并不会降低空气含湿量（*W*）。并不需要加湿空气来克服被动式技术造成的空气干燥，仅需要加湿来弥补更大的显热作用造成相对湿度（*RH*）的自然降低。

供暖方案的经验准则和计算指南

被动式供暖的定量分析和下面的设计指南都是在 20 世纪七八十年代不断发展而来的，就像本书中提到的许多经验准则，是应对 1973 年由国际石油垄断组织操纵市场引发的能源危机的建筑反应。在强大的台式计算机出现之前，这些准则都设计成便于手工计算的形式，因此很适合将他们纳入建筑信息模型的工作流。

此外，尽管建筑已经存在了数千年，但是量化建筑物的性能并不是那么简单。比如说，162 在一定条件下新的材料在给定的气候中可能会以意想不到的方式在建筑中互相影响。进而，建筑物在不同的墙体构造设计、建筑朝向、建筑物体积和空间组织将引发各种各样的反应，导致开发可靠的公式化准则困难重重（这就是为什么直到今天，建筑科学家仍旧对这个问题十分感兴趣的原因）。这里提到的公式已经经历了数十年的经验性的测试和改进。

下面这些准则简单、可靠，通常情况下为建筑信息模型工作流制定设计指南因此被采用：

- □ 建立原始设计变量或者主要参数；
- □ 评估竞争的设计方案的优缺点；
- □ 通过定量对比的设计迭代，帮助改进建筑设计。

就像在其他地方所说明的一样，这些准则并不一定能准确预测建筑的实际表现。

建筑物总的热损失

以围护结构负荷主导的建筑物的被动式供暖设计，通常认为内部的冷负荷来自人、照明和机械设备的热量，并不会为建筑供暖。因此这既有缺点也有优点，另外，这不能准确反映现实情况，也错失了利用内部热量抵消外部热量损失的可能。这进而可能导致冬季建筑过热，尤其是当建筑没有控制系统，如简单可操作的遮阳设备，就无法控制冬季的太阳辐射得热。

还有，在初步设计阶段忽略内部负荷也确实有优点。当忽略内部负荷时，设计就需考虑最不利的气候条件（建筑内人数少、照明关闭、没有明显的热源设备）。因为设计师只需要考虑太阳辐射得热和围护结构的热损失，所以设计十分简单。在能源模型中，计算内部负荷时也非常复杂，因为内部负荷受建筑的使用模式和时间的影响是非常明显的。经过比较，太阳辐射得热和围护结构热工性能都是易于处理和计算的。消除内部热源从而简化设计师在初期对能源方面性能的估算，使得在建筑信息模型中建模更加简单直接。当然，要实现性能最优化，需要设计方案的评估、改善和细致优化，更离不开外部能源模型的参与。

围护结构的总热损失

建筑有四个区域会散失热量。墙体及其透光部分、窗户、屋顶这三个区域，构成了我们通常所说的建筑“围护结构”。这些围护结构的构件遵守热传导原理，同理还有辐射和对流散热，冷空气的渗透（或者热空气的外渗）也会造成热量损失。除了冷空气渗入外，各组成部分的导热系数 U 值乘以各自给定面积的总和就是热损失量。地板和地下室的散热量主要是土壤传热，这将会在下一节中介绍。

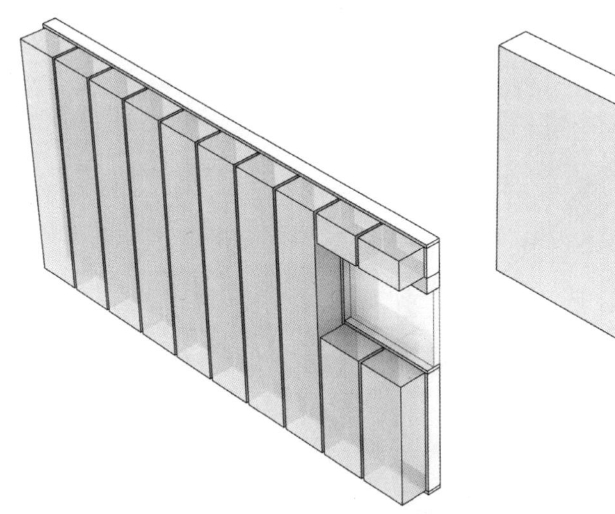
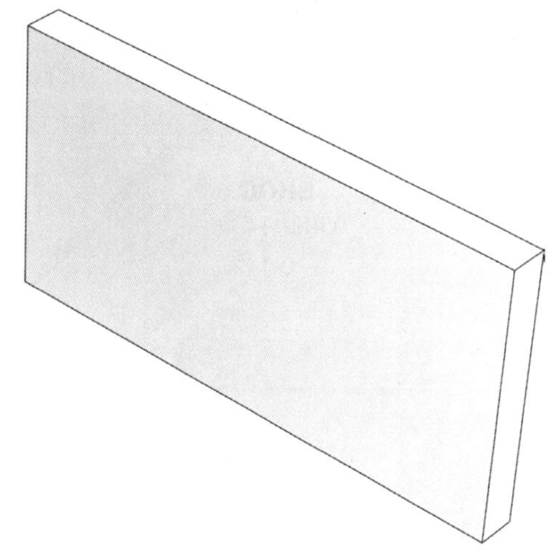

图 7.4　这两张对比图中墙体的热阻值 *R* 用厚度代表。墙体各组件的导热系数 *U* 乘以面积 *A*，相应的值由左侧的体块大小代表。右图中板厚代表的导热系数 *U* 乘以面积 *A* 的值与左图中板的总值相同；可以理解为右图中的板是把相等的 *U·A* 的值平均分布在墙体上

不透明墙体的热损失

墙体的总热阻值 *R* 或者导热系数 *U* 在建筑信息模型创建墙体类型时赋值；在设计初期给定墙体的热阻值 *R* 和导热系数 *U*，可以轻松的避免事后指定的数据由于疏漏而产生的错误。就像在第 4 章提到的建筑物围护结构总的热损失等于所有建筑外墙和屋顶的导热系数 *U* 乘以它们的面积 *A*。总的来说可以如下表达：

$$q_{assembly}=U \cdot A\ (t_{in}-t_{out})$$ [式 7.1；Grondzik et al. 2010，208]

设定墙体的热阻值 *R* 或者导热系数 *U* 都行，因为两者互为倒数，只要单位一致就可以在项目中一直运用。如果采用热阻 *R*，式 7.1 中必须用 1/*R* 代替 *U*。采用热阻 *R* 计算的一个优势是墙体组件中附带的热阻值，而不是导热系数 *U*。比如，木立筋墙体的总热阻值，就是累计每个构造层热阻值的总和（外层气流，板材，衬板，墙筋或隔热层，饰面，室内气流）。但是将上面各组成部分的导热系数 *U* 简单相加却不能得到正确的总导热系数值。无数出版物和网络资源罗列了典型建筑材料的热阻值 *R*（值得注意的是使用时要统一单位制，英制或国际单位制）。

163

某些常见的墙体，例如上面提到的立筋墙，各部分热阻值是不同的，隔热层比立筋大（更不用说在过梁、转角、洞口的边缘和其他空心内结构的情况）。当给一个类型的墙体的热阻值 *R* 和导热系数 *U* 赋值时，计算平均值需要考虑导热和绝热在墙体中所占的百分比（图 7.4）。橡树岭国家实验室的网站[1]有常见类型墙体的平均热阻值的在线工具。（立筋龙骨墙系统中，对比传统木龙骨系统，先进龙骨系统或工程优值（OVE）[*]龙骨系统用材经济，绝热性能好，参见第 10 章）。

1　网址：www.ornl.gov

*　Advanced Framing 或者 Optimized Value Engineered（OVE）framing 是同一构造体系的不同时期的称谓。——译者注

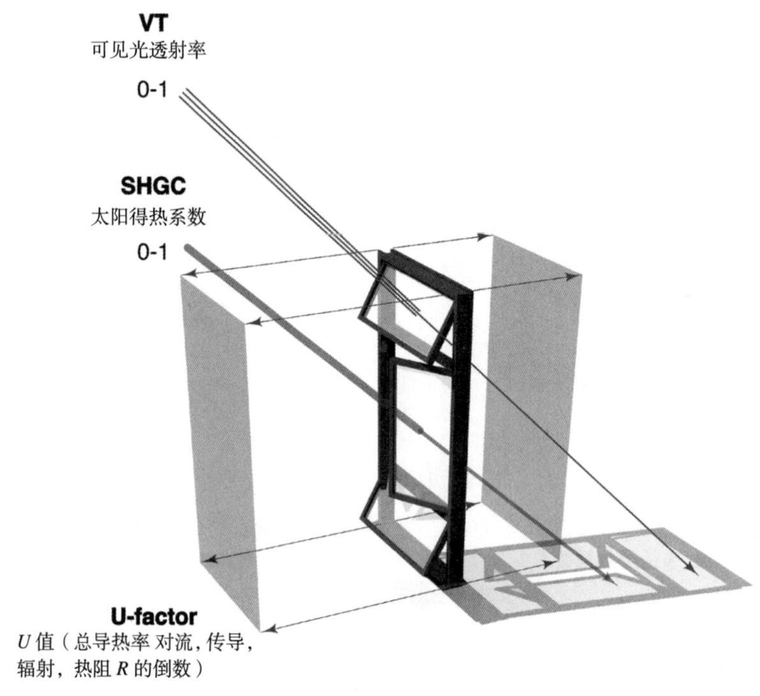

图 7.5 窗户的可见光透射率、太阳得热系数、U 值

墙体透光部分（窗户）的热损失

窗户的传热性能近年来得到了根本性的改善，大多数的建筑中窗户所造成的热量损失越来越少。未来还会将进一步的提高窗户性能。总的来说，窗户的传热性有三个指标：太阳得热系数（SHGC，理论上取值 0 ~ 1.0），可见光透射率（VT，理论上取值 0 ~ 1.0），和导热系数 U（图 7.5）。辐射率（ε）有助于提高窗户的 164 太阳得热系数 SHGC，针对特定天气设计的玻璃涂层能控制窗户玻璃发出的热辐射。在美国，Low-E* 玻璃上的低辐射涂层将红外热反射回室内，使得空间热量增加，相反，在较温暖的气候环境中应用所谓“南向 Low-E”涂层成为阻止热量进入室内空间的第一道防线。温暖气候环境需要较高的太阳得热系数，窗玻璃的主要功能之一是透过太阳得热而被动式供暖。太阳得热系数 SHGC 在炎热气候环境中按照规范限定其最大值，而在寒冷气候环境中，宜选取较高值。

窗户 U 值越高，作为一个整体传递热量的趋势将会越大。因此对于温暖气候或者寒冷气候 U 值较低是比较理想的，尽管它非常重要，在严寒气候环境中总的热量损失更取决于室内和室外的温度差。在较冷的天气，冬季室外温度一般 70 ℉（21℃）或者比室内规定温度要低得多；而在炎热的天气，室内和室外温度的差距可能是冬天室内外温差的一半甚至更小。与墙体不透明构件一样，透明部分也用 $U \cdot A$ 计算总传热量（式 7.1）。

对于建筑信息模型的用户来说，并不一定要（也不需要）区分窗户的子部件。制造商会提供定型窗户的 U 值；这个 U 值并不是单指玻璃，而是窗户作为一个整体的传热系

* 原文为 low-ε，国内通常使用 Low-E。——译者注

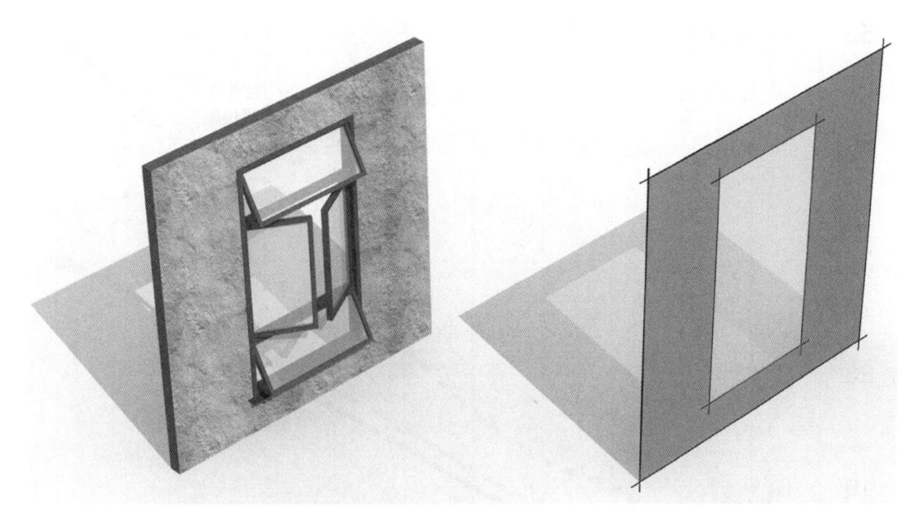

图 7.6　建筑信息模型可能会有窗户的详细几何形状，以便于可视化和绘制详图，但是由于 U 值是整个窗户的，能源计算时使用窗户面积的轮廓特征就可以了

数，包括正确安装的窗框和窗扇。在建筑信息模型中直接查询窗户面积，不要额外计算玻璃面积（图 7.6），即用窗户单元的全部尺寸来为式 7.1 中的面积 A 赋值。

在本书的上下文中，在任何寒冷气候条件下可持续性设计（或者在温暖气候中寒冷天气情况下），都是假设利用被动式太阳得热供暖。由于南向的玻璃是一个热源，在同一时间它不能既作为热源又作为散热单元，因此计算透光部分总热损失量时，不计南向玻璃；用窗户的 U 值乘以非南向窗户的窗口面积即为透光墙部分的 $U·A$。

165

屋顶的热损失

在第 4 章“体量分析”中提到，给定屋顶各构造层的导热系数 U（或者热阻值 R，图 7.7），其构造组合的性能并不能简单叠加。实际的热阻值 R 会有所降低，不是线形的关系，可以近似的表达为：

$$R_{effective}=(R_{cavity}-9)^{-0.1}$$ [式 7.2；Grondzik et al. 2010，1621]

因此，金属屋顶的有效热阻为 34.5，而它的计算值或者空气间层热阻为 50。上面的公式稍微调低于屋顶有效的热阻值，需要准确的有效热阻，因此，可以参照 Grondzik 等人（2010）提供的表格。注意在建筑信息模型中合计建筑围护结构热损失的时候，只计算空调房间的屋顶面积。这就需要额外增加一个步骤，依据建筑物的性质和模型的详细程度：

- □ 对于四坡或两坡的屋顶，假设模型足够详细，整合了独立的檐口构件，要从整体屋顶面积中减去屋檐的面积。如果底面是水平的，底面积除以屋顶坡度角 θ 的余弦得到屋顶的面积，大于其水平投影面积：

$$A_{soffit\_roof}=A_{soffit}/\cos\theta$$ [式 7.3]

- □ 对于有拱形顶棚的单坡屋顶（棚屋），计算空调房屋顶层的顶棚面积，不算屋顶构件的面积，这种方法可能会漏算跨过外墙之上的面积（内墙也是，这取决于模型是怎样搭建的）；
- □ 对于有水平顶棚的单坡、双坡或四坡屋顶，

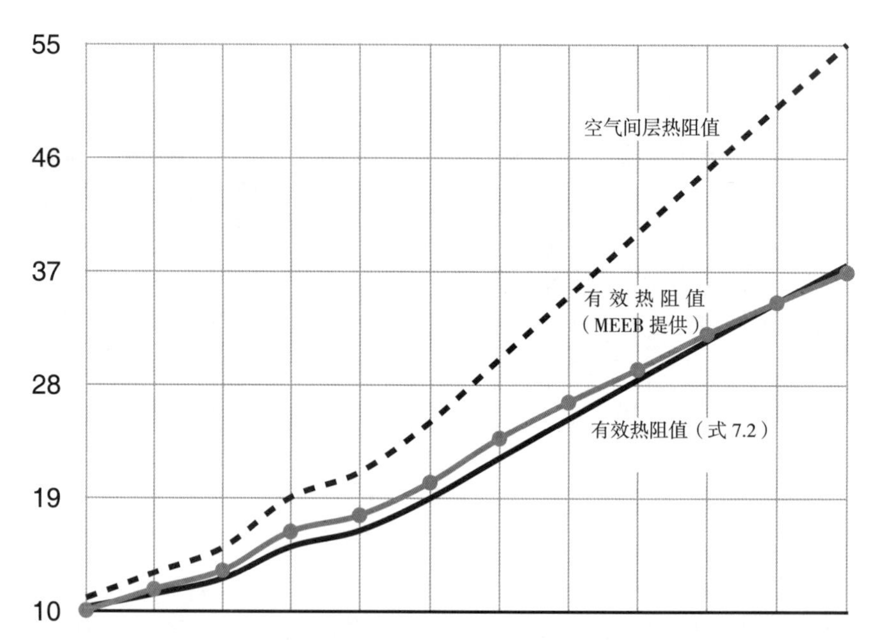

图 7.7 随着额定热阻 R 值的增加，金属屋顶的实际热阻 R 的值并没有相应地线性增长。图中虚线代表着金属屋顶构造的热阻 R 的设计值，而下面的两条曲线代表屋顶的有效热阻值。黑色的实线由式 7.2 得来，浅灰色曲线上点的数据来自 Graondzik 等人（2010）

应用上面的三角函数方法，用空调房间的顶棚面积代入，替换屋顶底面积，来决定空调房间屋顶的计算面积；

166 □ 对于带挑檐的不规则屋顶（曲面屋顶或者筒形屋顶），如果覆盖了非空调面积，则希望其中有一个只对空调面积的屋顶单独的看不见 3D 表面。设计全过程中屋顶不断被改变，这个"影子"屋顶必须一直跟进，以便得到准确的屋顶面积值。或者用屋顶保温层本身来决定空调面积上的屋顶表面积，但是一定要注意使用整个屋顶的热阻值 R，而不是保温层的热阻值 R（图 7.8）。

在接下来的设计阶段，建筑信息模型导出到一个能源模型，将能够得到比 $U \cdot A$ 计算更优越的热工性能信息，原因前面已说明。能源模型在以下方面更准确：

□ 屋顶表面基于材质、颜色、放射性方面的性能；

□ 屋顶的朝向和太阳辐射的影响；

□ 气候对全年性能的影响，包括云量、周围空气温度、相对湿度、降雨和风速等方面。

冷风渗透耗热量

冬季的风力比夏季强，由于冷空气对建筑物的渗透，带来建筑热损失。有多种估算方法，既有建筑物的渗透率，其中增压试验（就是所谓的"鼓风门试验"）比较常用、可靠。建筑物在设计时（本书主要介绍的），气密性建筑中空气渗漏面积（A_L）以平方英寸为单位，能够根据以平方英尺为单位的建筑物外围护结构面积来估算。如果有气密性专家参与施工时除以 0.01，如果是有经验的建造者施工时，应除以 0.02（本书的读者不太可能设计透气性建筑物）。

由于渗透造成的热量损失是每小时换气次数（和每小时的空气置换不同）的函数（还

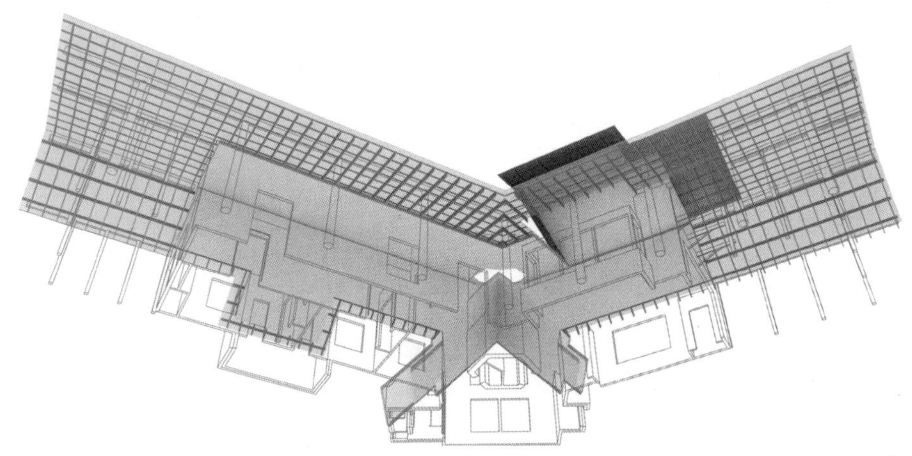

图 7.8 一些屋顶的建筑信息模型并不区分空调空间的屋顶和屋檐，但是可用多种建模技术来弥补

有其他因素）；换气次数 ACH 的计算嵌入在下面的公式中，这个公式来自早期的工作并在《基础知识手册》转载，渗透造成的热量损失在数值上能够等量的表达为 U · A，单位为英热单位 / 小时 · ℉ *（这个单位可以使渗透造成的热量损失和其他围护结构的热损失相加），最好的表达形式如下：

167

$$q_{\text{vent}}=V\cdot 0.018\cdot A_L\left[\frac{698+H\left|\Delta t\right|(0.81+0.53(A_{L,\text{flue}}/A_L))}{1000}\right]$$

[式 7.4；ASHRAE 2005，29.12]

我们有一个看起来很复杂令人生畏的公式，但实际上这只是简单的代数。括号中的常数都是按冬季风速 15 英里 / 小时设定的。*V* 代表建筑空调空间的体积值，*H* 代表其高度（需要考虑烟囱效应和热空气的上升运动）——这两个数值在建筑信息模型中都能很容易得出。像往常一样 Δt 代表室内设定点的温度和室外设计温度（99% 概率）的温差。空气渗漏面积 $A_{L,\ 烟道}$（$A_{L,\ flue}$）和 A_L 的数值也能够从建筑信息模型中得出来（以平方英寸为单位）（图 7.9）。$A_{L,\ 烟道}$在计算时能够由包含有壁炉烟道横截面积的模型中得出，A_L 就像前面解释的一样是由建筑面积（也是由模型中给出的）和上述建筑的密闭性系数的函数得出。

地面的热损失

建筑材料的导热系数 *U* 值，是代表材料传导的热量损失因素的数值，就像因为对流和辐射导致热量损失一样。规定的 *U* 值由在空气中完成的材料和部件试验推导得来；所以当建筑材料与土壤接触时，空气中实验的结果并不适用，因为土地的传导性能远高于空气。进一步讲，土壤和空气温度的差异还随着土壤深度的增加而变化。由于这些原因，通常的材料 *U* 值并不能准确的代表地面热量损失，虚拟建筑的设计指南还必须根据地板周边墙体的 *U* 值来调整地下热量损失。

地板的热量损失

实验研究表明地板周边发生的热量损失远远高于板下表面发生的热量损失。所以我们感兴趣的就是板的周长而不是面积。F_p 代

* Btu/h ℉，英热单位 / 小时 · 华氏度；Btu/h ft ℉，英热单位 / 小时 · 英尺 · 华氏度。——译者注

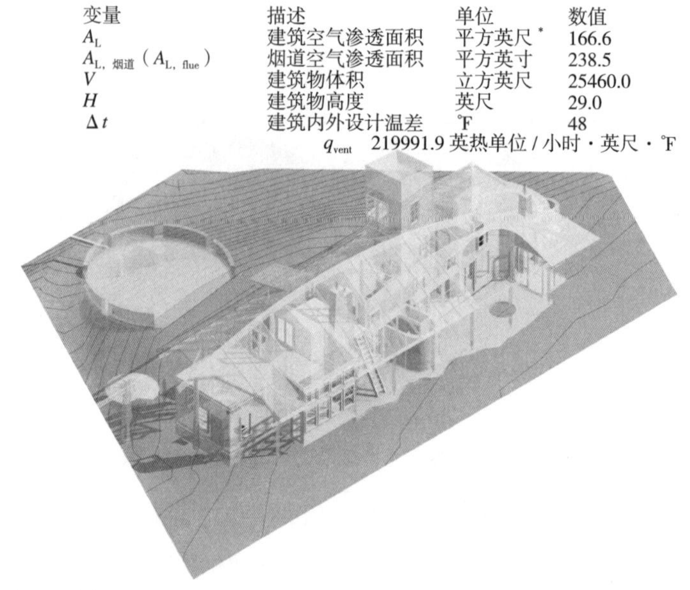

变量	描述	单位	数值
A_L	建筑空气渗透面积	平方英尺*	166.6
$A_{L,烟道}$（$A_{L,flue}$）	烟道空气渗透面积	平方英寸	238.5
V	建筑物体积	立方英尺	25460.0
H	建筑物高度	英尺	29.0
Δt	建筑内外设计温差	℉	48

q_{vent} 219991.9 英热单位 / 小时·英尺·℉

图 7.9 建筑信息模型在工作表中，应用公式 7.4 能够自动报告渗透耗热量，为用户提供预计室内外温差下的热损失估值

表板的周长（线性的）热量损失系数，单位是英热单位 / 小时·英尺·℉。依照 ASHRAE（2005），F_p 的数值分布从 R–5.4 保温层的砖饰面混凝土砌块** 的 0.49，到周边接近供暖管道时的不保温现浇混凝土墙的 2.12。因此，ASHRAE 只提供了数量有限的墙体部件及其 F_p。墙体的 F_p 值与给定墙体类型的热阻 R 值相关，数值上近似等于 $R^{-1/3}$。建筑信息模型能够轻易的计算出墙体的周长并且给不同模式的墙体赋值，把他们并入一个表单或者明细表中计算板的热量损失：

$$q_{slab}=P\cdot R^{-1/3}\cdot\Delta t$$ ［式 7.5；ASHRAE 2005，29.12］

上式中，Δt 为室内给定点温度（合理值为 68 ℉）和室外设计温度（99%概率）的差值；P 是墙体的周长（英尺），R 为临近墙体的热阻，包括所有附加到墙体周长中的保温层（对寒冷气候通常为 1 英寸厚的刚性保温层，见图 7.10）

对于下面有管线空间的墩梁式基础，利用 $U\cdot A$ 计算架空地板的热量损失，因为这样的地板没有和地面直接接触。美国供暖、制冷与空调工程师协会还提供很多精确计算，其中包括通风和不通风的管线空间或者其他非空调缓冲空间的热量损失的方法。

地下室墙体的热量损失

以前，当建筑没有很好的保温措施时，地面热量损失大约占 10%，因为建筑物的围护结构保温性越来越好，据估算，地面热量损失会占到建筑物整体热量损失更多的比重，约 30% ~ 50%。

地下室墙体的热量损失和地上围护结构

* 正文中应该是平方英寸。——译者注

** CMU，即 Concrete Masonry Unit，混凝土砌块。——译者注

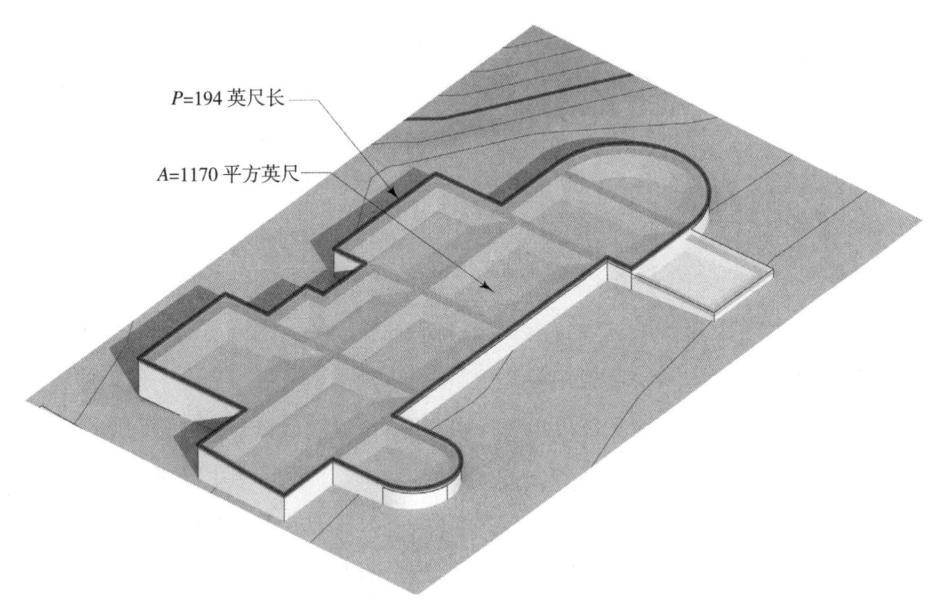

图 7.10　在地板的热量损失方面，我们感兴趣的是地板的周长而不是它的面积。地板的周长和面积都可以在建筑信息模型适当的明细表中自动得出

的热量损失不同。这还是由于土壤和空气的导热性不同，对流和辐射极低的状态，土壤温度随着土壤深度的变化非常明显。土壤的类型和含水量的多样性使得预测通过地下室墙体造成的热量损失非常具有挑战性。30 多年来，建筑科学的研究人员一直在设计模拟，希望得到土壤的热量损失的简化公式，但是这些简化模型间的相互差异能达到 50%。

对于建筑信息模型用户，如果不想使用先进的有限元分析（FEA）来进行虚拟建筑物的离散数值，完成详细的能源模型，那么估算地下室墙体热量损失的简化方法即使不完美，仍是非常有用的设计评估工具。随着建筑信息模型可以使用变量，2005 年，ASHRAE 给出了计算地下室墙体平均 U 值的公式。下面的简化计算公式看起来似乎有些复杂，其实只是四个变量的代数表达式：

$$U = \frac{2k_{soil}}{\pi \cdot h} \cdot \ln\left(h + \frac{2k_{soil}R}{\pi}\right)$$

[式 7.6；ASHRAE 2005，29.12]

土壤的平均导热系数可以被理想化的表达为一个常数，k_{soil}，最好是对场地土质进行检测，但是在大多数情况下有必要了解土壤导热系数的近似值（单位：英热单位·英尺 / 平方英尺·小时·℉）：

- 砂质土壤：0.17 英热单位·英尺 / 平方英尺·小时·℉ [10]
- 黏质土壤：0.14 英热单位·英尺 / 平方英尺·小时·℉ [10]
- 平均土壤：1.0 英热单位·英尺 / 平方英尺·小时·℉
- 岩石：1.68 英热单位·英尺 / 平方英尺·小时·℉

在这些公式中，h 是地面以下地下室墙体的高度（单位，英尺），ln 是括号里面数值的自然对数，R 代表热阻值（墙体总热阻，应

170

包括地上部分）。

用户能够把这个公式填入某个项目文件的工作表中，在建筑信息模型中可以查询设计的地下室墙体热阻值 R，以及各自的高度 h。因为其他的值都是固定的，所以工作表可以计算出各种高度地下室墙体的 U 值。

在地下室墙体上半段几英尺深做保温是很常见的，因为在冬季寒冷气候环境中接近地表面的温度非常低，而随着地下深度的加深温度趋于稳定。在地下室墙体非均匀保温的情况下，U 值的详细计算式可能会有用：

$$U=\frac{2k_{\text{soil}}}{\pi\left(h_2-h_1\right)}\cdot\left[\ln\left(h_2+\frac{2k_{\text{soil}}R}{\pi}\right)-\ln\left(h_1+\frac{2k_{\text{soil}}R}{\pi}\right)\right]$$

[式 7.7；ASHRAE 2005, 29.12]

式中，h_1 是地下室墙体上段（假定绝热）的深度，h_2 是地下室墙体下段（假定不绝热）的深度。在这种情况下，原始的体量模型需要用分离的体块来表示地下室的不同部分，如绝热和非绝热。一个更加详细的建筑信息模型当然要分别模拟各种类型的墙体。

热损失统计

建筑总的热损失包括：

- □ 不透明的墙体的热损失（$U\cdot A$）
- □ 墙体透光部分的热损失（$U\cdot A$），被动式太阳供暖建筑中扣除南向玻璃面积。
- □ 屋顶热损失（$U\cdot A$，利用（式 7.2）调低屋顶的热阻值 R）
- □ 空气渗透的热损失（式 7.4）
- □ 地板的热损失（式 7.5）
- □ 地下室的热损失（均匀绝热的墙体应用式 7.6，其他类型的墙体应用式 7.7）

正常情况下上面列出的表达式的单位为英热单位·英尺 / 平方英尺·小时·℉，在一个给定的设计方案中，上面所罗列的热量损失可以相加得到建筑总的热量损失（图 7.11）。建立一个将上述公式涵盖在内的模板文件可能会花费我们一些时间，去连接建筑信息模型中的各种对象、族、图层或类别。然而初始设置与创建单独的电子数据表的工作量差不多，还可以用于重复性计算，好处是利用模型避免人工数据输入，提高了数据的可靠性。一旦这些计算调整好了，建筑信息模型就能够随着建筑的进展及时给出反馈，这将是一个明显的优势。

整栋建筑的得热量

被动式供暖建筑热量的获得和损失能够将净能量费用降到最小化。一旦知道建筑的热量损失，建筑师们就能够设计被动式供暖（首先依靠太阳辐射供暖）来抵消建筑热量损失，但又不能使空间过热。如同所预料的一样，有一些简单的方法能够估算出建筑得热量，那也要建筑师权衡两方面，一方面需要计算方法的简易性，另一方面考虑潜在的不准确性问题。

通过玻璃获得的热量

据 Gondzik 等人（2010）记录，Balcomb（1980）建议铺有地毯的传统木结构建筑物，南向的窗户的面积应该在建筑面积的 7% ~ 13%之间。在他早期著作《被动式太阳能设计手册》中，分析基于地点的设计指南时，揭示了大多数情况下，南向的窗户的面积（A_{SGmax}）占建筑面积的百分比和 1 月份供暖度日数（HDD65）之间的关系：

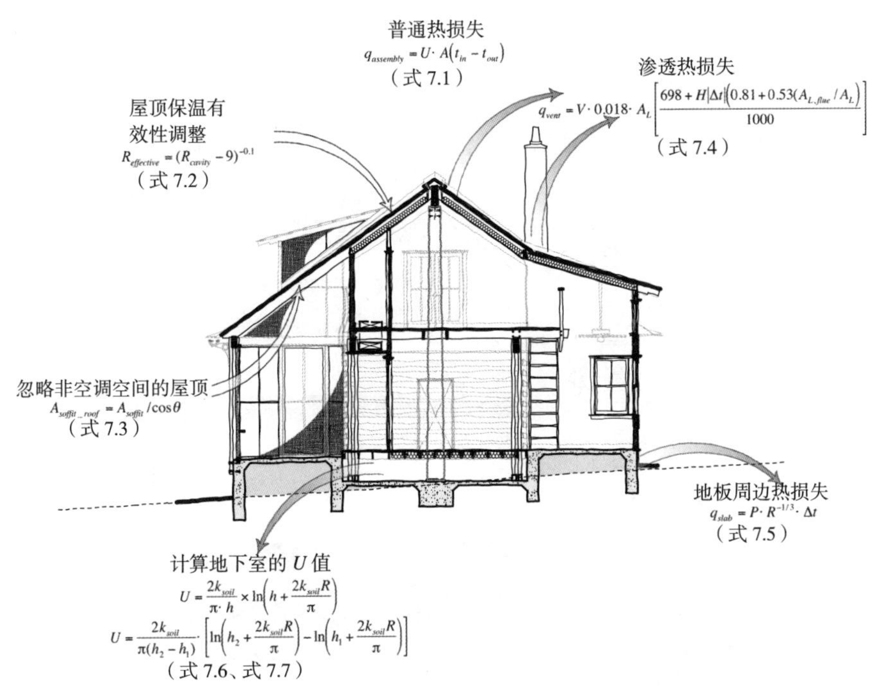

图 7.11　该建筑剖面汇总了式 7.2 和式 7.4 ~ 式 7.7 计算的热损失。几乎所有的变量都能够从建筑信息模型中得到。建筑总的热损失仅仅是单独估算的各部分热量损失的和：不透明墙体、玻璃（除南向的以外）、屋顶、地板、地下室和渗透。如果用手动计算这些热量损失会非常的乏味，但是一旦使用者能够在建筑信息模型中建立一个计算热量损失的程序，为大量的设计迭代更新热量损失的工作量将会变得微不足道

$$A_{SG\,max}=HDD_{Jan}/3883 \qquad [式 7.8]$$

供暖度日数（*HDD*）是一个量化指标，一定时间内周围环境温度低于特定标准温度时的天数，通常设定 65 ℉（18℃）。这个公式计算的南向玻璃面积最大值，一般与 Grondzik 等人（2010，附录 F.1）的结果相差不到 10%，后者其实是根据 Balcomb（1980）的数据修订的（图 7.12）。这个公式计算的准确性非常低，1 月的 *HDD* 值很小，在阳光充足的热天气就会低估通过玻璃获得的热量。南向玻璃的最小面积，建议将 $A_{SG\,max}$ 除以 2（南向玻璃面积的最小值等于最大值除以 2 是一个常见的太阳能设计准则）。

171

举个例子，从 NOAA* 得到的芝加哥气候数据表明 1 月份 30 年平均供暖度日数 *HDD* 为 1333（1 月份日平均气温为 43 ℉，比温度 65 ℉低 22 ℉。用 1333 除以 31 天等于 43 ℉）。用 1333 除以 3833 得 0.348 或者 34.8%。因此建筑南向玻璃的面积是南立面面积 ** 的至少 17%、最多 35%（对比 Grondzik 和 Balcomb 的结果，他们给出的范围也是 17% ~ 35%）。

在建筑信息模型中生成一个南向玻璃的工作表格（图 7.13）十分简单，可以对比玻璃区域的净面积（不是简单的洞口面积或者部件面积）和（式 7.8）建议的南向玻璃面积的最大值和最小值。

*　NOAA，美国国家海洋和大气局。——译者注
**　前文为建筑（楼层）面积。——译者注

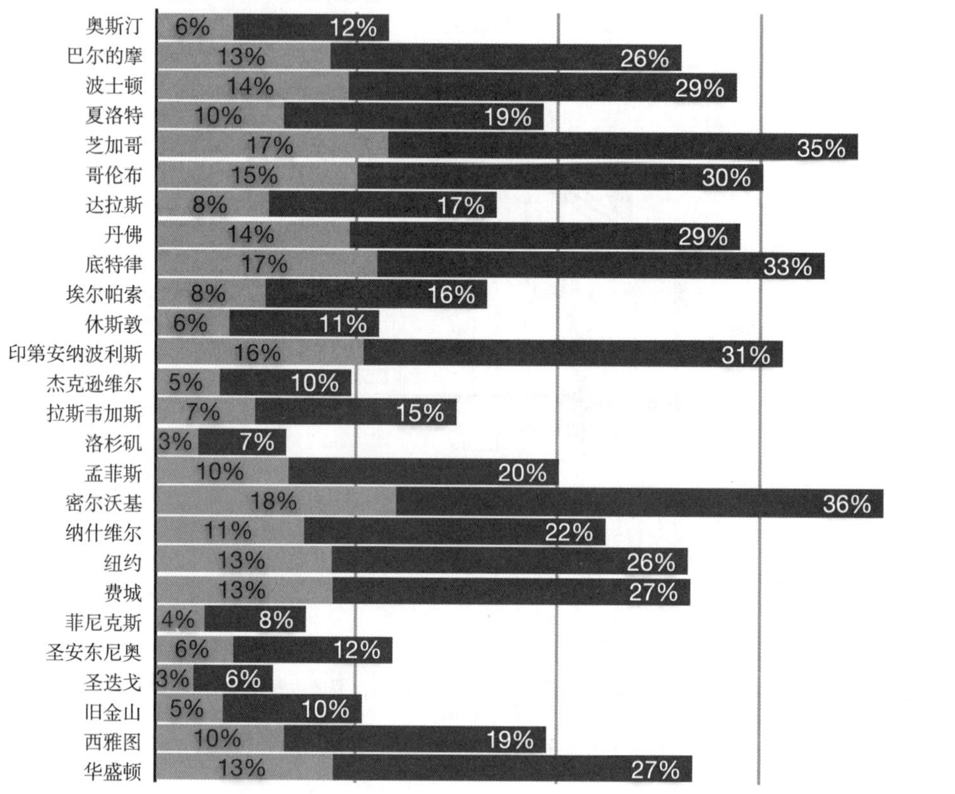

图 7.12 超过 25 个美国人口密集的大城市的 1 月供暖度日数平均值的取样，用来推导南向玻璃面积的最大值和最小值（建筑面积的百分比），并作为被动式太阳能供暖设计的指南

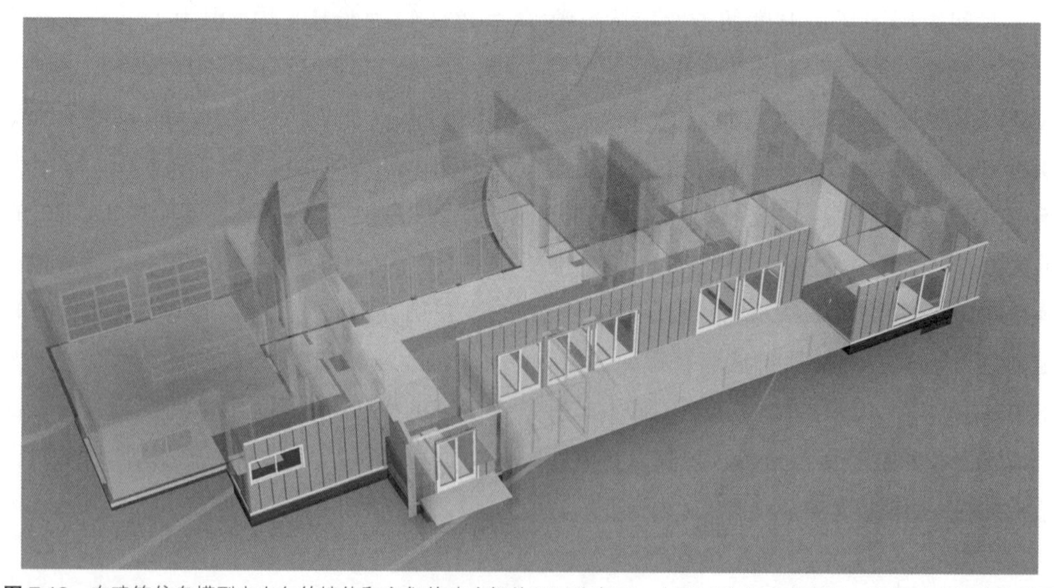

图 7.13 在建筑信息模型中南向的墙体和它们的玻璃部件可以分离开，也可以优化玻璃面积，选择玻璃与建筑楼层面积合适的比例

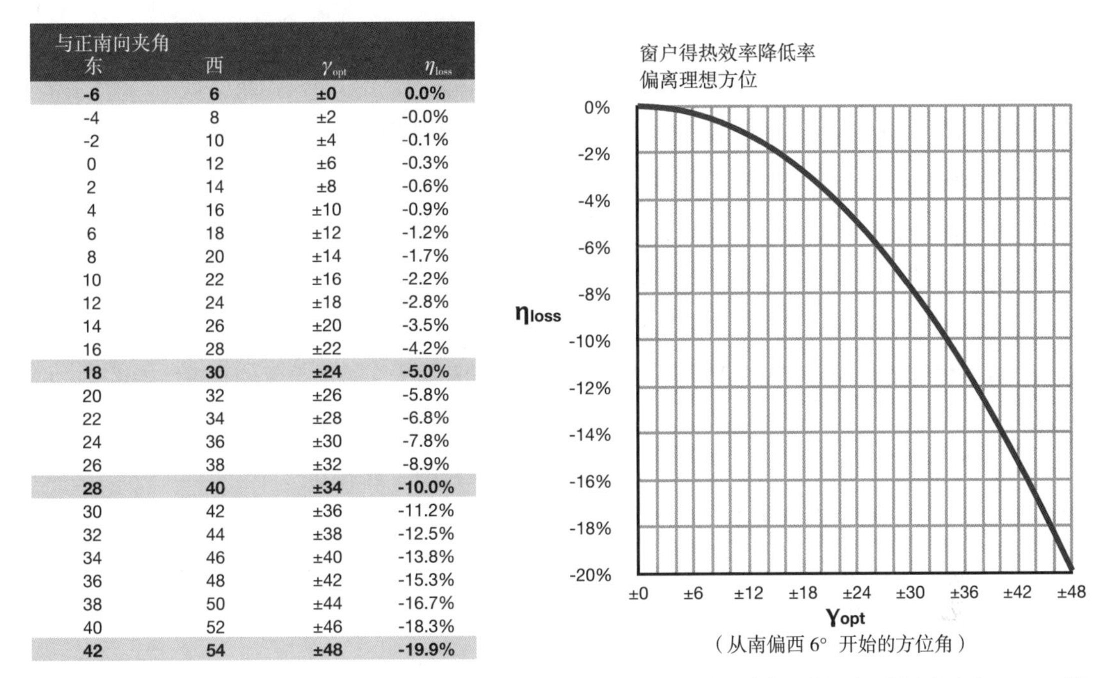

与正南向夹角 东	西	γ_{opt}	η_{loss}
-6	**6**	**±0**	**0.0%**
-4	8	±2	-0.0%
-2	10	±4	-0.1%
0	12	±6	-0.3%
2	14	±8	-0.6%
4	16	±10	-0.9%
6	18	±12	-1.2%
8	20	±14	-1.7%
10	22	±16	-2.2%
12	24	±18	-2.8%
14	26	±20	-3.5%
16	28	±22	-4.2%
18	**30**	**±24**	**-5.0%**
20	32	±26	-5.8%
22	34	±28	-6.8%
24	36	±30	-7.8%
26	38	±32	-8.9%
28	**40**	**±34**	**-10.0%**
30	42	±36	-11.2%
32	44	±38	-12.5%
34	46	±40	-13.8%
36	48	±42	-15.3%
38	50	±44	-16.7%
40	52	±46	-18.3%
42	**54**	**±48**	**-19.9%**

图 7.14 数据和图表显示，随着窗户的朝向偏离赤道方向（正南方），冬季通过窗户获得热量的效率减小了。η_{loss} 数值可以通过式 7.9 计算得出

对被动式供暖建筑，纬度看起来关系到太阳几何轨迹（就像光电和太阳能热水系统一样），而对于冬季的气候条件，室外设计温度和阴天时的气候条件，纬度预示的内容有限。西雅图临近法戈北部，但是这两个地区的冬季温度却截然不同。供暖度日数的历史平均值或者近几年的数据都有不少网络资源，每月和每年的数据都制成了表格。在 NOAA 的网站上不仅有上百年来北美各地的很多数据，还给他们的客户提供计算工具。*

我们知道，通常对于太阳能光伏和太阳能集热器，如果这些太阳能集热器放置的朝向在正南方 15° 之内，它们的方位角几乎不影响太阳能收集的效率，如同我们在第 5 章介绍并在第 8 章学习到的。直接收益玻璃太阳能空气集热器（一般情况下玻璃朝向赤道），如果集热器的朝向平均在南偏西 6°，那么全年性能就会非常优越（对南半球的太阳能集热器朝向，将正南方向改为正北方向）。在特定情况下，设计师为了增加早晨太阳辐射，来抵消过度的热量损失，使早晨不那么寒冷，可能会使建筑的朝向偏向东南方向。在南偏东 18° 到南偏西 30° 建筑物的性能只减少了 5%。然而一般朝向的建筑性能降低的精确取决于现场条件（是否有遮挡太阳照射的障碍物）和气候（气象状况），总体考虑可以表达为：

$$\eta_{loss}=-8.65\cdot 10^{-5}\cdot \gamma^{2}_{opt} \qquad [式 7.9]$$

公式中，η_{loss} 代表太阳能集热窗效率减小

* 例如 www.weatherdatadepot.com

的系数，以百分比计算，γ_{opt}代表太阳能集热窗朝向与最优化角度（南偏西6°，见图7.14）的夹角。对《被动式太阳能设计手册》中介绍的一些朝向应用上面的公式得到了类似的结果。图7.14列出了由式7.9计算得出的对应朝向的太阳能收集效率的降低率。粗体字的数值是《被动式太阳能设计手册》中列的角度，这些值和Balcomb（1980）给出的数值一致。

174

给建筑信息模型中的窗户的γ_{opt}赋值，模型能够在一个工作表格或者明细表中得出，式7.8中的A_{SC}应该增加到多少能够使得南向的窗户有充足的面积。反过来，设计者们也能够调整公式7.8如下：

$$A_{SG}=\frac{HDD_{Jan}}{[3833\cdot(1-8.65\cdot10^{-5}\cdot\gamma_{opt}^{2})]} \quad [式7.10]$$

全年辅助供暖的估算

随着设计的进行，设计师可能会考虑的一个重要的问题是利用常见的供暖设备弥补被动式供暖的不足，假如在全球的、全年的、最不利的条件下，应用基于设计指南的规格体系。因为设计指南基本上认为建筑是在一个稳定的状态中，没有考虑时间过程中热流和温度的波动，也不考虑季节的更替。这是能源模型的特别的简化方法（就像前面所介绍的一样），即在以30年前的气候数据为基础的理想化的气候中，模拟建筑物的逐时表现。

例如推荐使用在建筑信息模型中确定南向玻璃面积大小的方法。这种方法不会直接考虑南向玻璃在夜间的直接损失，尽管还另有专门的设计指南，也不会自动把蓄热体保存在白天获得的热量给予夜间使用。因为南向玻璃面积的设计是基于1月份的供暖度日数，在一段反常的连续阴天的条件下，这些设计指南是不适用的，或者在一个温暖的冬季这样设计可能会导致过度供热。另一方面，能源模型应该能表明一年中的哪些时间太阳辐射过强，而哪些时候的太阳辐射可能会不足。总体来说，可持续实践的建筑大多追求全年的建筑性能优化，但是无论如何优化设计，都不会补充能源，目标只是能耗的净减少量。

合适的机械供暖设备的规格是使供暖系统能平衡建筑每小时总的热量损失，计算如下：

$$q_{total}=q_{wall}+q_{glazing}+q_{roof}+q_{ground}+q_{vent} \quad [式7.11；据Grondzik et al. 2010，258]$$

上式右边的值用前面的公式计算：q_{wall}同$q_{glazing}$和q_{roof}类似，用式7.1计算。太阳能供暖建筑的南向玻璃大多数天气是获得热能，$q_{glazing}$只要计算其他朝向玻璃的热量损失。记住用式7.2对屋顶的U值进行折减，q_{vent}用式7.4计算。最后，根据建筑是否有地下室判断q_{ground}是地板还是地下室的热损失（式7.5或者式7.7），如果两者都有的话，地板和地下室各自的热量损失将按比例合计出地面热量损失。

估算太阳房节能率，优化蓄热体

大量的被动式供暖依靠致密材料的热量存储能力，比如混凝土、石头和水，白天吸收多余的热量然后晚间逐渐释放热量。这对于（每天波动）昼夜温差大的情况很理想。如果潜热是主要问题，其他的被动式供暖方法都必须和热介质的含水率相匹配。冬季条件下环境湿度是不够的，需要增加湿度。

与制冷一样，供暖时计算热介质的面积，四英寸厚裸露的混凝土、石头或砖墙，或 12 英寸深的水体，深度增加对建筑物每天的性能影响不大。太阳房节能率（SSF；图 7.15）代表被动式建筑与其参照建筑相比增加的节能效率；例如 SSF ＝ 40，表示相对于参照建筑（没有太阳能供暖），建筑物的性能提高了 40%。SSF 的期望值，每个百分点对应每平方英尺建筑物计 0.6 磅的水体或者 3 磅的砖石砌体。对于一个给定建筑，下公式可以估算出暴露的热介质的设计面积，热介质的暴露面积（A_{mass}）乘以热介质材料常数（K_{mass}），除以集热器面积（例如南向窗户的面积 $A_{collector}$）等于 SSF：

175

$$SSF = \frac{K_{mass} \cdot A_{mass}}{A_{collector}}$$ [式 7.12；据 Grondzik et al. 2010，1649]

上式中的常数 K_{mass} 取决于热介质材料。对于水来说，K_{mass} 等于 1；对于砖石砌体，K_{mass} 等于 0.137（水的密度不到混凝土的一半，单位质量的比热容却将近于混凝土的 5 倍）。只有在冬季的晴天中至少部分时间暴露在阳光直接照射下的热介质表面，称为“暴露的热介质”。

屋顶水池的尺寸

夏季能够帮助冷却建筑的屋顶水池，在冬季的夜晚能够帮助加热池底的屋顶板。屋顶水池加热和制冷也有相同的原理，通过使用翻转绝热盖板来实现供热和制冷。白天，日光照射有助于获得热量（像某种程度上的内部负荷），屋顶水池的绝热盖板是可伸缩的

太阳房节能率估算

K_{mass}	A_{mass}	A_{SG}	SSF
0.137	1254.3 平方英尺	3 05.0 平方英尺	56.3%

式中：　$SSF=K_{mass} \cdot K_{mass} / A_{SG}$

SSF = 太阳房节能率；

K_{mass} = 材料的比热容（砖石砌体）；

A_{mass} = 冬季暴露在阳光下的混凝土和砖石砌体的表面积，平方英尺；

A_{SG} = 南向玻璃的面积，平方英尺。

图 7.15　太阳房节能率，对于一栋给定的建筑物，衡量建筑性能的提高，可以通过估算南向玻璃和暴露的热介质的面积。在这个建筑信息模型视图中，用单独显示的南向玻璃和暴露的热介质表面图示了 *SSF* 的估算方法

176

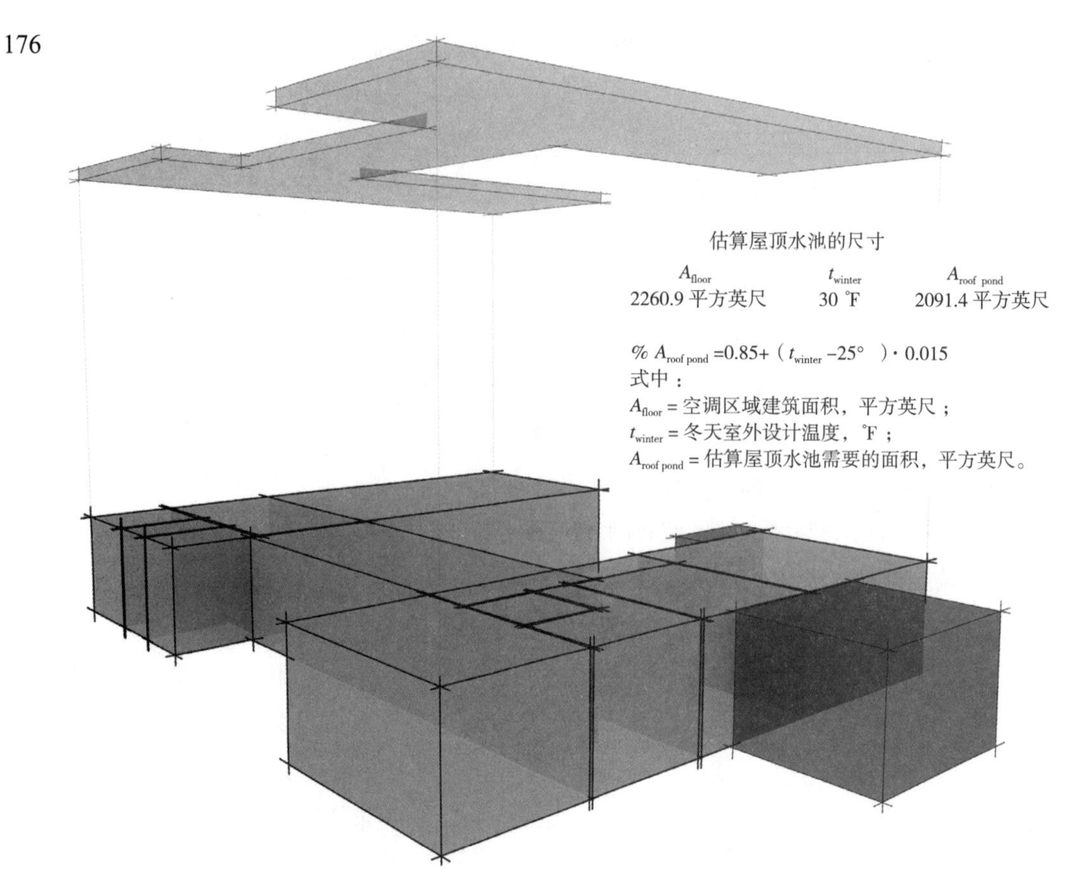

图 7.16 创建一个简单的明细表来估算屋顶水池所需尺寸，给定可用屋顶面积、供暖建筑面积和冬季设计温度

来实现最大化太阳辐射供热。在夜晚，绝热盖板展开可以防止热量向夜空辐射散热，或者对流散热（图 7.16）。

总体来说，冬季越寒冷，所需要的屋顶水池越大。对于最低温度在 25 ℉ ~35 ℉之间的冬季，屋顶水池所需要的面积（以占池下建筑面积的百分比表示）可以粗略的表示为：

$A_{roof\ pond}$ =0.85+（t_{winter} −25°）·0.015 ［式 7.13；Grondzik et al. 2010，238］

对于最低温度在 35 ℉ ~ 45 ℉之间的冬季，屋顶水池面积所占的百分比为：

$A_{roof\ pond}$ =0.6+（t_{winter} −35°）·0.03 ［式 7.14；Grondzik et al. 2010，238］

屋顶水池并不适合冬季温度低于 25 ℉的寒冷气候。在最低气温低于 25 ℉的情况下，屋顶水池在冬季可能会结冰，也可能被积雪覆盖，失去调节室内温度的效果。此外，气候寒冷的北纬地区的冬季日照角非常低，这会降低白天屋顶水池接受太阳辐射的效果。冬至日正午太阳的高度角为 66.5° 减去现场的纬度（图 7.17）。例如芝加哥的场地，冬至日太阳高度角从来不会大于 24.5°，这使得地平面上获取的太阳能强度减弱了近 60%。

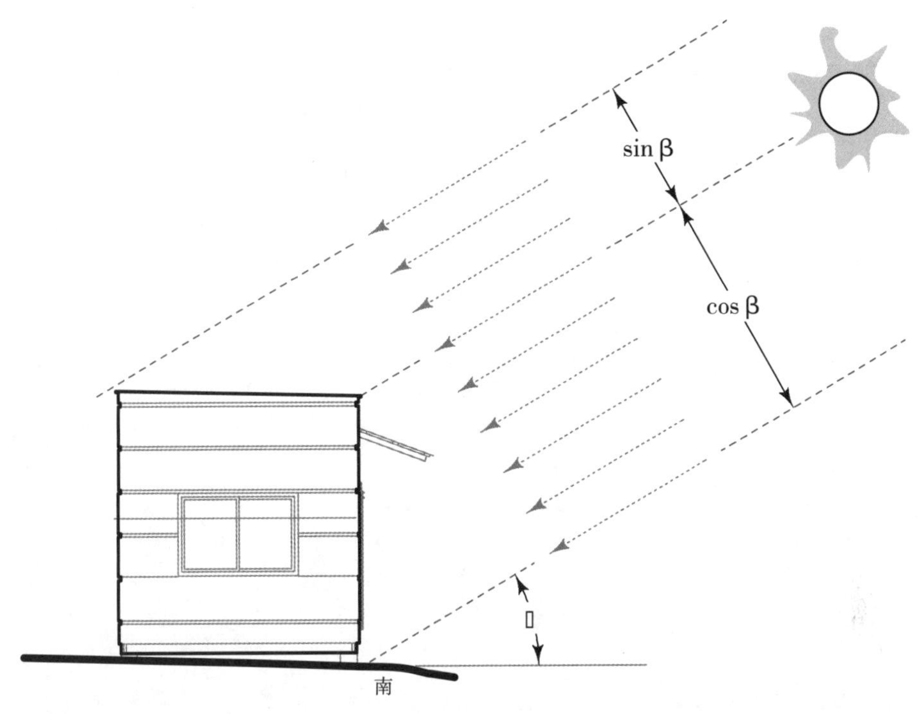

图 7.17　太阳的照射量随着日照角的减小而降低；这种情况在日照角偏低的冬季会尤为加剧

■ 案例研究：俄亥俄州哥伦布市巴特尔达比河环境保护中心

作者：Brian Skripac

设计公司：DesignGroup

委托人：哥伦布市和富兰克林县城市公园管区

DesignGroup 是俄亥俄州哥伦布市的一家拥有 56 名员工的建筑设计公司，在 38 年的历史里，始终将可持续设计当成是建筑设计过程中必不可少的一部分，是定义建筑形式的一个关键因素。最近，DesignGroup 公司的工作方式由于建筑信息模型的使用，经历了有意义的演变。在过去的 5 年中，公司的建筑信息模型专家们经过 50 多个设计项目，面积超过 500 万平方英尺的设计工作，一致认为：所有工程的设计都可以在建筑信息模型的环境中完成。这个转变实现了新技术与设计过程的融合，公司的可持续化设计和建筑信息模型的积极性终于统一起来。

因为节约能源在整个建筑设计方案中都是一个关键因素。我们已经发现在建筑设计的早期，概念设计阶段（图 7.18），Autodesk 公司的 Revit Architecture 软件在构造建

图 7.18 从场地底部海角观察的巴特尔达比河环境保护中心西南立面设计的透视渲染图，由 Revit 软件生成，然后由 Photoshop 软件后期制作（图片来自 Design Group，Columbus，Ohio）

筑信息模型时是非常有利的工具。建筑信息模型能够提供给我们一种更整体的研究办法来及时解决设计遇到的难题。拥有了模型的几何形状，我们就能更好的考虑如何在场地中放置建筑、优化建筑的朝向和更好地利用风向。这些问题都需要在设计初期研究，研究之后的决定会在建筑的生命周期中产生积极的影响。

178

最近的一个早期可持续性分析的设计项目刚刚完成方案设计，巴特尔达比河环境保护中心，哥伦布市和富兰克林县城市公园管区建造的一个 10000 平方英尺的教育建筑。这个环境保护中心设计将要体现出客户的观念，希望游客在周围区域学习到北美大草原、小溪、湿地、和森林等不同的生态系统。为了满足可持续设计的理念，这个方案将申请 LEED 的金级认证，并且成为 2012 年世界生态高峰会* 的举办场地之一。

借助 Revit 能够快速创建多重设计迭代，设计团队能够在特定气候和地理位置条件下，研究不同范围内建筑围护结构和朝向的解决方案。初始原型的应用能够帮助设计者们进一步放大两种不同的建筑物布局和朝向的区别。

---

* World EcoSummit 2012，第四届世界生态高峰会于 2012 年 9 月 30 日至 10 月 5 日在美国俄亥俄州哥伦布市举行。——译者注

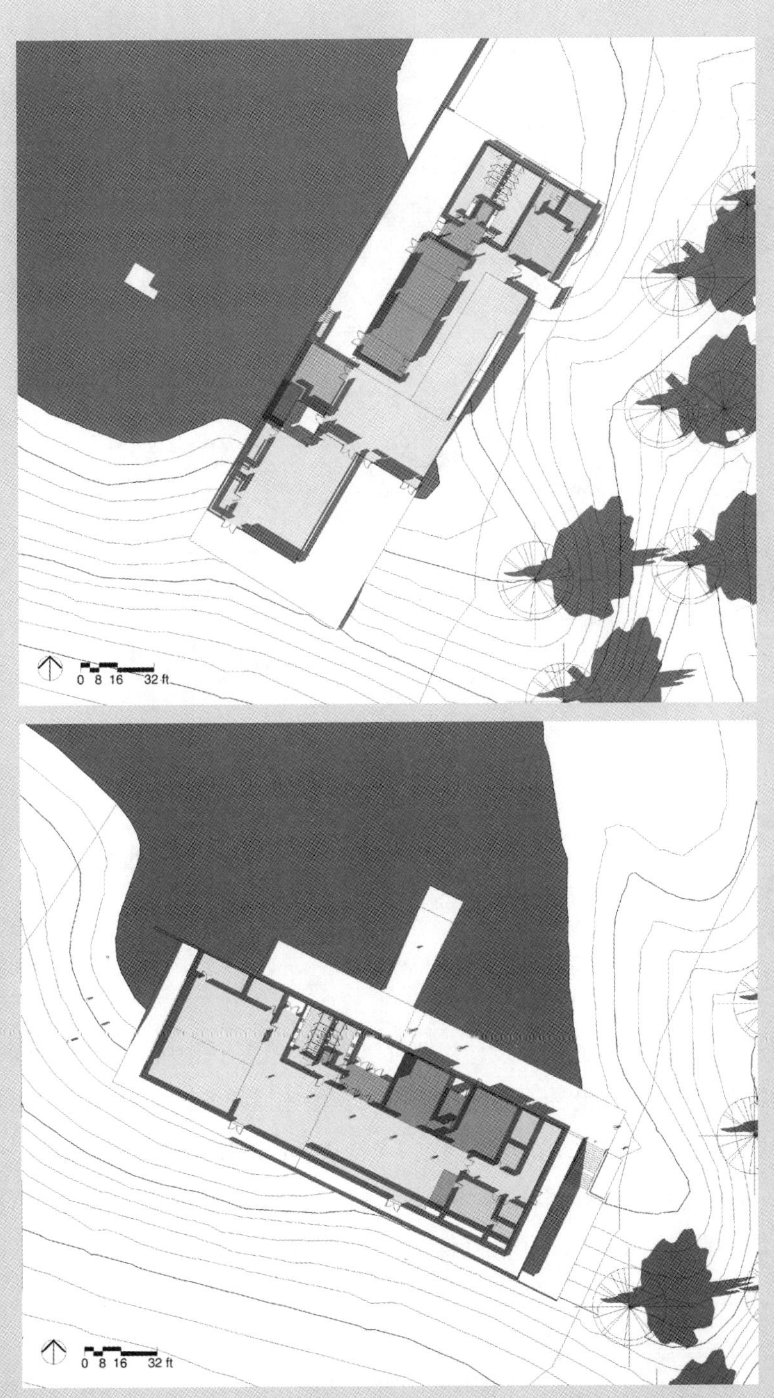

图 7.19 在 Revit Architecture 中创建的早期设计规划的方案模型，通过 gbXML 文件在 Green Building Studio 中共享，进行建筑物整体节能分析，了解每一个选项带来的能源效应。上图是东西朝向、28％的窗墙面积比（WWR），下图是南北朝向、46％的窗墙面积比（WWR）。利用 Revit 能够计算墙体和玻璃的面积（图片来自 Design Group，Columbus，Ohio）

图 7.20 巴特尔达比河环境保护中心方案设计的平面图，这个方案由前面展示过的图片上的两个对比方案改进而来的。由于项目团队构建方案设计模型，他们在设计过程中能深入了解建筑围护结构的性能，以及玻璃的数量和配比。设计师因此能够利用早期的分析反馈优化设计，使建筑物更有利于朝阳和更好的发挥性能（图片来自 Design Group，Columbus，Ohio）

利用 Revit 的明细表功能，在设计初期可以轻易量化和认识所有方案的玻璃设计（与实体墙表面积的比值），设计者们能检查不同窗墙比以及各设计选项的节能表现。利用 Revit 的互操作性，设计团队能够通过（WWRs）gbXML* 格式输出模型，在 Green Building Studio 网上进行建筑物的整体分析。通过早期分析的结果，设计团队发现更理想的朝向能实现建筑年均能源消耗降低 5%（图 7.20）。理解了南北朝向的立面的窗墙比为 46%，建筑性能却好于东西朝向只有 28% 的窗墙比的立面，无需额外成本只为项目增值。

180

此外，我们发现 Ecotect 的日光分析工具，能够帮助我们更透彻地了解设计方案中不同日光选项的影响。我们借助 Ecotect 能够研究建筑室内充足的阳光，合理的建筑定

* gbXML，绿色建筑可扩展标记语言；WWR，窗墙比。Green Building Studio 是计算网站。——译者注

图 7.21　通往建筑入口的停车区的效果图。这个图片由 Revit 软件生成，然后由 Photoshop 软件后期制作（图片来自 Design Group，Columbus，Ohio）

图 7.22　随着设计的不断深入，证明建筑信息模型在结构协同、设计咨询工作、设计的可视化和分析方面都有很高的价值（图片来自 Design Group，Columbus，Ohio）

位、遮阳装置和屋顶挑檐尺寸。同时，我们能够利用这些信息在 Green Building Studio 上验证这些设计决策，最大化或最小化日照获得量，以求对建筑能源消耗产生的最积极的影响。所有这些工具都可以整合到建筑信息模型的工作流中，给我们从定性和定量两方面权衡建筑设计和性能带来机会（图 7.21）。

182

在设计过程中，这些早期的反馈是极其宝贵的，让我们能在工作范围内影响项目要素，例如建筑朝向、围护结构、性能、玻璃窗的数量和定位等（图 7.22）。建筑师能根据准确的分析，对结果进行设计决策，当然会设计得更好，并且不断完善、超出预期。

第 8 章

现场能源系统

当代，无论是对气候变化的讨论，还是追求石油带来的人为灾害，以及石油生产国不时的政治的、社会的武装冲突，似乎反映出人人都非常在意能源问题。或许是因为我们患上了化石燃料的依赖症，或许是无所不在的汽车。然而公众且很少意识到建筑环境对能源消耗和碳排放有着巨大的影响。在美国和欧洲，建筑运维和建造用能都占总能耗的 48%，远远超过交通运输用能（图 8.1）。即使像巴西、中国、印度这些正在崛起的经济大国能源消耗也正在迅速攀升，美国的能源消耗仍然占世界能源的大约 1/5，即美国经济中的建筑业消耗了 1/10 左右的世界能源。

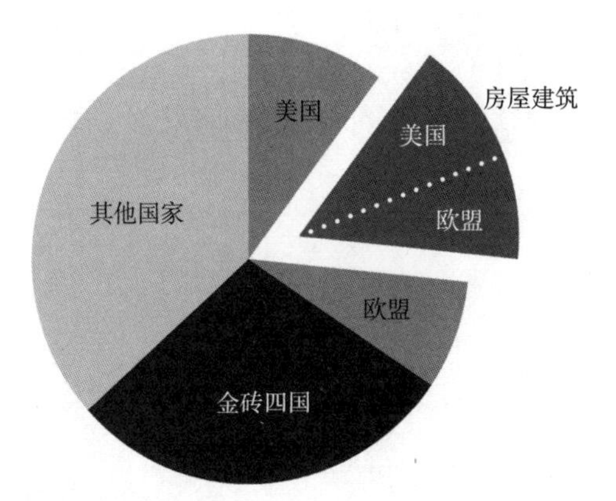

图 8.1 世界能源消耗
美国建筑消耗约 10% 的世界能源。美国和欧盟的建筑能耗加起来在世界能源消耗中占了很大比重，比金砖四国（巴西、俄国、印度和中国）总能源消耗的一半还多（各国能耗数据来自：European Union，“EU Energy and Transport in Figures”，2010）

我们必须逐步摆脱对碳排放和不可再生能源的依赖，增加替代性能量来源，这是必经之道，人们已经开始探索这条道路（图 8.2）。在过去的 10 年中，仅得克萨斯州的风能产量就增加了将近 50 倍，超过了之前领先的加利福尼亚州，占美国风能供给的约 30%。同期美国太阳能光伏发电量也提高了 10 倍。

尽管替代能源生产已经有了相当大的进步，但仅占美国能源总产量不到 7%，如果核能也包括在内，约占 15%。依照目前替代能源产量的增长速度，不会快速降低碳排放量，

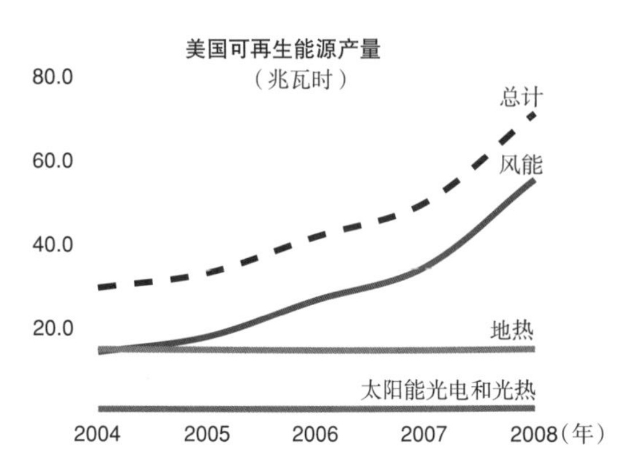

图 8.2 美国可再生能源产量（兆瓦时）
据可靠数据，在过去 10 年中，美国建成的光伏和风能基地产量急剧增加，不过，可再生能源仅占美国能源总产量的不到 7%（数据来自：US Energy Information Administration，Department of Energy）

仅依靠替代能源来避免气候灾害是远远不够的。这就是为什么节能措施是必不可少的，这些节能措施是设计策略的核心，这在本书的其他章节中已有探讨。花费在能源节约上的 1 美元——来降低建筑能源消耗——比花费在替代能源生产上的 10 美元要有效。

当然，替代能源的生产还是有实际价值的，尤其是在建筑现场或附近地区的现场能源（图 8.3），或分布式能源发电有区域优势：

- 消除传输损耗。电网供电时用于输电的消耗可以高达总电量的 1/4；根据美国能源部的数据，2007 年美国平均传输损耗是总电能产量的 6.5%。此外还有把直流电转换为传统家电（北美地区）的交流电时的相关损耗。
- 提供弹性能源供给。在建设过程中安装适当的供电系统，现场的建筑能源生产（往往是直流电）可以分阶段进行，或者逐步递增。

185

图 8.3 现场能源生产系统带来新的建筑形式，兼顾其他建筑功能，例如置换面层材料为集成光电板，或者是这个项目中的遮阳板。为这个度假小屋供电的是遮阳篷表面的一组 2.9 千瓦的光电池组（Mell Lawrence 建筑师事务所供图）

□ 支持被动式生存功能。例如被动式节能屋研究所，有人提倡“紧身的和恰当的*”方法，这是可持续设计的一种可行方式。不像纯粹的被动式建筑，这个模式制造出超级绝热的封闭的围护结构（紧身的），控制进气和排气（机械的）。该系统依靠复杂但能耗低的机械设备，现场能源生产通过帮助保障连续的机械运转而起到辅助作用。最重要的是降低需求（创造“负瓦”），然后系统提供可持续性能量源来弥补不足（恰当的）。

□ 这是建筑化表现的机会。在房屋上无缘无故地增加光伏阵列不能算是好的绿色设计，分布式能源生产系统为建筑造型提供了合理性（尤其是依赖地理位置和几何方位来生效的，比如太阳能和风能）。

□ 建筑一体化光伏电池板可取代其他面层材料。除了太阳光伏发电外当然还有其他几种现场发电方式，但是，当把光伏电池和建筑材料集成起来，比如建筑一体化光伏屋顶或者光伏墙面，它就可以替代传统的面层构造。在光伏建筑一体化上增加的费用有些会在其他面层材料的减少上相抵消。

□ 可利用补贴获利。分布式发电或许能获得联邦、州政府补贴，还有某些情况下的地方补贴，会用成本退税或税收优惠的方式兑现。由于 2005 年的能源政策法案，美国的所有公共电力公司需要依照客户需求为他们提供有效的净计量。根据协议，当现场发电量有剩余时，电力公司需要从客户那里购买能源，尽管是以批发价格。新型电表可以读取并记录能源的生产和使用（电表可以双向运行）。许多公司按月结算净计量电价。

□ 保持技术创新。至少对一个特定项目的直接好处是，实施现场发电对能源需求略有帮助，同时无私地支持和促进可替代能源技术的发展。

太阳能光伏发电

最明显的现场能源生产是太阳能光伏系统，即使不是标志性类型，能够通过太阳光可转换成可用电能（直流电）。近几年，风能的使用大幅度提高了可再生能源的产量（见图 8.2），而现场发电中光伏仍有一定优势。在热带地区，天空晴朗，直接太阳辐射充裕，需求高峰是与产能高峰一致。也就是说，最大电力需求时期（由于制冷和通风负荷）与最大电力产量时期（夏季）是一致的。可将光伏发电与风力发电作对比，后者夜间产量最多，而此时用电需求量最低。此外，风速和风向变化性大、地区性强。相对而言，除非是阴天，太阳角度和遮挡物都是可准确预测的。

BIM 是设计和优化光伏发电的非常有效的工具。它的优势，按照重要性递增排列如下：

□ **最大化日照面积。**BIM 模型中的日照分析能够提供精确的纬度和建筑朝向，有助于设计师选择太阳能电池阵列的仰角和方位角（与正南方向的夹角）。如何使太阳能光伏阵列接近最佳仰角，请参考现场的纬

* Tight and Right，紧身的。形容紧凑型建筑，恰当的、适当的能源供给。——译者注

度和图 8.11；最佳方位角请参考第 7 章中的相关探讨。

186 □ **避免阴影和自我遮挡。**设计师根据简单的经验法则使太阳光伏阵列接近最佳的仰角和方位角，BIM 模型中的阴影分析，可精确计算特殊场地中的障碍物和特定阵列的几何关系，对太阳光伏性能的提升至关重要。尤其是由单晶硅或多晶硅电池片组合的阵列，一般情况下，这些电池都串联地布置在单一的模块中，以便提供合适的电压。（电池串联起来，每个电池的电压与其他电池片相加；同时，电流也在累积）。如果一个模块中的某个电池被遮蔽，结果就是整个模块都没有作用。

□ **建筑与光伏协同。**把太阳能光伏板和其他建筑性能整合起来，例如基于太阳几何学的遮阳设备和日光路径。在这方面，一个集成的 BIM 模型对被动和主动设计都特别有效。随着 BIM 工作流程的推进，建筑围护结构可以设计成，全年太阳能收集最大化和夏季遮阳，同时允许适当的采光并优化冬季南向玻璃的日照。

类型

一般有两种太阳能集热器类型：由硅晶片层的单个电池组成阵列和薄膜两种类型（图 8.4）。前者集热器的表面有常见的蓝黑色外观：薄膜集热器的没有离散的“电池”，在某些情况下，几乎整合成无形的建筑面层材料。

硅：单晶硅和多晶硅太阳能电池

基于硅的光伏电池技术源于过去的几十年中广泛的研究和半导体行业的开发投资，结果是，基于硅的光伏电池是可用于一般商业用途的最有效的电池。目前，在实验室（最佳）条件下，商用电池的效率范围是 15% ~ 18%；实际中，由于固定的阵列方向，气候，操作温度，灰尘，阴影和系统损耗（线路和变压器），系统运行效率更低。

当考虑电池效率时，记住，系统效率的损失在模块、阵列、功率调节和变压器水平，这是最终需要考虑的。虽然，在选择合适的光伏技术时，电池效率是一个很好的相对效率的指标。不过不管是单晶硅电池还是多晶硅电池，模块等级没太大区别，除了前者更高效也更贵。后者的特征是太阳能集热器的表面有斑驳的外观，由于是多硅晶组成因此得名。

薄膜和集成建材

薄膜电池与相对应的硅电池有不同的制作工艺和材料。然而一般情况下，效率比硅电池低（效率大约低 5% ~ 8%），薄膜电池的潜在优势是不太贵，因为材料花费更低，基板尺寸更大，并且在某些市场逐渐流行（尤其在德国）。此外，薄膜电池本身使真正的光伏建筑一体化。

光伏建筑一体化（BIPV）代表了一个更令人兴奋的发展，建筑也可产生能源。顾名思义，就是把光伏集热器与建筑材料结合起来，一般是在面层。通常光伏建筑一体化都在屋面和墙的面层（图 8.5）；更多的新产品包括烧结玻璃，在收集能源的时候可显示一个可见的图案（图 8.6）。后者的应用

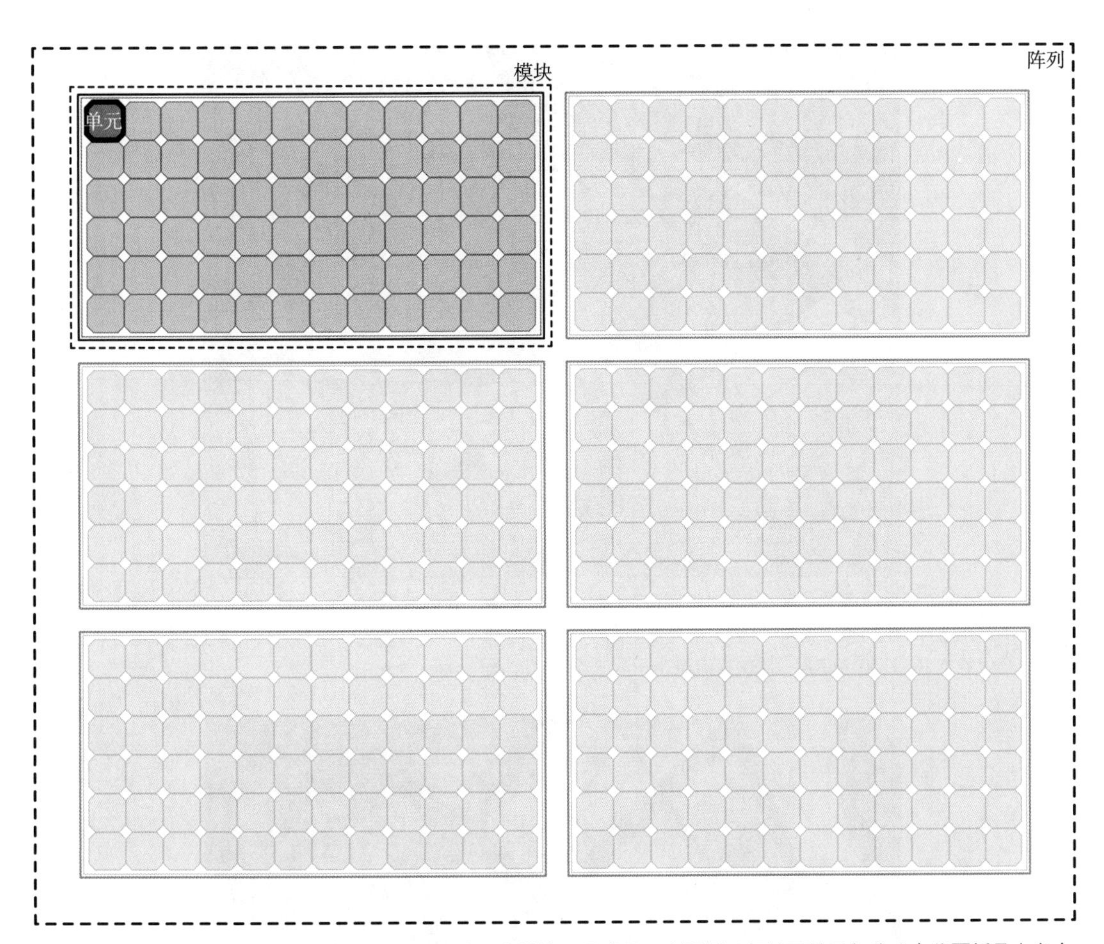

图 8.4　晶体硅光伏集热器，是由一系列电池构成一个模块，通常是一个面板，但并不总是如此（有些面板是由多个模块组成）。通常情况下模块是平行地排列在一个阵列中，但取决于所需的电压，可能是一系列成对或者三倍的模块，然后并联排列。当一个系列中的一部分有阴影，整个系列都会受到影响

范围从建筑面层的标志到能量收集器的保护层。

为了避免光伏模块阵列被看成是建筑之外的某种技术炫耀式摆设，建筑师可以选择光伏建筑一体化（BIPV）的方式，而且随着时间的推移和技术的普及，这种自主选择付出的代价会逐步降低。光伏建筑一体化比常规光伏系统效率稍低，出于某些权衡因素：

187

- □ 由于光伏建筑一体化不用安装支架，这部分微小的成本可以省略；
- □ 如上所述，替代了常用面层做法——无论在屋面，墙面还是天窗，抵消光伏建筑一体化的成本。

与不生产能源的面层相比，材料成本较高，又由于技术和位置因素，光伏建筑一体化的发电量比普通太阳能光伏系统要低。单位面积发电量较低的结果是必须安装更多的一体化光伏电池才能满足同样的建筑能源的需求（图 8.7）。而且，除非是理想的建筑形体都能满足太阳能光伏电池的要求（包括仰角和方位角），光伏建筑一体化中太阳能收集

188

图 8.5 光伏建筑一体化通常与屋面材料结合起来。在这个案例中，金属压型屋面板的模块化性质使它成为光伏建筑一体化的理想选择。位于得克萨斯州圣安东尼奥的这个 5.1 千瓦阵列是太阳能光伏建筑一体化系统的一部分，系统还包含一个伏能士 IG 5100 变流器*提供交流电（图片来自 Meridian Solar，Inc.）

图 8.6 在新墨西哥州卡尔斯巴德溶洞国家公园游客中心，入口处一个 3.5 千瓦太阳能光伏阵列的建筑一体化玻璃顶棚，利用光电薄膜的透光性提供遮阳和柔和的光线（图片来自 Meridian Solar，Inc.）

不理想的那部分围护结构，会进一步降低整个系统的效率。

BIM 不仅为各种类型的光伏阵列提供方位和阴影性能分析所需的模型基础，还可以在光伏建筑一体化的技术经济可行性分析上起重要作用。BIM 可以准确估计被建筑一体化光伏板替代的面层材料的人工和材料成本，并与太阳能光伏分包商的投标或预算进行比较权衡。虽然分包商最清楚光伏系统的成本，但是建筑师（与总承包商或建筑成本数据库

* Fronius IG 5100 Inverter，见中文官网：Http://www.fronius.com/cps/rde/xchg/fronius_china。——译者注

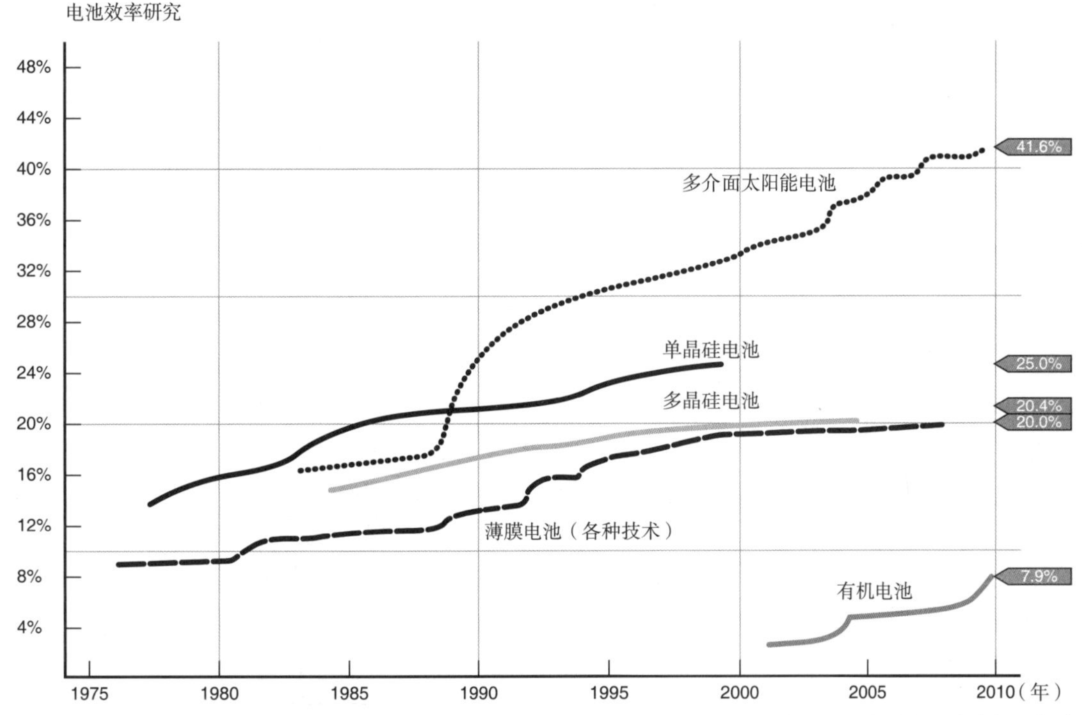

图 8.7 如图所示，依据国家可持续能源实验室（NREL；2010）的数据，在过去的几十年中，光伏电池的效率显著增加。多介面太阳能电池、有机电池通常不用于一般商业光伏阵列。请注意，这些值表示在实验室条件下电池的最好性能，而不是在常规情况下的系统性能。由于急需大规模生产，商业电池性能更差；此图显示了不同技术的相对效率

合作）能提供从 BIM 模型中提取的最合理的数据。

能量储存

如前所述，现场光伏能源的一个显著优点是最高产量往往与峰值负荷指数同步，尤其是在晴天。尽管如此，有时是光伏系统的产量超过负荷（需求），有时是负荷超过产量（比如夜间，多云天气，或者早晨与傍晚等阳光不足时）。这种状况会不断循环出现，因此需要储存能量（图 8.8），储存量要依据阳光受限的持续时间（连续多云天气的天数）来确定。

实际上，能量的储存是替代能源的一个大问题；化石燃料的优势就是它们可以储存并运输。由于能源需求的性质不同，除了少见的农房或泵房，光伏建筑系统都包含某种形式的能量储存。并网系统通过把多余的能量返回到公共电网中也可储存能量。本质上，这些系统中的网点就像蓄电池。

规模

确定所需太阳能光伏阵列的第一步是负荷的估算。通常专业的太阳能设计要进行负荷计算，来决定照明设备，电器和其他设备的电力需求。对于非常简单的估算，可借助国家可再生能源实验室（NREL）的在线工具“我的后院”（IMBY*），它假设了一

* IMBY 工具的网址：www.nrel.gov/eis/imby._ycft2iyg。——译者注

190

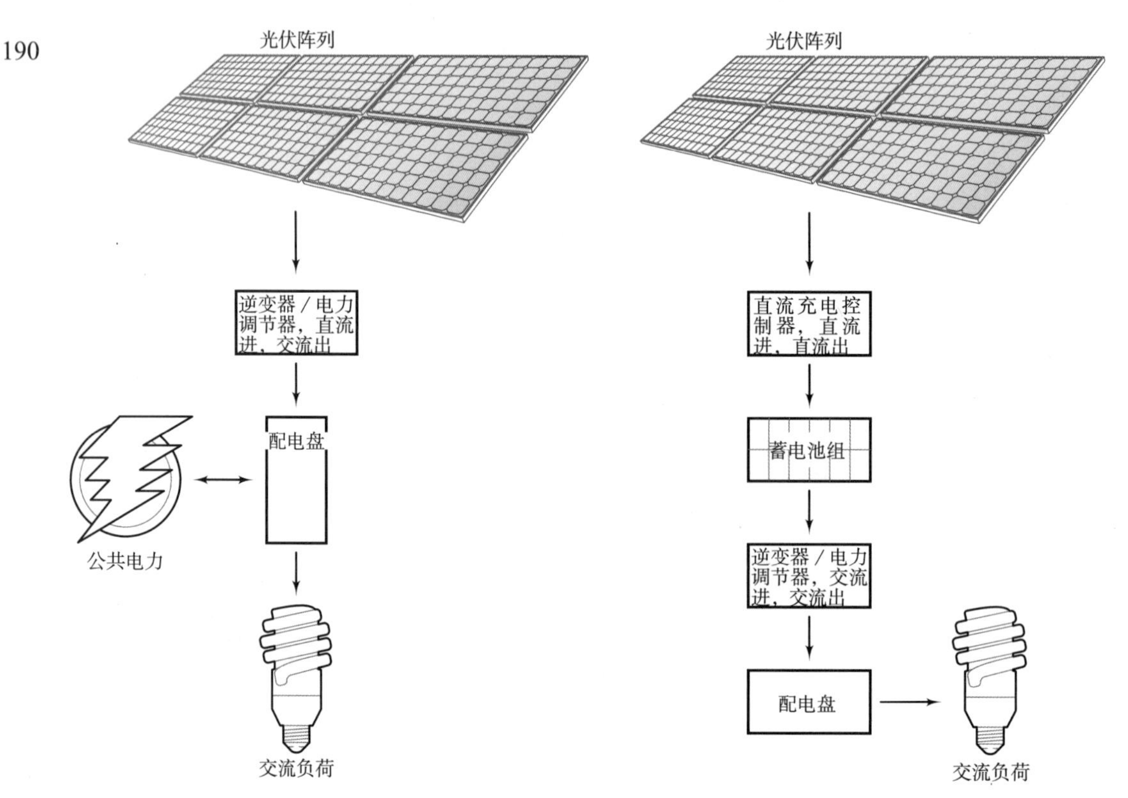

图 8.8 这个简图显示并网与光伏系统蓄电池相比，前者更简单，避免了电池的高额成本。请注意左侧在公共电力与并网系统之间的双向箭头系统

栋 1800 平方英尺的三居室房子的原型，位于 20 个美国城市中的一个。如果并网系统和传统直流电（DC）设备相连（美国北部），光伏负荷计算可以总计每天所有设备的使用功率乘以使用小时数。考虑转换损耗（由于光伏阵列产出的直流电必须转换成并网系统的交流电），每天的瓦时数（瓦・小时/天）乘以 1.2，得到每天的系统需求。在独立的系统中，有些电器和设备使用直流电，可避免转换损耗，但是许多常用的家用电器只能用交流电。对独立系统，日常交流电负荷与所有的直流电负荷相加，总负荷如下：

$$\Sigma（W_{直流}\cdot 小时数/天 \cdot 1.2）+$$
$$\Sigma（W_{交流}\cdot 小时数/天）$$

[式 8.1；据 Howell，Bannerot，以及 Vliet 1982]

初步估算可以与 BIM 模型组合起来，通过明细表或者单独的电气设备和装置的交流电或直流电负荷的表格。模型可以设置成自动生成明细表，并随设计的进展和设备的布置随时计算负荷。

定位

以建筑集成模式探讨太阳能系统的设计方法，集热器阵列的特征将对建筑形态产生重要的影响，尽管它不是决定形式的唯一因素。这些特征相互关联，包括：

191

- □ 尺寸
- □ 方位（方位角和倾角）

交流电源和成本节约

得克萨斯州埃尔金，4.5 千瓦阵列的年发电量估算。阵列从夏季最有利采集角度倾斜 15（平衡全年总能量收集量）

选址	
城市：	奥斯汀
州：	得克萨斯州
纬度：	北纬 30.30°
经度：	西经 97.70°
海拔：	189m
光伏系统的规格	
直流电额定值：	4.5 千瓦
直流和交流折减系数	0.770
交流电额定值	3.5kW
阵列类型：	固定坡度
阵列倾角：	15.0°
阵列方位角：	180.0°
节能指标	
电力成本：	9.5 欧元 / 千瓦时

结果			
月份	太阳辐射（千瓦时 / 平方米 / 天）	交流电源（千瓦时）	能量成本（美元）
1	3.79	390	37.05
2	4.55	416	39.52
3	5.29	532	50.54
4	5.62	532	50.54
5	5.89	564	53.58
6	6.45	589	55.95
7	6.67	621	59.00
8	6.42	600	57.00
9	5.65	526	49.97
10	5.21	504	47.88
11	4.06	389	36.95
12	3.43	350	33.25
年度	5.26	6012	571.14

图 8.9 PVWatts 在线计算是一个免费软件，可用于初步估计光伏系统的规模。BIM 模型中可获得的数据（比如集热器阵列的可用面积、坡度和方位角）有助于准确地使用网络工具

□ 组件效率

□ 遮挡

尺寸当然是依据所需的负荷，所需阵列的能力。能力反过来由组件效率、阵列的方位和遮挡情况决定。BIM 最适合研究并优化阵列的定位。阵列尺寸的决定因素包括电力负荷，预算和集热器模块的选择，设计师的影响不大。然而，阵列性能对阵列尺寸有显著的影响；相对那些组件数量虽多但是处于不利位置的大阵列来说，一个最优化方位角、倾角和遮挡的较小的阵列将产生同样甚至更多的电力。

NREL 另一个对非太阳能专家有用的免费在线工具是光伏瓦特数（PVWatts）（图 8.9）。[1]

1 光伏瓦特数在线工具网址：www.rredc.nrel.gov/solar/calculators/PVWATTS/version2。

192 利用这个联网工具可以估算光伏阵列的能量产量，给定阵列的总瓦特数、方位角、倾角，阵列是固定的还是追踪的（通常是固定的），还是定位。当然后者是至关重要的，将美国的气象数据以 40 公里 ×40 公里的大小为单元绘制在网格上，并从散布世界各地的站点获取数据，PVWatts 能估算出指定位置的太阳辐射。该网站逐月、逐年报道能源产量，包括能源量（千瓦时）和节省的美元金额（基于当地电价）。

结合 3D 建模和 BIM 中的日照分析，再加上 PVWatts 工具的计算（仅仅需要一瞬间），可以进行快速的设计替代来优化阵列。例如屋面坡度的改变，可以在 BIM 中进行建筑推敲，研究遮挡关系（甚至是阵列间相互遮挡，因为组件与屋面保持倾斜关系），临时性的阵列可以用 PVWatts 工具加以校核。很明显，通过反复协调方位角或倾斜度，最终可以使阵列不受阴影的影响；从而得到最佳折中方案，因此 BIM 是非常有用的。

方位角和仰角

倾斜度，或者仰角，是阵列与水平面之间的角度。图 8.14 所示为光伏和光热阵列的倾斜度设计的通用规则，提供了较好的初始值。对于建筑一体化阵列（不同于建筑集成光伏），如果不是特定屋面，屋面坡度最好按集热器阵列的理想倾斜度来设计。然而屋顶设计时，不仅要考虑光伏阵列的优化，最终决定屋面坡度的还有其他必要因素（图 8.10），例如：

□ 喜欢阁楼或屋顶下的顶楼空间
□ 规划和日照规定的高度限制
□ 视线被屋顶遮挡
□ 屋顶轮廓线
□ 审美的考虑或偏好
□ 周围的建筑环境
□ 相对成本

结果是，设计师可能需要替代几个候选的屋顶方案来满足各个方面的要求（图 8.11 和图 8.12）。这时 BIM 作为可视化工具显然非常重要，但同样重要的是可以定量分析出以下内容：

□ 可用的屋顶面积
□ 各种坡度屋顶的高度和体积
□ 比较成本（见第 10 章）

太阳能光热系统

光伏阵列通过太阳光产生电能，本质上是一种电子过程，太阳能光热系统是通过太阳辐射（曝晒）被动地加热流体（通常是水）。这个系统有各种各样的应用；加热后的流体可以直接用来供暖或用作生活热水，或者间接地用于封闭循环系统中的热交换。一些低温系统（相对的）用来加热游泳池，也有创新型系统利用太阳热能加热空气来供暖。有趣的是，与商业建筑的应用相比，太阳能光热系统在住宅设计中的应用更复杂，这是由于热水需求的不稳定性以及在产量低谷期增加的需求，人们倾向于在清晨或傍晚时在家用热水淋浴和烹饪。

系统类型

通用系统不是开放循环系统，热水流出

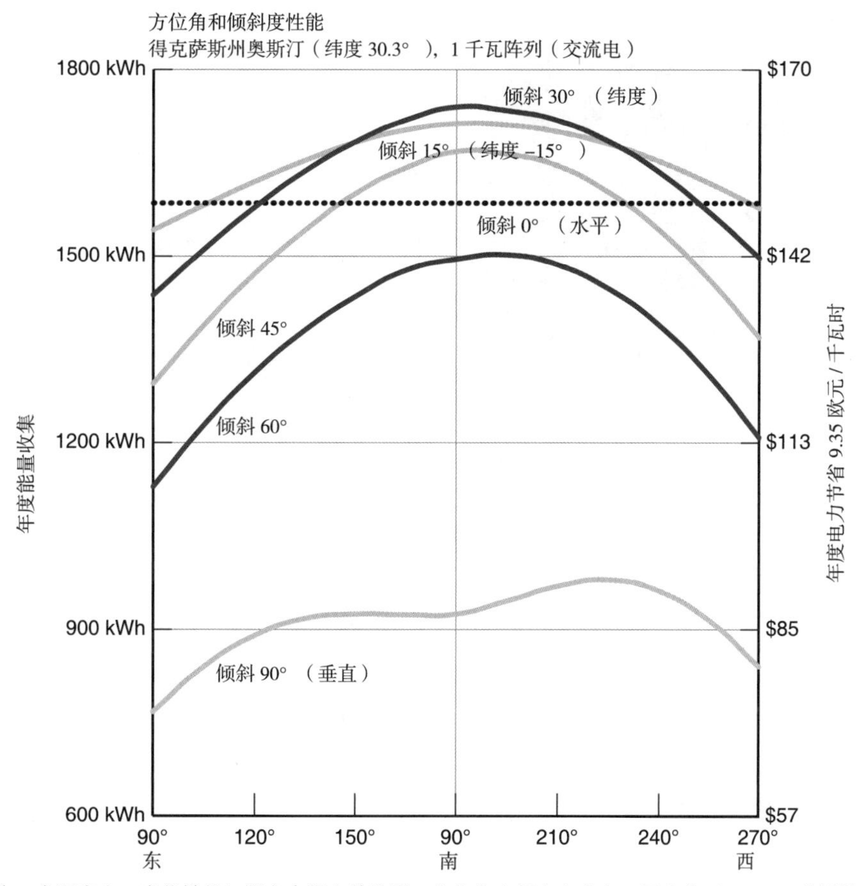

图 8.10　在一定限度内，光伏性能与仰角有很大的关系，方位角（朝向）次之。图中使用 PVWatts 分析的是假定在得克萨斯州的奥斯丁（纬度约为 30°）的 1 千瓦阵列的数据，显示方位角在 90°（正南向）附近时，大多数倾斜角的阵列性能的变化平缓，意思是轻微的南向偏差对阵列性能影响很小。应该注意到阵列性能和倾斜度有很大关系。而且，南向阵列当倾斜度和场地的纬度相等时全年产能量最高，但是倾斜度等于纬度减去 15° 时，东和西向阵列的年度产量最高（分别对比 30° 和 15° 曲线），带来最大的全年总输出量

集流器后储存并最终使用，也不是闭合循环系统，流体（通常是防冻混合物）在集流器中通过换热器加热最终使用的水（图 8.13）。后者的系统由于有换热器，把效率损失降到最小，会更复杂、造价更高；集流器不易被腐蚀或被矿物沉淀物堵塞，因而更可靠、寿命更长。除了游泳池的加热系统（集流器有点像一个大的充满黑色盘管的平板，也兼作储存用途），所有的热水储存通常位于室内（有些系统把水箱和热水器一体化，但如果保温不好，会使水箱暴露在低温中）。在夜间或阴天条件下想方法允许流体回流到集热器；否则在接近黑体的夜空中系统将失去热量。

193

集热器

类似光伏板，太阳能光热系统中的集热器是分布式能源系统中最突出的建筑特征。集热器有多种设计方法，从螺旋管、游泳池无釉板式换热器，到不同复杂度的平板玻璃集热器，到单轴和双轴追踪式集热器，这些多用于发电厂和商业用途。在建筑中普遍应用的绝大多数

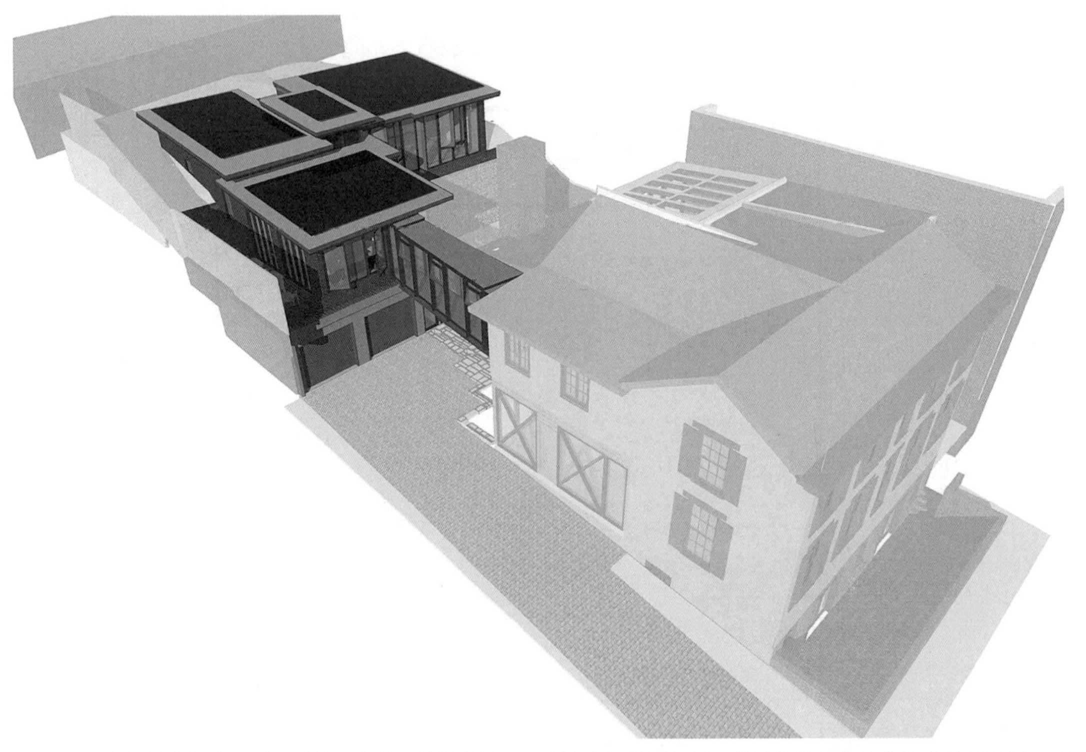

图 8.11 这是华盛顿特区乔治敦社区中的一栋住宅的 BIM 太阳遮挡关系分析，关键是这栋住宅位于高密度地区，相邻房屋间距小。由于历史建筑保护的原因，不允许在街道上看到加建房和太阳能集热器，要通过模型确认这一点（图片来自 Stephen DuPont，AIA）

是固定的玻璃平板集热器。集热器可以是单层、两层或者三层玻璃，带或不带低辐射涂层（像窗户玻璃一样），流体盘管可以涂上哑光黑漆或更容易吸热的特殊涂层。

真空管，也称为热管，双层玻璃管封装为一个同心管件，内外管之间是真空，内管内部依靠对流使管中的液体产生循环。真空管排列起来形成较大的黑色集热管阵列。与固定平板集热器相比，真空管的曲面使其全天接受的太阳辐射更多，由于真空中没有对流，因此减少了热损失，这比传统的平板集热器效率更高。但是它的价格也较高。取决于屋顶或其他支撑面的可用性，提高效率可能不是主要问题（因此可以减少集热器阵列的大小）。如果有足够的屋顶面积来布置更大型、更便宜的系统，那么较低的初始成本（以及相应缩短投资回收期）可能更有吸引力。

这些系统形体高大，在视觉上往往比太阳能光伏系统更突出，建筑设计时只能设计成建筑一体化形式，并没有与建筑集成式光伏板相对应的可集成太阳光热系统的建筑材料。

像光伏阵列一样，建筑师非常重视太阳能光热阵列的尺寸和位置（图 8.14）。一旦确定了阵列尺寸，它的位置、方位角和倾角都可以在 BIM 中验证，运用相同的太阳角度和遮挡分析工具，就像用于光伏和被动制冷、供暖和采光分析那样：太阳运行动画、静态效果图和太阳视角视图。

图 8.12 在 BIM 模型中将相邻的树木和障碍物添加进来，集热器阵列的定位可以优化以避免阴影。在这个图片中，较远处的屋顶布置了光伏阵列；较近（更陡）的屋顶上是太阳能集热器（图片来自 Nathan Kipnis，AIA，LEED AP）

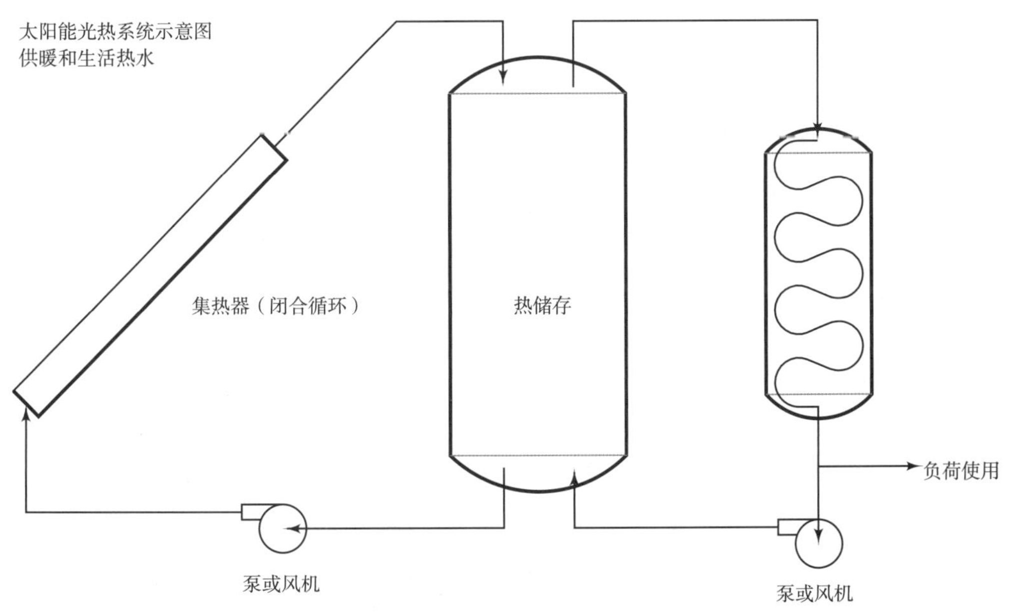

图 8.13 图示为一个用于供暖和生活热水的典型太阳能光热系统。为避免热量损失，在夜间，集热器流体保存在绝热的回流水箱中。为了系统寿命和防腐蚀，集热器通常采用闭合循环系统与水进行热交换

196

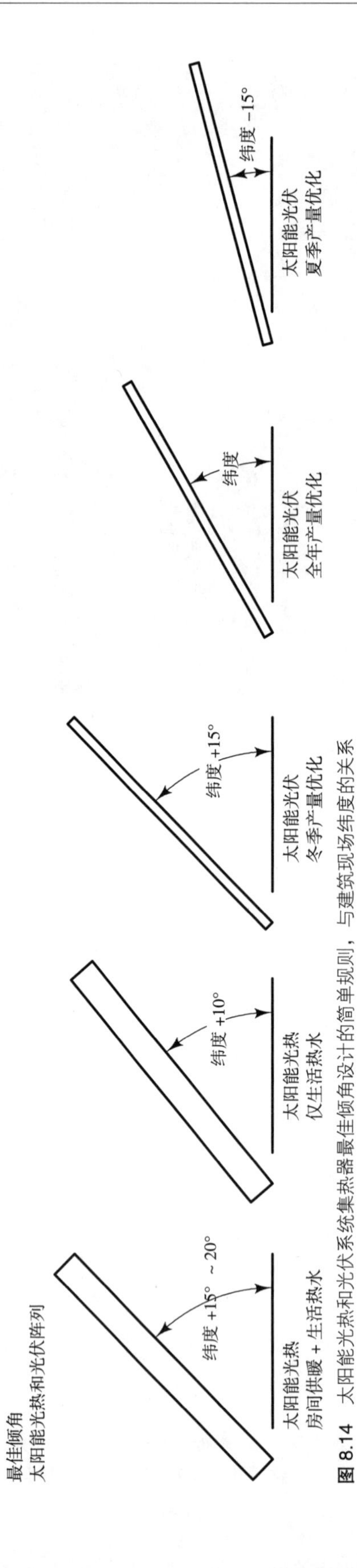

图 8.14 太阳能光热和光伏系统集热器最佳倾角设计的简单规则，与建筑现场纬度的关系

同时把太阳光热和太阳光伏这两种太阳能收集系统建筑一体化，面对的潜在设计问题是不同的最佳倾斜度。二者都在赤道（南向）方位时系统性能最佳。然而，光伏的最佳倾斜度与太阳热能相比有点倾向于平缓，尤其是在热带气候区。这是由于高峰需求的季节性变化。电力负荷在夏季更高，是空调需求高峰；这时太阳高度角大，因此光伏阵列应该接近水平面。冬季取暖，热水需求最高，太阳高度角小；因此太阳热能阵列应该接近垂直。

对建筑师而言，这是设计的一个机会，BIM 结合了可视化能力和定量分析工具，适合处理这类问题（图 8.15）。是否应该在南向屋顶设置不同的坡度来分别优化太阳能光热和光伏？是否应该折中，保持屋顶坡度一致，而两种系统都不是最优状态？如果是后者，屋顶坡度应该是多少？无论采用哪种途径，研究的解决方案对空间影响是什么？

对于设计师来说，幸运的是这些问题并没有经验法则可循。但是 BIM 确实提供了有用的、方便的、并且有效的工作方法来更好地解决这些设计问题。

热储存

无论太阳热能系统是闭合或者开放循环，必须利用一些储存收集能源的方法。通常，会用一个绝缘的热水水箱，尤其是使用传统的备用系统时。对于闭合循环系统，需要第二个水箱用来回流（夜间流体不在集热器中），最好靠近集热器阵列。热水储存并不多，必须分配足够的空间。

风力涡轮机

风能和太阳能的生产周期中峰值产量基本上是相反的：风能在夜间更多，当然这时太阳能产量为零。夜间也是电力需要最小的时候，所以在这个意义上，风能产量不便列入产值中。大规模风力发电很少考虑这个问题，因为风力农场主要是并网发电。然而，对现场能源生产，负荷指标低就是一个问题，节能效率会降低。

风力发电还有其他问题，使它不适合建筑一体化能源生产：

- 启动速度。涡轮机有一个最小启动速度；达不到指定风速时，它们不会运转。对小型涡轮机，最低启动速度大约在 7 ~ 9 英里 / 小时，有时 13 英里 / 小时。当风力不能持续保持这些指定的速度，涡轮机就不工作。而且，涡轮机能量输出取决于风速；在启动速度的输出量将会最小，而最大输出量需要强劲持续的风力。
- 风力在方向和速度上都存在地域化。这有两个重要的影响。首先，风玫瑰图记录当地的风速和风向，可能不会精确地代表在一个特定的项目场地中的风，即使距离风数据场地几英里的项目（通常是机场）。尤其是小规模场地，在建筑物周围，风向和风速的可变性很大。涡轮机在层流（流线）流动状态下运行最佳；湍流（风速和风向变化）降低涡轮机的效率，而建筑群会促使湍流风气流。
- 高度。除了尽可能远离产生湍流的障碍物放置涡轮机，其高度也有关系。如图 8.17

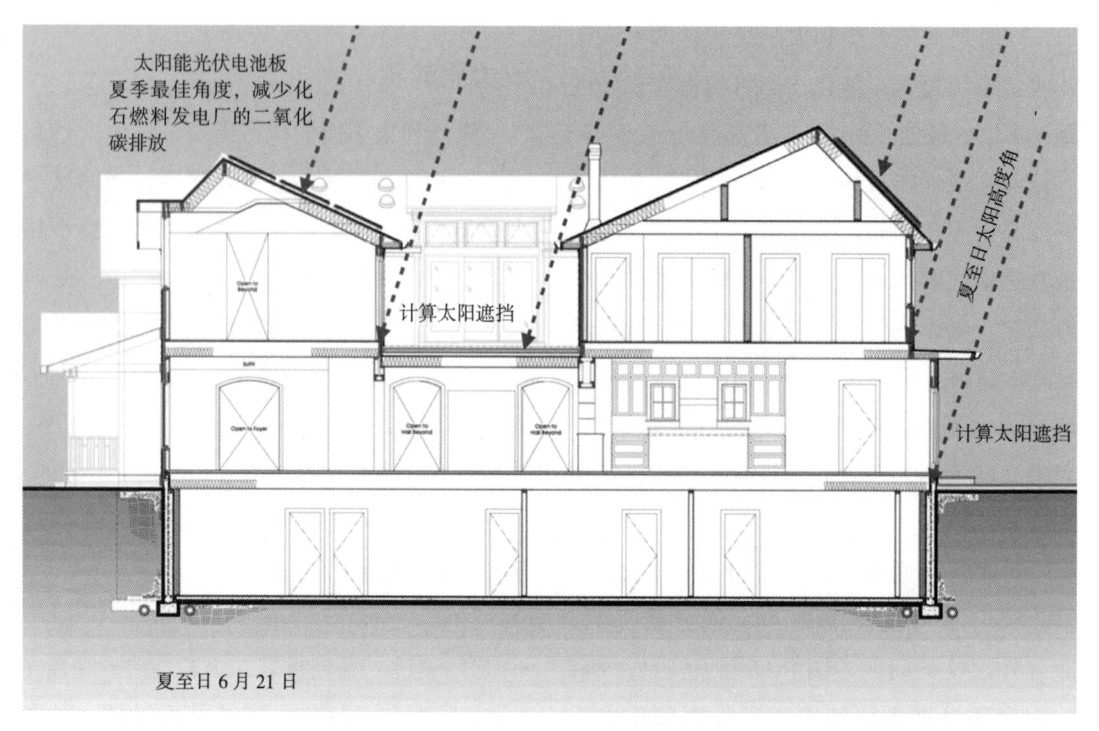

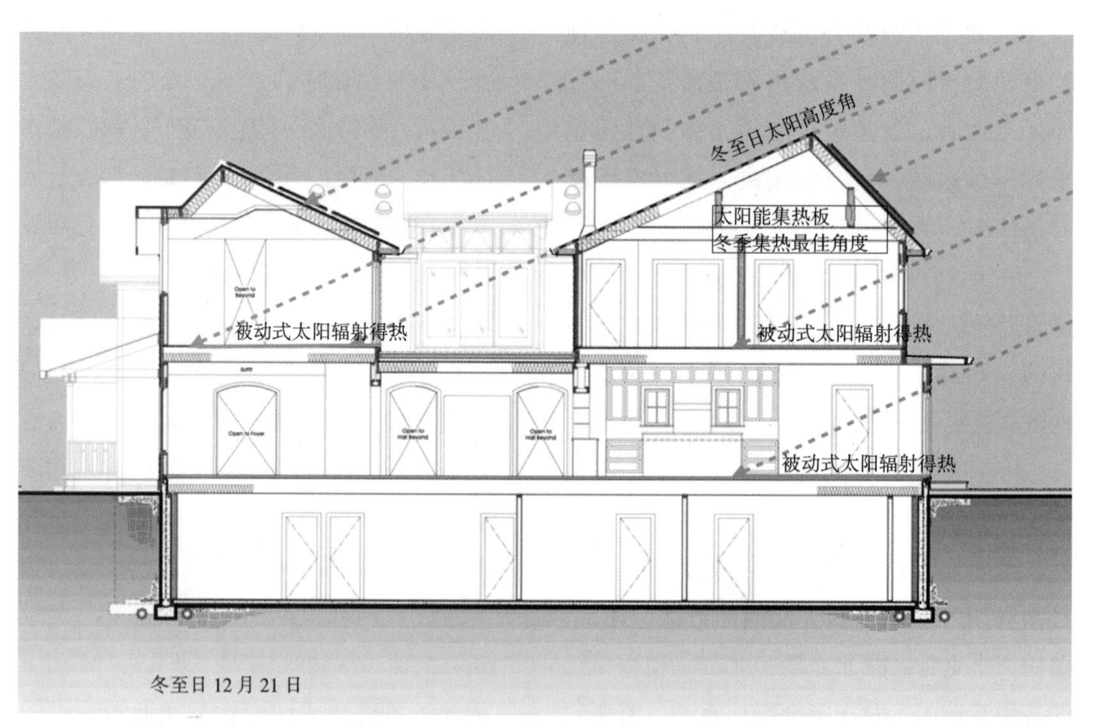

图 8.15 太阳能光热系统和光伏集热器最佳倾角不同，建筑师面临几种可能的设计方案。这里，屋顶坡度选择考虑了各自的集热器并优化其倾角（图片来自 Nathan kipnis，AIA，LEED AP）

199

图 8.16 适用于现场风力发电的小型涡轮机实例；2007 年得克萨斯州 A&M 大学太阳能十项全能竞赛中使用（图片来自 Center for Maximum Potential Building Systems；Mimi Kwan 摄）

所示，涡轮机输出功率随着高度呈非线性增加，因为高度增加后空气与地面和其他较低的障碍物（如建筑物）的摩擦力所引起的湍流减少了。

- 噪声和振动。根据设计（垂直或水平轴）和模型，涡轮机的噪声或多或少的存在。此外，小场地可能不会为涡轮机提供远程放置的位置。如果与建筑设计集合起来，可能需要注意从结构上隔离涡轮机的振动。
- 维护。由于他们有明显转动的部件，涡轮机比固态分布式能源系统更需要维修。

并不是说风力涡轮机在建筑附近没有地方。然而，他们的应用倾向于更专业化，必须认真考虑。显然它们最理想的是利用充足恒定的风，阴天为主的地方可能有利于风能而不是太阳能。

BIM 可以定性使用，涡轮机综合设计可视化：

- 评估涡轮的位置对建筑本身的影响
- 给出涡轮机的高度要求，可能需要一个三维场地和体量模型，从相邻场地来建立项目视图，根据当地的法规，观察邻里关系。
- 如果在项目中安装了系列光伏组件，涡轮机可能会遮挡部分电池片，影响光伏性能。

200

- 作为声音的一个粗略近似表示，在每个涡轮机的位置上设置有投影的点光源，在远程点提供的照度效果图可以用来近似评估噪声的影响。

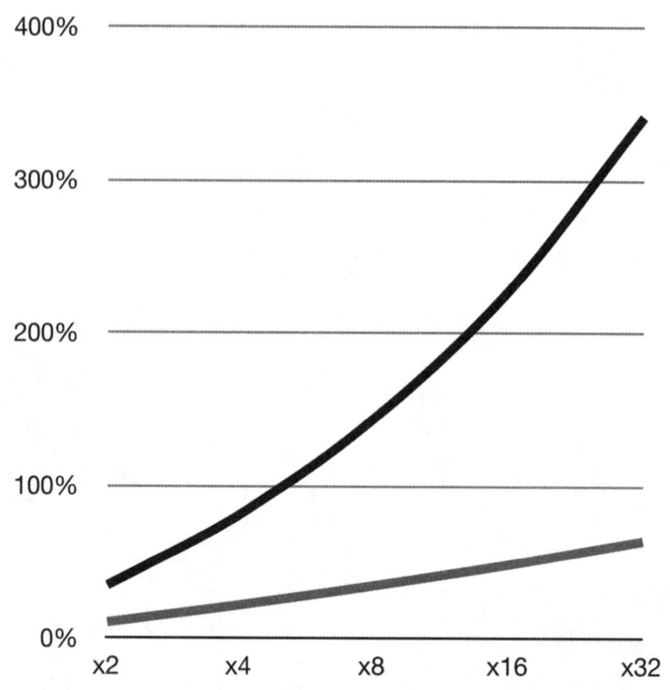

图 8.17 这张图表描述涡轮机的高度，风速和风能之间的关系。随着高度加倍，风速提高约 1/7 次方；而风能与风速有一个三次方的关系，涡轮机高度加倍时，使风能增加约 3/7 次方。然而即使在理想条件下，气流也不能是湍流，涡轮机在层流气流中运行效率才能达到峰值。理想的气流遇到建筑物时会出现特殊问题，往往会导致显著的湍流

■ 案例研究：华盛顿州西雅图市卡斯凯迪亚可持续设计和建造中心

设计师：Brian Court

设计公司；The Miller Hull Partnership

客户：Bullitt Foundation

布利特基金会（Bullitt Foundation）向建筑师提出了特殊的项目目标，项目是约 5.2 万平方英尺的办公楼，建筑师来自 The Miller Hull Partnership 建筑事务所。建筑要满足 Living Building Challenge 的认证要求，包括能源和水资源的零消耗要求，使用当地无毒的材料和产品，为所有使用面积提供自然采光和通风。该项目将成为可持续的中高层城市建筑的一个新原型，为其他开发商提供一个可复制的金融样板，并有助于对基于性能设计的地域性建筑进行定义。计划按照呼吁将首层和二层供给公共机构租户，3 ~ 6 层留作办公空间。此外，项目中包括 5 万加仑的雨水蓄水池，堆肥空间，装卸码头和可处理污水的绿色屋顶（图 8.18）。

图 8.18　卡斯凯迪亚可持续设计和建造中心的街景效果图（图片来自 The Miller Hull Partnership LLP）

概念阶段

Miller Hull 面临的重要的设计挑战之一就是如何在不影响采光的情况下最大化地收集太阳能。使用参数化建模软件 Grasshopper，它是犀牛 3D 建模程序的一个插件，更好的帮助我们快速研究和操纵太阳能电池阵列复杂的几何形状。然后把结果导出到 Ecotect 软件中，它是一个环境分析程序，可以测试室内空间的天然采光水平。一个往复循环的设计过程，得出一个最大化采光和太阳能收集的解决方案（图 8.19）。Miller Hull 使用 SketchUp，另一个 3D 建模程序，来研究建筑高度对周边建筑以及其日照的影响。

西雅图市通过了生态建筑条例（Living Building Ordinance），提出试点方案，允许其中 12 个项目在规划和规范方面有一定的灵活性，如果它们可以证明确实能帮助项目更好地满足现场能源生产的挑战。那么设计团队使用 Ecotect 的分析网格来论证，并可以争取到追加的 10 英尺的建筑高度。

方案设计／初步设计

一旦光伏阵列的设计确定下来，我们使用 Ecotect 来继续完善平面图、窗型设计、太阳能收集和眩光控制。PAE 工程公司 * 的机械工程师使用 eQuest（基于 DOE-2 的能

* PAE Engineering，参见 http：//www.pae-engineers.com。——译者注

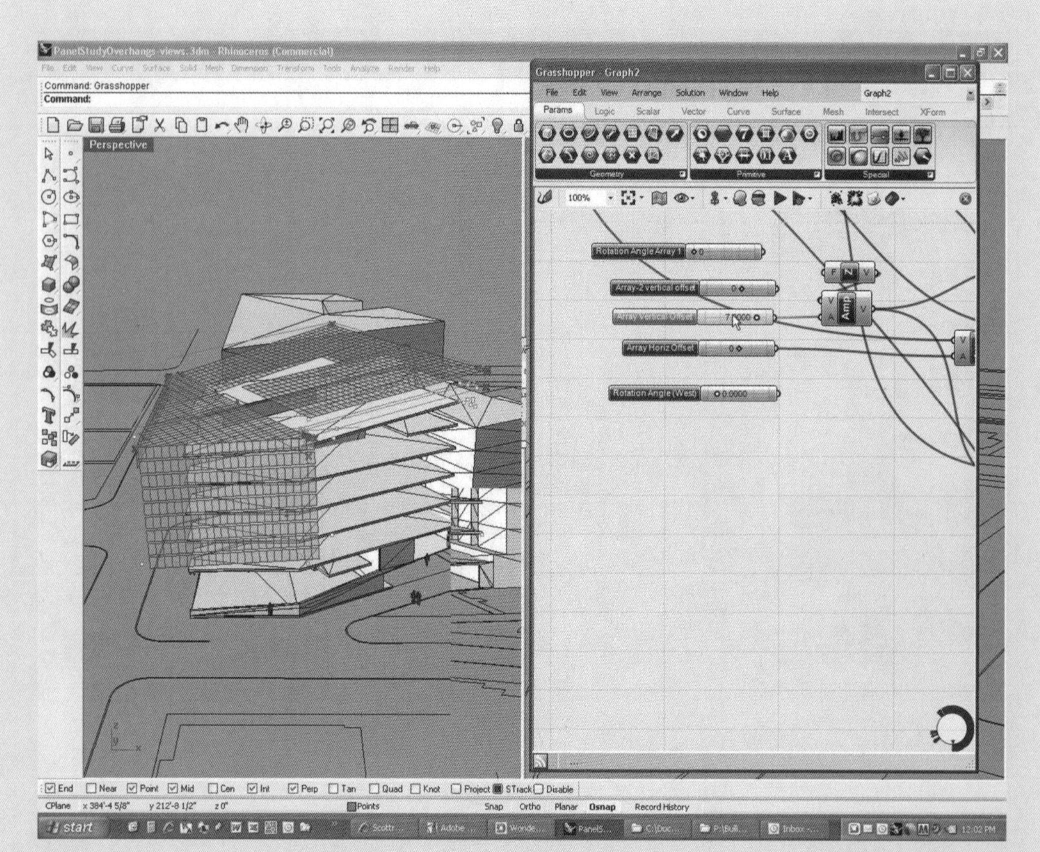

图 8.19 这是犀牛和 Grasshopper 的参数化建模视图，该图解释了 BIM 模型的迭代属性。设计团队使用一系列模型来定量平衡和优化自然采光的需要与光伏阵列收集太阳能的潜力（图片来自 The Miller Hull Partnership LLP）

源建模软件，有效的建筑能耗模拟运算）创建一个能源模型。他们还使用环境设计方案有限公司（EDSL）TAS 软件创建了一个能源模拟模型，提供辐射和自然通风性能信息。机械工程师把两个模型联系起来，使用 Ecotect 来进一步校正 DOE-2 日照分析模型。木框架制造商，Spearhead Timberworks，也参与到设计流程中。在建筑设计过程用 Revit 建筑信息模型来协作（图 8.20）。

施工图阶段

所有的顾问们（机械、电气、管道、照明）使用 Revit 模型来进行碰撞检测，贯穿施工图阶段的全过程。施工图阶段中，木材加工商在 Revit 模型中拥有结构组件的所有权，从而免除了施工中费时的车间图纸审核。机械工程师继续使用 eQuest 和 TAS 模型。我们把承包商制作的混凝土和钢结构模型整合起来。结果施工准备就绪时，协调的建筑模型有助于我们避免工期延误，简化施工图检查，并减少设计变更。

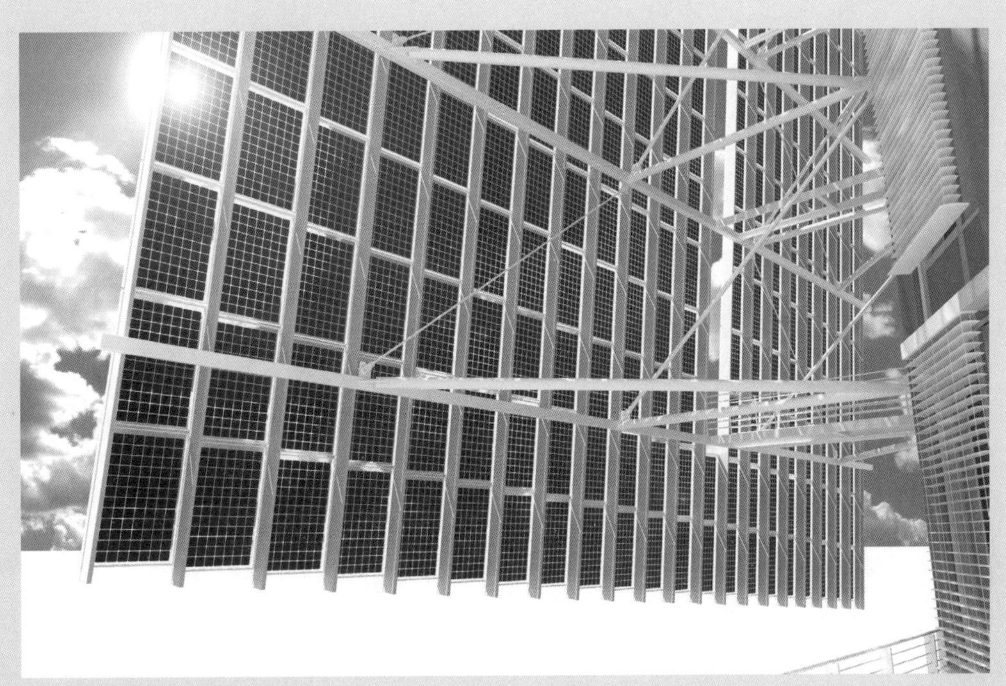

图 8.20　卡斯凯迪亚可持续设计和建造中心的 BIM 细部模型，辅助优化设计的，高可见性的光伏阵列细节（图片来自 The Miller Hull Partnership LLP）

图 8.21　基于 BIM 模型的卡斯凯迪亚可持续设计和建造中心外观和集成光伏阵列设计效果图（图片来自 The Miller Hull Partnership LLP）

第 9 章

建筑给水排水

自 1900 年至今，世界人口已增长逾一倍，然而在同一时间段内人类的水消费增加了 6 倍。大部分归因于卫生的进步，特别是农耕用水量，农业占到了全球用水量的 2/3。然而，这也是由于地球的城市化及其对淡水的迫切需要。联合国估计现在约 23 亿人生活在每年人均可用水量在 1000 平方米以下的缺水的划定区域。到 2025 年，将有 18 亿人生活在每年人均用水总量为 500 立方米的绝对缺水区域，2/3 的世界人口将生活在用水压力之中（见图 9.1）。每年大约有 340 万人，主要是儿童死于与水有关的疾病。如果每人年均 500 立方米的用水总量（362 加仑 / 人 / 天）看上去似乎还不错，但是考虑到这个数字包含工业和农业分摊到每个人的用水量，情况就不那么乐观了。提供一个参考，制作一个肉饼汉堡包需要将近 600 加仑的水（Mekonnen and Hoekstra 2010）。

如果读到这里，庆幸的是贫穷世界和欠发达易缺水地区的数字很可能与您无关。看看非常明显的例外，美国经济增长最快的西南部地区，现在被认为接近第三缺水区域。

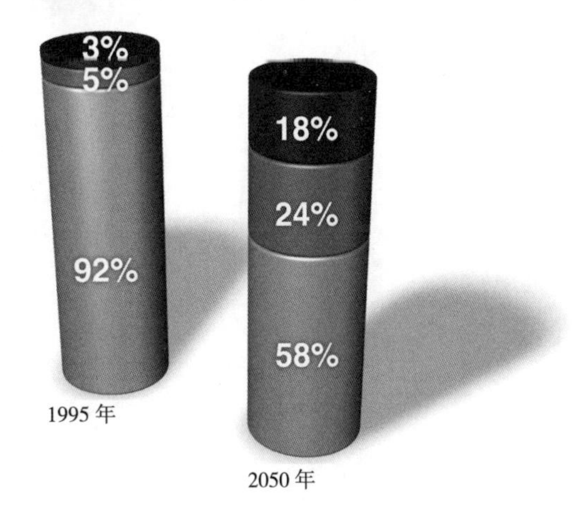

图 9.1 全球水资源短缺是一个日益严重的问题。15 年前，只有 8% 的世界人口生活在缺水或用水紧张的环境中。联合国预测，在不到 40 年的时间内，几乎一半的世界人口将经历缺水或用水紧张

此外，我们作为全球公民都有责任尽自己的力量来保持全球水资源的清洁。这是一些共识，在这个世纪水将成为战争的主题资源，在中东、亚洲中部和南部和非洲中南部，水已经成为武装冲突的导火索(图 9.2)。10 年前，联合国就估计有 300 起因水而引发的冲突。

因此任何持续性的广泛讨论都必须包括水资源。人类没有化石燃料可以生存，但不能没有水。全球气候变化加上人口的增加只会加重水问题。作为专业建筑师和设计师，虽然我们没有直接影响农业系统和公共卫生政策，但是约有 12% 的淡水应用于建筑行业。因此，我们通过设计建筑物是如何供给，获取和处理的水，确实可以影响这个问题。因为水的循环是可以量化，所以我们有机会使用 BIM 技术，改善建筑设计来实现更好的水资源管理。

206

场地设计的水

可持续性做法的基本“系统原理”是避免过量消耗本地能源（包括天然能源和人造能源）。可持续设计应该努力使手头的资源利用最大化，尽可能创建一个能源循环封闭的系统。对于严重干旱的区域，这样的方法非常适用于水资源。特别是在水资源不得不进口的前提下，能够避免有用的水资源流失。

此外正如每一个结构工程师都会证明，将水及时排离建筑物对建筑长期的性能表现十分重要（图 9.3）。及时排水也是阻止密封的大楼中空气含有过多水分的方法。建筑周围的液态水体不仅直接增加了局部环境的水气，而且也能促进植物的生长，这反过来促进了液态水和水气的累积。在密封的建筑中增加水分含量，

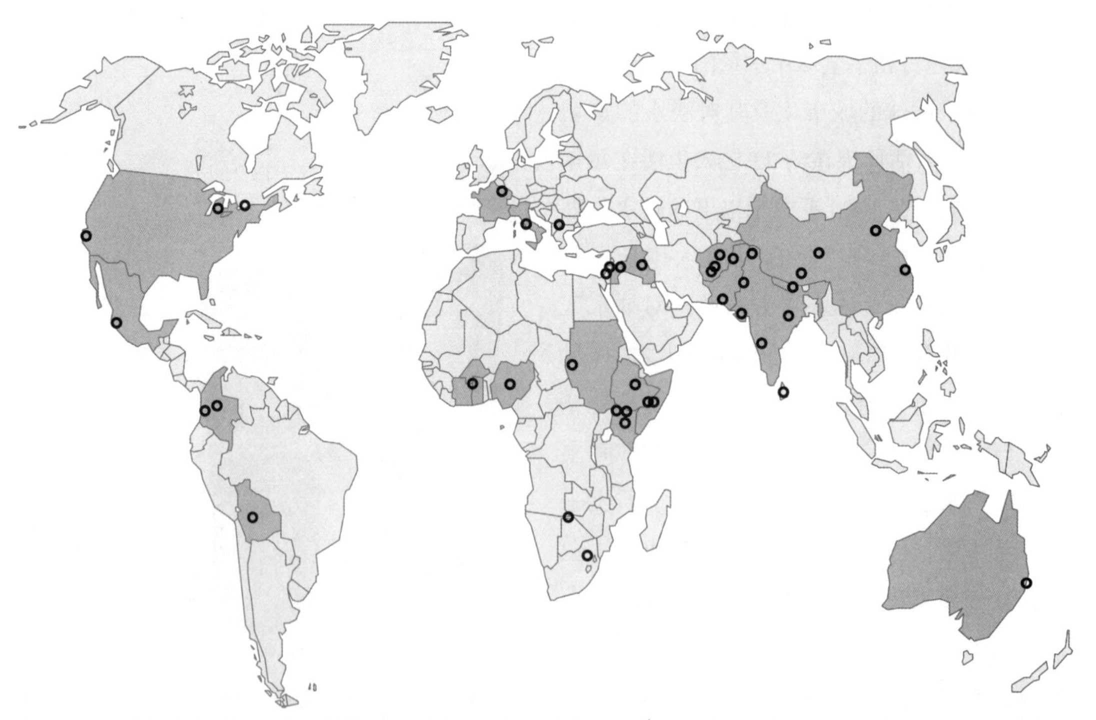

图 9.2 21 世纪水资源暴力冲突世界地图，到 2008 年，从单一暴力死亡到有政府组织的武装冲突。圆圈代表事件，阴影代表事件发生的国家（数据来自“Water Conflict Chronology” by Dr. Peter H. Gleick of the Pacific Institute for Studies in Development, Environment and Security）

图 9.3　BIM 场地模型不需要现有场地的静态展示，但是可以帮助在建筑物周围建造有效的排水系统

可能导致霉菌的生长和长期的结构性破坏。

建立有效的排水系统并没有依赖于应用 BIM 或者建模。毕竟，这是长期以来的绘图设计惯例（这里指平面设计），比如地形线和建筑剖面仍是有用的场地设计工具。然而就像所有的平面绘图设计一样，这些工作也需要设计人员积极的协调。任何没有被绘制的条件都会导致潜在的错误。正如适当的建筑，建造场地的建筑信息模型给协调排水控制提供了优势。此外还有可视化设计和演示的好处，详细的场地模型也更具有吸引力。最终，就像我们在第 3 章看到的，在 BIM 编写软件创建的场地模型中确能够实现定量分析。

207

尤其对小型的场地而言，给水和排水系统可能存在冲突，应该根据现场条件来进行解决。从构筑物的健康角度来看，应该采取有效的排水系统，但是将水从建筑物输送到一个水量更多的地方会变得更加困难。此外如果需要给水，那么水体必将存储在某个地方，这对于一块小场地也是十分不便的。

正如本书在第 3 章中曾探讨过的那样，一些建筑信息模型的场地模型是静态模型。在这种情况下，场地设计对比研究需要多个备选模型。其他的 BIM 应用程序比如 Vectorworks 建筑版，含有作为参数工具使用的动态场地模型。许多的讨论主要是针对后者，但是如果付出额外的努力，同样的结果也能在静态场地模型中实现，它可能仅需要额外的在每个迭代中修整轮廓，然后通过这样重新架构一个新的场地。

径流和不透水铺装

径流对城区和郊区的环境都会产生影响。随着城市发展的增速，出现了越来越多的不透水路面铺装，因此降雨时会出现大量的地表径流而不是使雨水透过土壤慢慢渗透。

在这里，小心建模和区域分析可以成就

或者毁掉一个项目。如果当地加强控制不透水路面的铺设，仅几平方英尺的地面覆盖情况也或多或少的会使情况有所差异，当然绝对准确的需求量是至关重要的。就像其他材料的需求量（见第 10 章）。BIM 的明细表能够实现随着设计的发展对数量进行动态的实时报告。如果在一个项目中能够允许先进行部分的透水路面铺装，然后再根据场地能接受的不透水铺装比例设计另一部分不透水路面的铺装。这些部分的覆盖将取决于覆盖物性质的问题，比如透水混凝土、开孔铺装材料等。一般来说，随着时间的推移，由于压缩和油污的累积，机动车的通行会使开孔的铺装材料变得不透水。

208

水流和边坡分析

传统的场地设计可以读取二维轮廓，但 Vectorworks 允许其他两个重要模型图展示模式，这样更便于设计。水的流向箭头以选定的网格间距自动分布在模型中指示着水的流向，这是一个快速可视化的方法来分析一个特定的场地设计是否满足所需的排水的目的（图 9.4）。不幸的是，这些箭头的指示方向，但不是真正的标量，其皆为统一长度的，忽略了箭头所处位置的斜坡。

另一个 Vectorworks 场地模型的图示法在更早之前已经被提到了，既为彩色多边形。这些是表示斜坡的倾斜程度。在用户的定义范围

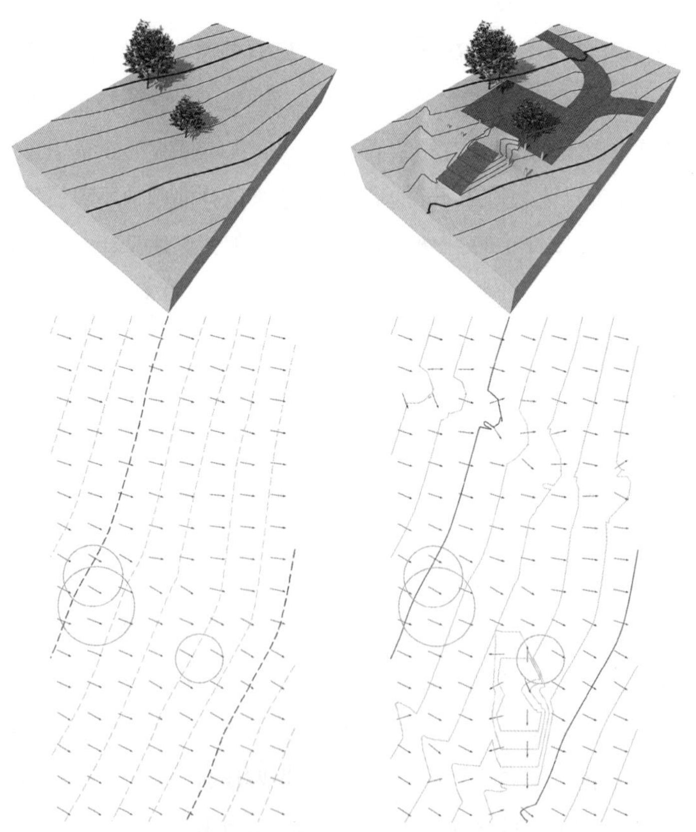

图 9.4 两幅图片（呈现出上、下两部分场地模型）现有的（左侧）场地模型和有细节描述的场地模型（右侧）可进行可能性的模型图形化分析。箭头指示水流方向（然而不能表示速度）

内一种颜色代表在 0 ~ X%的倾斜范围。另一种颜色代表 X% ~ Y%的倾斜范围，还有一种代表 Y% ~ Z%的倾斜范围等。其未指明方向。然而，流向箭头和彩色可以在斜坡上同时显示，有效地模拟代表真实向量的方向（箭头）和倾斜程度（模型底部多边形的颜色）。

209

雨水收集

由于全球气候的模式变化存在越来越多的变量。干旱的季节将会变长，而当降雨来临时降雨程度又更加强烈。同时，在美国一些最发达的地区水资源十分紧缺，比如说美国西部。那么人们对在一些地区进行古老的雨水收集实践的兴趣就会越来越大了。作为建筑师，雨水收集不仅是一个可持续设计的机会，而且通过屋顶和水箱收集雨水也是激动人心而且令人满意的正式设计实践。

美国大多数市政公用行业不允许使用收集雨水做为饮用水，尽管它通过适当的系统设计措施可以用来供应厕所和小便池用水。 如果这看起来像是微不足道的事情，考虑一下，在美国人均用水可以分解成以下部分（图 9.5）：

□ 餐饮用水（3 加仑 / 人 / 天）
□ 洗澡和个人卫生（21 加仑 / 人 / 天）
□ 洗衣和厨房用水（14 加仑 / 人 / 天）
□ 排污用水（32 加仑 / 人 / 天）

因此，近一半（46%）的人均用水是用于排污。在一个城市中尽管收集的雨水不能用于饮用水，但是仍有机会利用它来输送垃圾，从而大量减少市政用水。雨水用于一般

人均用水

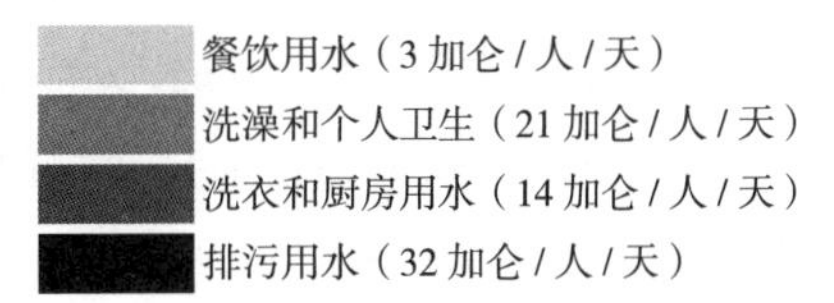

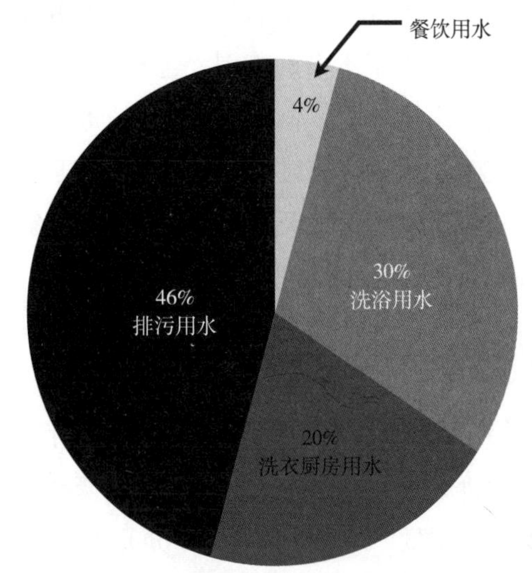

图 9.5　个人用水消耗。将近一半是在输送垃圾，如冲洗厕所。注意，这些数字和百分比仅为个人使用，而不计算景观用水

公用水，需要适当的止流阀和严格的检查系统（可以理解的是，公用事业公司不愿离公用水在供应的途中有被污染的机会）。在农村地区没有自来水，然而，整个供水可能由适当设计的雨水收集系统收集的雨水来供应。

市政自来水也是市政电力最大的顾客，这一点是很常见的（但被低估），减少自来水的用量能够减小整个社区对能源的消耗。

奥斯汀能源（得克萨斯州的首都市属公共事业）拥有美国最先进和备受瞩目的绿色建筑项目之一。其具有分级式工作表的雨水系统，具有很大的优势。最初，用人工估算适当的屋顶收集面积和屋顶水箱尺寸，这些计算非常直接，而且适用于用户定义的 BIM 工作表或者明细表中。并且还可以应用于任何场所，不限

于得克萨斯州中部。在得克萨斯州水利发展部的网站上提供了一份非常有价值的雨水收集利用手册[1]（针对得克萨斯州编写，但是通过调整的降雨数据适用于任何地点）。

在水箱和雨水系统的设计上有更多种考虑，但超出了本书的范围，包括屋顶清洗，天沟，水箱维护、清洁、泵送和消毒。无数次优秀权威的资源讨论关于雨水系统问题；210 而不是重复这里的观点，目前的讨论将集中在如何在建筑信息模型中计算雨水系统。

气候数据

雨水收集系统的尺寸规格的计算，存在两种有价值的气候数据可供参考：年均降雨量和月均降雨量（尤其是夏天的月份），均以英寸计量。冷冻的凝结物转化为等价的降雨量（通常 10 英寸的积雪等价于 1 英寸的降雨）。各种各样的气象站的数据来源于 worldclimate.com 和 weaterbase.com 是简单易用的数据库。但是更加繁琐的是使用城市提供的 TMY（典型气候年，1991 ~ 2005）数据。TMY 数据能够以逗号分隔值（CSV）的格式（可读的电子表格）被下载，在数据中列满了该时段每小时的降雨数据。用户可能需要做一些处理，获得每月平均降雨量。另外，从“eQuest”到“Ecotect”许多能源模型软件使用了 TMY 数据，同样，这也可能是一个处理气候数据更便利的途径。[2]

负荷计算

美国人均每天用水量为 70 加仑。对于设计水箱和雨水系统尺寸而言，一个通用的保守数据是每人每天 40 或者 50 加仑。这些较小数据适用的原因如下：

- □ 水箱是雨水系统中最昂贵的组件（在美国，估计大约每加仑容量的水箱需要 1 美元的造价）。不断降低的建设成本是一个引人注目的动力，且使得雨水系统人均消费低于全国平均水平。
- □ 人们可能认为重视雨水收集系统（图 9.6）的建筑业主本质上只是比普通消费者倾向于使用更少的水。

这些数字还不包括庭院灌溉，而这是一项非常可观的额外用水负荷，我们在讨论中假定使用耐寒植物是负责的景观设计。

如果有疑问，建筑师应该尽可能在当面交流的环节中确定用户的用水习惯，并相应的调整日均消耗水量的数据。在设计雨水系统尺寸和规格的时候，假设水可以区分为饮用水和非饮用水，预期最长的干旱天数乘以用户人均每天用水消耗量 V_{daily} 单位为加仑每人每天和建筑物用户的数量 N_{occ}：

$$V_{occ}=D_{drought}\cdot V_{daily}\cdot N_{occ}$$ [式 9.1；Austin Energy 2000]

干旱历时（$D_{drought}$）会因地区不同而有很大差异（得克萨斯州中部的经验法则是 100 天）。对于某些类型的项目，这个公式可以作为 N_{occ} 的建筑面积函数应用到建筑信息模型。

一个游泳池在项目中将代表一个由于蒸

---

1 手册的网址：http：//www.twdb.state.tx.us/publications/reports/RainwaterHarvestingManual-3rdedition.pdf

2 美国城市的 TMY 数据文件可以在以下网站下载：http：//rredec.nrel.gov/solar/old-data/nsrdb/1991-2005/tmy3/.

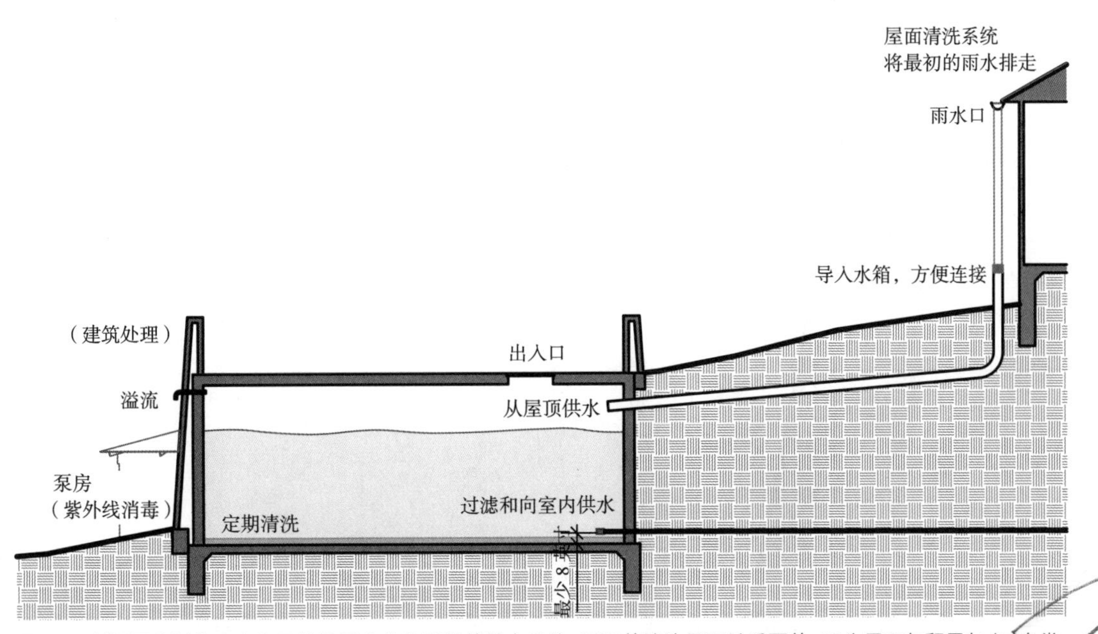

图 9.6　剖面图为以饮用水为目的地雨水收集系统的基本组件，屋顶的清洗是至关重要的，因为屋顶灰积累灰尘、鸟粪、腐烂的植物等，产生沉积物和污染物。设计各有不同，但最简单的系统会利用可翻转平衡容器进行分流，填满后才会导向水箱，避免最初几分钟降雨径流进入水箱。雨水管应适应建筑的变形。对于有沉积物累积的水箱来说，供水管应该在箱底上方几英寸（经常使用一个混凝土砌块高）处。水箱必须加盖，避免细菌受到光照生长，还应该有一个进人孔（维护和清洗）。 理想情况下，储水箱应该足够高，可以让人们在里面自由走动。在将回用水供给建筑之前有许多的对水进行消毒的方法。其中一种就是使用紫外线杀菌灯杀死有害的细菌

发造成的潜在水损失，以及存储雨水的机会，室外游泳池的蒸发速率是温度、湿度和水分比率以及活性（这里指水的喷洒）共同作用的结果。美国的蒸发速率为每年 30 英寸（缅因州）到 140 英寸（比如说死亡之谷，图 9.7）。如果室外泳池加装池盖的话那么蒸发损失几乎可以忽略不计，这可以取代篱笆，确保泳池不出现安全事故。如果泳池是没有加盖的，最简单的计算蒸发损失的方法就是确定所在地区的年均蒸发损失，以英尺计（D_{evap}），乘以建筑信息模型中给出的泳池的表面积（A_{pool}），之后转化为以加仑为单位：

$$V_{pool}=7.48\ gal/ft^3 \cdot A_{pool} \cdot D_{evap} \quad [式 9.2]$$

结果 V_{pool} 是雨水收集系统总收集雨水量的一部分。

灌溉时，植物和土壤本身都有蓄水能力，所以雨水收集系统可以相应地减少（图 9.8）。这种情况下年均降雨量就不那么重要了，设计师必须计算夏季每个月的降雨量，无论夏季的降雨是否会直接由屋顶进入灌溉环节。过程如下所示：

211

- 假设种植植物每周需要 1 英寸的降雨量，那么对夏季降雨量的需求是 17.5 英寸（从 6 ~ 9 月份有 17.5 周）。如果当地的夏季较长或者较短，那么应该适当的调整这个数据。
- 利用气候数据，求得夏季平均降雨量（6 ~ 9 月份），对于气候干燥的年份这个数据应该除以 3，这就是夏季降雨量设计数据或者 $R_{夏}$。用夏季降雨量需求数据减去夏季降雨

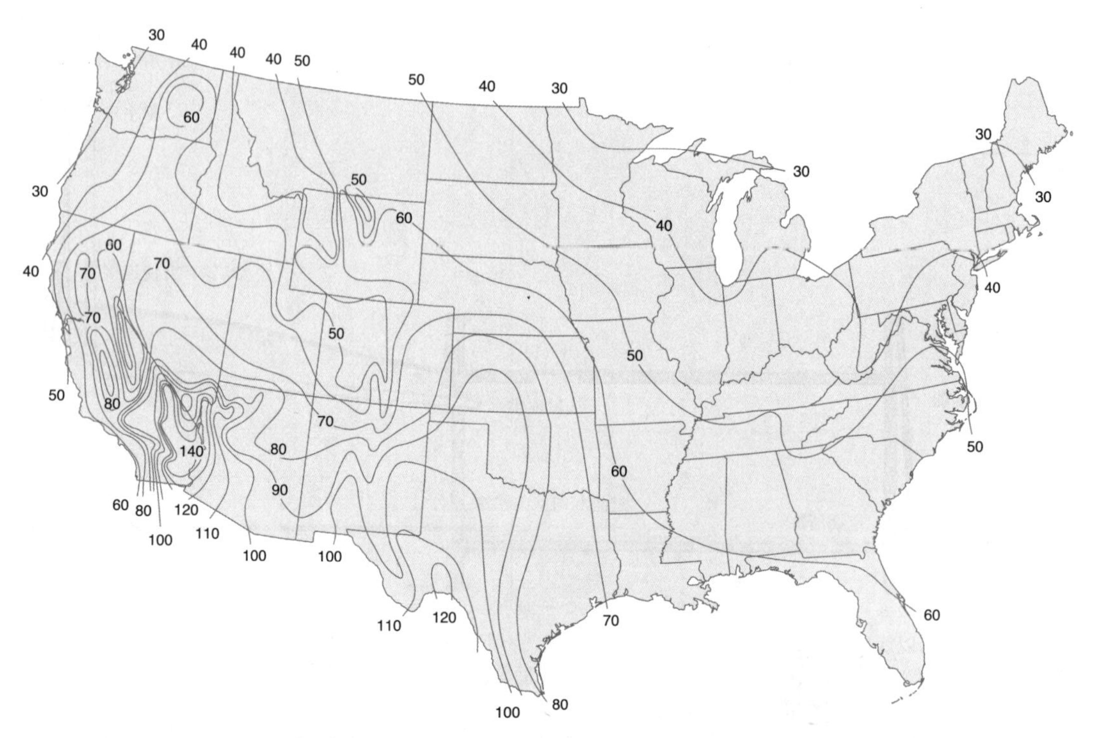

图 9.7 美国大陆的地图（气候）等高线能够表明以英寸计量的年均蒸发率。此地图由亚利桑那大学土木工程和工程力学学院的 Muniram Budhu 博士重新修订。（亚利桑那大学地质、岩石和水资源库授权提供）

量设计数据，求得夏季降雨量赤字。

- 干燥夏季的降雨量赤字乘以灌溉区域面积，A_{irr} 能够由建筑信息模型得出。再乘以 0.623 英寸 / 平方英尺找到灌溉雨水缺失量的体积，以加仑计。
- 夏天屋顶的雨水收集量：夏季设计降雨量（$R_{夏}$）乘以建筑信息模型中收集雨水屋顶的总面积（A_{roof}）。再乘以转化系数 0.52，将结果转化为每平方英尺屋顶在降雨量为 1 英寸时收集雨水的体积。

上面的过程可以总结成以下公式：

$$V_{irr}=A_{irr}\cdot(17.5-R_{夏})\cdot 0.623\text{in / gal ft}^2-A_{屋顶}\cdot R_{夏}\cdot 0.52\ \text{gal / in ft}^2$$ ［式 9.3；Austin Energy 2000］

总的用水负荷（V_{load}）需要满足建筑用户一白天以上的干旱期用水量（V_{occ}），游泳池的补给量（V_{pool}）和灌溉需求量（V_{irr}）为：

$$V_{load}=V_{occ}+V_{pool}+V_{irr}$$ ［式 9.4；Austin Energy 2000］

屋顶面积优化和水箱的尺寸

雨水系统的第一部分应该是屋顶的雨水收集区域。对于一些设计，专用的雨水收集仓（也可以保护水箱）可以扮演这个角色，雨水也可以从建筑的基本屋顶收集（图 9.9）。如果用于饮用水，那么就应该精心选择屋顶的材质。组合瓦屋顶不适用于收集以饮用水为目的的雨水。其他材料，如镀锌金属屋顶，则因为锌浸出进入供水系统而颇受争议。无论如何，现在看来锌在大多数情况下是安全的。像铝一样光滑的屋顶允许径流快速通过，使得对屋顶的清洗更加彻底，从而污染的积累较少。

设计数据		
可用的屋顶投影面积	2200	平方英尺
雨水收集量	年均 37100 加仑	
容量		
居住者	4	人
日消耗水量	40 加仑 / 天	
干旱日期	100 天	
居住者消费水量	16000 加仑	
水池面积	288	平方英尺
蒸发损失	16157 加仑	
灌溉		
花园	1500	平方英尺
用水需求	每周 1 英寸降雨	
降雨面积系数	0.623 英寸降雨量相当 1 加仑	
夏季持续时间	17.5 周 7 ~ 9 月	
需求水量	夏季花园用水 16363 加仑	
夏季降雨量(7 ~ 9月)	4 英寸 7 ~ 9 月，占全年降雨量的 1/3	
收集到的自然降雨量	3534 加仑，7 ~ 9 月	
不足	12828 加仑	
夏季屋顶收集雨水	4324 加仑 7 ~ 9 月	
灌溉需求量	8504 加仑	
存储需求	40.661 加仑	
	7.48 加仑 / 立方英尺	
	所需容积 5436 立方英尺	
圆形水箱：	24	高度 24 英尺，直径 12 英尺
棱形水箱：	400	表面积 400 平方英尺，深度 13.6 英尺

	降雨量
1 月	1.61
2 月	2.16
3 月	2.33
4 月	2.48
5 月	4.58
6 月	4.09
7 月	2.04
8 月	2.06
9 月	3.15
10 月	3.46
11 月	2.32
12 月	2.15
全年	32.43
蒸发量（英寸 / 年）	90
蒸发量（英尺 / 年）	0.623
加仑 / 英寸 雨水 / 屋顶 平方英尺	

用户输入数据

图 9.8　一个雨水收集系统的规格尺寸计算表。建筑信息模型中这样的工作表或者安排表通过自动收集计算收集雨水屋顶的面积、入住率、绿化和泳池的面积随着设计的发展，来动态地设计水箱的尺寸

对于屋顶的尺寸，真正应该关心的是平面面积（不是屋顶的面积，一般是坡面积）。屋顶用于收集雨水的面积（A_{roof}）是与建筑信息模型中的工作表和明细表相关联的。相应的潜在年均收集降雨量（V_{rain}）以加仑为单位，可以表示为：

$$V_{rain}=0.52 \cdot A_{roof} \cdot R_{annual}$$ ［式 9.5；Brown Gerston and Colley 2005］

这里，R_{annual} 表示场地的年均降雨量以英寸计量，通过将这个动态地计算连接到建筑信息模型中的屋顶，随着设计的发展，雨水的收集面积会随之改变。相反的，设计可能会被调整来优化收集雨水的效果。记住，不需要整个屋顶都用于雨水收集。

213

为了收集足够的雨水，雨水收集量应该等于或者超过总用水负荷量，使水箱中的水能够持续维持建筑的用水需求。当然，储水箱或者水池有很多种可供选择。从聚丙烯塑料水池到木制水槽到地上式或者掩埋式的钢筋混凝土水池，都应该加装盖子尽可能所储存水质干净无

图 9.9 包含不对称排列的金属屋顶集水，可以最大化注入其下面的绿色屋顶露台。金属被认为是最适合收集雨水的屋顶，金属屋顶可以由回收的金属制造。绿色屋顶本身是可以出入的，位置临近二楼走廊和主卧室，绝佳的视野可以让人享受每一天。三个雨水桶作为“雨水收集器”，不像传统的圆桶，它们的形状是矩形的，这样可以紧靠墙壁放置。多余的雨水会流入附近干旱的花园，这是一个比建造 5000 加仑水箱更加经济的计划（图片来自 Nathan Kipnis，AIA，LEED AP）

细菌（图 9.10）。如果需要多个水池，那么就需要确定所需要水池的数量。为了确定圆柱或者棱柱形状的水池的尺寸，计算它的容积将立方英尺为单位的数据除以 7.59 转化为以加仑为单位计量。基本的几何形状在给定高度和容积的情况下能够确定通径，反之亦然。

$$H_{cyl}=V_{load}/\pi\ (d_{cyl}/2)^2 \qquad [式 9.6]$$

对于复杂几何形状的水箱，也许应该根据水体设计负荷和屋顶收集雨水面积创建一个小的动态工作表或者明细表，并随着设计的深入跟踪水箱或者水池的容积。

卫生洁具的效率

214

在绿色评级模式中为了满足得分点所要求的表现，可能需要定量证明建筑规定的基本的用水减少量。通常评级系统会生成一种计算方法。基本情况下，对于一个给定的卫生洁具，计算方法可能是：

$$V_{waste}=N_{use}\cdot Q_{gpf}\cdot D_{flush}\cdot N_{occ} \qquad [式 9.7；Austin Energy 2011]$$

这里，V_{waste} 日均废水消耗量，以加仑计算。N_{use} 为一个给定洁具日均正常使用次数；Q_{gpf}

图 9.10　Barnes Gromatzky Kosarek 建筑师设计的科罗拉多河下游管理局（LCRA）美国紫荆中心，以雨水的收集和利用作为建筑元素（照片由 Thomas McConnell 拍摄）

代表每次冲水的水量以加仑计；D_{flush} 代表每次冲水的持续时间；N_{occ} 代表全天居住者的数量。除了居住人数以外，包括特殊的卫生洁具的作用，所有这些变量都是被给定的。上面的计算或者类似的计算可以用于利用设计和传统设计中的雨水收集。该计算也能够通过在建筑信息模型中建造卫生洁具而将计算包含在计划表内（图 9.11）。入住率的值可以手动输入或者应用房屋面积函数，如果应用房屋面积函数，那么虚拟的建筑也能够提供相应的值。

215

为了确定绿色建筑的评级，设计方案会与传统方案相比较。（假定）相对于传统设计方案改进的百分比决定得分，就有下面公式：

$$\text{Reduction percent} = (V_{design} - V_{baseline}) / V_{baseline} \quad [式\ 9.8]$$

上面公式中的 V_{design} 和 $V_{baseline}$ 是年均值（每天消耗水量以加仑计乘以建筑物每年使用的天数）。

人工湿地的尺寸

回顾上面的每年人均用水量，一半的直接用水是为了排污。一种可接受有效地解决这个问题的办法是减少卫生洁具的用水量。对于拥有低压污水处理系统的建筑，一些废水能够被处理后用于表面的灌溉。对于没有集合城市基础设计的项目，人工湿地是污水处理系统的一种备选方案。这些模拟自然的

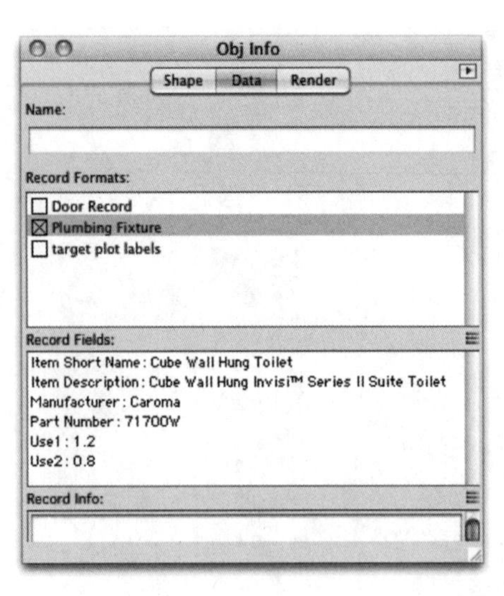

图 9.11 流量极低的卫生器具，例如这个在建筑信息模型中建模的立方体墙挂式隐形系列Ⅱ套件坐便器，比老式的低流量坐便器使用更少的水量。这个坐便器每次冲水只用 0.8 加仑（双冲水 1.2 加仑）。这些值和其他产品数据可以被添加到自定义组件中，用于动态计算和自动化计划表（图片来自 Caroma USA）

系统，利用自然的物理和生物作用循环过滤净化废水，人工湿地减少生化需氧量负荷（BOD），以及减少总悬浮物（TSS）。

自然湿地是自然界的过滤器，它的作用就像生物圈的肾脏。无论水是否覆盖土壤，在土壤表面或者附近的位置，湿地都发挥着它相应的作用。在淡水和盐水环境中，从苔原温带和热带地区，湿地可以在地球上每一个生物群落中找到。维特鲁威和一些人一直认为向湿地排水是不健康的，在经历了卡特里娜飓风和英国石油公司墨西哥湾漏油事件后，人们才开始明白湿地的益处和脆弱。

从生态学的观点看，湿地（无论是自然的还是人工建造的）都是营养富集的水池，对于生命来说都是资源。它们储存水，然后慢慢释放，以此途径控制洪水。与热带雨林和珊瑚礁一样，湿地也是最具有生产力的生态系统之一。在健康的自然界没有被人类过度开发的时候，湿地保护着沿海地区免受极端天气大的侵袭。湿地植物已经适应了含水量很高的土壤，一些盐水条件下生长的植物非常适合植物修复，纠正水体污染和土壤污染的植物需要精心挑选和管理。从动物的角度讲，湿地是鸟类和其他野生动物的栖息地。最后，在人类世界中，湿地还扮演着娱乐场所和可再生自然资源的角色。

在美国环境保护署（EPA）的网站上有一个湿地恢复的原则列表。对大规模项目，建筑师做任何可持续设计时都会用这些原则。

- □ 保存和保护水产资源
- □ 恢复生态完整性

217

- □ 恢复自然生态结构
- □ 恢复自然的功能
- □ 可持续设计
- □ 景观环境或者流域内的工作
- □ 适当时使用被动修复
- □ 了解潜在的集水区
- □ 恢复本地物种，避免引入非本地物种
- □ 查明引起持续退化的原因
- □ 利用自然修复和生物工程
- □ 设计多个学科的小组
- □ 制定清晰的、可实现的和可衡量的目标
- □ 监视变动并进行相应的调整是必要的
- □ 使用参考网站
- □ 关注可行性

我们衡量一个由建筑信息模型中的信息建造的人造湿地，我们将会考虑这样一个系统，他是否适用于日常使用，例如废水花园（WWG）。其前身是在生物圈 2 号中设计并实现的污水回收和处理系统。1991 ~ 1993 年之间，对这片湿地加以改造，对原有的废水坑进行安全处理和回收，使之成为一个几乎封闭环境的 8 人居住地（图 9.12），后续的废水花园（WWG）是由第一个生物圈 2 号的成员和废水花园专家 Mark Nelson 博士提供。

表面上废水花园类似于一个传统的垃圾处理系统，废水花园处理废水时主要分三个步骤：处理系统的第一步发生在沉淀池，类似于一个化粪池，沉淀固体和消化有机物。灰水和黑水需要在这个池子中停留 3 天；因此池子的容积应该相当于 3 天流入的总体积。沉淀存储本身包含两个池体或者一个由内部

图 9.12　1994 年初在生物圈 2 号中的集约农业生态区（图片来自 Gill Kenny。Synergetic Press 允许转载）

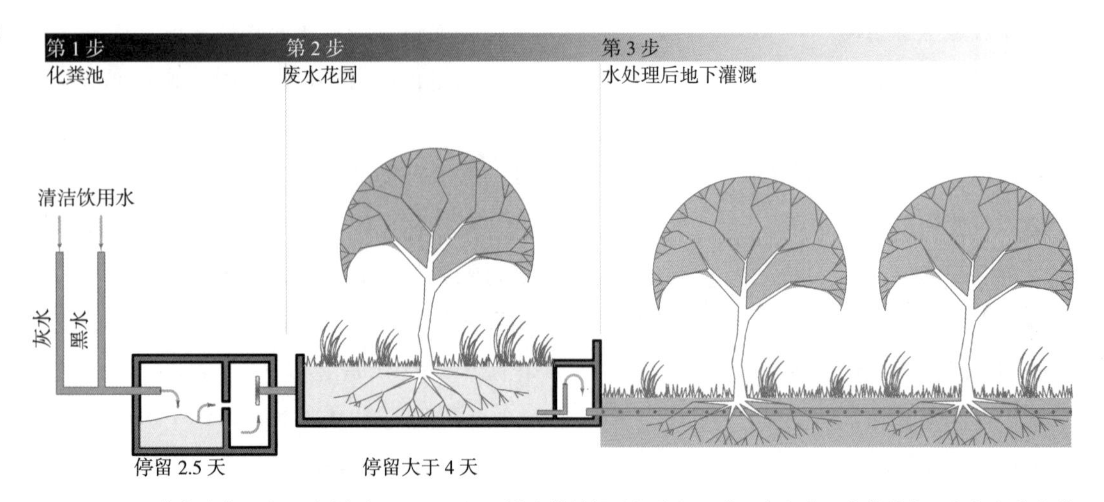

图 9.13 图示的废水花园处理系统根据 Mark Nelson 博士的数据重新绘制而成。废水花园中的植物必须根据植物的特点精心挑选，植物应该适合当地的气候；排水区域种植的植物拥有更对的选择性

挡板隔开的，前部分为 2/3 容积后半部分为 1/3 容积的池体。传统化粪池过滤器放置在沉淀池的管道出口处，其大小适应日常流量。这个过滤器是硬塑料材质的，当它开始堵塞的时候只需要移除堵塞物和清洗，以确保固体不会通过化粪池进入人工湿地。

从建筑到沉淀池的管道坡度应至少为 2%，从沉淀池（图 9.14）到废水花园和从废水花园到最后向深层土壤渗滤的排水区域的管道坡度应该为 1%。在这里检查建筑模型的 3D 构造和场地模型可能会帮助确定水槽深度和废水花园和场地的相对位置。

废水花园处理系统的第二个步骤是花园本身。对于每个全职居民来说，供大约 0.7 平方英尺的区域作为废水花园，这将能使废水在花园中至少停留 4 天的时间。蒸发率较高的区域（图 9.7），高蒸发率导致更长的停留时间和更高的处理效率。分配到每个居民每天利用废水花园处理 1 加仑卫生间和厨房的废水（黑水）需要 0.4 平方英尺大小的废水花园。人工湿地应深 0.65 米（25 英寸），确保 0.6 米高的水位和 0.05 米的干燥砾石层，确保没有气味和防止意外的接触。周边建造 0.20 米（8 英寸）的防水沟，防止雨水径流进入人工湿地。

第三个也是最后一个处理步骤是灌溉渗滤区域。这里可能会根据土壤类型和地下水位种植一些有价值的灌木或者树木，除了根块植物和侵入性根系的植物。渗滤区域应该种植一些高产量的植物，例如水果树、乔木树或者插瓶花灌木（图 9.15）。所有的植物都必须完全耐水。

建筑信息模型中的房屋面积和所需要的渗滤区域的尺寸可能会有间接的联系。建筑的入住人数（除非由程序得知）取决于楼层面积；废水花园沥滤场所需的灰水和黑水渠总长度根据居住者的数量计算，考虑渗滤土壤的类型不同：

- □ 沙土：全天居住者，每人 2 米
- □ 壤质土：每人 4.4 米

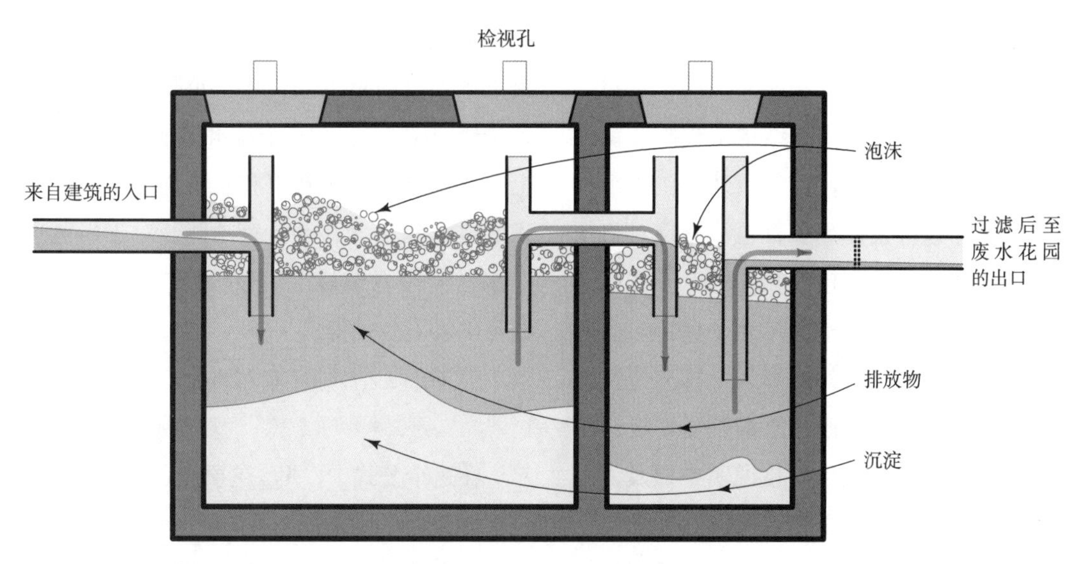

图 9.14　标准的两舱制的化粪池大小适中，能够储存将近 3 天的排放物

图 9.15　西澳布鲁姆镇椰子井地区的可可生态旅店（住宿和早餐店），废水花园在自家住宅和客房之间的院子里（废水花园图片由 Mark Nelson 提供）

- □ 轻黏土：每人 8 米
- □ 重黏土：视土壤性质监测结果而定

这些指南假定采用 0.3 米宽、0.5 米深砾石沟槽（1 英尺宽、1.5 英尺深，底部铺设 3 英尺深砾石）。

对于灰水收集系统，每个全天的居住者（或者相等居住效果）需要渗滤沟渠的长度如下，假设屋内的住居者人均每天负载 100 升（约 26 加仑）：

- □ 沙土：每个居住者 1.4 米
- □ 壤质土壤：每个居住者 3 米
- □ 轻黏土：每个居住者 8 米
- □ 重黏土：视土壤性质监测结果而定

当然，这只是初步设计雨水系统规模的指南：经验丰富的顾问可以用于湿地的正确设计以及随后的建造。然而当这些值在与模型相联系的时候，就能够指导设计者设计沉淀池、废水花园和渗滤土壤等设施的规模与位置。反过来，这也可能会影响到场地的设计，甚至建筑的选址和朝向。 220

排水沟尺寸

在膨胀土地区工作的结构工程师会认为排水沟是基础的最好搭配。而建筑工程师担心可能会导致霉菌的生长，也一直反对将植物（潮湿的）种植在建筑物的边缘。在这两种情况中，适当的排水沟尺寸是保持多余的水（无论是液体或是气体形态）排离建筑物周边的关键。很多时候排水沟是后期设计的屋面小构件，只在项目规格说明中提及，画在建筑剖面或檐口详图中。

然而在某些情况下，排水槽要承担建筑功能，特别是作为雨水收集系统的一部分，或者可能要排放大量的水（一个著名的实例就是奥斯汀附近的约翰逊瓢虫陆地合作野生动物研究中心）。有几个排水槽制造商的网站上提供了基于降雨数据和收集雨水的屋顶面积的排水沟尺寸在线计算功能。对于半圆形排水槽（作者偏好），排水槽直径（G_{ϕ}）大致是由以下公式得出：

221

$$G_{\phi}=2\cdot\sqrt{A_{roof}\cdot R_{i}/280\pi}$$ [式 9.9，据 SMACNA 1993]

在这个公式中，A_{roof} 屋顶投影面积以平方英尺计算，R_{i} 代表每小时的降雨强度。

地方的降雨强度[1]可以在美国海洋大气管理局（NOAA）网站提供的地图上查阅。其他

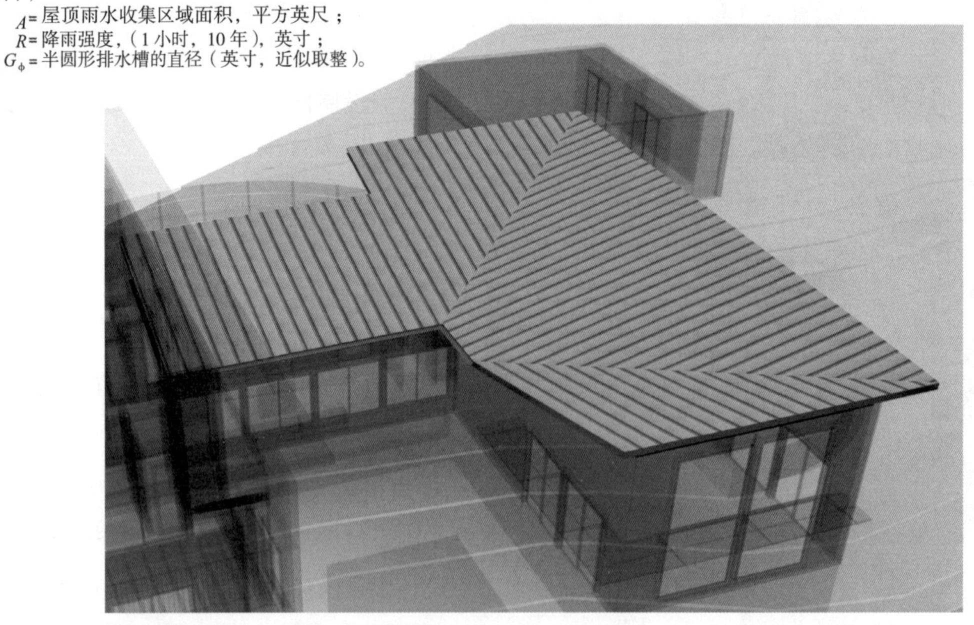

图 9.16 在这个建筑信息模型中，汇总收集雨水屋顶面积的工作表计算根据式 9.9 计算半圆形排水槽的尺寸，直径取整以英寸计。建筑信息模型中通过测量实际（正常）屋顶面积而预计屋面投影面积的应用程序是由屋顶面积乘以倾斜角度的余弦而得到的

1 降雨强度可以参考网站：http：//hdsc.nws.noaa.gov/hdsc/pdfs

的建筑资料（例如 Ramesy 和 Sleeper 2007），提供基于降雨强度、雨水口间距和屋面坡度的排水槽规格表。式 9.9 可以在建筑信息模型中建一个明细表，该明细表基于雨水收集屋顶的面积动态的通知用户合适的排水槽规格尺寸（图 9.16）。因此最有用的是初步设计和排水槽尺寸的关系，而不是最终的排水槽尺寸的确定。

■ 案例研究：得克萨斯州纳瓦索塔市蜜蜂农场

设计师：弗朗索瓦·列维

设计公司：弗朗索瓦·列维建筑师事务所

任何脱离市政网络的建筑要维持全年运行都是非常严峻的设计挑战。并且不依赖社区的电力和供水等基础设施，最关键的是建筑所有系统的尺寸和设计都要恰当，而且拥有备用的应急系统。这个特别的建筑，坐落在得克萨斯州中部的农村，在奥斯汀东部、休斯敦的西北部。这座建筑从 19 世纪开始就属于这个家族。在美国的很多地方的农场都逐渐变为住宅区。不想鼓励进一步开发和公用市政系统的蔓延，业主选择了一种脱离公用市政系统的方式来维持他们未来的房子（图 9.17）。

这个独立家庭住宅打算完全脱离能源和水的公用市政网络。资源设计策略先是"第一降低能源的消耗，其次才是利用再生能源"。建筑坐落的位置和朝向强调南面的阳光照射时间（图 9.18），每年南面朝向的屋顶坡度能够使它收集最多的太阳能。同时，

222

图 9.17　蜜蜂农场的北向效果图。朝南的屋顶坡度根据光伏系统设计，提供夏季制冷负荷。同时，屋顶向南架高为柱廊遮阳，也为空气间层和阁楼提供了更高的内部空间。参见图 6.11 的阴影研究（建筑信息模型和效果图由作者提供）

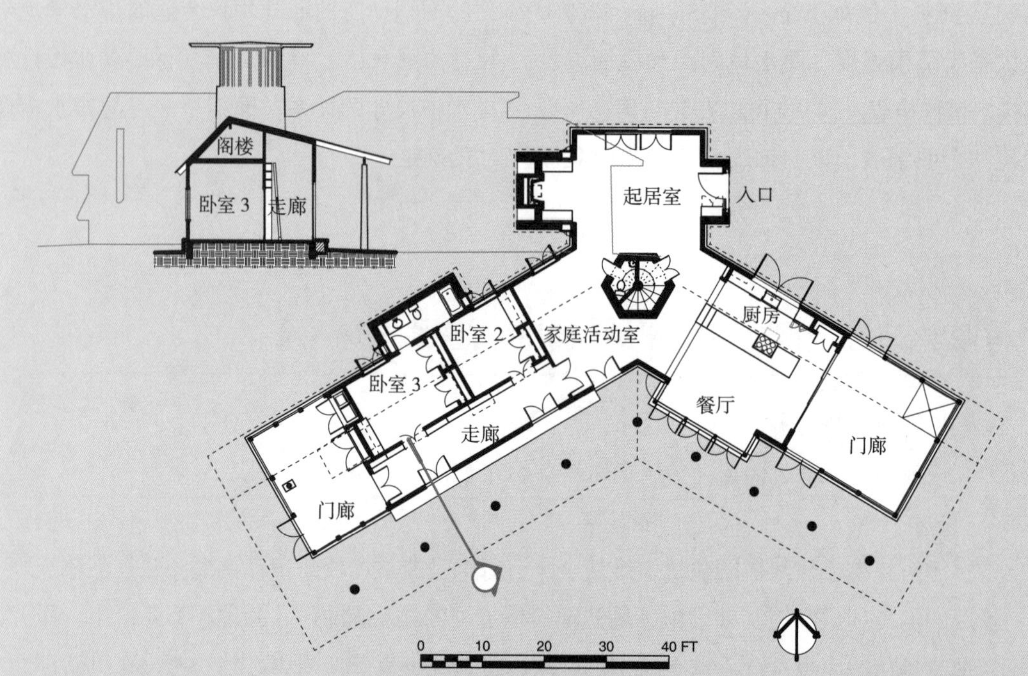

图 9.18 蜜蜂农场的一层平面和剖面图。北向的客厅采用大面积玻璃采光，同时吸收最少的热。遮阳门廊向东西延伸，为房屋狭窄的立面提供足够的阴影（建筑信息模型视图由作者提供）

开放的农场中冬季的北风会非常猛烈，这是业主代代相传的经验。北面的屋顶更加陡峭，这样相应的增加屋顶在建筑外表面积中的比例，因为屋顶的热阻值几乎是支撑墙的 2 倍。

起居区朝北，设计为短翼，而公共活动和私密区域以相同角度分别向东南和西南方向伸展。宽敞的遮阳门廊在这两个长翼的尽端扩展了生活空间，经济实惠，是农场和家庭的过渡空间，在炎热的夏季为狭窄的东西立面提供了遮阳，还支持屋面雨水收集。

房子的屋顶是核心的设计元素。遮蔽夏季高高的太阳，产生较长的南立面阴影。屋顶在南面设计的高度能够使建筑在夏天拥有一个凉爽的房间，同时在冬季让较低的阳光照进室内。屋顶的设计使阁楼的存储空间最大化，躲避冬季的寒风，和收集该地区充足的雨水。在建筑上强调暴露的屋顶结构，在高高的南面柱廊之上形成过渡。

初步计算表明，建筑区域的场地将产生足够多的雨水满足五口之家的需要。在一个雨水收集系统中，最昂贵的组件是水箱：屋顶和水箱的尺寸规格必须一起确定，来确保屋顶收集的雨水能够充满水箱。一些屋顶可以作为收集雨水的备用屋顶，也可以考虑两个安置水箱的位置。Vectorworks 软件中的建筑信息模型工作表格以收集雨水屋

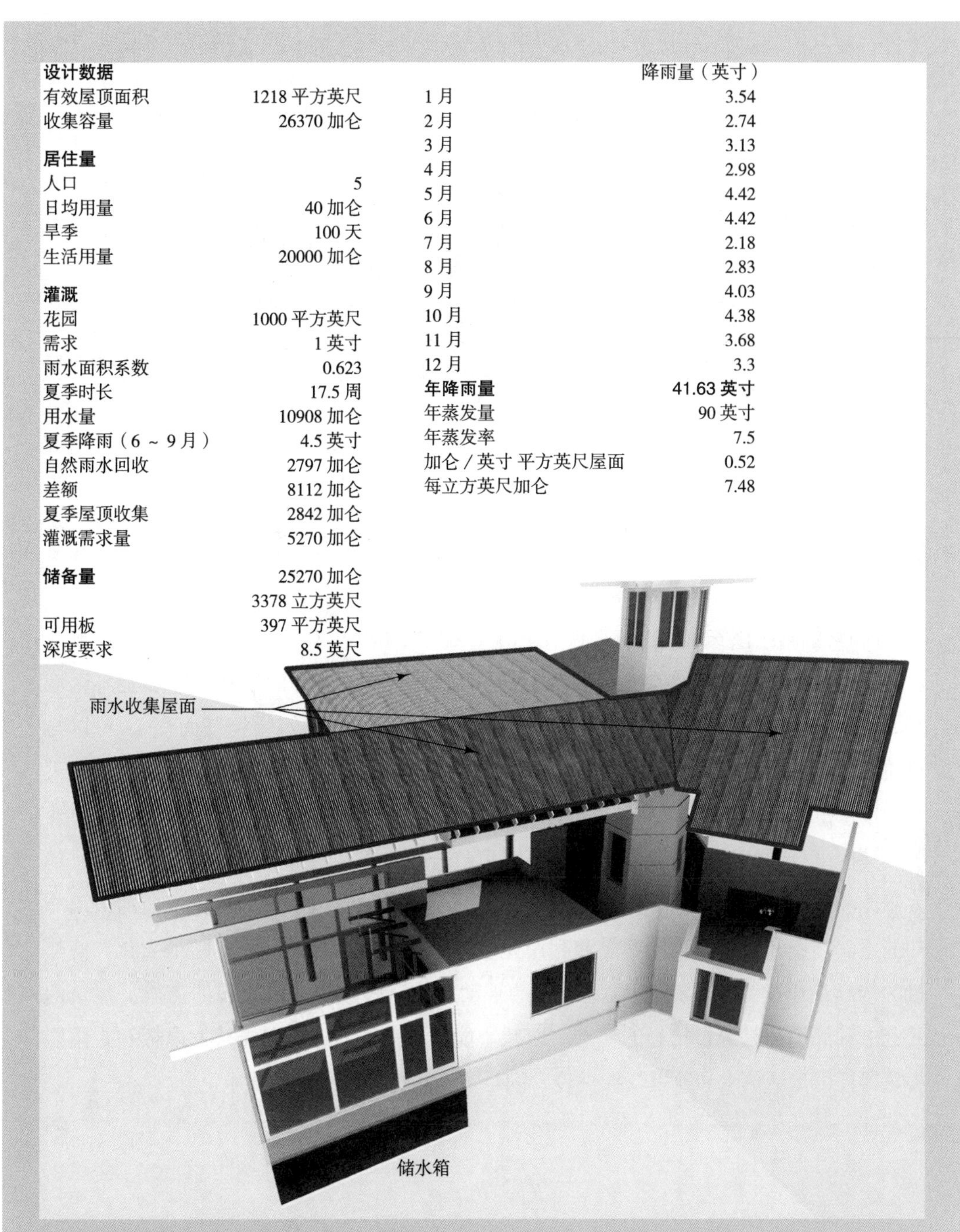

图 9.19　这个分解图呈现了蜜蜂农场雨水收集屋顶和水箱的规格尺寸，还包括数据以及计算方式。年均降雨量决定了屋顶收集雨水的能力，所以应该参照年均降雨量选择合适的雨水收集屋顶面积。排水设计汇集雨水，减少雨水口和落水管；水箱放置在临近的位置。西面的门廊和水箱安置在一起，水箱的位置略低于门廊。这是房屋最成功的地方，这样能够最大限度的减小开挖（建筑信息模型和视图由作者提供）

图 9.20 建筑的西北面视图。北面陡峭的屋顶能够帮助在冬天庇护建筑免受北风的吹袭（建筑信息模型和视图由作者提供）

顶面积为参数，计算年均收集的降雨量；根据这些信息和注意事项，以及雨水口和落水管的位置，有 3 个屋顶表面被选为收集雨水的表面。

同时，水箱应该安放在建筑平台板下方（当地的土壤并不十分坚硬而且易于挖掘）：这样，水箱的部分成本将会被基础建设分担（图 9.19）。这样的话在门厅和走廊区域安放水箱是一个不错的选择。门厅和走廊的地板面积（减去水箱箱壁面积），可以与建筑信息模型的工作表相关联决定水箱的深度，使得水箱能够储存经历 100 天干旱天气的用水量。

其他可持续性设计可以与雨水收集屋顶整合。显然，南部屋顶的坡度能高效收集太阳能和夏季的遮阳采光。建筑的选址能够利用夏季的微风来增加烟囱效应的被动冷却能力。墙壁和屋顶适当的绝热和利用先进的框架技术设计能够使热阻最大化，使热量的传导最小化（图 9.20）。这些系统的被动措施能够减少室内能源的需求，建筑内的家电和照明都是经过精心的挑选，以减小能源负荷。通过设置光伏发电板和太阳能集热器提供生活热水和地板辐射供暖，满足了上述这些低能耗的要求。

第 10 章

建筑材料和废弃物

除了前一章的建筑水文和我们在第 3 章对场地设计与分析进行的一些讨论，本书大部分内容讲述了在能源使用背景下，BIM 在可持续发展中的服务。考虑到如今我们的社会对于化石燃料依赖的严重后果，这些对于能源问题的担忧并不是空穴来风。在第 9 章中，我们把讨论的范围扩大到了水资源，现在我们开始讨论材料在 BIM 技术中的应用与优化。

据估计，有大约 40% 的原料被用于建筑业。在美国，建筑业每年产生大约 1.36 亿吨的废物，占全废物浪费的 30%。Fisk，Levin 和 Bierman-Lytle（1992）提出了一个解决这个问题的方法。他们建议在建筑中模仿自然的四项法则来建立一种制度。

- □ 高度复杂的自然系统：与我们所观察到的相比，一个系统总是以或大或小的规模重复出现；
- □ 通过能提供多种功能的元素有机结合达到资源（能源和原材料）保护的目的；
- □ 自然的限制，转换步骤的次数以及在最小规模下趋向于完成这些步骤之间的距离；
- □ 每个生命系统功能中的所有元素都以一种方式来确保材料有一个连续的生命周期（图 10.2）。

优化建材、减少浪费靠的不仅仅是把人工系统转换成自然系统；在一个自然系统中是没有浪费的。但是，减少浪费是按照一个正确的方向按步骤进行的，这可以通过以下方式来实现：

- □ 减少消耗（优化材料的使用）；
- □ 资源更新（回收的）以及使用可再生资源；
- □ 以最少的加工和最大的利益来作为选材的标准；
- □ 尽可能选择离工地近的材料生产商，以便节省材料运输费用。

图 10.1 通过BIM做一个尽可能准确的实验。中间的框架模型是从顶部的综合BIM模型中提取出来的。下面这个是同一角度的现场照片（比利住宅扩建，Agruppo设计；摄影：Andrew Nance）

随着 BIM 技术的广泛应用，强调用软件来提高工作效率以及增强流程的互通性将成为一种趋势（在第 11 章将进行详细的讨论）。这些都是过程中有价值的方面。鉴于 BIM 模型能够从本质上列出虚拟建筑模型的所有模型化构件，因此，设计师可以有更多的机会来更好地控制材料的耗费情况。用这种方法，设计师可以有效降低建筑成本，至少可以起到精确预算的作用。

材料计量与成本计算

精确预测建造成本的一个重要因素是可以在大型项目中使用 BIM。的确，大型的建筑公司是 BIM 技术的早期使用者，它们使用该技术来明确它们可以精确量化材料使用量的能力（精确需求与精确模型，图 10.1）。有趣的是建筑公司花费了大量的额外时间与费用，在自己内部重建精确的 BIM 模型（但是却失去了 BIM 倡导者们所说的相互协作的有效性）。从材料出发的益处绝不仅仅局限于大型项目，对于小项目材料的用量计算特别有益。这些建筑往往有较小的预算利润，甚至一个小错误可能会导致破坏性的项目成本超支。但是，在住宅承包商那里，这些成本预算有时候似乎更是一门艺术科学。

227

在一个传统的设计—招标—建设 DBB 项目中，设计与预算之间会有差距。建筑师有权访问数字文档，因此他们可以提供详细的材料需求，而承包商可以提供的是历史成本的信息，当前投标价格以及专用的交易信息，而他们之间往往欠缺交流。没有很好地交流

图 10.2　先进绿色建筑示范工程 AGBD 是众多可持续发展技术中比较有特色的一个建筑，它包括一个 13200 加仑的雨水处理系统和两种秸秆土施工方法。AGBD 是美国第一个完全使用非波特兰水泥混凝土的现代化建筑。在建筑中使用的混凝土是煤灰、钙化物，由最大潜力建筑系统研究中心 CMPBS 开发。AGBD 设计有水循环系统，能源利用，材料标记。它集成了本地的可再生材料，并且便于拆装。现在作为 CMPBS 的办公场所（摄影：Paul Bardagjy）

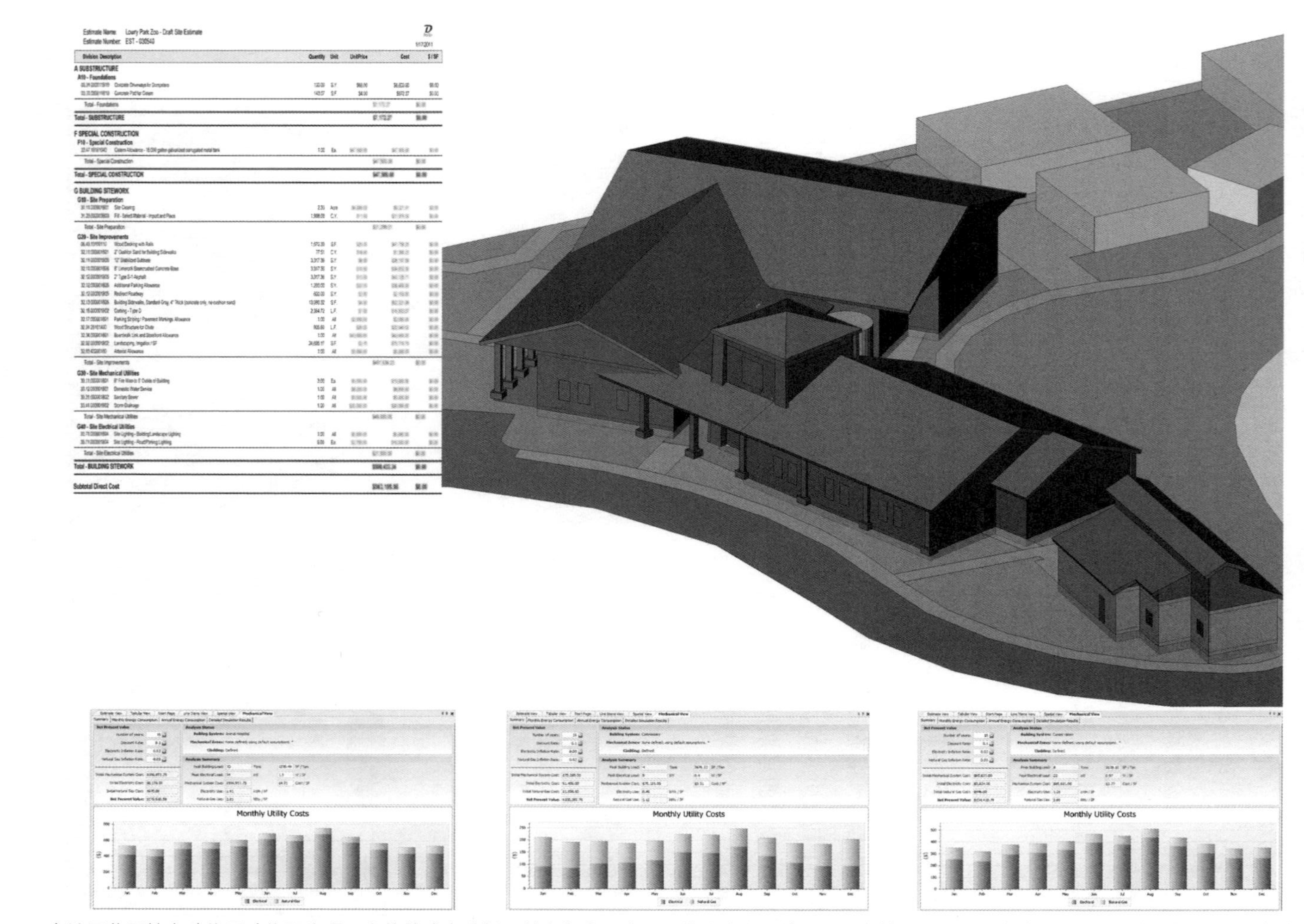

图 10.3 一个关于劳里帕克动物园动物医院项目大体的成本分析，其中包含三个主要的建筑和额外用地以及检疫用地：一个动物医院，一个办公室，一栋科研大楼，一个为动物准备和存储便利食品的物资供应所。每一处建筑都为游客提供了观察景点。成本报告、分析图像以及能源分析都是在 DProfiler 中做的，这个软件是 Beck 集团专有的建筑信息建模软件（图片来自 Beck Architecture LLC）

与沟通，这些详细的项目资料就不能很好地发挥它们的作用。当然，借用传统的项目传递方式，无论是粗略还是详尽的材料需求信息都会得到很好的利用。集成项目交付实施 IPD 或者设计建造 DB 公司既能对设计进行控制，也可以获得项目成本信息，BIM 包含的成本数据提供了令人信服的可能性：信息为设计服务。

229

概算（面积计算法）

有个承包商曾对我说过："只有您给我一个概念性的设计，我才能给您一份大体的成本预算。"这个并不难理解，成本分析是基于早期的一些设计信息，这些信息可以帮助我们确定初步的预算，进行成本控制，检查项目变更情况。设计师或许并不能精确到材料的细节和劳动力成本，但是一个大体的成本分析还是十分有用的（图 10.3）。这种方法是回顾以前做过的一些项目来估计一个项目的总成本（C_{proj}），将总面积按照类型进行细分然后再乘以每一个基础面积的成本比例：

- □ 空调空间（A_{cond}）和基本平方尺成本相同；
- □ 非空调封闭空间（A_{uncond}）乘以成本系数（R_{uncond}），例如 75% 的基本平方尺成本；
- □ 有遮盖的户外空间（A_{cover}），如门廊，乘以成本系数（R_{cover}），例如 50% 的基本平方尺成本；
- □ 硬质区域（A_{terr}），如平台、甲板，乘以成本系数（R_{terr}），例如 25% 的基本平方尺成本。

以上的这些 R 值的计算多少都是有些主观的，所给出的这些值也是明显的举例。可以根据下列公式，通过取各自的 R 值，可以由以往的项目中的单方造价推导出乘以每个面积的成本：

$$C_{sf}=C_{proj}/(A_{cond}+AR_{uncond}+AR_{cover}+AR_{teer}) \quad [式 10.1]$$

这个公式可以被修改成比 R 值成本的 100% 还要高的值，以便适应一些特别昂贵的建筑区域（图 10.4）。这个公式也可以被扩展到其他类别的建筑中应用，例如用昂贵的甲板替代平台。

以前项目的每平方尺的成本可以为以后的项目起到指导性作用，以建筑面积乘以基本面积成本，成本比是通过前面的公式进行下面的计算：

$$C_{proj}=C_{sf}(A_{cond}+AR_{uncond}+AR_{cover}+AR_{terr}) \quad [式 10.2]$$

成本的比值或许可以被应用于 BIM 概念中的空间物体、楼板或者其他异形材料的计算；一旦通过上面的公式，确定了一个大概的建筑单位成本以及进度表，BIM 模型就可以根据模型的变化动态地反映建筑成本。

精细计量

随着 BIM 应用的成熟，传统三维模型的地位已经被日益发展到能模拟真实建筑构件的参数化模型所取代，推动这一趋势发展的因素有：

- □ 在建模时，需要用户进行自定义的部分比较少，所以建模变得容易；
- □ 建筑模型在策划和设计过程中越来越复杂；
- □ 不同的构建类型的增多，使得在材料的需求上要求的更加详细（图 10.5）。

图 10.4　一个简单的估算成本的理论：制定出各个区域的单位面积的大体成本，从最常见的（户外空间）到大多数的（厨房或者洗浴室的电器比较集中的区域）。如果有可靠地历史数据的支持，这些估计也是相当精准的。这也能说明一些单位建筑成本的变化。在这份彩色平面图上，不同的"单位造价"被应用在不同的平面区域中

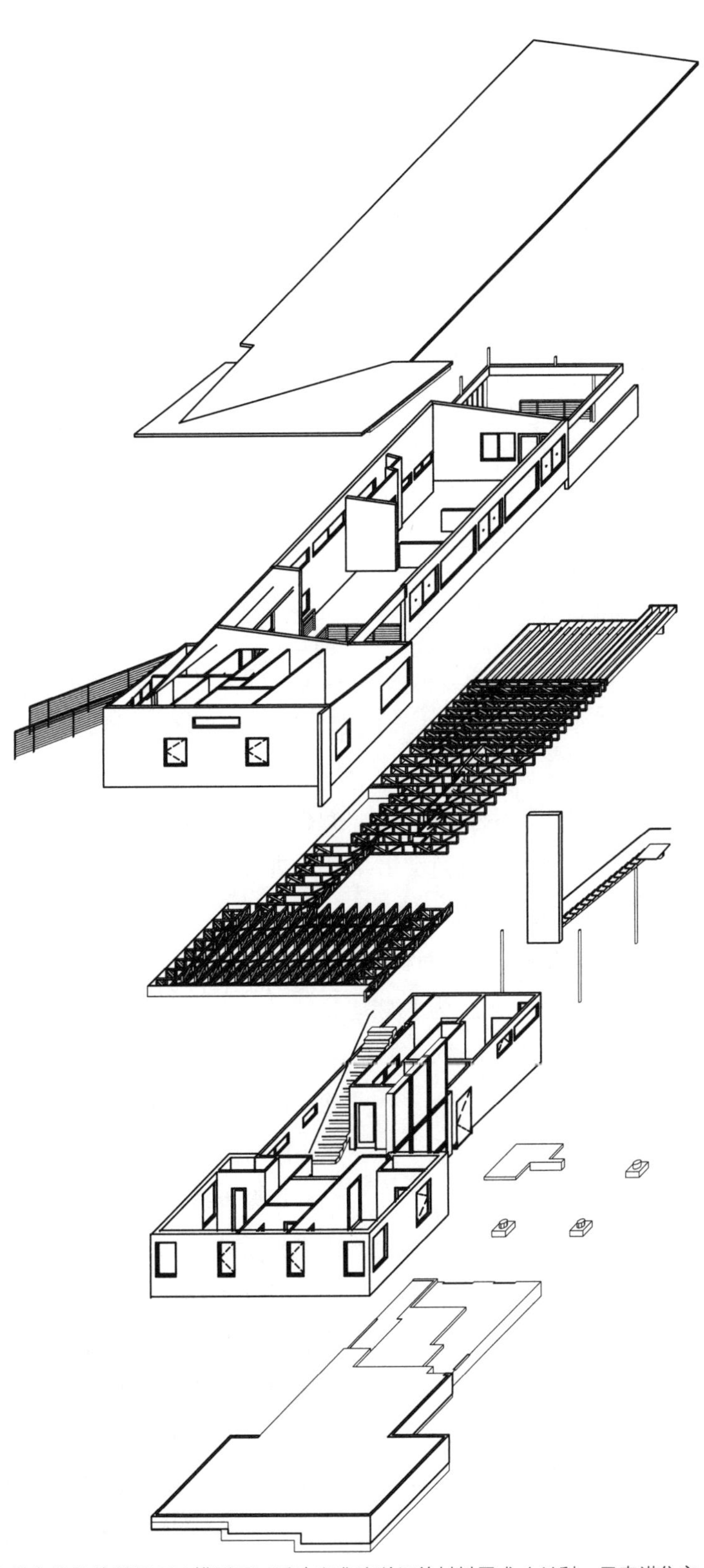

图 10.5　一个包含所有构件的详尽 BIM 模型可以反映出准确详细的材料需求（兰科·恩奇诺住宅，Agruppo 设计）

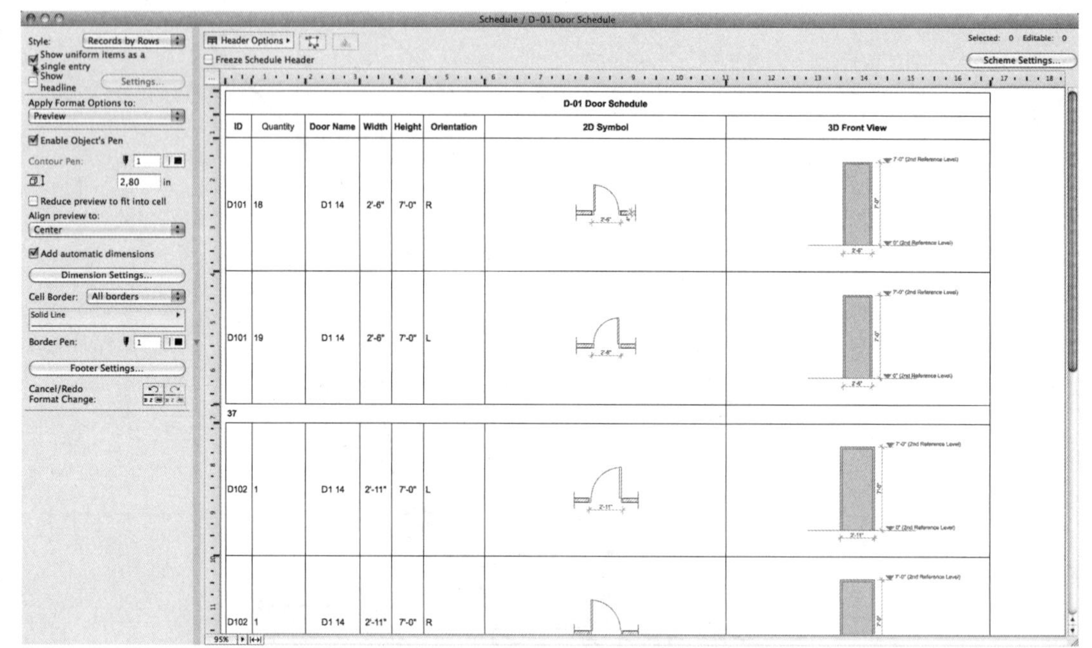

图 10.6 从一个利用 BIM 自动生成的门的明细表中可以看出一些基本的信息、平面图例以及一些其他的视图。这个明细表可以根据模型的改变而更新；在很多情况下，这个明细表具有双向性，例如明细表的改变可以反映出模型的更新情况（图片由 Graphisoft 提供）

最后一点是 BIM 工具的发展。传统的建筑时间表是十分冗杂的，而如今变得更加自动化（图 10.6）。在选择的图层或者类中，用最少的操作，建模师们就可以知道物体长度、面积、体积，甚至是质量（如果知道密度值）。为了能提供精确地模型建构，材料信息应该包含：

- 包括各种梁在内的混凝土的体积；
- 给定的类型的墙的面积；
- 屋顶面积；
- 在某些情况下还需要框架构件的尺寸和数量；
- 门窗明细表；
- 管道、照明和电力的吊架的数量。

如果有准确的材料、劳动力和设备成本的数据，那么 BIM 模型就可以形成一套高度精细的成本预算。甚至，这些建筑和需求的数据可以及早反馈给设计师，以便对环境的影响进行更好的决策。

先进框架体系

有各种各样可供选择的不同尺寸的木框架结构可供小型建筑使用，它们每一个都有自己不同的优点和缺点。两个通用墙类型系统是结构保温板系统（SIPs；图 10.7）和保温混凝土模板系统（ICFs）。SIPs 或者应力表皮嵌板是典型的包含有刚性绝缘泡沫和在工程木材之间插入剪切膜的结构（传统的胶合板，现在通常使用定向刨花板或者是 OSB）。隔热和表皮在结构中起了很大的作用，同时，SIPs 有一些木条在其边缘起到紧固的作用。一些 SIPs 产品省去了覆盖层或者使用一层很薄的金属来替代，要依赖于冷弯镀锌螺栓固定。

图 10.7 SIPs 项目的照片。注意左图背景中堆叠的应力表皮面板，它们需要左边的起重机进行安放。右图十分清晰地展示出了预制结构部分：车库的入口，SIPs 的龙骨边缘

图 10.8 LEED 金奖的 5800 平方英尺的得克萨斯公园和野生动物部总部大厦采用绝缘的 R-40 建筑外表皮形式。这个建筑设计团队由 Jamail Smith 建筑公司，美国建筑师学会会员，LEED 认证专家 Stephen Oliver，以及 OPA 建筑工作室领导，他们都是来自得克萨斯州的奥斯汀。Gordeon Bohmaflk 是 TPWD 事务所的建筑师。可以注意到在每块面板中都进行了加固，使用木结构作为开放式的架构方式，需要加固以便抵抗接下来的混凝土浇筑所带来的压力（图片来自 Gordon Bohmfalk，Architect）

ICFs 在各种各样的专有系统中是可用的。通常包括一些像聚苯乙烯之类可以回收的隔热材料，以及经过处理后可以作为隔热材料的木制产品。ICF 的内部是使用钢筋或钢筋网进行加固的，并且填充混凝土材料（图 10.8）。

234

SIP 和 ICFs 之所以能比传统的木龙骨结构提供更好的保温性能，有三个重要的原因：

- 更高的 R 值。这两种材料使用的是硬质保温材料，这种材料的性能要比传统的砖结构更好。
- 较少的热量损失。减少了低热阻的连接件，面板较宽（比传统结构减少 20%），热阻更加均匀。
- 更加严密的构造。这些墙系统的性质使得它们本来就不易受空气渗透影响，其伴随的能量损失减少。

尽管如此，木龙骨结构在美国仍然是十分受欢迎的。通常情况下，一项技术的普及与社会的接受程度有关。木龙骨的优点：

- 巨大的劳动力资源。熟练的木匠在国家的每一个大小社区都能找到。
- 易更改的。框架的错误很容易被发现和更改。
- 最小的专用设备。大多数 SIP 相当沉重，需要小型起重机安装。ICF 需要现场浇灌混凝土，必须注意支撑的形式以避免提升时混凝土浆外溢。而木龙骨结构的设备很容易在承包商的小型工作箱内存放。
- 快速安装。面板都是在工厂里生产的标准件，都有非常严格的公差，但是 SIP 并非如此，其建造不会比木龙骨快。绝大多数 ICF 的安装和混凝土砌块结构类似。

这些和其他一些因素导致传统的空间木结构并不昂贵，在关注一次性投入成本时更吸引业主们。在努力发挥木龙骨结构的优势的同时，使其更加可持续化，人们在 20 世纪 70 年代研发了先进框架体系（有时是指工程优化值，简称 OVE 结构）。尽管许多建筑师和建造人员对它还不熟悉，但是这早已经被主要的建筑规范所接受。这种先进框架结构的目标是使用较少的材料来达到较高的隔声、隔热目的。这些目标的实现依赖于以下关键措施：

- 较宽的支撑柱，较大的间距。外墙使用的是中距 24 英寸的 2×6 的立柱，代替中距 16 英寸的 2×4 的立柱。这样一来，更厚的墙体可以隔声隔热，并且较宽的柱子也能减少热桥。
- 单一横槛。上、下槛的尺寸采用单根 2×6。这样就需要协调和关心屋顶的结构布置情况，椽或桁架必须配合其下的立柱。此外，这一措施可以减少材料的使用以及减少热桥。
- 转角柱。绝大多数角落处都很难建造，可以考虑在框架上使用 L 形构造。这种角落可以增加绝缘性，有助于减少热的传递，减少因为结露造成的在墙洞处霉菌的生长。
- 保温窗楣。把 0.5 英寸厚的胶合板增加到了 5.5 英寸的墙柱深度，形成硬质保温构造，减少热桥。

加上现代泡沫绝热性能，这种先进的框架墙体系密封性更加好，与传统的木架构相比具有较好的热性能（图 10.9）。在能源部

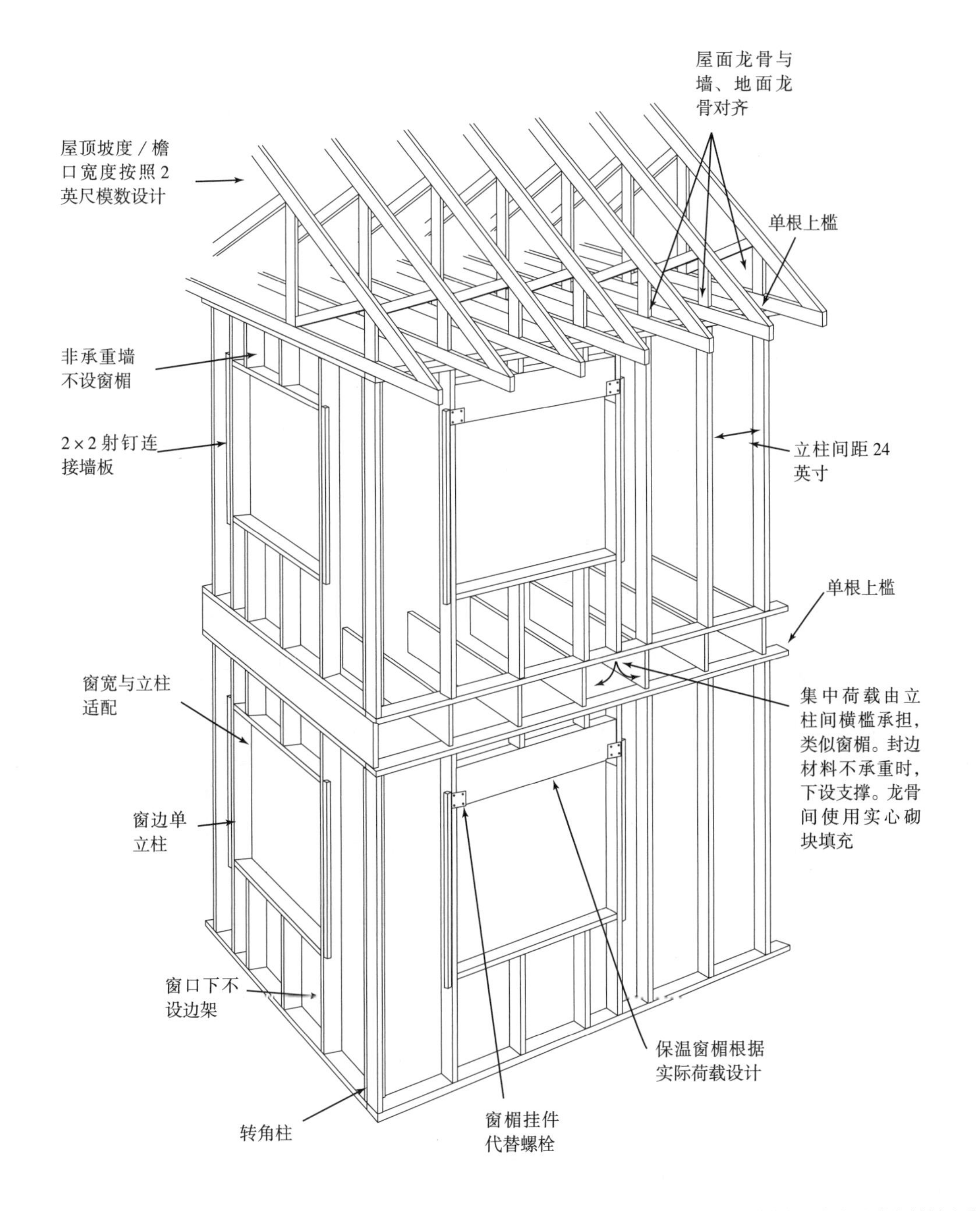

图 10.9　来自 Lstiburek（2006）绘制的关于先进框架体系详细的模型。使用最优化的木材结构来达到减少材料浪费的目的，同时使用优越的热工围护结构来增加墙的绝热性能（图片出版许可，建筑科学公司[1]）

门的网站[2]上，这种先进的框架体系被广泛讨论。

BIM 为这种结构体系提供了评估和优化的方法。在一个非常基础的层面上，对于一个

1　专业网站：www.buildingscience.com
2　详情请参见 www.nrel.gov/docs/fy01osti/26449.pdf.

236

传统型墙

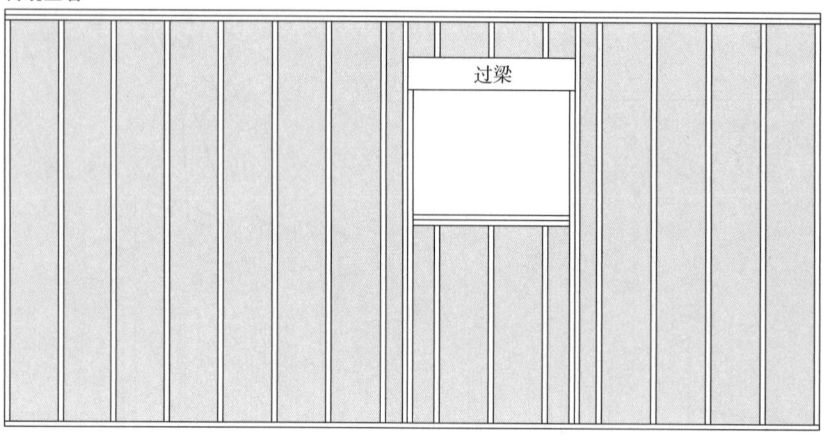

先进型骨架

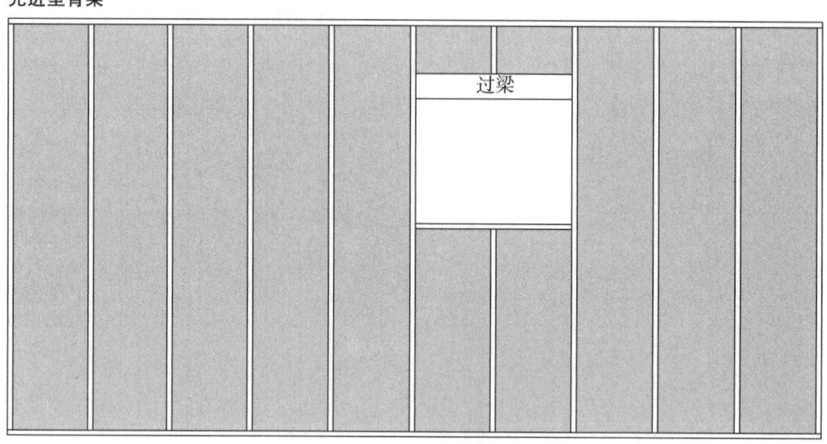

	传统型（2×4 立柱中距 16 英寸）	先进型（2×6 立柱中距 24 英寸）
立柱	33.8 平方英尺	20.8 平方英尺
绝热	155.8 平方英尺	168.8 平方英尺
木材隔热比	17.8%	11.0%
R 值增加		1.7 倍

图 10.10 20 英尺长 10 英尺宽的 2 种墙立面图。各自在相同位置开 2 英寸 ×2 英尺的洞。传统的墙体包含中距 16 英寸的 2×4 的立住，双层上槛，双层窗台板，窗楣以下设边架，窗楣尺寸相同。先进框架体系墙立柱较少，2 英寸 x8 英寸的尺寸的绝热效果更好。此外，它仅有一根上槛，定制窗楣和挂件，没有窗边架。结果，热阻值净增加了 70%

已经设计并计算出 R 值和 $U \cdot A$ 的项目，用它来替代墙体类型是非常有用的。在计算总的 U 值时，设计师不能忽视不同空间热桥的相互影响。对于一个 20 英尺长、10 英尺高的没有渗透的墙来说，使用先进框架结构只有 9% 的热桥，而对于一个传统的 2×4 的墙来说将是 13%（图 10.10）。（一个厚一些的 2×6 的墙与 2×4 的墙相比，热阻增加至少 1.6 倍）

更进一步说，BIM 可以对先进框架体系和传统的体系进行相对的分析。这两种结构体系的墙体在单位长度或面积上会被指定为一个平均的立柱数；这需要预先分析估算框架的密度和材料的长度。使用附加 EncinaFrameWright 功能的 Vectorwork 或者 ArchiCAD 软件，BIM 可以自动处理墙体结构，这样无论一个项目是使用传统的结构体系还是先进的结构体系都可以被分析（图 10.11）。因此 BIM 技术不仅是为先进的架构体系使用的，虽然墙体的结构层次是非常复杂的，但是可以通过构件尺寸、间距和上槛选项建立近似模型。角落的处理是非常棘手的，有时候需要人工对其进行处理。

237

我在实践中已经使用该技术对先进架构体系的经济可行性进行了论证并形成了报告文档。自动生成的框架材料明细表，可以应用于以下方面，结合现有的木材成本，形成精确的材料成本，来达到通过减少材料的耗费来抵消每个 2×6 的支撑柱的增长成本。当然，绝热成本比较高，而且能达到较好的保温效果，但是这已经在前面解释到了。

板材

现代建筑材料经常是以板材的形式进行建造：水泥纤维板、石膏墙板、定向刨花板（OBS）、胶合板（现在用得比较少）、金属屋面板、SIPs 等。在一定程度上，BIM 可以做施工优化，达到质量评估，或者更准确地说是减少材料的浪费（图 10.12）。这在数学上被认为是一个经典的“背包问题”。

对于面层需求估算会更加快速，而且能更直接的对板材的质量进行评估；通过将总面积进行单位面积的划分。对于一些不规则的几何形状，这种方法会低估板材的总量，它假定边角料能有足够的量来重新再利用，而事实上，这些材料常常被废弃。

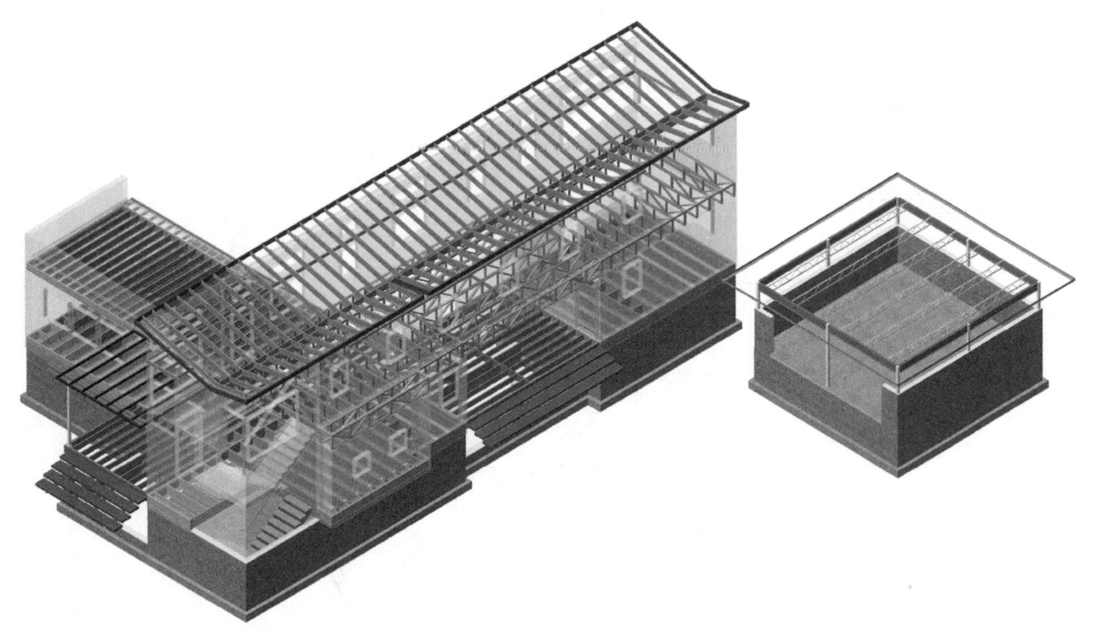

图 10.11　大多数 BIM 的应用可以从墙体、地板、顶棚等构件自动生成结构框架的模型（Image©2011 Nemetschek Vectorworks，Inc）

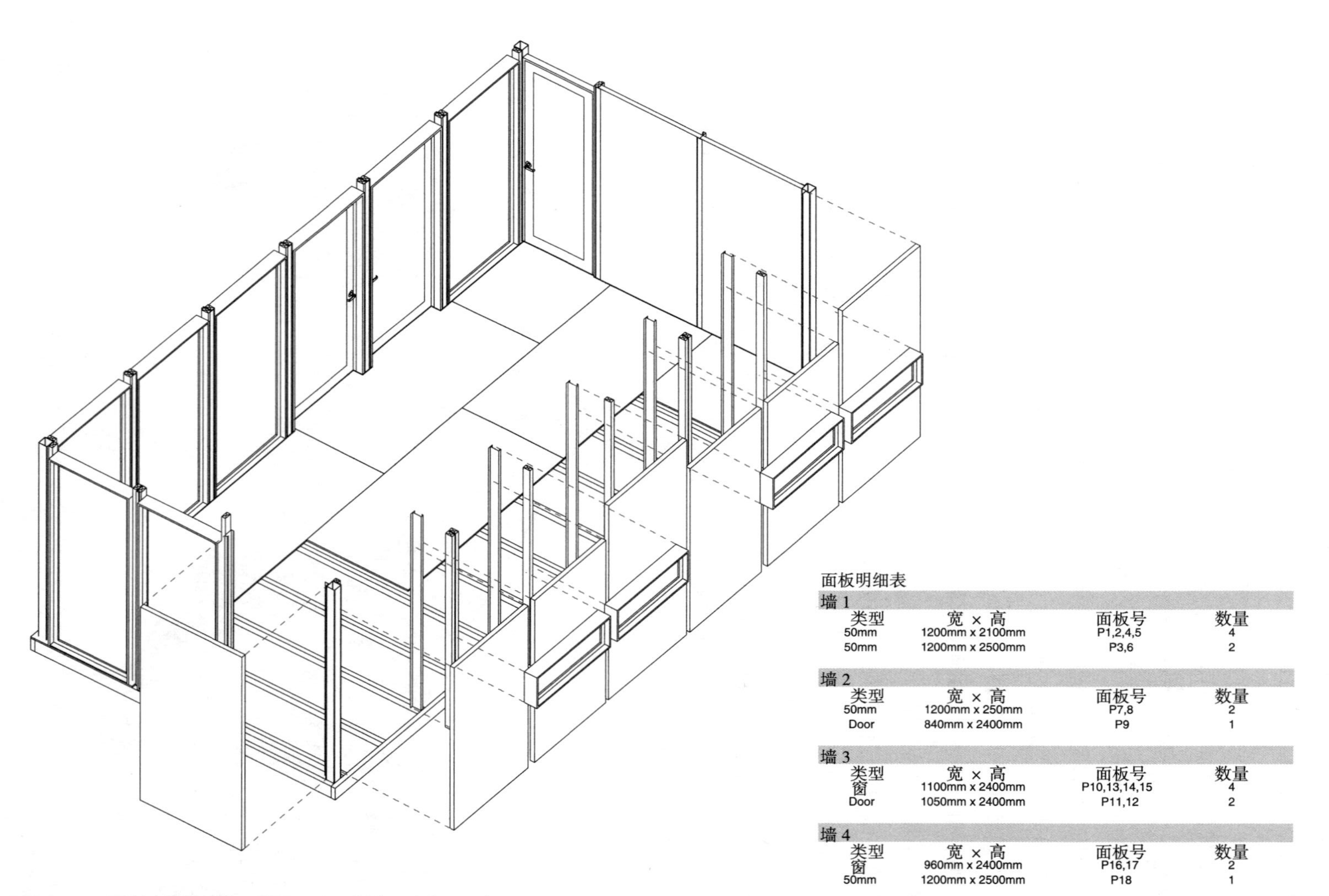

面板明细表

墙	类型	宽 × 高	面板号	数量
墙 1	50mm	1200mm x 2100mm	P1,2,4,5	4
	50mm	1200mm x 2500mm	P3,6	2
墙 2	50mm	1200mm x 250mm	P7,8	2
	Door	840mm x 2400mm	P9	1
墙 3	窗	1100mm x 2400mm	P10,13,14,15	4
	Door	1050mm x 2400mm	P11,12	2
墙 4	窗	960mm x 2400mm	P16,17	2
	50mm	1200mm x 2500mm	P18	1

图 10.12 预制建筑模型的三维视图以及自动生成的明细表。结构网格的模型是使用胶合板和墙面板尺寸。这个模型是一个模块化住宅设计的一部分，同时也是开放绿色住宅设计竞赛方案（宅院卧室模块，来自 Ben Allee）

要想完全解决这一问题，就需要很好理解复杂的数学解决方法。像数控机床或者激光切割机这样的数控加工设备，可以使用一系列算法，将板材的数量进行最合适的优化操作。如果没有传统的方法，BIM 不可能解决这些“切割问题”。另一方面，近似使用渲染技术可以作为这些问题的基本解决方案。通过给 BIM 墙体或者楼板构件应用一些相似尺寸的表面图案，例如：护板、石膏板或面砖等，可以达到对模型进行虚拟仿造。调整图案的尺寸（当有多个尺寸可供选择时）或者改变方向，这样用户就可以在一个给定的表面上找到一种对于常用尺寸最合适的可以重复使用的方法。对于更加精确地分析图来说，模型的透视图就可以被用来进行填充或者用单个多边形来决定最合适的剪裁。

239

生命周期初步分析

自然生态系统已经进化了很长的时间，他们已经形成了持续性，否则在很久之前就已经崩溃了。此外，人类存在的时间很短。例如，我们的仅有 5000 年的文明史，这在自然进化中只是昙花一现而已。我们人类几乎是被设计的好像是有用不尽的自然资源，更重要的是似乎有不受限制的可被浪费的资源。的确，“浪费”这个概念只存在于人类系统中，在自然系统中是不存在的。但正如我们所发现的，并非我们的环境吸纳副产品和废物的容量是没有限制，而且环境吸收废弃能源的能力也是有限的。

清楚这些限制有助于提升我们对生命周期分析的能力，即通过这些人造物品的真实耗费情况来进行评估。生命周期评估或者分析（LCA）会考虑与产品有关的所有可能的耗费情况，从原料的提取到加工和生产过程再到运输、使用以及最终的废弃处理等。有一些 LCA 还会考虑到人类和环境的健康成本以及货币成本。这个分析过程是非常详细的，不同领域的成本评估的方法还存在争议。一个完整的 LCA 会精确地表示出环境在一件产品或者过程中的整个生命周期的每一个阶段的影响。

优秀的建筑师的专业知识是具有一种循环意识，在设计的过程中要考虑潜在的人类存在和环境因素的影响。有一些可供使用的辅助建筑师循环意识的工具，有一些甚至可以整合到 BIM 的工作流中。这些不是传统的 BIM 工具，但是正如这本书里所讨论的一样，这些工具需要 BIM 数据来支持形成设计过程的可量化的系统。

Malcolm Wells 和建筑价值量表

建筑师 Malcolm Wells 在 1971 年提出了一个简单的表格，他的“基于自然保护的设计和建造检查表”运用了这一理论，以从破坏、创建纯净的水或者空气到加剧、减轻当地的气候，再到丑陋 / 美丽等 15 个类别的计算数值为基础，建筑物可以被进行量化评估。在每一个类别里，每一个建筑都被在数值上以 25% 的增量分为从 -100 到 +100，比例范围从 -1500 到 +1500（之后只能通过自然系统来实现）。30 年后，建筑科学教育协会（SBSE），开发了一种 Wells 衍生的“基于再生的设计和建造检查表”。在 Wells 原始类别的基础上又扩展出了七类（例如，服务于灾害、再生设计的图标），

240 **基于再生的设计和建造检查表**

© SBSE @ Tadoussac 1999

项目名称：

	恶化				可持续性					再生
		100 总是	75 经常	50 有时	25 少量	平衡	25 少量	50 有时	75 经常	100 总是	
场地	污染空气										清洁空气
	污染水										清洁水
	浪费雨水										雨水储存
	消耗食物										生产食物
	破坏土壤										产生肥沃土壤
	废弃垃圾										利用垃圾
	破坏野生栖息地										野生动物栖息地
	输入能源										输出能源
	使用燃料交通工具										使用人力交通工具
	气候冲突										适应当地气候
建筑	人工照明										天然采光
	机械供暖										被动式供暖
	机械制冷										被动式制冷
	需要清洁和维修										自我维修
	人体不舒适感										增进人体舒适度
	燃料动力循环										人力循环
	污染室内空气										室内纯净空气
	纯原材料建造										再生材料制成
	不可循环利用										再循环利用
	灾难性示范										再生样板 n
	邻里关系恶劣										友邻关系
	丑陋的										美观

负分 可达 2200	正分 可达 2200

总分：

图 10.13 SBSE 的基于再生的设计和建造清单是从建筑师 Malcolm Wells 的基于自然保护的设计和建造清单发展而来的。“人类发展（房屋）”这一项目是使用自然系统来作为模型和评价的标准，各类别权重相等，进而超越了可持续的概念达到了可再生的级别（获得了 SBSE 的使用许可）

与 Wells 原始标准相比，SBSE 检查表[1] 将建筑场地设计区别出来，同时允许对其进行 0 分评级（图 10.13）。这些叙述正符合约 John Tillan Lyle 的可持续发展，并且能达到收支平衡的概念，然而一个真实的再生设计要远远超出再生本身——正如自然系统一样。

可以想象在 BIM 文档中的一个看似无关紧要的工作表或者明细表，其编制的评价体系既可以从模型中获得数据也可以人工输入。例如，每一个 BIM 构件作为一个函数的对象层都可以被归类为循环的构成或者原始材料（或者依赖于软件的命名法），或者作为一个自定

1 SBSE 检查表请参见：http：//www.sbse.org/resources/docs/wells_checklist_explanation.pdf

义的数据标签。得分是建立原材料、回收材料。再生清单可以比较原始材料数量和回收对象的数量之间的比例。在进一步的分析，工作表可以通过体积来显示出比例，甚至，如果知道材料密度的话，也可以通过体量进行分析。这一个比例可以被转换成从负 100 到正 100 点相对应的 0 到 100% 的可回收的材料上去。这样看起来很主观，但却是一个有效的方法，包括在原始和回收的成分之间交替的 BIM 视图，通过检查其视觉效果来人工评分。

241

靶图

另一种使用图形来确定一件人工制品的可持续性的方法是由 Graedel，Allenby 和 Comrie（1995）发明的。这些美国电话电报公司（AT&T）的工程师们提出了一个利用矩阵的方法来评价一件产品的可持续性方法，在产品的整个生命周期中从 1 到 4 分共五个阶段来进行评分，从翻新—回收—处理，在以下五种环境下交叉引用：

- □ 材料选择
- □ 能源使用
- □ 固体残留物
- □ 液体残留物
- □ 气体残留物

用此种方法生成的矩阵可以被用于绘制放射状的靶图（图 10.14）。在任何一个类别里得分越高，就越接近于目标的中心，这给使用者一个及时的图形来说明一件产品的可持续性程度。

正如他们的论文标题所说那样，这一理论很明显是 LCA 的一个很好的简化版。尽管这一评分方式得到了专家的承认，但从 1 到 4 这一比例划分是非常粗糙的性能测量方式，同时

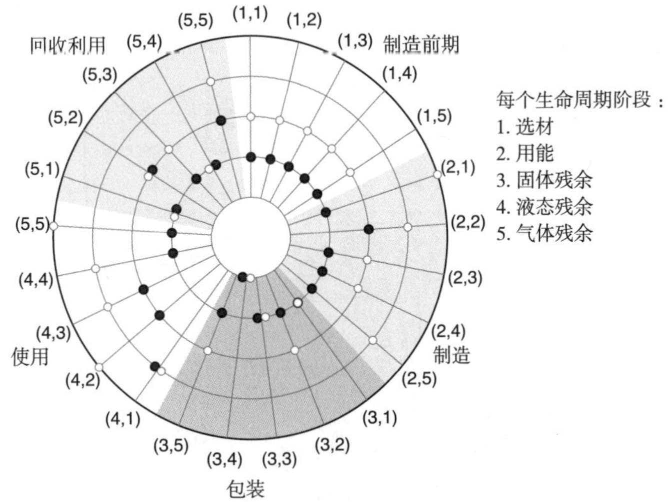

图 10.14　由 Graedel，Allenby 和 Comrie（1995）对比 20 世纪 50 年代和 90 年代的汽车所提出的原始靶图。建筑师和设计师们特别感兴趣的是主观性，以及专家们的评估理论和评估矩阵的图形性质。图片是作者从原始的文件中重新绘制的［图片来自 Graedel et al.（1995）］

这些评估值也是主观的。这 25 个类别也是很一般的，而且都具有同样的权重。论文的作者当时正考虑产品设计，将 20 世纪 50 年代和 90 年代的汽车作为一个例子进行比较。然而，这种研究方法是专业的，虽然他们可能也不是 LCA 的专家，但是他们却可以在他们的能力范围内采用一些十分有用的测试理论。通过扩展，这一过程也可以被应用于包括基础设施领域在内的任何人工产品中去。

242

尽管开发一种“简略的生命周期评价靶图工具”可能会提升设计评估的有趣性，但是目前在任何的 BIM 应用中都没有这样的工具。然而，BIM 可以通过相关的建筑材料的需求来对一个项目进行靶图评价。原始论文中的那五种类别的例子被重新定义如下：

- 制造。有很多建筑物的原材料的源头是可持续的（按体积、质量或者成本）？
- 建筑产品制造。在建筑材料的生产过程中能量会产生多少额外的气体污染？建造本身是否劳力密集、能源密集或材料密集？施工时有明显的固体废弃流吗？
- 建筑材料的包装和运输。建筑材料是就地取材的吗？
- 建筑使用。建筑使用的外部能源是什么？它会消耗大量的电力、天然气、燃料油吗？它的用水量是多少？
- 翻新—回收—处理。建筑被设计的使用寿命是多长？设计时是否考虑到它本身的再利用？是否容易解构？它的材料被回收，或者是否可以被拆除并且可以填埋？

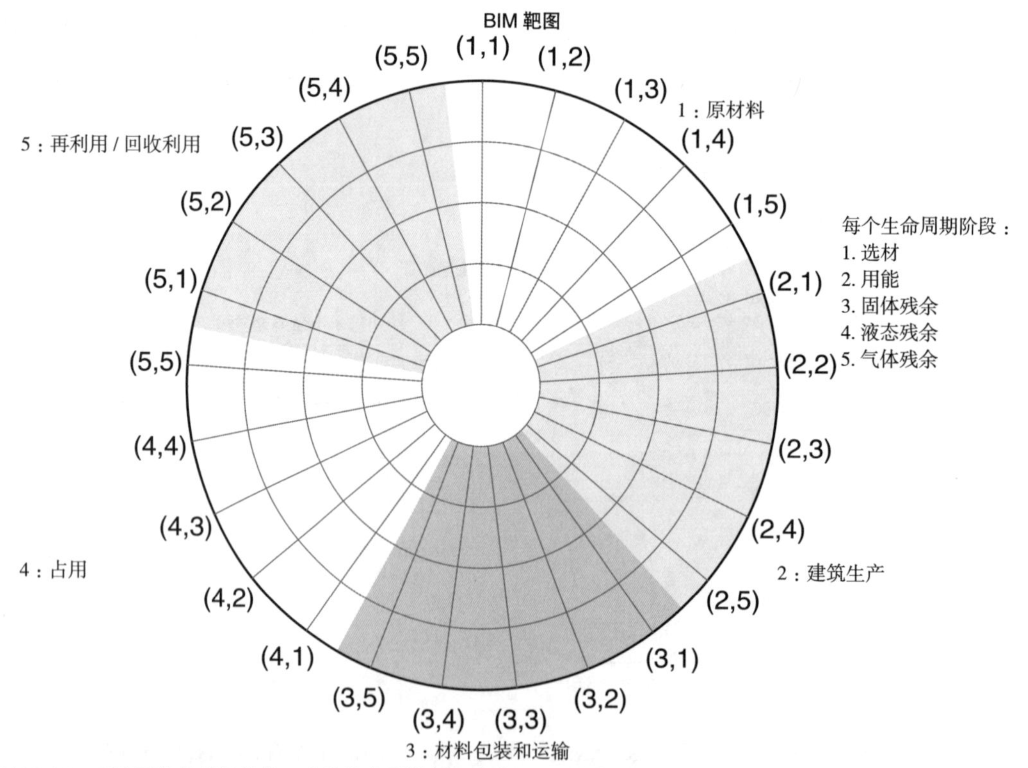

图 10.15 建筑可持续性评估的一个比较特别的例子（在 Graedel 等之后，1995）。一个项目的专家评价是基于生命周期的五个阶段和五种类别。每个类别里的得分都可以在建筑师和设计师评估的定量报告的帮助下进行

一个经验丰富的设计师可以主观（而精确）判断上面的很多问题（图 10.15）。而部分评价则要在对 BIM 生成的报告和明细表上进行专业的考量之后，才会更容易判断：

243

□ 材料计量
□ 采光报告（参见第 5 章）
□ 被动制热和制冷的计算（参见第 6 章和第 7 章）
□ 现场能源生产（参见第 8 章）
□ 水的供应和使用（参见第 9 章）

自定义矩阵

基于自然保护的清单和靶图的绿建评级模式尚未得到广泛的承认；其建议使用 BIM 形式进行革新的方式或许可以支持对项目的可持续性进行评级。因此，作为非正式的、内部的设计工具，他们可以自由的被修改，以便表现设计师的专业经验。目标是鼓励可持续的设计，因此在工具选择上应该反映出这一目标。

举个例子，在一个高度复杂的城市环境中进行设计，建筑师几乎对场地没有选择权。因此，自然保护清单元素的作用或许会减轻，或者被放置一边。对于另一些实践者来说，其对于建筑垃圾和建筑施工的关注远远大于材料的预制，靶图可以被调整以便适应环境问题的作用分量。

LEED 材料计算

从某些方面来说，绿色或可持续设计和美国绿色建筑委员会的先进节能设计（LEED）评级系统是可以互换的。在撰写此书时，LEED 已经被调整，以便适应各种各样的项目类型：

□ 新建筑
□ 现有建筑物：运行和维护
□ 商业室内
□ 主体和外壳
□ 学校
□ 零售业
□ 住宅（图 10.16）
□ 社区发展

然而，越来越多的证据显示 LEED 以及类似的绿建评级系统也是存在问题的。具体来说，尽管 LEED 专注于解决室内空气品质，而强调能源效率曾导致室内空气品质（IAQ）下降。而且，LEED 最初强调的是设计。如今，很多 LEED 标准建筑被建造和使用，使用中的建筑性能并不总是符合设计的意图，且这种现象也越来越明显。入住者的行为更加胜过系统设计，严重的损害实际的建筑性能。甚至，能源模型也并不总是能有效预测建筑的性能。最后，一些 LEED 的批评者们提出“得分点”这一问题，即不管为特定项目而采取的设计措施是否合适，为了达到预期的等级水平设计师会通过寻找一些比较容易的点来设计系统。尽管有这样多的缺点存在，LEED 依然在教育建筑利益相关者认识能源的有效利用以及明智的使用材料的重要性方面走了很长的路。BIM 具有快速准确量化材料的能力，对于绿建评分式评级系统是一个非常有效的支持。例如，LEED 在新建筑

图 10.16 由 Plumbob 有限责任公司设计，McDonald 建筑与开发有限责任公司建造的获得 LEED 住宅白金奖的住宅。在其许多的可持续性的特色中，真正的使用当地的材料资源，可持续的建筑产品，包括热断桥的门和窗；再生的混凝土和玻璃柜台；广泛使用的混凝土蓄热地板和墙；屋顶花园；透水路面；太阳能光伏和集热系统[1]

和重大改造（2010）方面[2]，以下材料和资源（MR）信用类别可以在 BIM 中被量化：

1.1 建筑改造：维护现有的墙壁、地板和楼板（获得了现有建筑维护程度的 55%、75% 或者 95% 的各种分数）

1.2 建筑改造：维护现有的内部非结构部分

2 建筑垃圾管理（LEED 得分点是可以使得 50% 或者 75% 的垃圾被回收利用）

244

3 材料的再利用（项目中再利用材料占的 5% 或者 10% 可以得分）

4 再生材料（有大约 10% 或者 20% 的建筑再生材料）

5 就地取材（10% 或者 20% 的材料来自本地获得 LEED 得分）

在 LEED 住宅中（2008），一些材料和资源的信用度也是直接适用于 BIM 的（其他一些更适用于设计规范）：

1.2 详细的施工文件

1.3 详细的清单和木材订单

1.4 框架效率（包括开放式架空地板，SIPs，框架间距大于 16 英寸，根据荷载确定过梁尺寸，双柱转角）

2.2 环保产品（45% 硬地板 LEED 可以得分，90% 以上得分更高）

3.2 建筑垃圾的减少（1000 平方英尺的垃圾使用为每平方英尺的磅数或者立方数）

在建筑性能设计中不利的（有害的）模

1 专业网站 www.marikoreed.com

2 这些内容来自 http：//www.usgbcong/DisplayPage.aspx?CMSPageId=2200

式是在设计的开始直到结束的整个过程中都影响性能（在此案例中是 LEED 得分）的设计决策。结果便是，LEED 过程更倾向于一种文件决策练习而不是设计。然而，BIM 和材料计量将会有更多的机会参与到可行性评估以及在设计的早期来影响材料的选择中。到那时，决策在影响项目的可持续性上将更加有意义。

245

■ 案例研究：马里兰州泰勒岛“火炬松别墅”

设计者：Kieran Timberlake

设计公司：Kieran Timberlake

客户：Withheld

位于美国马里兰海岸的火炬松别墅（图 10.17）是由 KieranTimberlake 建筑设计公司设计的，并于 2006 年完成施工。该公司试图将场地的自然元素融合于建筑形式之中。木质基础可以减弱房屋对环境的影响，同时提供一个舒适的视角来欣赏海边的树木，

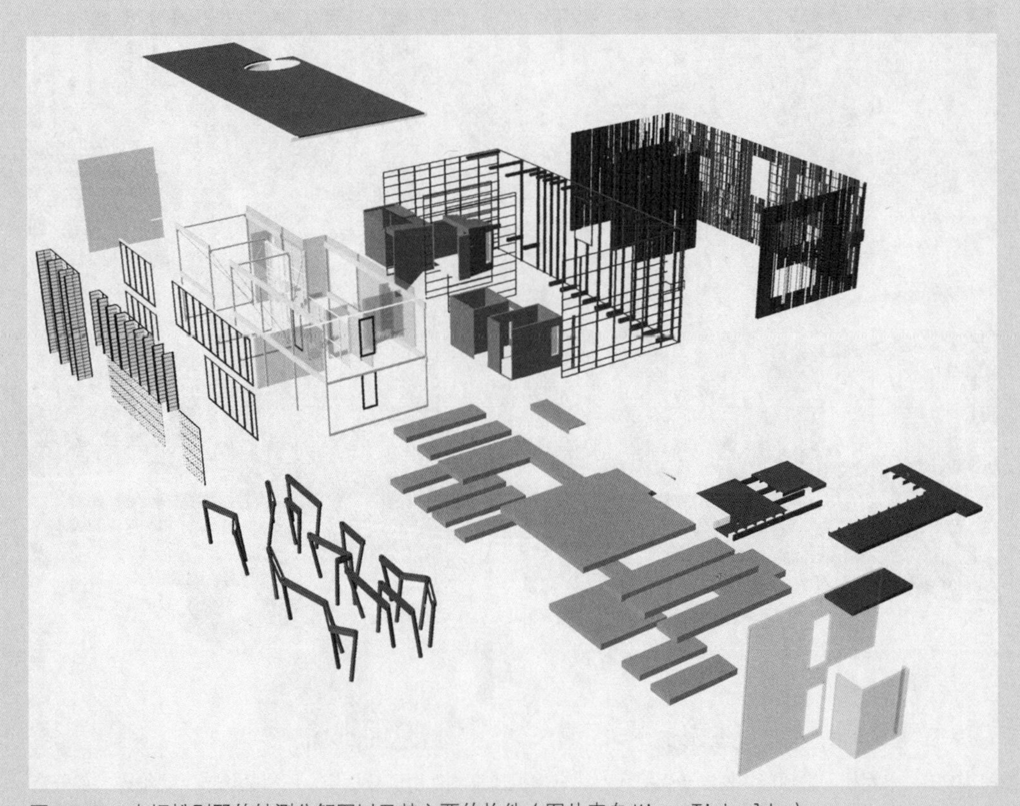

图 10.17 火炬松别墅的轴测分解图以及其主要的构件（图片来自 KieranTimberlake）

东立面交错的木板唤起森林的印象。

这个项目通过 BIM 技术以及其构件集提供了一种新的、更加有效的建筑方法，这使得建设时间减少了至少 6 周。建筑信息模型使得非现场建造成为可能（图 10.18）。模型所提供的几何空间和尺寸的确定性，使得在公差允许的范围内部分构件的预制成为可能。另外，BIM 使得结构和机电的协同更加高效，更好的材料管理和采购计划表，更清晰的装配顺序以及建造控制方法。BIM 是所有细节的唯一来源，明细表、部分清单和图纸都可以从这里找到。

246

建筑方法所解决的问题不仅是怎样建造的问题，还有建筑物拆毁的可能性问题。支架，砌块，空心板，以及管线束等基本元素可以为快速建造、拆解以及改造提供详细的记录。由德国博世力士乐铝框架组成的支架，是由螺栓链接而不是焊接的，这样创建的结构系统在拆除时可以不影响到梁和柱子等构件性能，可以再次连接。螺栓链接的支架可以提供一种框架结构，预制的厨房、洗浴室、机电模块、空心地板和空心墙板，可以不使用任何永久性紧固件以及湿连接而被插入进去（图 10.19）。在拆卸时，

图 10.18 火炬松别墅预制构件以及受控状态。有虚拟建筑构件协同数据库，所有的细节、明细表、部分清单以及图纸都是由 BIM 模型生成（图片来自 KieranTimberlake）

图 10.19　火炬松别墅构件正在吊装（图片来自 Kieran Timberlake）

盒子和砌块可以作为一个整体单元被移除，而不挪动梁柱的支架部分。三个管线束，与空心楼板整合在一起，使用内置的连接设备提供能源、水和数据，可以轻松的使用以及移除（图 10.20）。不用胶粘剂和湿连接，可以大大提高改造时的便利，同时减少拆除所需要的时间。

247

火炬松别墅基本的元素的简易拆卸和组装保存了建筑的物化能。拆卸和改造的潜力体现在能源集中的铝支架、厨房、洗浴室、机电区域以及顶棚和墙体的夹层以及管线束的细节和质量工艺上。这确保为拆除而设计的策略得以实现，那些含有最多能量的组件以最小的能量损失被拆除和改造。这一设计还允许改变产品生命终期的物质流，包括为改造而设计以及最后的循环设计。如果回收，所有材料的利用都有现成的高效的市场。同时，场地的生态问题也得以解决，在房子被拆除、桩基被移走之后，几乎不会留下房子曾经存在的证据。

图 10.20 所有的能源、水和数据由空心楼板整合的三个管线束提供，他们有内置接头可以轻松连通和拔掉（图片来自 KieranTimberlake）

第 11 章

协同

在之前的章节当中，我们已经看到可持续设计项目通过大量 BIM 技术性的内部操作得以实现。本章我们将把 BIM 的讨论范围扩大到给定的应用程序平台以及特定的建筑模型操作之外（图 11.1）。这样，我们就可以看到 BIM 在整个设计进程中的潜在影响，而不仅仅是其在用户的电脑上发生了什么。从某种程度上来说，这是 BIM 技术令人感到兴奋的话题：关于协同设计的演变（图 11.2）。

绘制设计文件时，所有的图纸协调都是人工完成的。设计师必须解释清楚他们所绘制的图元和它代表的意义。图形（无论是硫酸图上还是 CAD 的弧线和直线）本身并没有什么特定的含义，其含义是设计师所赋予的。在 BIM 当中，构件对象是有含义的，至少是存在信息的。再加上一个 3D 模型，这将使得团队成员之间的信息共享成为可能（图 11.3）：

- □ 所有者
- □ 所有的项目投资者
- □ 工程师，顾问，分包顾问
- □ 总承包商，分包商，供应商

本章所讨论的是在协同的背景下，BIM 在以围护结构为主的项目中的作用。我们将着眼于一种机制，包括：有效共享 BIM 模型、导出视图、全部项目的信息，同时允许项目利益在各相关方发挥他们的专业知识和设计的自由。这些机制过程相互交错，并且有许多常见的和不知名的文件格式；我们会接触到那些最相关的以围护负荷主导的建筑设计实践。根据它们的主要用途来组织文件格式：可以作为导入的背景信息，也可以为咨询者导出使用，或者作为一种能够能紧密进行来回协作的媒介。当然，这些都是人工的区别，一些文件格式（例如 DWG/DXF）可以提供所有的三种作用。

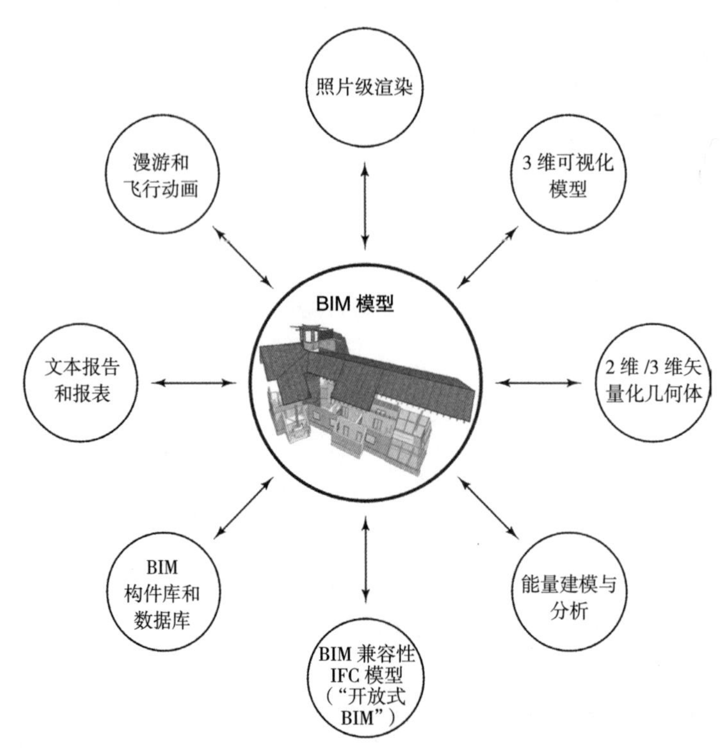

图 11.1 BIM 是连接各种文件格式以及用户的纽带。即使是在小规模的项目实践中，互操作性也是至关重要的一个考虑因素（图片由 LEED 认证专家 Justin Firuz Dowhower 绘制）

有些文件格式支持协同设计，具有可持续设计的因素，而有些格式对 BIM 很重要，却不一定与可持续性设计有关。在专业内部以及专业之间协作都是至关重要的设计方法，对于可持续建筑来说更是如此，本章的讨论不会局限于像 gbXML 这样有“绿色”标签的文件格式（图 11.4）。

导入概述

在一个项目团队中，其他专业人员需要做一些前期工作供建筑师参考，整个设计过程中顾问和合作者们将提交很多图纸和数据，幸运的话，建筑师能够与其他人使用共同的 BIM 平台，直接导入（导出）文件，这里不必多说，许多软件手册都有说明（图 11.5）。然而，大多数情况并非如此，BIM 实践者要像 CAD 用户一样，必须应对形形色色的软件格式。

测绘数据

BIM 可能会导入二维地形测绘文件（常见的 DWG 或更古老的 DXF 格式）来创建地形网格模型。另一种构建地形网格的方法是使用 ArchiCAD 或 Vectorworks（Revit Civll3D 也有此功能）直接获取测绘文件中包含的测绘点信息，文件中的空间数据的表格（文本文件，坐标值列表格或用逗号分隔），参见第 3 章。

导入三维模型组件

尽管建筑师是从 BIM 模型中导入还是导出的 3D 格式的文件都是相似的，但是其目的

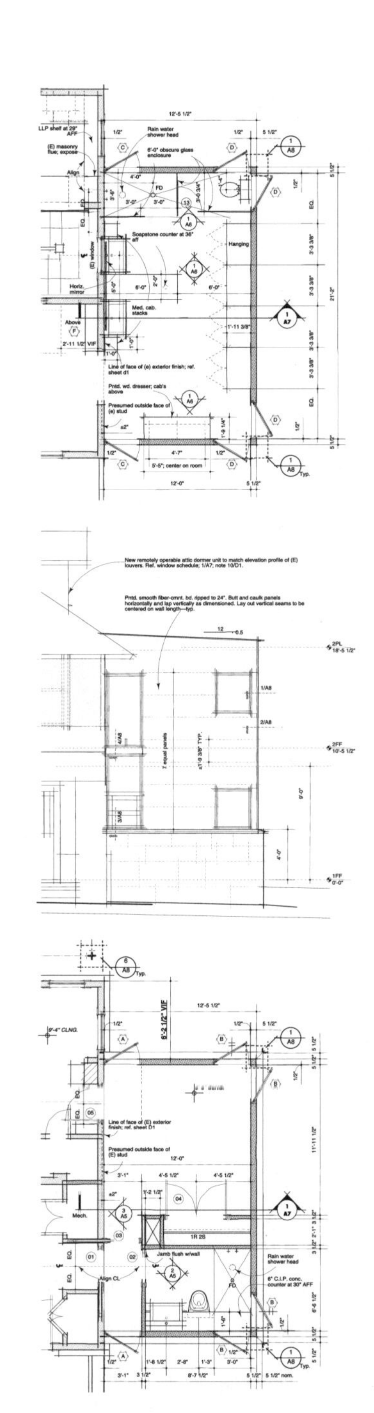

图 11.2　手绘和 CAD 制图时，图样之间的协调是一个人工的过程。平面、剖面和立面从对应关系进行观察，还需要绘图人的说明。BIM 不仅实现了内部协同的自动化（即协同是基于单个模型的），同时也促进了跨学科之间的协同。然而，这也需要技术工具的支持：可相互操作的文件格式。这就像社会法规的重要性，又如共享数据所需协定和协议

却是不同的。将 3D 模型导入的一个常见原因是模型或者相关组件在 BIM 应用程序的构件库中是没有的，而用户无意或者太忙又不能从头开始建模。尤其是这些常用组件（树木、人物、车辆），硬质景观元素，电器、设施和设备等。幸运的是，谷歌收购并发布了 SketchUp 免费版本，其 3D 构件库中创建有大量免费的 SketchUp 组件（图 11.6）。不幸的是这些模型的质量参差不齐，这样用户可能会花费大量的时间来筛选他们需要的模型。

251

SketchUp 专业版可以导出 3DS 格式的文件，这是对高级建模软件 Autodesk 3DS Max 常见的一种文件格式，大多数 BIM 应用程序可以直接导入 3DS 甚至是 SketchUp 文件。在这两种情况下，可能会有一些应用纹理或者颜色的丢失，所以实体性并不完美。以正确的尺度导入也可能会出问题（尽管比例应该不变），所以一旦导入用户应该验证尺寸并作适当的调节。

导出文件

导入的背景文件给设计师提供影响设计参数的精确图形和数字数据。另外，导出文件往往分为两种类型：

- 为了展示，无论是为客户、利益相关者，或监管部门的批准
- 为团队成员的协同设计提供他们所需要的建筑信息支持，用于分析后者对可持续设计实践具有重大的意义，当然渲染也很重要。

工程文件

大多数的土木、结构和设备工程师现在仍

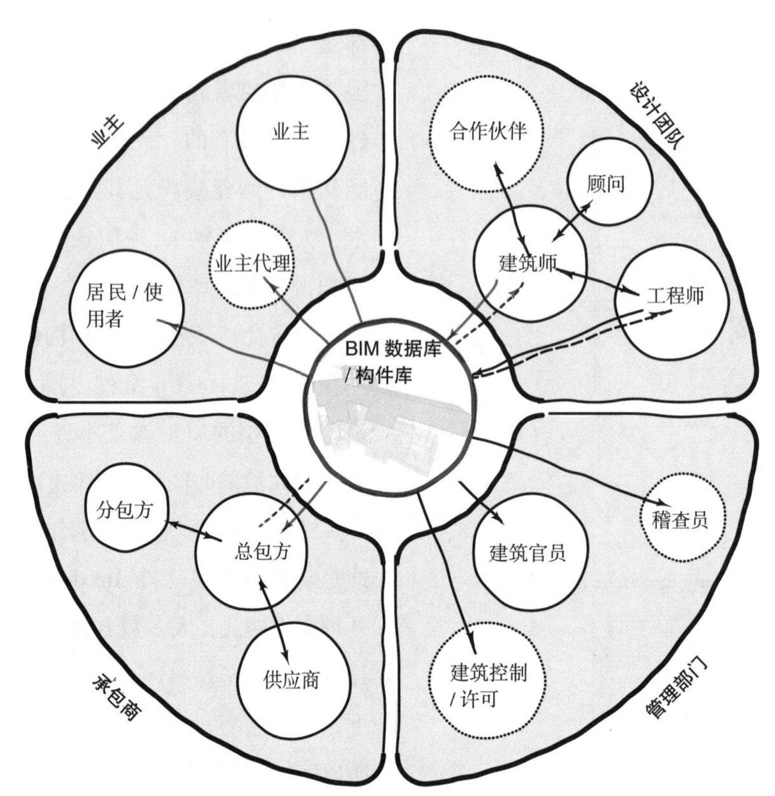

图 11.3 BIM 一直被形容为促进协同设计的社会规则和信息共享的一项技术。这个图中所列出的利益相关者或许不会在每一个项目中都能见到，但是即使在小型的项目中都会有机会进行更深层次的协同交流。箭头代表模型信息的流动方向，虚线代表不经常流动

然使用传统的 CAD 绘图格式，在构思阶段几乎是用的都是 CAD。同时，和他们一起的建筑师同事和小型的工程公司几乎也全部是在二维的模式下工作，在一些大型的公司里也并没有采用和推广 BIM 技术。实际上，在一些小型公司建筑师采用 BIM 可能要更加滞后。

252

所有建筑 BIM 应用程序可以导入 DWG 文件，但其仍然只是二维图形（图 11.7）。在协调 BIM 和 2D 世界时，对于协同建筑师有几个建议：

□ 提取 BIM 模型的二维视图，然后“拍平”它，并且与导入的二维工程图比较。基本上这是一个传统的协同工作流；与纯二维的工作流相比的优势在于，BIM 的建筑部分的内部总是协同一致的。

□ 在某些情况下，可以在提供二维的几何图形的基础上快速建立起 BIM 的工程设计模型，从本质上讲这是“拾取”然后“拉伸”。在 SketchUp 或者 Vectorworks 等应用程序中“推拉”工具可以使绘图变得简单和快速。然而这是建筑师额外的工作（所以得不到报酬）。但是长远来看 3D 模型的价值远远要大于 2D 的协同，建筑师可以通过协商来获得这些额外的 3D 转换成本。让客户认识到 3D 协同和碰撞检查的价值才是关键（图 11.8）。例如，在一个比较有名的 BIM 试点项目

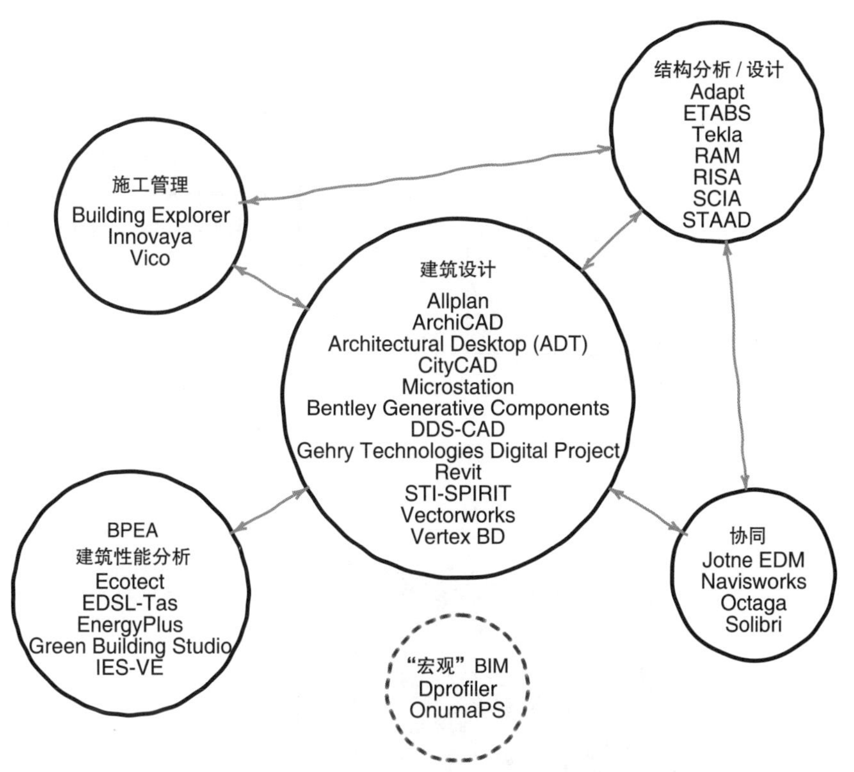

图 11.4 为了跨专业协同，BIM 必须有一个通用的语言，可以在不同的专业之间共享项目的几何图形和数据的通用文件格式。专用的文件格式会要求所有的专业都使用相同的 BIM 软件，至少这是存在问题的。IFC 是一个开放式的，非专有的文件格式，它允许设计团队的所有成员进行数据的交换

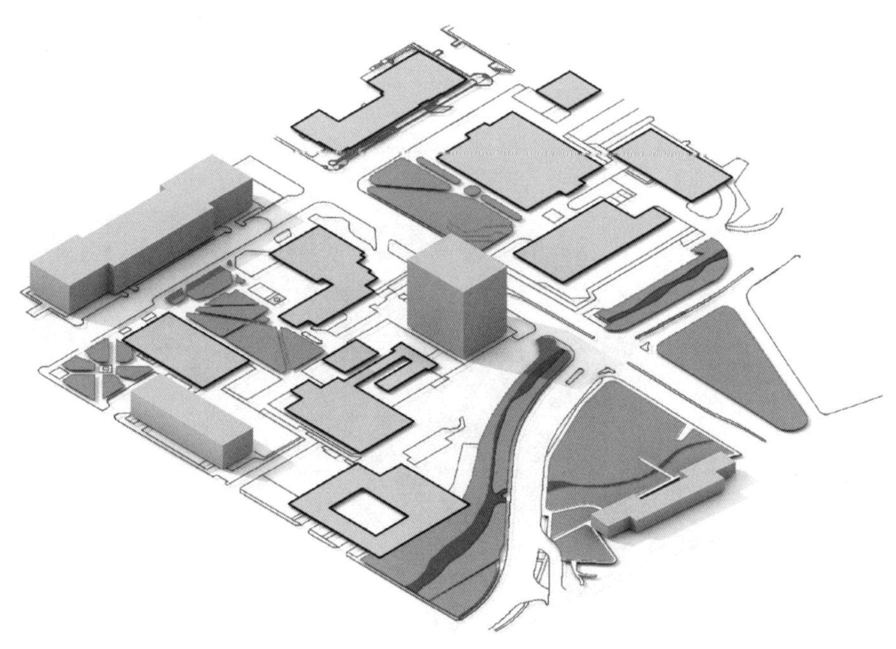

图 11.5 这个校园的模型是基于导入到 BIM 程序中的 DWG 文件（图中是在场地平面上的）。体量是根据多边形线向上推拉形成的。轮廓线的部分没有被拉伸

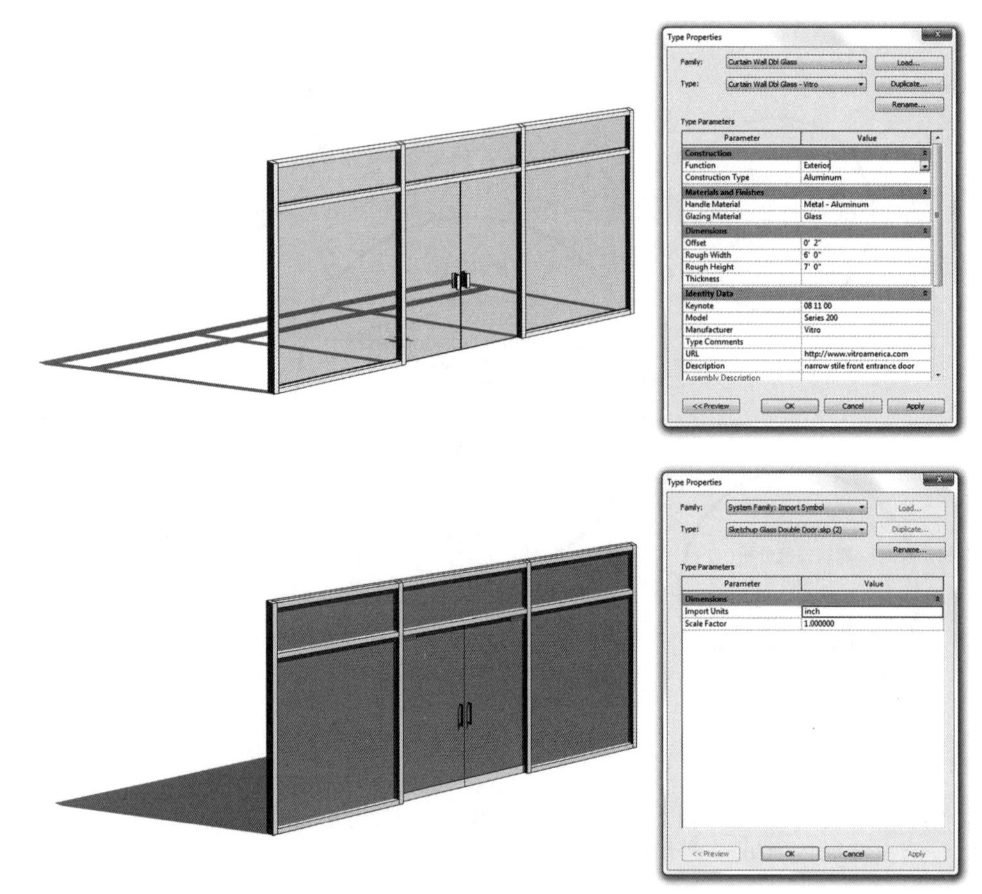

图 11.6 Revit 本地的门模型（上图）具有三维几何图形和数据。SketchUP 导入到 Revit（下图）中会有一些必要的几何模型，但是会缺少一些与之相关的数据。这样就不可能在门明细表中自动列出（图片由 LEED 认证专家 Justin Firuz Dowhower 提供）

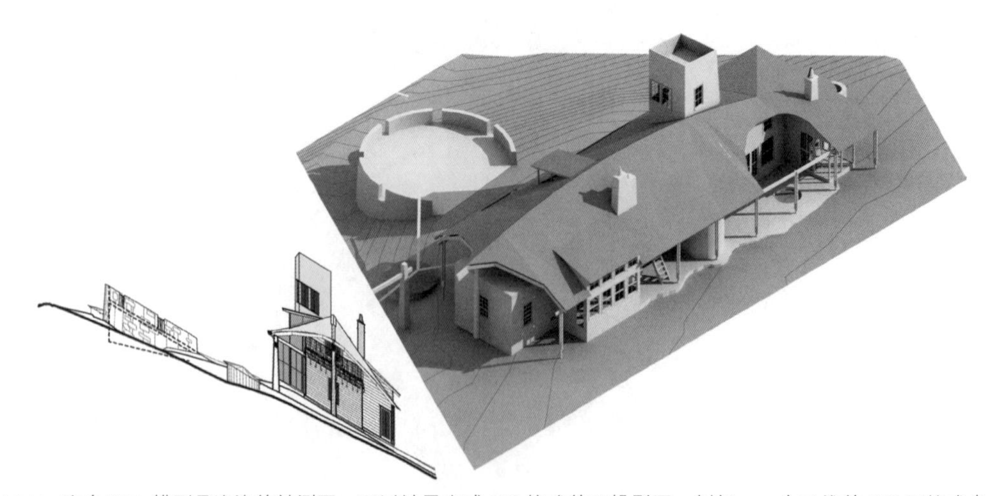

图 11.7 这个 BIM 模型是渲染的轴测图，可以被导出成 DWG 格式的正投影图。例如，一个三维的 DWG 网格或者是二维的 DWG（这依赖于导出的过程），如左图所示

255

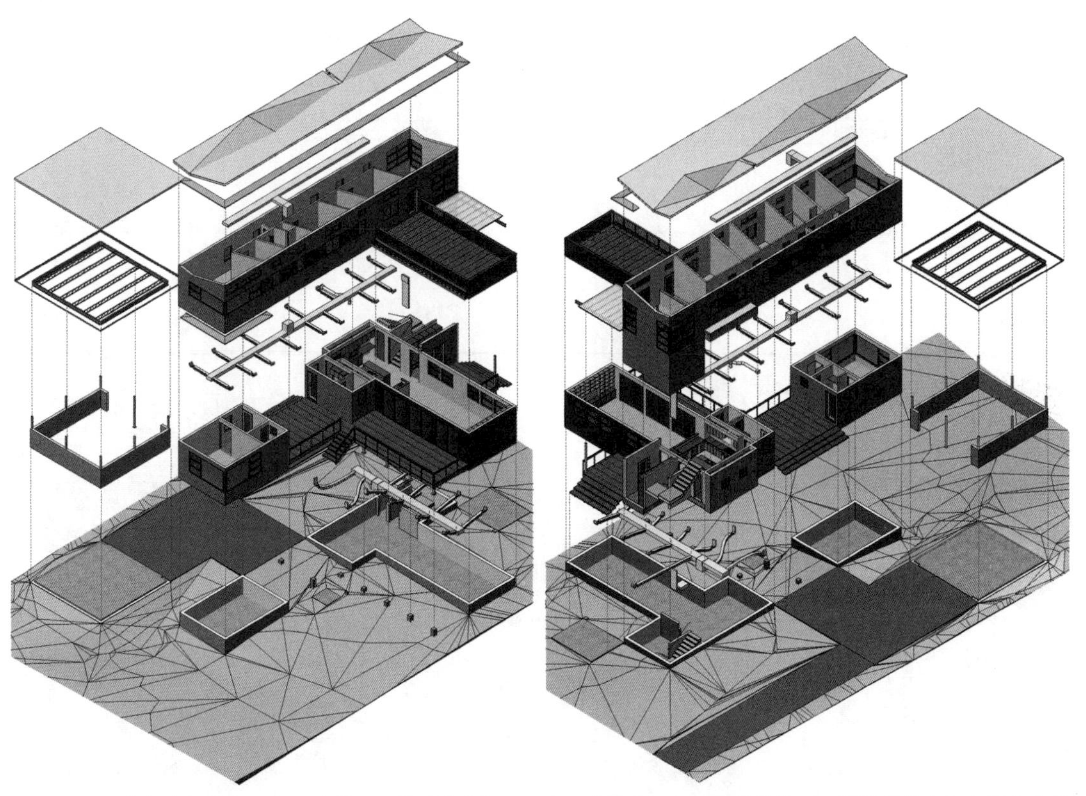

图 11.8　一个包含结构和设备组件的 BIM 模型的分解图。在一些情况下，一个单独的 BIM 模型可能会包含所有的项目模型，或者需要多个跨专业的 BIM 模型来协同。在这两种情况下，BIM 都是一个优秀的协同环境（图像来自 ©2011 Nemetschek Vectorworks 公司）

中，GSA（美国总务管理局）为密西西比州的杰克逊联邦法院对比了传统的建筑文档的协同（CDs）和 BIM 的碰撞检查。两个不同的团队来查阅杰克逊这一项目得到了两种不同的结果：与二维的团队相比，BIM 团队发现建造性问题和冲突要多一千多倍。但是，目前尚不清楚，该研究方法中自动碰撞统计是否相互重复，使数据比较夸张。

□ 即使是一旦导入建筑的 BIM 模型后就不可再编辑，我们也要教育或者鼓励工程师将与之相关的模型组件形成一种 3D 格式。迄今为止在理论上这是最好的解决方法，在实践中这可能是最难实现的。让另一家公司采用一种特定的软件平台是十分困难的，更不用说是采用全新的工作方式。

在大型的项目中，建设行业的工程公司中的机械工程师和承包商是最有可能采用 BIM 技术的，首先是进行碰撞检查（图 11.9）。通过这一工作流的三维结构分析工具，结构工程师也会找到 BIM 的优势所在。

258

对于能源模型来说，IFC 格式正被慢慢推广（图 11.10）。以前的 DOE-2 格式被用于完善和升级能源模拟器（Quest，Energy-10，Energy Plus），如今，越来越多的能源模型软件以及早期面向建筑师的能源

256

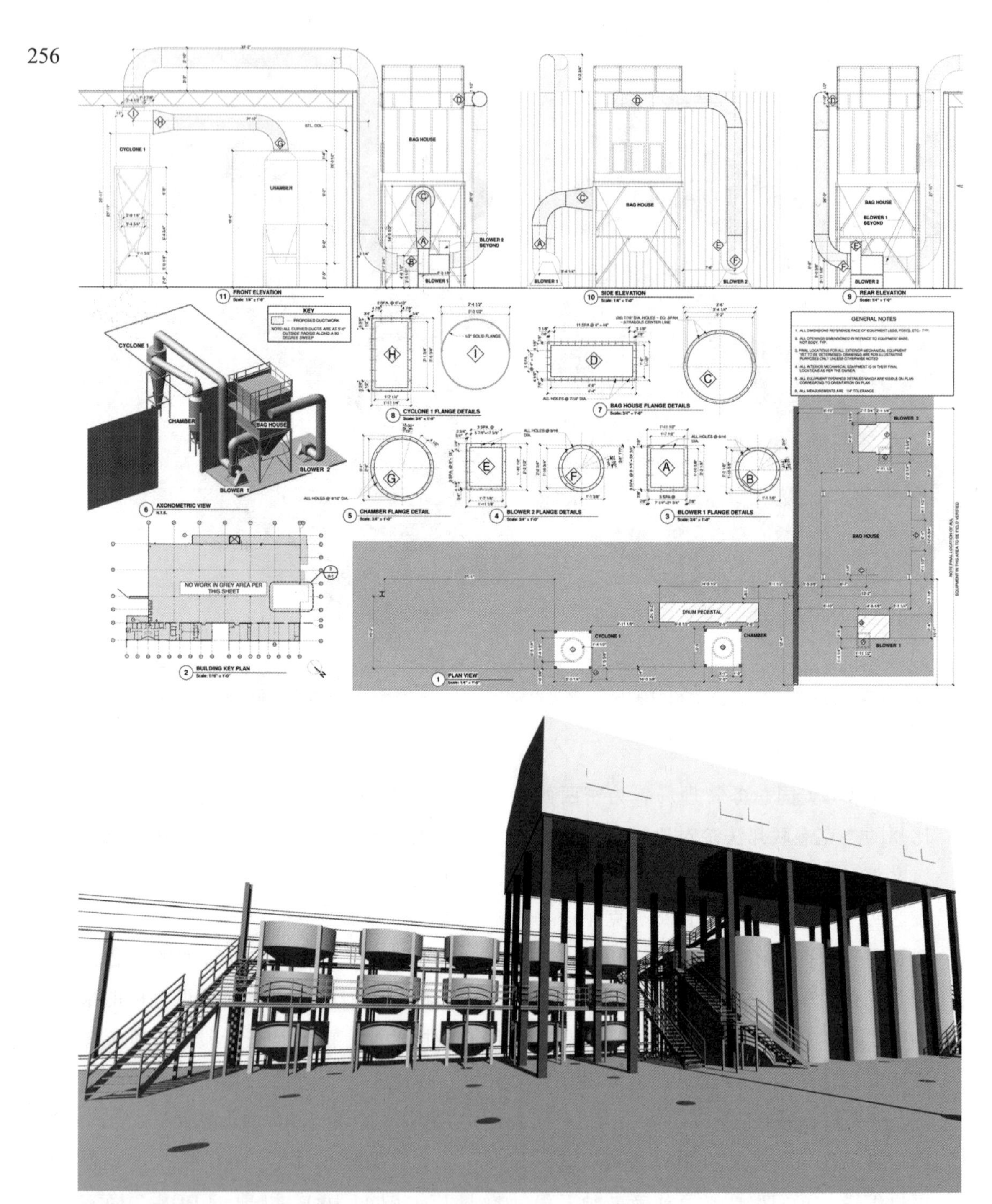

图 11.9 Parkview EI Milagro 项目在设备工程上的经验和构造。在这个项目中，一个协同的建筑和土木模型是可视化和避免碰撞的关键，同时要确保尺寸的一致性（图片由 Frank Gomillion，GKZ. Inc. 提供）

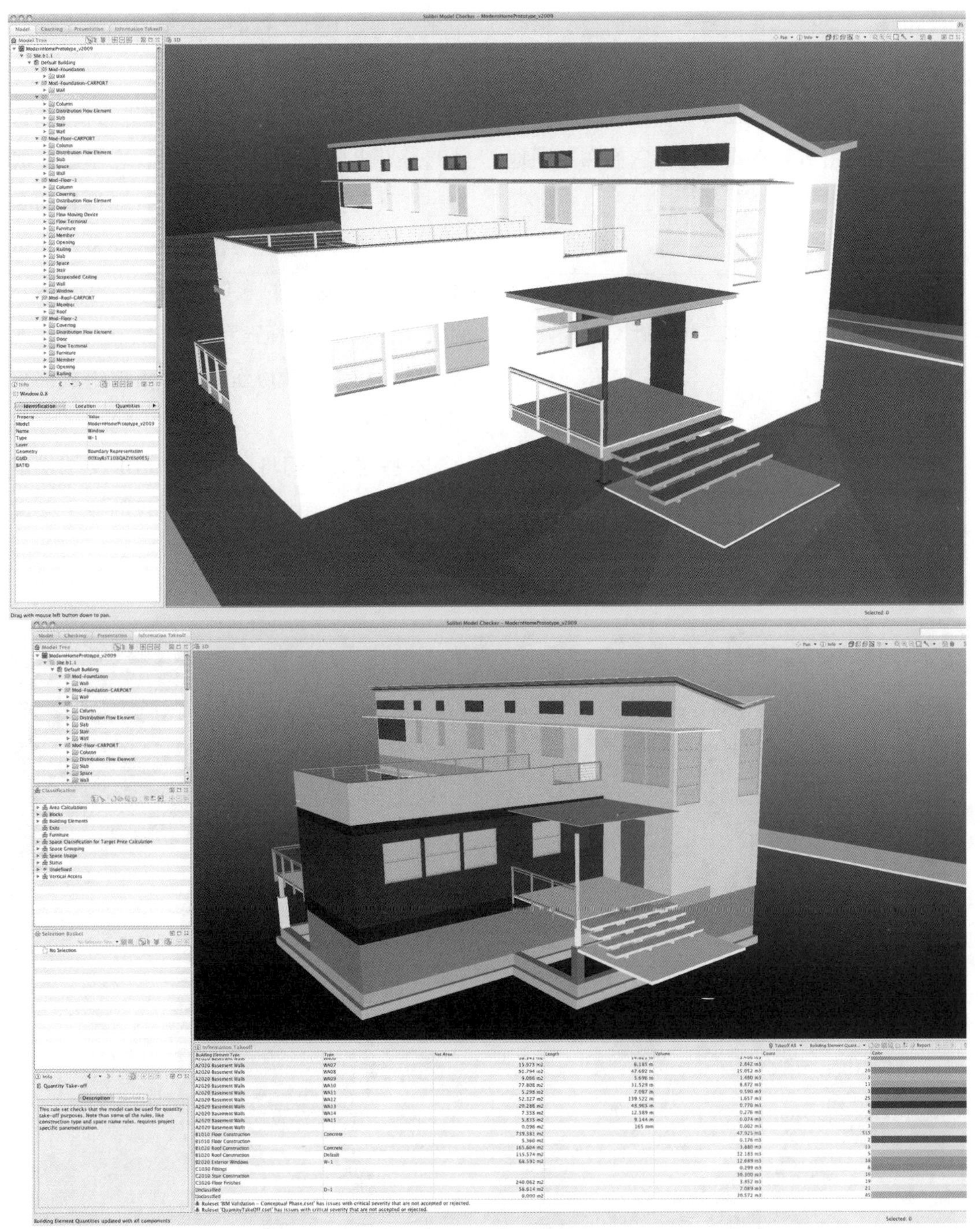

图11.10 一个导出成IFC格式的BIM 模型(Vectorworks's的现代家庭原型),使用Solibri Model Checker来检查验证(图像来自原 ©2011 Nemetschek Vectorworks)

分析工具，如 Ecotect，绿色建筑工作室使用 gbXML 格式文件。在撰写本书的时候，格兰伦的 RIUSKA 和 Equa 的 IDA 室内气候与能源（ICE；图 11.11）这两个功能齐全的能源建模软件使用 IFC 格式文件，它们在美国地区使用的是英文版的。

PDF

PDF 文件已经成为二维图纸交流通用的文件格式：

- □ 在没有使用统一的软件平台的设计团队成员之间
- □ 在参与者喜欢不可编辑的参考图纸的情况下
- □ 作为协助其他文件的一个参考

当对 DWG 这样的电子文件进行传递时，尤其是导出成其他文件格式时，它早已经成为一套具有实践意义的可进行打印设置的套路了。这既可以验证导出文件的完整性，也可以传递出图形的意图。如今，PDF 格式的文件在很多方面已经取代了纸质文件，同时也已经成为团队协作的一个重要组成部分（图 11.12）。

有些建筑部门将允许提交 PDF 文档供审批使用，对于绝大多数小型项目的业主来说这一文档格式是极易被接受的。富有经验的

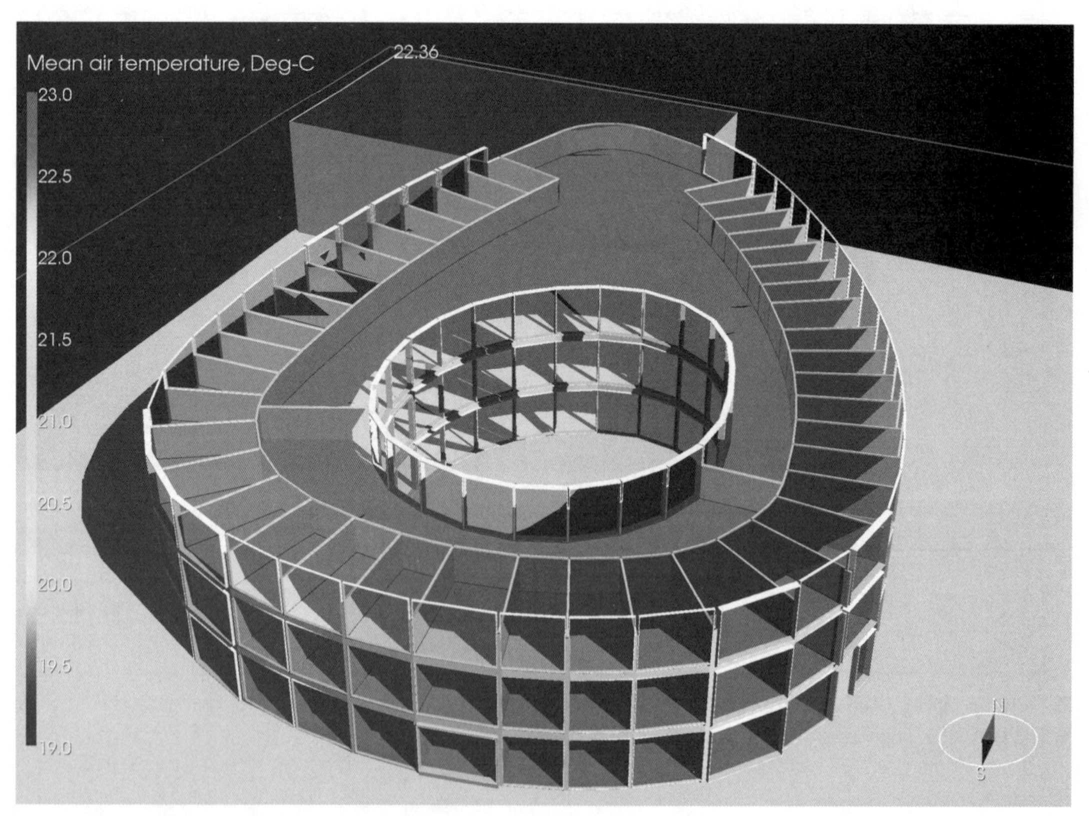

图 11.11 Equa 的 IDA ICE 是一款能源建模软件，可以导入从任何的 BIM 应用程序 IFC 文件。这个位于芬兰的医院项目是用 BIM 建模的，然后通过 IFC 格式导入到 ICE 里面作进一步的分析（EQUA Simulation AB）

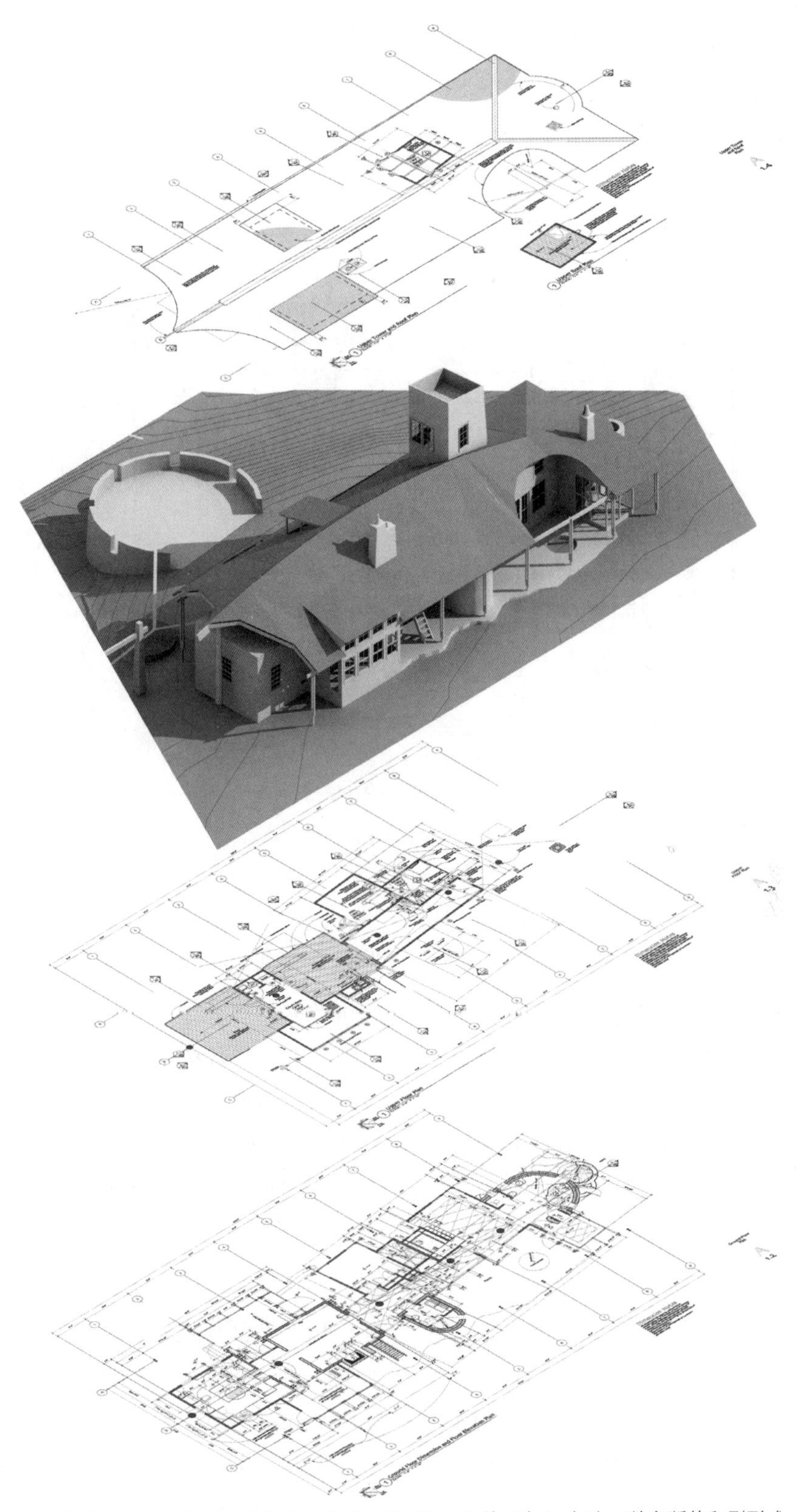

图 11.12　BIM 模型的视图可以导出为二维的 PDF 文件（顶部和底部的两个）。相当于数字版的印刷形式

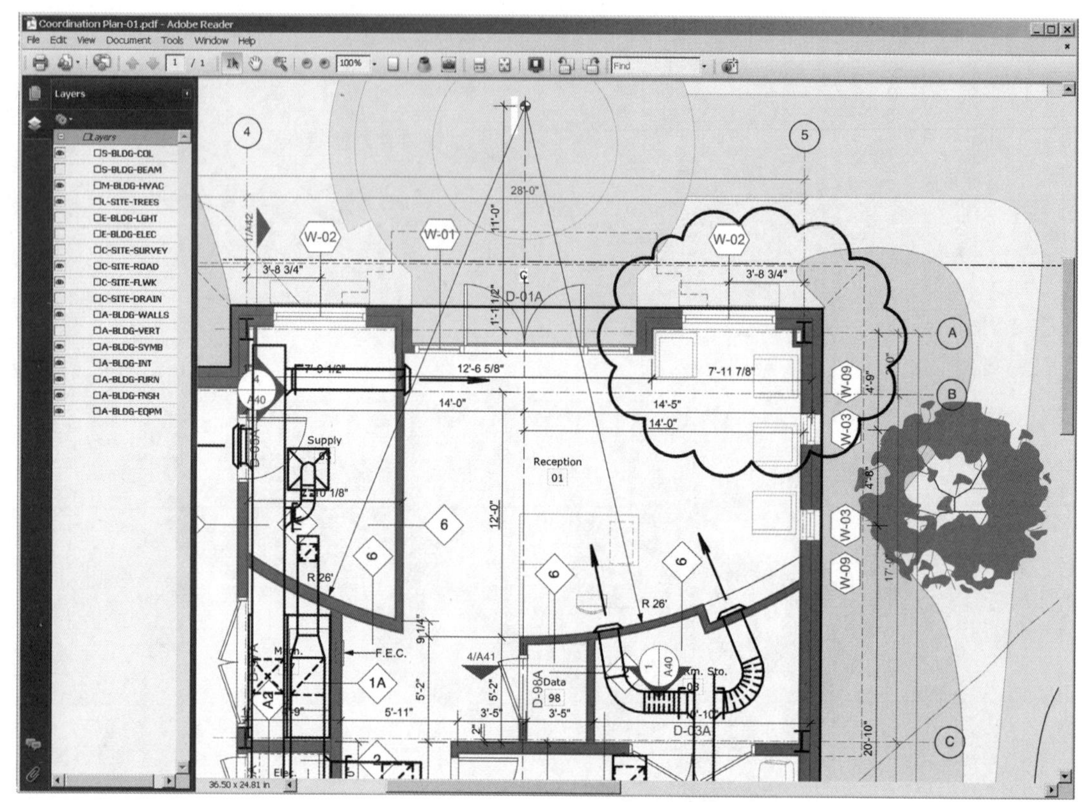

图 11.13 BIM（或 CAD）项目导出为 PDF 并且保存有图层结构。使用 Adobe Acrobat Reader 阅读器可以选择性的控制图层（图片由 Mischa Farrell 建筑师提供）

PDF 用户会知道在这些文件中使用一些简单的标记工具，如文本、线条、椭圆和矩形、发光和注释字段等进行标注。一些可以导出 PDF 格式的应用程序可以保存图层结构和名称等一些十分有用的信息，用户可以通过 Adobe 免费的阅读器查看文档信息（图 11.13 这一功能不支持 Mac OS 的预览程序）。

当导入到其他的应用程序中时 PDF 文件也会“断链”；也就是说，导入程序中的几何图形形式会受到 PDF 文件的制约。当然，除非 PDF 的文件源于矢量化软件（例如 CAD 程序或者是 Adobe Illustrator）。即便如此，尺寸可能不确切，所以这些应该被极其谨慎地用于关键的尺寸标注（图 11.14）。虽然这看似主要是“导入”的问题，但是建筑师还应该考虑到输出 PDF 文件的使用问题。

对于那些喜欢数据分享有更多保存方式并且关心 PDF 文件可以返回到 CAD 文件中的设计师们来说，还有一种解决方式。Windows 平台的图像处理软件 Photoshop，GIMP，lrfanView 或 PDF-Xchange Viewer，Acrobat Pro，或者 Mac OS X 内置的预览软件都可以打开 PDF 文件并且将其保存成图片格式（例如 Jpg）。一些网站也提供这些服务。用户可以从 BIM 模型中生成精确的 PDF 文件，然后将其保存成不能被复制的光栅文件，解组，或者转换成可编辑的 CAD 格式。

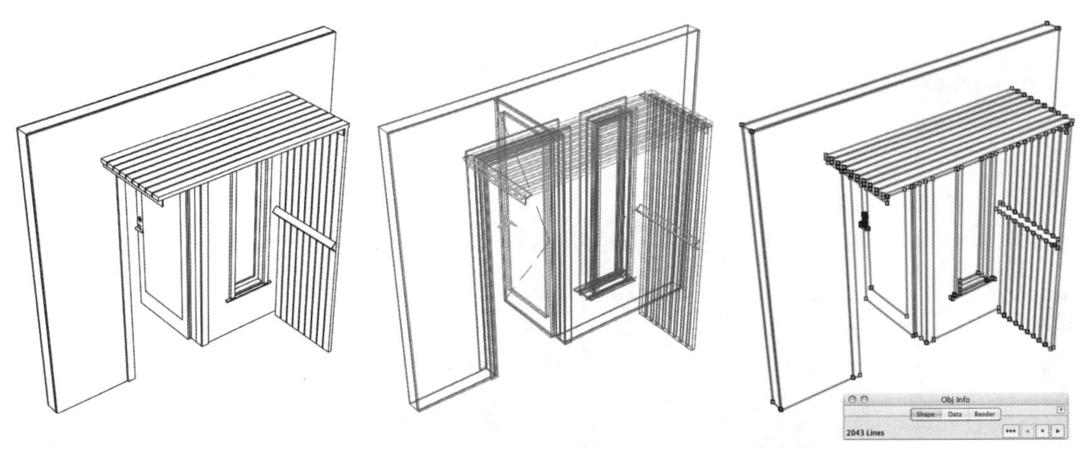

图 11.14 当从 PDF 文件生成的几何文件在 BIM（或者 CAD）导入或者“炸开”时只是一张静态的视图，并且尺寸也是不准确的。左侧的门窗是在透视图中隐藏线模式下的三维 BIM 模型，中间的是线框视图。右图是将同样的模型导出成 PDF 文件，然后，再导入和“炸开”成二维的线

3D PDF 和三维浏览器

几年前，Adobe 等合作开发出一种通用的三维文件格式，U3D。Acrobat Reader 可以读出 U3D 格式的文件，以及 PDF 文件和嵌入的 U3D 组件。这些嵌入了三维模型的 PDF 文件看起来和典型的 PDF 文档一样（图 11.15）。这些模型是可以编辑的，这样用户就可以将其旋转，并且在一些情况下可以通过拖拽鼠标来激活爆炸视图。目前，大部分的 BIM 软件都不能直接导出成三维的 PDF 文件。然而，存在三维的 PDF 编辑软件，可以将 BIM 模型通过中间步骤间接导出成三维的 PDF 文件。例如，一些第三方的 SketchUp 插件（如，RPS 3D Exporter，SimLab 3D PDF Exporter，3DPaintBrush）可以将 SketchUp 模型导出成三维的 PDF 文件。鉴于 SketchUp 应用的普遍性，大部分的 BIM 软件都可以将模型导出成 SketchUp 可读取的格式。3DS 格式就是一个将 BIM 模型导入到 SketchUp 中的例子。

苹果的 QuickTime VR（QTVR）技术（无论是 Mac 还是 Windows 用户）也可以允许 3D 模型作为一个对象（允许用户旋转或者缩放）或者全景图（比如室内或者场地，用户也可以进行全景操作；图 11.16）导入。QTVR 技术的一个非常明显的优势就是文件非常小并且能被大多数 web 浏览器打开。苹果的 QTVR 技术不再支持 HTML5，导致 Graphisoft 将会在其 ArchiCAD 的下一版本不再支持导出成 QTVR 文件，而是鼓励其用户来使用其自己开发的虚拟建筑浏览器（VBE）。在撰写本文时，VectorWorks 依然支持 QTVR 的对象和全景创造。Revit 从不支持 QTVR 技术，但是可以导出成欧特克专有的 DWF 格式，这是一种类似于 VBE 的格式，一般浏览器并不支持此类格式，除非安装插件。

DOE-2

DOE-2 是美国能源部的能耗模拟引擎，它支持作为能源建模必要基础的简单 3D 几何模型。先进的建模工具例如 eQuest 是以 DOE-2 为基础的，同时，也支持 DWG 格式的导入，但是二维的信息和三维的 DWG 信息

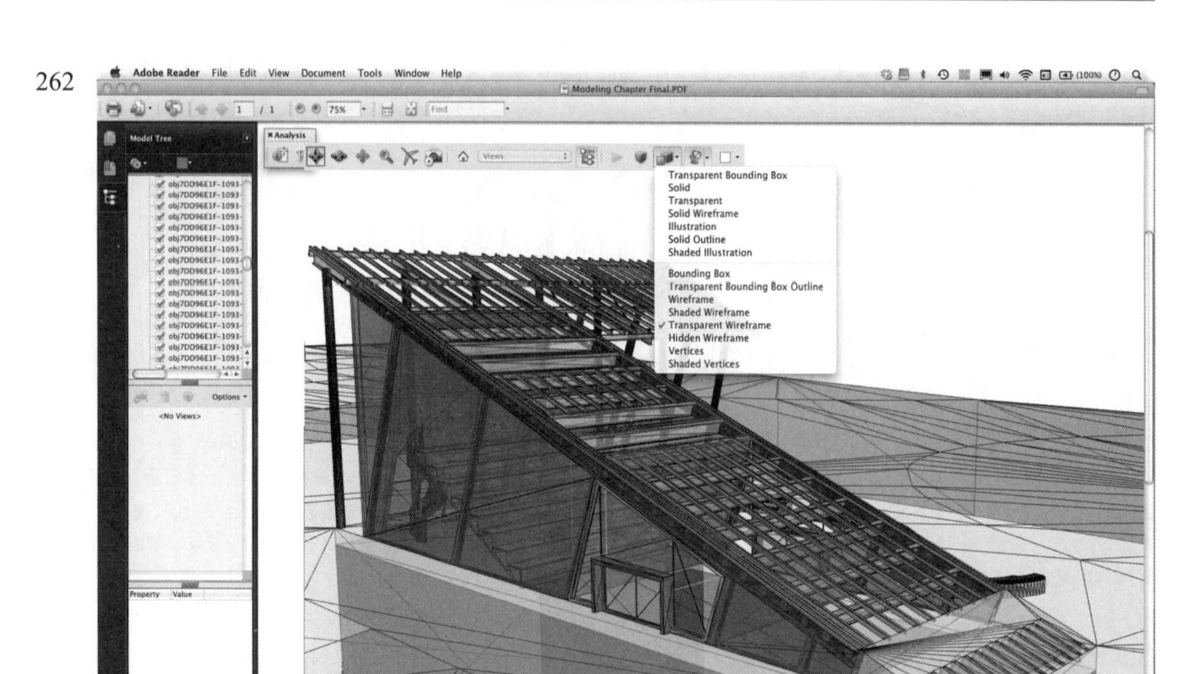

图 11.15 从 ArchiCAD 导出成 3D PDF 格式，然后在 Acrobat Reader 打开。用户可以拖动，缩放，旋转和转换模型，同时，可以从左边的模型树种突出某些建筑组件，在各种渲染和照明模式中进行选择，这些都是可以在完全免费的浏览器中完成（模型来自 ArchiCAD 的培训手册，由 Graphisoft 提供[1]）

图 11.16 QuickTime 虚拟室内场景，是一个简单的扭曲全景视图的一部分。左图是一部分视图，右图是展开的全景图。文件很小，并且用户可以进行一些相互操作

会丢失。一个 DWG 平面可以为基于 DOE-2 能源模型的来源做参考，但是能源模型的所有三维信息必须重新构建。此外，大多数的能源模拟工具都带有基本的物理模型构建工具，有一些还是非友好形式的。在一些方面，这些应用程序的模型构建还需要模型的每一个面的每一个顶点的坐标，这些坐标需要人工进行输入，即使对于一个最简单的模型来说这都是一项非常烦琐的程序。然而，能源模拟并不需要详细的三维集合模型才有效率；事实上，一个简化的模型是更可取的，一些额外的面会增加计算时间，但是不会增加准确性。在能源模型中，一面墙可以用一个很薄的平面来代替；窗子可以用一个简单的矩形来代替等。热性能的 R 值以及太阳的得热系数（SHGC）取决于几何图形属性，而不是

1 培训指导网址：http://www.graphisoft.com/education/training_guides/.

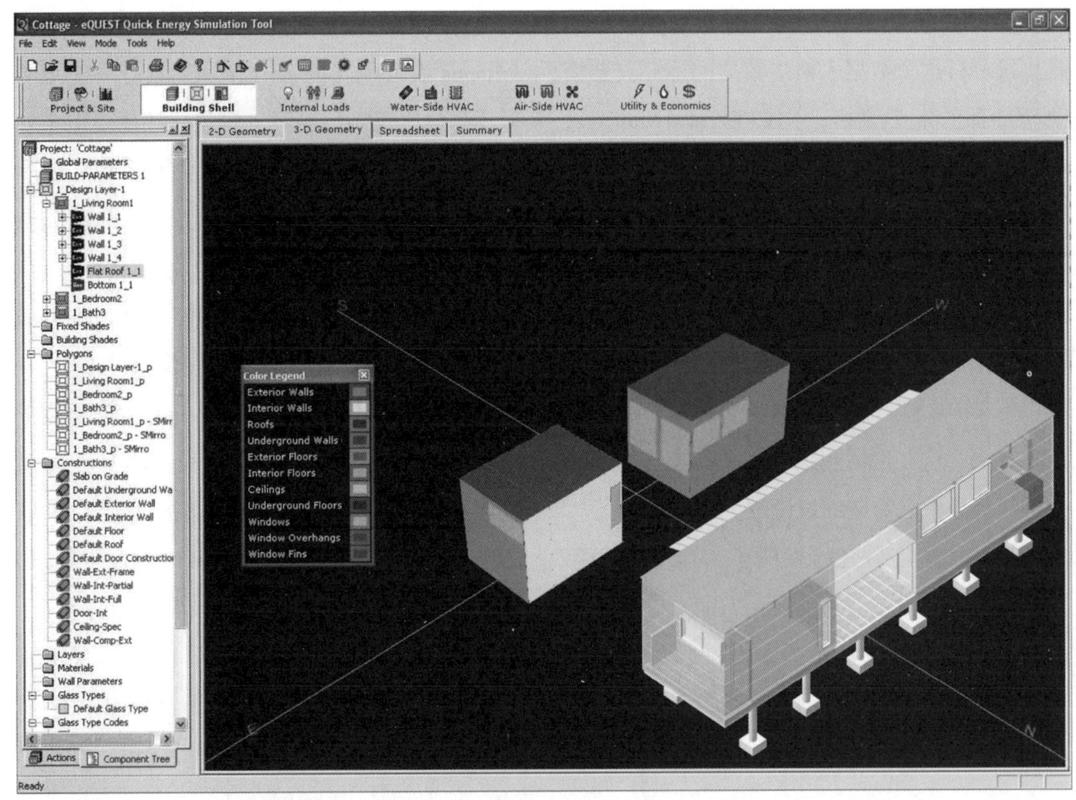

图 11.17　这是一个通过 DOE-2 格式导入到 Quest 中进行能量分析的一个简单建筑（建筑渲染图在右下方），其丢失了大部分几何图形。模型只保留了能量分析所需要的成分：矩形代表的墙体定义空间，开口是简单的多边形，屋顶和地板是以矩形形式导入的一边形成封闭空间

材料的薄厚，因此与墙体的薄厚是不相关的。任何的建筑构件——家具、扶手、非热巨大结构等都不会影响热性能，这些都可以被排除在能源模拟之外（图 11.17）。

Vectorworks 作为 BIM 应用程序之一，提供了一个导出成 DOE-2 的接口。对于其他的需要详细数据的能量分析（EnergyPlus，eQuest，Energyl0 等），输出格式为 gbXML 或者 IFC 是最理想的。同时，导出成 DWG 格式（如上所述需要重建的模型）也是可以的。

gbXML

绿色建筑可扩展性标记语言（gbXML）是一种开放的文件格式，其目的是使模型在建筑模型软件和能量分析软件之间进行传递。它获得了 BIM 软件包括 Autodesk's Revit，Bentley，and Graphisoft's ArchiCAD（EcoDesigner 和第三方软件）的支持。入门者，以及像 DesignBuilder，Autodesk 的绿色建筑能源在线分析软件和 Ecotect 等面向建筑师的能量模型建模软件支持 gbXML 格式文件的导入，但是像 eQuest 等较老一些的则不支持。传统的建模软件（指的是需要专业工程师操作的建模软件）需要导出的 BIM 模型转换为中间格式。

数据列表

相对于导出几何数据到能源分析或者像 Ecotect 这样的性能分析软件中，设计师可以选择从 BIM 模型中导出以几何驱动的值，然后直接分析这个数据表格。数据的运算需要借助于外部的电子表格，比如 Excel，Numbers，Lotus Symphony，or Google Docs，尽管这需要大量的设备和准备时间，但这种方式是非常有效的技术。虽然这是非图形式的，也没有吸引到建筑师，但是当被用于探索备选建筑方案时，这种数据表格是一种非常强大的参数化设计工具。事实上，这一过程是这本书在这一部分的核心方法，这在使用明细表和工作表进行 BIM 分析的部分中已经详细讨论过。

264

被动式住宅研究所发明了一个令人印象深刻的（或者说让人有点敬畏的）建筑电子表格分析工具，让建筑师和设计师可以进行初步的定量设计分析。其被动式房屋规划方案（PHPP）工具可计算（包括其他事项）：

- □ 基于用户输入的和一些内置材料参数的独立构件的 U 值
- □ 能量平衡
- □ 舒适和被动制冷的通风率
- □ 热负荷（德国以外地方的气候数据需要用户提供）

这些计算是基于窗、墙体、地板区域和构件的。用户提供这些数值并且手动输入。然而，在 BIM 模型中简单的区域时间表或者工作表可以极大地简化建筑几何数据的准备。为此，Revit 和 ArchitectureCAD 时间表可以导出成 Excel 的兼容格式，就像是 Vectorworks 的工作表一样。

模型渲染和可视化

一些实践者喜欢把 BIM 模型导出成 3D 格式来进行专业的渲染。这确实有一些优势：像 Artlantis 或者免费的 Kerkythea，具有一些照明工具和材质控制，同时，可进行环境模拟（如环境光、雾、雪等）和动画设置。要实现照片级效果，有更好的方法，运用 Piranesi 提供不同的视觉效果，如手绘与照片相结合等，在 BIM 软件中不太可能实现，即使结合 Photoshop 或免费的 GIMP，也有大量的图像修理工作。

另外，BIM 模型本身所具有的渲染功能正逐步提高，在虚拟建筑应用程序本身就可以进行照片级的渲染或者各种各样非照片风格（NPR）的渲染。模型一旦从 BIM 程序中导出，就不可避免失去了参数以及丰富的数据特征。如果把渲染看成是一个设计工具，而非展示或者营销工具，那么将模型保留在 BIM 程序中将具有非常重要的意义。从设计变更到设计影响的迭代循环（模型到渲染）这个过程可能很快，这一事实，可以让设计师进行更多的设计与评估。人们会试图按照渲染的形式提交给专业的渲染程序，但是更大的课题是这只是工作流的一部分。然而，无论后期处理的是一个三维的模型还是一个静态的二维渲染视图，最好要获得全面地渲染控制，因为当设计更新或者更改时都必须重新处理。

当然，这不是一个非此即彼的建议：建筑是可以使用 BIM 内部的渲染来进行设计评估和概念交流，甚至是用于最后或高质量交流的专用渲染过程（无论是 3D 渲染还是二维的后处理的导出图片）。

项目协同

建筑师的一个非常重要的功能是设计的

协同，无论项目交付方法是传统的设计 - 招标 - 建造（DBB）还是一体化集成项目交付（IPD），或是介于两者之间的，这都是非常现实的问题。在协同规则中，建筑师负责解决建筑系统中的各种冲突，这可能涉及其他专业学科的职责，然后，对于这些冲突进行适当的沟通。作为项目的建筑专业负责人，建筑师有责任察觉到结构系统和机电系统之间潜在的冲突碰撞，然后找到一个合理的解决方案。

265

BIM 作为一个虚拟建筑模型（尽管有一些不同的细节程度，即所谓的深度等级），可以作为碰撞检查的一个很好的媒介（图 11.18）。的确，有些软件具有自动碰撞检

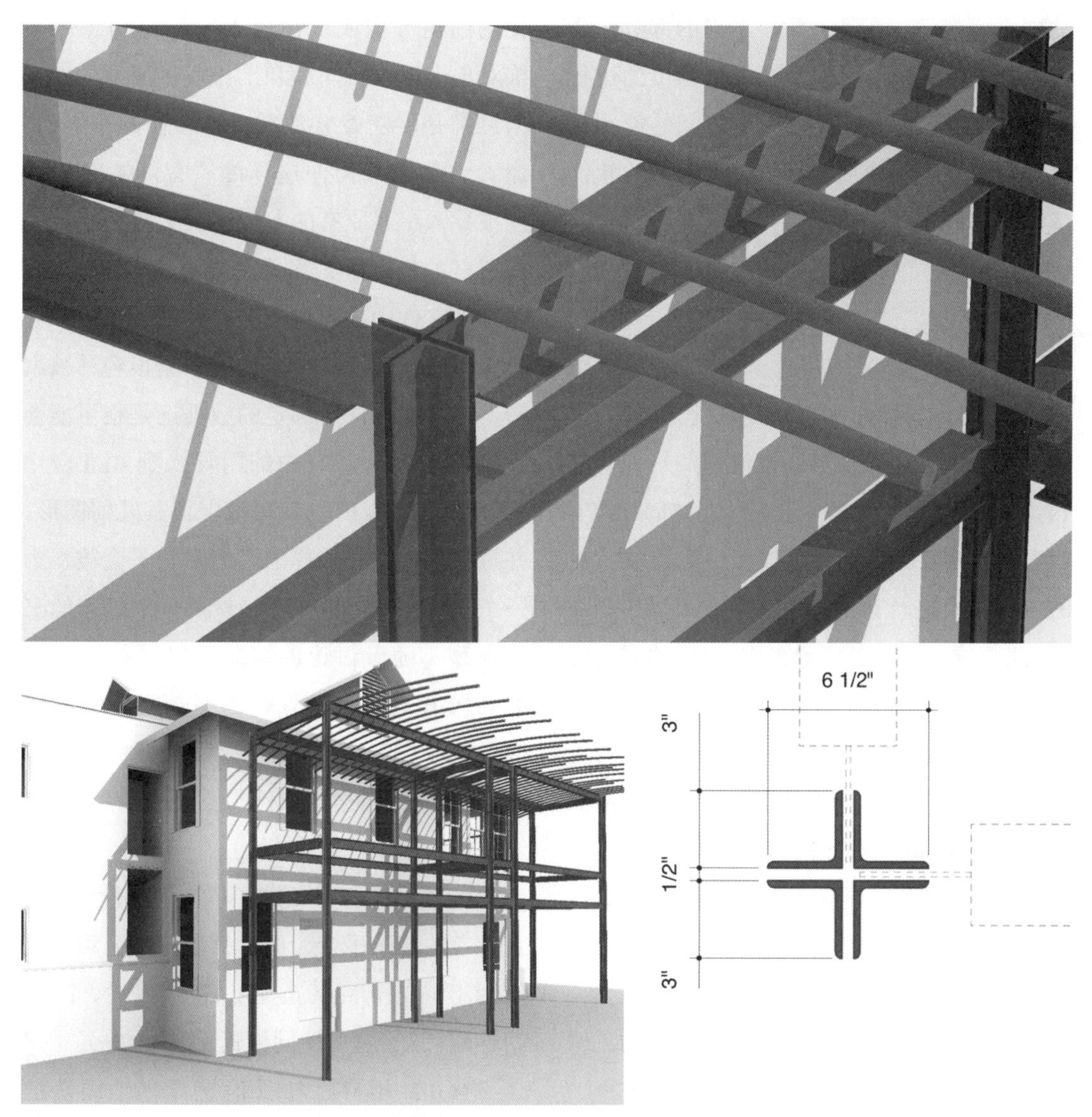

图 11.18 一些 BIM 应用可以自动进行碰撞检查，当存在几何冲突时会提醒用户。但是碰撞检查并非绝对可靠的，有时一些经过设计的交叉——比如一个分支管或者连接结构——会被认为是碰撞。在这些情况下，或者当自动检测冲突不可用时，需要人工检测

266

查的功能，尽管辨别起来有挑战性，例如一个合理的送风分支与两个供应管道之间的碰撞。而且，作为两个或者多个组件的单一模型，只要有一个冲突时就可能会产生多个的碰撞警报，从另一方面来说，为了得到很少的碰撞警报设计师却做了更多的精细工作。

通过人工或者自动监测碰撞冲突，BIM 模型都可作为建筑师和工程师设计建筑元素的中央资料库。在这一章接下来的部分，我们将介绍建筑信息和模型在导入导出的过程中的一些细节，项目组的成员之间的模型交换，他们不一定使用的是同一平台下的软件或者能兼容 BIM。

DWG

由于欧特克的软件无处不在，到 20 世纪 90 年代 AutoCAD 的 DWG 的格式已经成为美国联邦政府在工程项目经常使用的格式。在 1998 年欧特克的竞争对手成立了 OpenDWG 联盟，即现在的开放设计联盟，来与欧特克的专有格式进行对抗。用这种方式，其产品都可以方便地导入或者导出成 DWG 格式文件（以及后来 MicroStation 的 DGN 文件）。伴随着 AutoCAD 新版本的推出和 DWG 格式的发展，开放设计联盟步调都是一致的，其产品可以兼容当前或者较早的 DWG 版本。这样导致其他软件产品的开发商在政府项目中保持有竞争力，DWG 文件格式尽管是一个专有的格式，但其作为标准的地位更加坚固。

因此 DWG 格式使得每一位建筑师的工作都以电子化的形式进行，这就使得几乎每一家公司都要定期处理其文件。无论 AutoCAD 是否正在被使用，也无论设计师是否在 BIM 环境下操作。尽管 AutoCAD 和 Revit 都是欧特克的产品，但是其起源架构是不同的，实质上 Revit 的用户与其他 BIM 使用者围绕 DWG 格式时具有相同的诉求。

DWG 格式就像其主应用程序一样进行了优化，其可以包含更多的构建类型，不仅仅是基本的二维形状：线、圆、多段线。这种格式可以处理一些从简单的实体到参数化的门窗等构成现在的 AutoCAD 对象的三维对象，以及时间表和工作表。所有的建筑信息都是伴随着软件平台来转换的，然而，像参数化建筑构件这样的“智能”对象一旦被导入，其原有的参数将失去作用。几乎在所有的情况下，无论是导出成 DWG 格式还是从文件中导入这一格式，构件对象都会只保留几何图形，即使这些数据很容易被编辑，与这些构件所绑定的数据还是很可能会丢失。当 AutoCAD 中的门导入到 BIM 应用程序中时，ArchiCAD 可以保留其几何图形，并且看起来也是一样的，但是它不会被视为一个 ArchiCAD 门对象，只是一个静态的三维模型（随着讨论的深入，已经编辑好了的高级 BIM 模型的在传递时信息丢失的烦恼可以通过 IFC 格式解决，IFC 是一种 BIM 的传递格式。然而，IFC 是一种被保存的嵌入式的数据）。

因此 DWG 适于提供不同专业的设计间相互参考的背景平台，但是，当两个公司之间使用不同的 BIM 甚至是 CAD 程序时，DWG 就不是完全合适的协同格式（图 11.19）。

当 BIM 用户将项目信息导出给团队的其他人员使用时，对于发送者来说最好是有选择性的提供图纸或者模型。即使是小型建

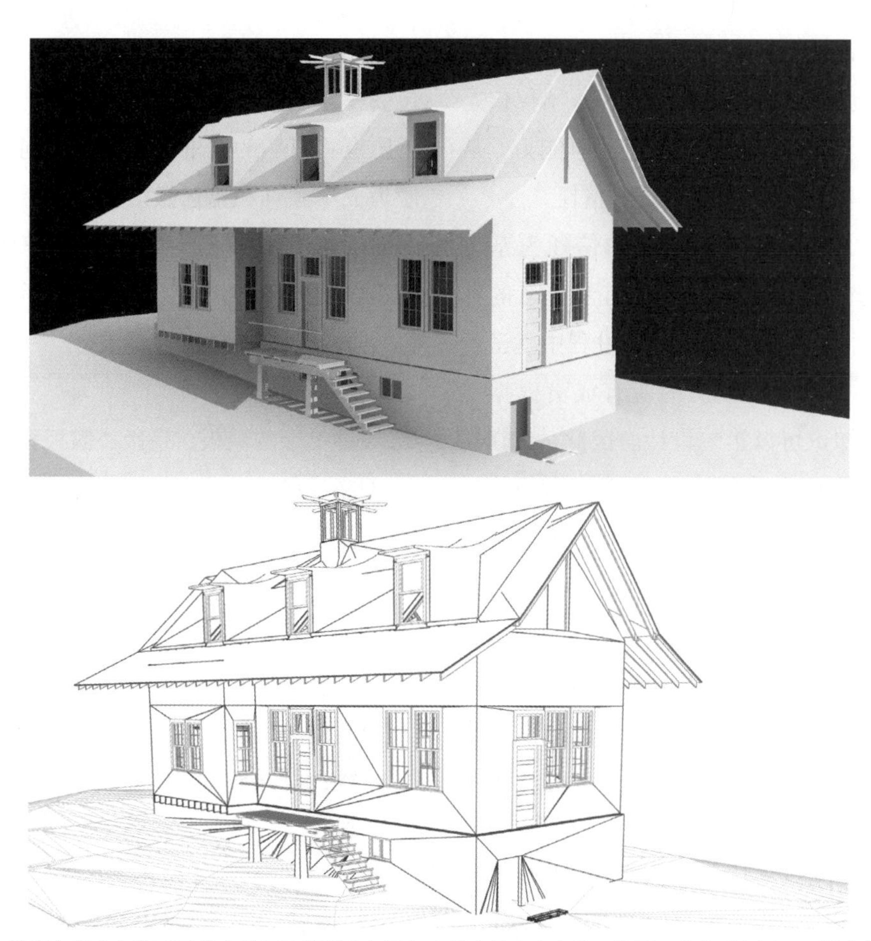

图 11.19　从保存有几何和图层信息的 BIM 模型（上图）中导出的 DWG 文件，但是，这些对象是不可被编辑的，同时丢失了所有绑定的数据

267 筑，将整个项目发送给合作者也是不合适的，只发送与之有关的部分（层或者类，取决于所使用的 BIM 模型的部分）即可。考虑到以 BIM 形式工作的建筑师会将建筑设计的文件发送给以 AutoCAD 工作的结构工程师作为参考咨询，主要是二维。既然这是从 BIM 到 CAD 的工作流，建筑师也不必提供所有的 BIM 模型，只需提供二维图纸即可，所以结构工程师主要是在平面上进行工作时，他们仅仅参考标高或者部分图形既可。因此，如果只提供 DWG 平面、建筑标高以及部分图形，那么建筑师或许会忽视室内标高、细节、墙体部分、照明设计（视图）等。为了提供尽可能多的项目资料，或许，项目的整个绘图资料可以被转换成 PDF 文件。

BIM 和 IPD（集成项目交付）

在设计和施工中，BIM 可以建立社会架构，提供集成交付的技术（IPD）。IPD 方法将打破藩篱，建立协同，让设计师、建造者、顾问和业主都能获得极大的效益。IPD 本身并不是一项技术，但是作为一种社会规则，它可以使用大量的技术来实现其目的。在 IPD 方法下，其目的是减少浪费，提高质量，对业主来说达到效益的最大化。IPD 的核心 268 是基于项目团队成员之间的合作（不仅仅是设计团队）和他们的知识信息共享能力，从另一方面来说，其依赖于沟通和信任。

由于 IPD 是唯一以交流和信任为基础的，它既利于信息的共享也需要信息的共享。或许，项目信息在设计的过程中就已经被共享，所以设计团队的所有成员根据他们的专业知识可以影响设计。因此，IPD 在 BIM 中寻找到了合适的机会并且强调协作对象的协调和开放的沟通。建筑模型鼓励协同和在同一模型内跨学科的合作。建筑、结构和机电设备在同一模型中，增加了不必要冲突检测的有效性（无论是自动或者人工的碰撞检测）。成员之间可以提交相关的文件来与其他专业进行协同，这样在设计过程中就可以发现冲突。

BIM 可以只支持 IPD，但是其本身不能替代它。相反，它可能优于 BIM，但是协同合作与知识共享都会受制于缺乏一个强大集成的 3D 环境。从一些方面来说开放的协同是 BIM 的基本要求；没有这一基础，BIM 将缺乏协同合作的潜力而仅仅成为一个建筑模型而已。离开了协同 BIM 就仅仅是一项技术；添加上维度、协同，BIM 就变成了社会的推动者。

对于一般（小型）项目的专业人员或者公司来说，讨论开放 BIM 似乎有些离题，并且协同合作也是有限的。但是，即使在一些小型甚至是一些项目集成交付不可能实现的项目中，和承包商与顾问之间的开放式协同仍然能获得实实在在的利益（图 11.20）。作为一个简单但是令人信服的例子，在项目的整个过程中都要考虑施工预算。在既定的承包商—建筑师—顾问这一模式下，设计公司不愿意将材料的需求量向设计顾问公开，以便为成本预算和招标做准备。这一现象的主要原因是法律责任。从另一方面来说，一个构造准确的 BIM 模型可以准确显示出各种材料的需求量：

- □ 各种类型的地板、壁板、墙板和屋面材料的净量和毛用量之间的不同
- □ 算量清单，不同空间的公称尺寸和长度尺寸，或者木材和混凝土（CMUs）每单位的用量和类型
- □ 直接来自模型里中准确的门窗明细表
- □ 材料的总用量
- □ 正确的管线设备、电器设备、灯具以及五金构件

很明显，基于成本估算或者招投标所提供的数值与来自打印的平面图或者立面图的数据相比要更加准确、出错率更低。显然，建筑师可以从这些准确的成本预算里获得利益，尤其是当这些预算是在设计的早期就已经做出。推迟成本预算的结果是当项目设计即将完成时可能要进行再设计（取决于建筑师的费用），或者更糟，即项目被取消。每一家公司都必须在项目早期权衡他们的利益，并且向潜在的承包商提供项目信息以避免不必要的法律问题。然而，传统撇开承包商的做法在短时间内似乎是“保护”了建筑师，但是，从长期来看，这种做法对整个项目都具有很大的潜在危害。

因此，我在长时间的项目实践中习惯了 269

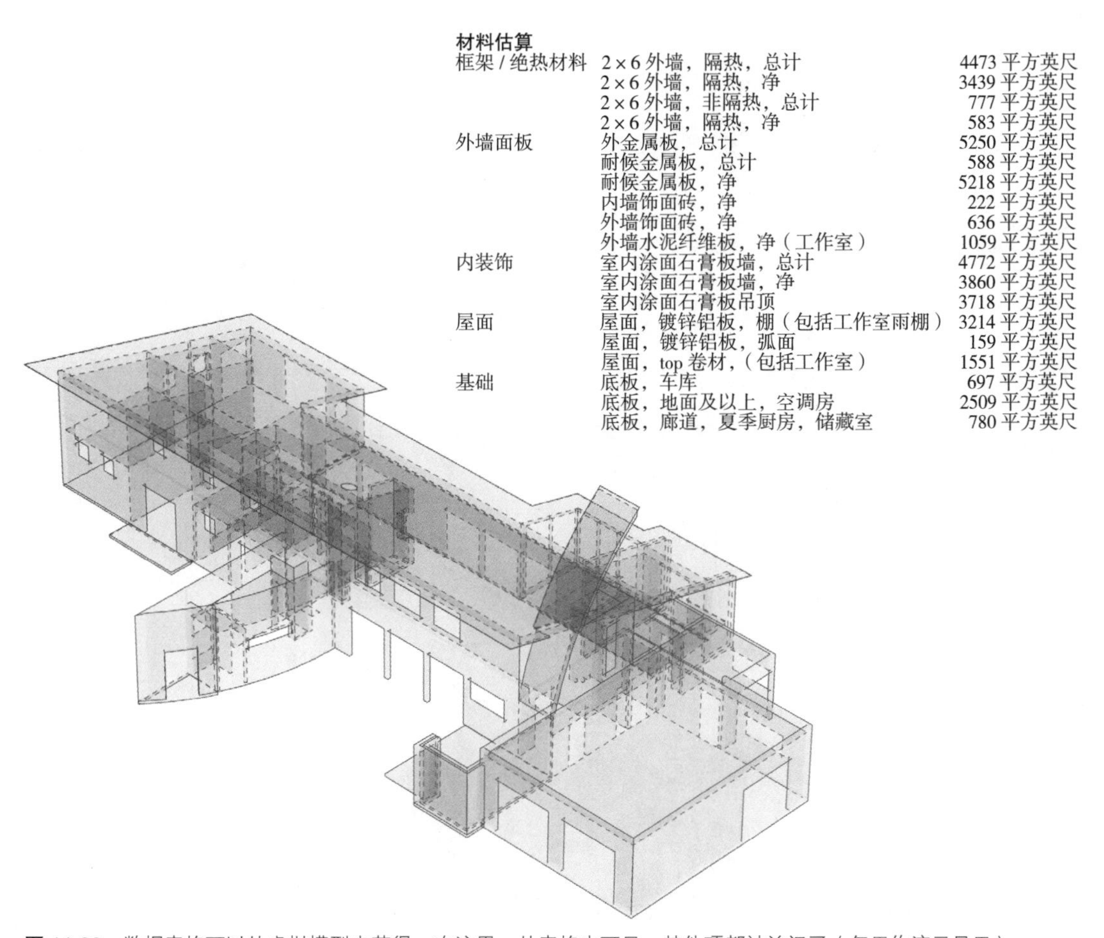

材料估算

框架 / 绝热材料	2×6 外墙，隔热，总计	4473 平方英尺
	2×6 外墙，隔热，净	3439 平方英尺
	2×6 外墙，非隔热，总计	777 平方英尺
	2×6 外墙，隔热，净	583 平方英尺
外墙面板	外金属板，总计	5250 平方英尺
	耐候金属板，总计	588 平方英尺
	耐候金属板，净	5218 平方英尺
	内墙饰面砖，净	222 平方英尺
	外墙饰面砖，净	636 平方英尺
	外墙水泥纤维板，净（工作室）	1059 平方英尺
内装饰	室内涂面石膏板墙，总计	4772 平方英尺
	室内涂面石膏板墙，净	3860 平方英尺
	室内涂面石膏板吊顶	3718 平方英尺
屋面	屋面，镀锌铝板，棚（包括工作室雨棚）	3214 平方英尺
	屋面，镀锌铝板，弧面	159 平方英尺
	屋面，top 卷材，（包括工作室）	1551 平方英尺
基础	底板，车库	697 平方英尺
	底板，地面及以上，空调房	2509 平方英尺
	底板，廊道，夏季厨房，储藏室	780 平方英尺

图 11.20　数据表格可以从虚拟模型中获得。在这里，从表格中可见：其他项都被关闭了（仅用作演示只用）

分享项目信息，同时，在施工文件（参考图纸）背后设置严格的防火墙，以便进行更深层次的信息共享，甚至是向业主和承包商提供只读文件。然而，美国建筑师学会（AIA）已经研制出了一系列的合同，用来明确团队成员的职责和项目信息在 IPD 和 BIM 中的所有权问题。请参阅《集成项目交付:指南》（2007）和其他的 AIA 资源以便在 IPD 上进行深入研究。

IFC

政府服务机构和其他一些机构承诺开放 BIM 标准，以及一些其他的力量，这些都导致了智能建筑的工业基础标准的发展（IFC）。这一文件格式对于 BIM 的互操作性至关重要，因此，在这里将其与其他导入导出的文件分开讨论。与 DWG 不同，这是一个开放的、非专有的文件格式，不是任何单一的应用程序。相反，这是一种世界语言，一种“通用语言”而不是作为本地用语，但是，所有人都可以学习和认识（结构松散；实际上，IFC 已经不是电脑语言，而是一个数据丰富的几何形式；图 11.21）。

270

BIM 可以脱离 IPD 而存在，尽管早期和普遍存在的设计协同和互操作性需要被看成是 BIM 基础。然而，IPD，需要一些建筑信

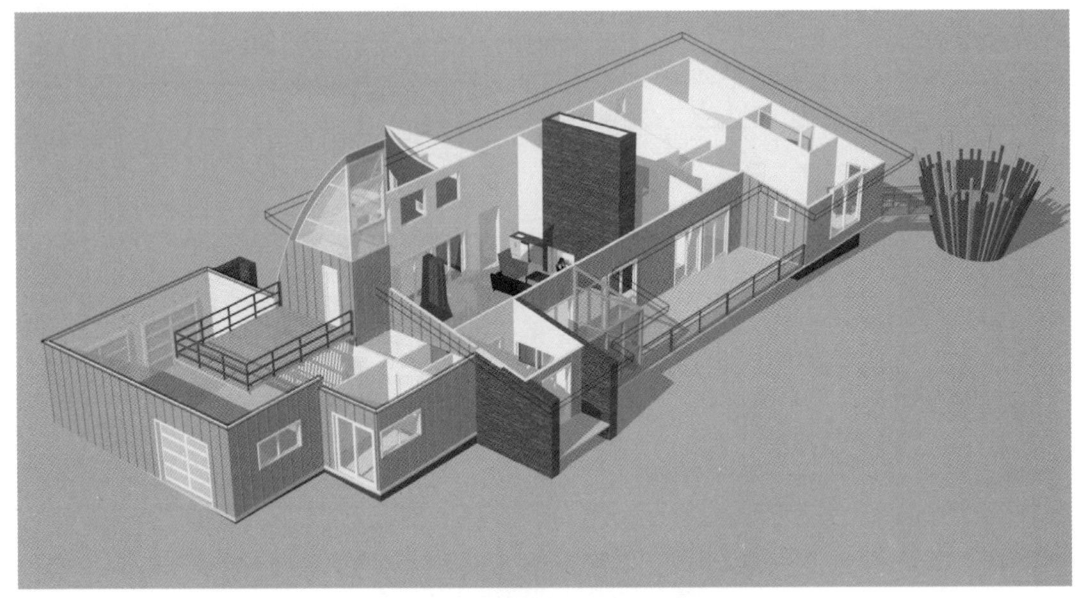

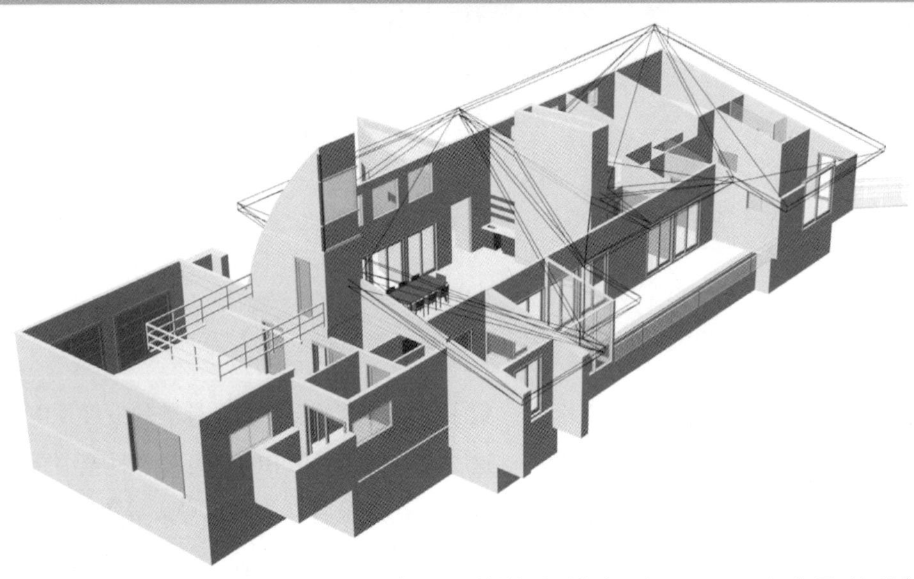

图 11.21 当通过 IFC 格式导出时，几何对象作为附加的数据会被保存下来（图 11.12），但是对象的参数将会丢失。IFC 里的几何数据是可以被改变的，但是需要手工操作建模的方法进行。通过 IFC 导出门的参数会保存在其几何图形中，也可以被拉伸和更改。如果被导入到 Revit、Vectorworks 或者 ArchiCAD，它就不是一个门对象，而是一个需要创建各软件门的工具

息传递的媒介以便使获取的建筑物的几何信息和 BIM 数据是符合逻辑的选择。因此，需要一个令人信服的 BIM 通用语，一种统一的文件格式可以使得所有的 BIM 应用程序都可以导入或者导出所有的建筑信息。这样的需求是 BIM 而不是 CAD，给予前者更适合的协作。

IFC 兼容的 BIM 编辑工具（这些已在本书中讨论过）都可以导入或者导出这一开放的、中立的格式文件。与本章中讨论的其他文件格式不同，IFC 是专门为 BIM 设计的。作为一种标准，收到了许多不同的利益相

关者的谈判和开发（包括软件开发者、建筑商、建筑和工程公司、施工公司、设施公司），271 IFC 格式在不断发展。此外，它被设计成传递与转换几何图形和数据，而不仅仅是对象的功能。

例如，一个建筑公司使用的是 ArchiCAD，而结构工程师使用的是 Revit Structure。这些都兼容于 IFC。建筑师在设计中包括一个暴露钢结构的 W 断面，会显示成 W8 × 35。对象就是参数（ArchiCAD 会自动绘制出其尺寸和配置）和丰富的数据（它标示它本身的结构部分）。结构工程师接受 IFC 文件并导入到 Revit 中。集合数据列会存在，并且正确标示出它就是结构柱。然而，经过分析，结构工程师认定型号过大，并且建议使用 W8 × 21 的代替，这样每英尺长会节省 14 磅的成本和重量。然而，导入的结构部分不是 Revit 对象，因此，这并不容易重新选择型号。或许，结构工程师会替换成 Revit 对象，或者与建筑师讨论这一问题和其他问题，要求提供一个 W 部分尺寸更新的文件。或者，建筑师会保持粗略的 8 英寸 × 8 英寸的建筑或者详图部分（图 11.22）。

从这个例子中便可以看出 IFC 既有其局限性也有其优势。作为一个专门为 BIM 而设计的格式，它允许在导出之前对数据进行很好标记的前提下将几何图形和 BIM 数据被保存。就是说在图 11.22 中除了确定正确的尺

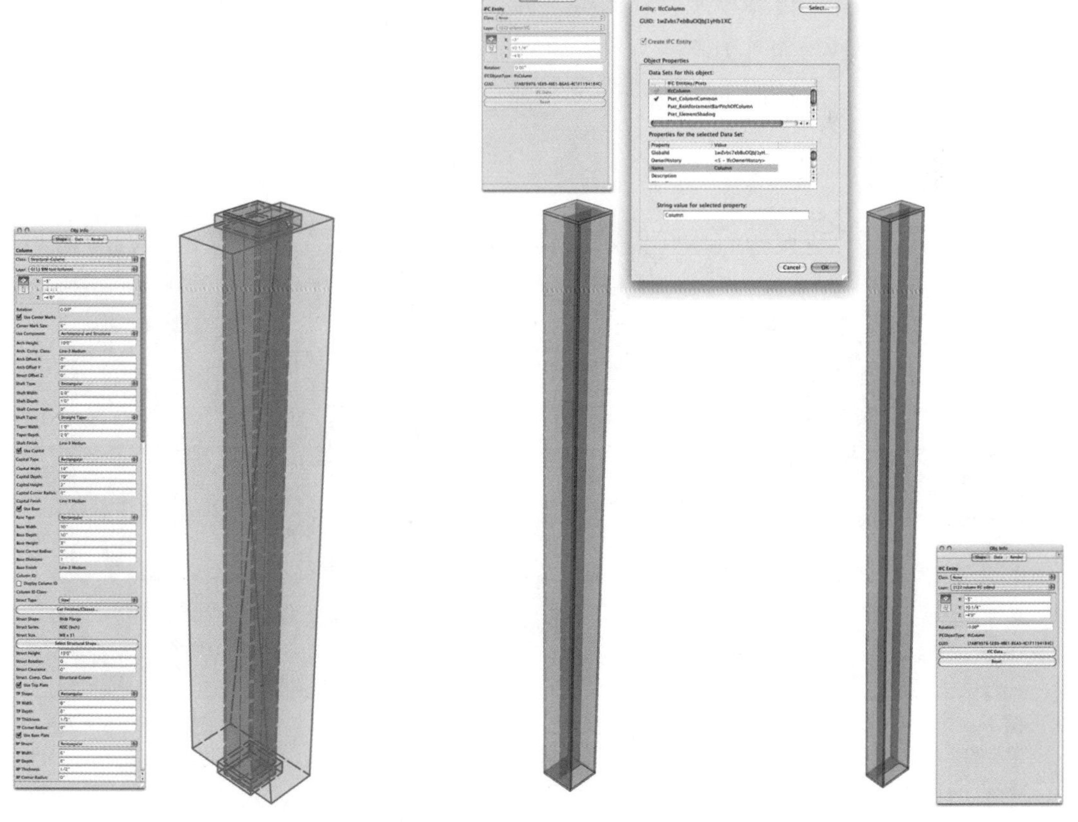

图 11.22 BIM 的柱（左）导出成 IFC（中）可以被编辑，但是不能被参数化（右）

272 寸之外还确定了正确的结构柱。在许多情况下，BIM 除了自动绘制对象外，也还要手动标记。从另一方面说，接收到的 BIM 模型不能进行参数化的编辑，这也是 IFC 的一个重要的问题，实际上，这也是十分有益的。由于导入的 IFC 几何文件相对静态的特性，它防止了不需要被编辑的内容被编辑或者操作者随意编辑建筑元素。IFC 物体一旦被导入到 BIM 模型中，就有了自己的出处，在大多数情况下，清晰的划分 IFC 文件，以便区分其起源于另一家公司或者是按照另一种规则来编写的。

■ 案例研究：得克萨斯州埃尔帕索派姗娜高级住区

设计人：Marianne Bellino

设计公司：Woricshop8

客户：埃尔帕索市房管局

早在 2010 年埃尔帕索市房地产管理局（HACEP）举行了一个全国性的 LEED 平台设计竞赛，有 63 个组成单元，高级房地产开发项目（图 11.23）。竞赛的要求之一是，设计团队要有 BIM 实施能力。

对于 Workshop8 的设计团队来说，采用的是 BIM 所提供的三维协同的方法。结合

图 11.23 Workshop8 为埃尔帕索市房地产管理局设计的派姗娜是一个前卫的，可持续的高级住区，BIM 发展项目，项目包括户外围栏和中心社区组成。HACEP 将项目限制于使用 BIM 完成，但是其明智之处在于没有限制特殊的格式（Workshop8 提供图片）

在 Vectorworks 里生成的 BIM 模型，我们利用 SketchUp 进行日照分析和设计推敲。借助于这些技术我们可以产生一个单一的、多层的三维模型表现方式，这种表现方式可以使得设计各部分变得清晰和易于被理解。在这一过程中，我们可以加快项目的交付。同时，使得许多在施工阶段出现的问题在设计阶段就能被解决。

273

在该项目中，成功的关键在于 BIM 技术的使用，借助于综合的 BIM 设计流程，我们的团队可以看到建筑的进化过程，而不是之后在建筑设计上再混乱的添加设备、机电和结构，以及其他一些服务设施。随着项目的发展，组成单元也由 63 个发展到 73 个。通过使用这个综合的建筑模型，我们可以回应项目需求的改变，以及对所有的空间约束和建设需求进行控制（图 11.24）。我们可以放心地通过小区建筑来减掉部分空间，再在设计过程中对室内空间和材料进行深入了解。这种设计方法的关键在于有个包括结构工程师，能源分析师和景观设计师在内的设计图团队，从项目开始就参与到其中。

作为一种工具交给总承包商，BIM 模型也具有无可估量的价值（图 11.25）。在竞标阶段，Workshop8 把 BIM 模型给了总承包商并且附有一个阶段的使用说明。在一个非常短的时间内（10—15 分钟），他们在模型中漫游。他们的兴奋是明显的。他们立刻意识到这一模型将极大地帮助他们将项目呈现给分包商，并且让他们更加快速准确竞标。总承包商希望在建造施工过程中也会有这么一个模型，作为在施工现场与工人进行信息传递的最好方式。

图 11.24　紧凑的庭院在一端开放，在房屋开发中，增加了适合人性的尺度。庭院的尺寸（取决于相邻房屋的高度和宽度）用过广泛使用太阳能模型进行开发，以帮助确定在冬天的被动供暖和夏天的遮阳问题（Workshop8 提供图片）

图 11.25 乡村高级住宅项目的墙罩是项目设计的一个重要组成部分。Workshop8 把它作为西面遮阳和停车场指示屏，包括了现场能源生产、建筑上集成安全和垂直循环，同时在小区的边界成为项目的标志（Workshop8 提供图片）

图 11.26 和其他项目的元素一样，该项目的社区中心的外围护结构采用的也是太阳能的设计（Workshop8 提供图片）

我们利用 BIM 作为一种协同的工具来达到我们的设计的目标——经济和流程的可行性。这一项目将会获得 LEED 白金奖，对于埃尔帕索市房地产管理局来说这将是一标志性的建筑，其最终将会为用户创造一份高质量的生活环境（图 11.26）。

后记

古老的魔咒：我们住进了了不起的时代。我的职业生涯不长（未来很长），却见证了手绘图的“终结”、CAD 的兴起、BIM 的巨变。每一次转折，都有保守势力在责难传统价值沦丧，抗争那些鼓吹者，而前沿技术的尝试者们则仿佛救世主般，以为新模式将包揽建筑的所有问题。时至今日，我们是该怀疑那些技术，谁许诺解决所有难题，不仅仅在建筑领域，细心考量技术——任何技术——有思想的观察者会认识到技术的应用与变迁不仅仅是技术层面的事情，同样是社会层面的。“进步”变得有负担。但是，它确实不会停步。怀疑还是信奉，两大阵营各有各的道理。

任何技术变革都有得有失，无论传统（我的教授称之为建筑学的知识），愿景，认识。在这个趋势里，不说 BIM 确凿无疑地越来越具体了，毫无疑问的是那些失去的技艺带走了它们培养出来的见地，我们想当然地认为建筑师总是在画图——像很多人一样，我的电脑里总有一个草图板，快速捕捉灵感——但是也许这都只是假设，和我的许多同事一样，我欣赏出色的建筑图。我怀疑这是一种迷恋？这与建筑师最后的建筑作品毫无瓜葛。

进而，我在本书中实践和提倡 BIM，是为设计师提供通向可持续设计的途径，并不只是紧要关头的创可贴或是粉饰建筑绿色，围护结构负荷为主的建筑物在设计之初采取可靠而简便的设计指南，会更加可持续化，胜过只凭直觉，或者后期的精细的节能模型。作为定量化设计工具，BIM 会是可持续设计前期的一种手段。

本书的初衷是有助于建筑师和设计师找到创作的内涵、性能优良，还包括更美好的建筑工具。这就是我的定位和可提供的素材，我们人类创造的美好只有在与自然和谐一致时才会发挥力量。我不是说看起来像“自然”的装饰物和盲目崇拜有机图形。我更主张美来自对自然体系的深刻理解，还包括它的复杂，它的经济。“经济”的意思，是大自然的努力是既有交换，又非常简洁的。按照这个思路，建筑性能设计为我们的作品增加了另一个维度，节能而且守护了我们的孩子们的未来。设计和生活的可持续性的价值和关键所在，是它超越生存这件事，不只是享受安定的生活水准。它是生活之道，是迈向美好之路。

像我们的社会体系一样，会适应不断出现的环境和技术现实，BIM同样也在不断进化。它至少在两个方向发展。一个是大BIM，无关于任何软件或平台。B、I、M代表建筑、信息、模型化。这个观念有更大的社会性，我们从事设计职业，是团队成员。彼此的合作创造，包括技术人员和客户分享开放的虚拟建筑模型，产生（或培育）了更大的思想体系，更加透彻的设计方法。在这个方面，大BIM或许至少是理解、至少能预见，可能带来最意外的结果。

276

对这种疯狂改变社会和技术的力量，我们内心都有所抵触，有人喧哗，有人私语，没有这个技术突变，我们照样成功设计了好几个世纪。为什么要扔掉世代流传、来之不易的设计程序和经验。但是现实的变革已经缓缓而来，以至于我们还不知不觉。我们的设计方法一直在变化，那些方法提醒我们在设计什么，不仅仅是怎么设计。使得过程和产品无法分离。

作为实践本身，小BIM建筑信息模型是作为软件环境在发展。对象、工具、命令、流程、特性、功能，任何一个BIM应用软件在软件商和用户的推送、提炼中，变得更加强大。BIM（“严格”地看成一门技术）在这个意义上发展，方法随时间改变和优化。（严格加上引号是因为并不现实，技术会从产生它的社会势力中分离出来，反过来成形。）本书希望传达的是我最佳的理解方法，我作为在严酷的气候环境下设计可持续性建筑的一个从业者的观点。

甚至在近几年的较小的时间范围来看，对于日常使用的软件，许多人并不愿意使用新的版本。因为新版虽然更有效、更强大，但是也会给工作带来不便。新软件还会带来硬件升级，比起软件本身也是不小的投资。也许还有担心资料室里的旧档案无法打开，是否有其他软件的漏洞使新版本不能读取现有的工程文件。此外，新软件需要再培训，造成短暂的劳力缺失。许多公司规定，只在几种理由下升级版本，即使软件升级了，但是新特性并没有应用的需求和保障也不行。因此我自己就错失过好几次，我演示给同事看我意外发现的软件功能。甚至我们惊讶什么时候有的那个工具！

不升级软件是非常谨慎的考虑，如果是短视，也不仅仅是建筑师或其他设计人员的保守。从对新版本的抵触，不难想象对应用新的工作方式的反对。BIM应用的成本不能忽视，包括软件成本以及可能的硬件成本，培训费以及培训期间的误工费。显然，权衡他们昂贵的付出，一些公司有理由暂缓实施。

作为不断进化的工具，BIM不求完美和缺陷，软件商必须平衡市场压力，选择逐年升级新特性。看起来不够浪漫，但是基本的要求是保证产品的稳定、可靠和效率。新特性要推销，但是保持用户和支撑产品长效的是后台的进步。市场营销既要吹嘘新功能，又不能说现行版本不行。像建筑业这么保守，对社会因素又不太敏感，对BIM也就只是观望。但是我们也有权去形成这股势力。最后，我们都理解不安的心理，变化是常态。要习惯改变，拥抱变革。

277 关于你在本书读到的内容，理解它，消化它，应用它，把它变成您自己的知识。不是每章的内容都适合各种气候条件，也不是所有项目您都会遇到。我列出的每个公式，我推荐的每个技巧，都有别的有效方法。保持好奇心，像科学家一样去探索。这不是一本定量可持续设计的入门教材的书，它希望激发和鼓励你应用其中的原理到您自己的工作中。别犹豫，重新评估一下您的工作状态，寻找一种为您的设计流程添加新的维度的方法。不用放弃你的建筑进程，只是丰富它们。我期待你们的反馈，希望看到你们设计出独到的工程。感谢我们生活在有趣的年代。

于得克萨斯州奥斯汀

参考文献

Aksamija, Ajla, and Mir M. Ali. 2008. "Information Technology and Architectural Practice: Knowledge Modeling Approach and BIM." Proceedings of AIA Conference: Breaking New Ground, Moline, IL, November 7–8.

Allen, Edward, and Joseph Iano. 2006. *The Architect's Studio Companion: Rules of Thumb for Preliminary Design.* 4th ed. Hoboken, NJ: John Wiley & Sons.

American Institute of Architects. 2007. *Integrated Project Delivery: A Guide.* Washington, D.C.: American Institute of Architects.

Anderson, Robert. 2010. "An Introduction to the IPD Workflow for Vectorworks BIM Users." Columbia, MD: Nemetschek Vectorworks.

Austin Energy Green Building Program. 2000. *Sustainable Building Sourcebook.* Austin, TX: Austin Energy

Austin Energy Green Building Program. 2011. "Green Building Program Commercial Rating Workbook." Austin, TX: Austin Energy.

Balcomb, Douglas. 1980. *Passive Solar Design Handbook, Vol. 2.* United States Department of Energy.

Bahadoori, Mehdi. 1978. "Passive Cooling Systems in Iranian Architecture." *Scientific American* 238 (2): 144–154.

Battle McCarthy Consulting Engineers. *Wind Towers: Detail in Building.* New York: John Wiley & Sons, 1999.

Bone, Eugenia. 1996. "The House that Max Built." *Metropolis Magazine,* December, 37–42.

Brown, Chris, Jan Gerston, and Stephen Colley. 2005. *The Texas Manual on Rainwater Harvesting.* 3rd ed. Austin: Texas Water Development Board.

Brown, G. Z., and Mark DeKay. 2001. *Sun, Wind & Light: Architectural Design Strategies.* 2nd ed. New York: John Wiley & Sons.

Butti, Ken, and John Perlin. 1980. *A Golden Thread: 2500 Years of Solar Architecture and Technology.* New York: Van Nostrand Reinhold.

Ching, Francis. *Architectural Graphics.* 2002. 4th ed. Hoboken, NJ: John Wiley & Sons.

Ching, Francis. 2008. *Building Construction Illustrated.* 4th ed. Hoboken, NJ: John Wiley & Sons.

Ching, Francis, and Steven R Winkel. 2009. *Building Codes Illustrated.* 3rd ed. Hoboken, NJ: John Wiley & Sons.

Digital Vision Automation. 2010. *Modeling Terrain with Graphisoft ArchiCAD.* Accessed June 2010 from http://www.digitalvis.com/pdfs/support/tipstricks/Terrain%20Modeling.pdf.

Eastman, Chuck, Paul Teicholz, Rafael Sacks, and Kathleen Liston. 2008. *BIM Handbook: A Guide to Building Information Modeling for Owners, Managers, Designers, Engineers, and Contractors.* Hoboken, NJ: John Wiley & Sons.

European Commission. 2010. *EU Energy and Transport in Figures 2010.* Luxembourg: Publications Office of the European Union.

Feenberg, Andrew. 1995. "Subversive Rationalization: Technology, Power, and Democracy." In *Technology and the Politics of Knowledge*, edited by Andrew Feenberg and Alistair Hannay. Bloomington: Indiana University Press.

Fisk, Pliny III, Hal Levin, and Paul Bierman-Lytle. 1992. *Environmental Resource Guide*, Washington, D.C.: The Amercian Institute of Architects.

Fisk, Pliny III. 1983. "Bioregions and Biotechnologies." Presented at *New Perspectives in Planning in the West.* Arizona State University, May.

Franklin, Benjamin. 1758. "Cooling by Evaporation," Letter to John Lining, June 17.

Gleick, Peter H. 2008. "Water Conflict Chronology." In *Data from the Pacific Institute for Studies in Development, Environment, and Security Database on Water and Conflict*

(Water Brief). Pacific Institute for Studies in Development, Environment, and Security, November.

Graedel, T. E., B. R. Allenbry, and P. R. Comrie. 1995. "Matrix Approaches to Abridged Life Cycle Analysis." *Environmental Science & Technology* 29 (3).

Grondzik, Walter T., Alison G. Kwok, Ben Stein, and John S. Reynolds. 2010. *Mechanical and Electrical Equipment for Buildings*. 11th ed. Hoboken, NJ: John Wiley & Sons.

Guzowski, Mary. 1999. *Daylighting for Sustainable Design*. New York: McGraw-Hill.

Heschong, Lisa. 1979. *Thermal Delight in Architecture*. Cambridge, MA: MIT Press.

Hirai, Ken'ichi. 2008. *VW Designs*. Columbia, MD: Nemeteschek North America.

Hughes, Thomas. 1985, "Edison and Electric Light." In *The Social Shaping of Technology*, edited by Donald MacKenzie and Judith Waicman. Berkshire, UK: Open University Press.

International Energy Agency. 2000. *Daylighting in Buildings*. Berkeley, CA: Lawrence Berkeley National Laboratory.

Jansenson, Daniel. 2005. *The Renderworks Recipe Book*. Santa Monica, CA: Imageprops, 2005.

Jansenson, Daniel. 2010. *Remarkable Renderworks: An Introduction to the Basics*. Columbia, MD: Nemetschek North America.

Jernigan, Finith E. 2008. *BIG BIM little bim*. 2nd ed. Sailsbury, MD: 4Site Press.

Khemlani, Lachmi. 2010. "ArchiCAD 14: AECbytes Product Review." Retrieved September 21, 2010, from AECbytes.com.

Krygiel, Eddy, and Brad Nies. 2008. *Green BIM: Successful Sustainable Design with Building Information Modeling*. Indianapolis: Wiley Publishing.

Laiserin, Jerry. 2010. "Designer's BIM: Vectorworks Architect Keeps Design at the Center of BIM Process." Accessed March 2010 from Laiserin.com.

Lechner, Norbert. 2009. *Heating, Cooling, Lighting: Sustainable Design Methods for Architects*. 3rd ed. Hoboken, NJ: John Wiley & Sons,.

Lstiburek, Joseph. 2006. *Builder's Guide to Cold Climates*. Somerville, MA: Building Science Press.

Lyle, John Tillman. 1994. *Regenerative Design for Sustainable Development*. New York: John Wiley & Sons.

McDonough, William. 1996. "Design, Ecology, and the Making of Things." In *Theorizing a New Agenda for Architecture*, edited by Kate Nesbitt. New York: Princeton Architectural Press.

Mekonnen, M. M., and A. Y. Hoekstra. 2010. "The Green, Blue, and Grey Water Footprint of Farm Animals and Animal Products". Delft, Netherlands: UNESCO-IHE Institute for Water Education.

Mendler, Sandra F., William Odell, and Mary Ann Lazarus. 2005. *The HOK Guidebook to Sustainable Design*. 2nd ed. Hoboken, NJ: John Wiley & Sons.

Nelson, M., F. Cattin, M. Rajendran, and L. Hafouda. 2008. "Value-Adding Through Creation of High Diversity Gardens and Ecoscapes in Subsurface Flow Constructed Wetlands: Case Studies in Algeria and Australia of Wastewater Gardens Systems." *11th International Conference on Wetland Systems for Water Pollution Control*. Indore, India: International Water Association, Vikram University, November.

Nye, David. 1994. "The Electrical Sublime." In *American Technological Sublime*. Cambridge, MA: MIT Press.

Nye, David. 1998. *Consuming Power: A Social History of American Energies*. Cambridge, MA: MIT Press.

Olgyay, Victor. 1992. *Design With Climate: A Bioclimatic Approach to Architectural Regionalism*. New York: Van Nostrand Reinhold.

Patterson, Terry. 2001. *Architect's Studio Handbook*. New York: McGraw-Hill Professional Publishing.

Post, Nadine M. 2009. "Digging Into 3D Modeling Unearths Many Worms." *Engineering News Record* 262 (14): 26–27.

Pottmann, Helmut, Andreas Asperl, Michael Hofer, and Axel Kilian. 2007. *Architectural Geometry*. Exton, PA: Bentley Institute Press.

Ramsey, Charles, and George Sleeper. 2007. *Architectural Graphic Standards*. 11th ed. Ed. The American Institute of Architects. Hoboken, NJ: John Wiley & Sons.

Reinhart, C. F., and V. R. M. LoVerso. 2010. "A Rules of Thumb-Based Design Sequence for Diffuse Daylight." *Lighting Research and Technology* 42 (7).

Sheet Metal and Air Conditioning Contractors National Association. 1993. *Architectural Sheet Metal Manual*. 5th ed. Chantilly, VA: Sheet Metal and Air Conditioning Contractors National Association.

Simpson, Grant A., and James B. Atkins. 2005. "Best, Practices in Risk Management: Your Grandfather's Working Drawings." Accessed August 2005 from AIArchitect.com.

Simpson, Grant A., and James B. Atkins. 2005. "Best Practices in Risk Management: Drawing the Line." Accessed September 2005 from AIArchitect.com.

Thayer, Robert. 1996. *Gray World Green Heart: Technology, Nature, and the Sustainable Landscape*. New York: John Wiley & Sons.

Thoo, Sid. 2010. "Graphisoft EcoDesigner: AECbytes Product Review." Accessed February 11, 2010, from AECbytes.com.

Tobey, Ronald. 1994. *Technology as Freedom: The New Deal and the Electronic Modernization of the American Home.* Berkeley, CA: U.C. Press.

U.S. Energy Information Administration. 2009. *Annual Energy Review.* Washington, D.C.: U.S. Energy Information Administration.

U.S. Green Building Council. 2008. *LEED for Homes.* Washington, D.C.: U.S. Green Building Council.

Vliet, Gary C. 1982. *Solar Energy Systems.* Unpublished revision of John R. Howell, Richard B. Bannerot, and Gary C. Vliet, *Solar Thermal Energy Systems Analysis and Design.* New York: McGraw-Hill.

Wing, Eric. 2010. *Revit Architecture 2010: No Experience Required.* Indianapolis: Wiley Publishing.

World Water Council. 2000. *World Water Vision Commission Report: A Water Secure World.* Marseille, France: World Water Council.

281

索引 *

A

* 其中页码为英文版书页码，排在正文旁侧。

D

G

H

I

J

L

M

N

O

P

Q

R

S

T

U

V

W

Z

译后记

正如作者所言，BIM 正在改变着所有的参与者，以及我们参与的方式。当我们在 BIM 这样一个新的设计环境，或者是软件平台上工作的时候，对于年轻人（在专业上也非常地年轻）来说，多了一个共同的话题，也多了一个朋友圈。建筑业从来都是一个大协作的平台，但是“协作”可能是被动的，真正“协同”起来并不容易。人们参加 BIM 培训的时候，还是要选专业和行业的，即使知道 BIM 的本义，多数人习惯性地想要知道他自己的专业工作怎么办，软件怎么用。我们对本书的兴趣，在于 BIM，在于可持续性设计，更在于能从简单的事情开始认识其中复杂的工程关系。

本书深入浅出地叙述了 BIM 在项目中方方面面的应用，项目虽小，经验却很丰富、实用，便于领会和掌握。相应地，翻译人员的组成，也是跨专业学科的。当时大部分人处于 BIM 入门后的迷茫之中，正好有这样一个机会，边实践、边学习。参与翻译有：导论、第 1 章和索引，田云；第 2、3 章，成慧祯和冯晓辉；第 4、5、8 章，周琼；第 6、7、9 章，米楠，第 10、11 章，陈字杰。邹越和锡望负责统稿工作。他们后来正好合作参与了关于室内设计的 BIM 应用的研究和实践课题。

因此，当翻译的工作告一段落时，相信他们对于 BIM 的认识是与众不同了。对于一名教师来说，BIM 有新观念、新技术、新的研究领域，可持续性设计却是人们长期关注的内容，虽然各个阶段以不同的面貌出现。放慢脚步，平心静气地阅读这本书，把注意力集中在我们本该发现的那些思想上，那些规律上，然后踏踏实实的身体力行，是作为教师选择本书时，希望启发学生的事情，不只是两者都能给学生们提供新的职业机会。本书的作者也是一位建筑师、建筑学教师，有着丰富的建筑设计和建筑教学的经验，相信有着同样的期望。

最后，本书的翻译对于这些翻译者来说，也是双重跨界和协同的经历，疏漏在所难免，非常感谢出版社编辑们、编审们的包容和帮助！

译者

2016 年 7 月